Windows Server 2008 R2 配置、管理与应用

闵 军 主 编

李太凤 副主编

张红丽 李 伽 王 宇 参 编

清华大学出版社

北 京

内 容 简 介

本书以作者所在的高校——宜宾学院的校园网内的服务器规划、建设和管理为工程背景，从实际应用出发，结合大量实例，由浅入深，系统地讲解 Windows Server 2008 R2。读者按照书中示例一步一步地实践，便可轻松掌握 Windows Server 2008 R2 的各种功能的基本操作方法和大量安全高效的服务器管理技术。

本书共 12 章，具体包括 Windows Server 2008 R2 概述、搭建虚拟机测试平台、安装 Windows Server 2008 R2、Windows Server 2008 R2 基本系统配置、系统备份与异机还原、Windows Server 2008 R2 安全配置、磁盘管理、远程服务器管理、IIS 网站架设与管理、DNS 服务器配置与管理、DHCP 服务器配置与管理、流媒体服务器配置与管理等内容。

本书面向对 Windows 操作系统和网络技术有一定了解的中高级用户，适合大中型企事业单位、公司的信息化规划建设人员和网络管理人员，以及准备从事服务器系统规划建设和管理工作的爱好者阅读，对该领域的技术人员和高校师生都具有很大的参考价值，并可作为大专院校计算机专业的教材。

图书在版编目(CIP)数据

Windows Server 2008 R2 配置、管理与应用/闵军主编. —北京：清华大学出版社，2014(2019.1重印)

ISBN 978-7-302-36718-5

Ⅰ. ①W…　Ⅱ. ①闵…　Ⅲ. ①Windows 操作系统—网络服务器　Ⅳ. ①TP316.86

中国版本图书馆 CIP 数据核字(2014)第 127031 号

责任编辑：章忆文
装帧设计：杨玉兰
责任校对：马素伟
责任印制：刘祎淼

出版发行：清华大学出版社

网　　　址：http://www.tup.com.cn, http://www.wqbook.com

地　　　址：北京清华大学学研大厦 A 座　　邮　　编：100084

社 总 机：010-62770175　　　　　　邮　　购：010-62786544

投稿与读者服务：010-62776969, c-service@tup.tsinghua.edu.cn

质量反馈：010-62772015, zhiliang@tup.tsinghua.edu.cn

课件下载：http://www.tup.com.cn, 010-62791865

印 装 者：北京九州迅驰传媒文化有限公司

经　　销：全国新华书店

开　　本：185mm×260mm　　　印　张：31　　　字　数：750 千字

版　　次：2014 年 7 月第 1 版　　　　印　次：2019 年 1 月第 4 次印刷

定　　价：58.00 元

产品编号：040918-01

前　言

现在，具有一定规模的企事业单位、公司，都要构建自己的服务器来提供各种网络服务，网络服务器是为用户提供在线服务的核心堡垒，需要保证服务器 365 天×24 小时全天候安全稳定地正常运行。宜宾学院校园网是从 2000 年开始正式建设和投入使用的，先后投资 1000 多万元，现在该校园网已有 8000 多个信息点，各种交换机 400 余台，网络服务器 100 余台。对于宜宾学院这种规模的网络，我们在选择服务器和服务器操作系统时进行了大量的调研和试用。在对诸多不同操作系统的比较中，Windows Server 2008 R2 显示出明显的优势。Windows Server 2008 R2 是微软公司比较稳定的服务器操作系统，能够按照用户的各种复杂需要，以集中或分布的方式构建各种各样的服务器系统。与早期版本相比，除了继承以前版本的功能强大、界面友好、使用便捷等优点之外，该版本更为安全稳定、性能更为强劲，该界面也发生了很大变化，新增了很多独特的功能。

在对 Windows Server 2008 R2 进行的近半年的试用中，该系统运行稳定、高效、表现优良。此后我们便开始将一些服务器从原来的 Windows Server 2003 R2 升级到 Windows Server 2008 R2。到现在，Windows Server 2008 R2 在该校已经安全稳定地运行了一年多的时间，在该校的网络服务和网络应用中发挥了重要作用。

本书以作者所在的宜宾学院(http://www.yibinu.cn)校园网和服务器的规划、建设和管理为工程背景，以作者长期以来对大量服务器的配置管理经验为基础，以 Windows Server 2008 R2 为操作系统平台，以保证服务器 365 天×24 小时全天候安全稳定地正常运行为重点，详细讲述了服务器的安装与配置过程、服务器中各种软件和服务的配置与管理方法，并结合一些在实际运行中表现成熟稳定的优秀应用软件为读者提供了一整套服务器系统的安装配置技术和运行管理模式。本书从实际应用出发，结合大量实例，突出实用性和可操作性，由浅入深，采用边操作边讲解的方式，便于读者边学习边实践。读者按照书中示例一步一步地实践，可以轻松自如地掌握 Windows Server 2008 R2 各种功能的基本操作方法和大量安全高效的服务器管理技术。

本书共分 12 章，主要内容介绍如下。

(1) Windows Server 2008 R2 概述。介绍 Windows Server 2008 R2 的版本分类、升级理由、五大核心技术及安装的硬件需求等内容。

(2) 搭建虚拟机测试平台。介绍什么是虚拟化、如何应用虚拟化软件 VMware ESXi 5.0.0 及如何搭建安全的 FTP。

(3) 安装 Windows Server 2008 R2。介绍安装前的准备工作、Windows PE 的应用及如何安装 Windows Server 2008 R2，特别详细介绍了如何采用自动应答方式安装操作系统。

(4) Windows Server 2008 R2 基本系统配置。详细介绍系统个性化配置、显示配置、系统属性配置、硬件与驱动程序、网络连接配置、配置 SNMP 以及如何激活 Windows Server 2008 R2。

(5) 系统备份与异机还原。详细介绍如何使用 Windows Server Backup 备份与恢复系统、如何应用 Acronis Backup & Recovery 11 软件异机还原系统以及作者的异机还原系统经验分享。

(6) Windows Server 2008 R2 安全配置。详细介绍设置 Windows Server 2008 R2 的安全选项、配置和管理 Windows Server 2008 R2 防火墙、系统更新以及应用 Symantec Endpoint Protection 软件。

(7) 磁盘管理。详细介绍磁盘的概念、如何利用磁盘管理与 Diskpart 命令对基本磁盘和动态磁盘进行管理、磁盘整理与检查错误。

(8) 远程管理服务器。详细介绍什么是远程管理、远程桌面功能及角色安装、远程桌面连接、远程桌面 Web 连接、Radmin 软件的安装和使用以及 IMM 远程管理系统。

(9) IIS 网站架设与管理。介绍如何安装 IIS 7.5、设置与管理 Web 服务、管理应用程序与虚拟目录、管理应用程序池、建立服务器安全机制以及设置 FTP 服务。

(10) DNS 服务器配置与管理。详细介绍认识 DNS、安装 DNS、认识 DNS 区域、设置 DNS 服务器、测试 DNS 和使用 WinMyDns 搭建 DNS 服务器。

(11) DHCP 服务器配置与管理。详细介绍 DHCP 服务器概述、应用 DHCP 服务器、配置 DHCP 服务器的安全性和配置 DHCP 中继。

(12) 流媒体服务器配置与管理。详细介绍流媒体服务、创建流媒体服务器和管理流媒体服务器。

由于作者水平有限，书中错误和不足之处在所难免，恳请广大读者批评指正。

作者工作单位：① 宜宾学院计算物理重点实验室
　　　　　　　② 宜宾学院网络与多媒体管理中心
Homepage 　 ：http://www.yibinu.cn
E-mail　　　 ：ybmj@vip.163.com

编　者
于宜宾学院

目　　录

第 1 章　Windows Server 2008 R2 概述

本章要点：

- Windows Server 2008 R2 的版本分类及升级理由
- Windows Server 2008 R2 的五大核心技术
- Windows Server 2008 R2 的硬件需求

本章主要介绍 Windows Server 2008 R2 的版本分类、重要技术特性和安装的硬件需求等。对于一款服务器操作系统而言，Windows Server 2008 R2 无论是在底层架构还是应用功能方面均有飞跃性的进步，其服务器应用管理和硬件组织的高效性、命令行远程硬件管理的方便性以及增强的系统安全模型，受到越来越多的 IT 管理人员的青睐。

Windows Server 2008 R2 是纯 64 位版本的操作系统，同 Windows Server 2008 相比，Windows Server 2008 R2 继续提升了虚拟化、系统管理弹性、网络存取方式以及信息安全等领域的应用，使得企业更易于对服务器进行规划、部署和管理。

1.1　Windows Server 2008 R2 的版本分类及升级理由

Windows Server 平台是一个多样化的操作系统，它能够针对各种应用提供高性能的服务。在现代数据中心，Windows Server 在各种物理设备和虚拟设备上都有部署。现在要介绍的 Windows Server 2008 R2 有七个版本，每个版本都有特定的功能设置。

1.1.1　Windows Server 2008 R2 的版本分类

不同类型的系统软件其正式版本通常是有区别的。Windows Server 2008 R2 的版本是如何分类的呢？各个版本实现的具体功能是什么？下面将分别进行介绍。

1. Windows Server 2008 R2 Foundation

Windows Server 2008 R2 Foundation 是一种成本低廉的项目级技术基础，面向的是小型企业和 IT 应用，用于支撑小型的业务。Foundation 是一种成本低廉、容易部署、经过实践证实的可靠技术，为组织提供了一个基础平台，可以运行最常见的业务应用，共享信息和资源。

2. Windows Server 2008 R2 Standard

Windows Server 2008 R2 Standard 是目前应用比较广泛的 Windows Server 操作系统。它自带了改进的 Web 和虚拟化功能，这些功能可以提高服务器架构的可靠性和灵活性，同时还能帮助我们节省时间和成本。利用其中强大的工具，我们可以更好地控制服务器，提高配置和管理任务的效率。而且，改进的安全特性可以强化操作系统，保护用户的数据和网络，为业务提供一个高度稳定、可靠的基础平台。

3. Windows Server 2008 R2 Enterprise

Windows Server 2008 R2 Enterprise 是一个高级服务器平台，为重要应用提供了一种成本较低的高可靠性支持。它还在虚拟化、节电以及管理方面增加了新功能，使得流动办公的员工可以更方便地访问公司的资源。

4. Windows Server 2008 R2 Datacenter

Windows Server 2008 R2 Datacenter 是一个企业级平台，可用于部署关键业务应用程序，以及在各种服务器上部署大规模的虚拟化方案。它改进了可用性、电源管理，并集成了移动和分支位置解决方案。通过不受限的虚拟化许可权限合并应用程序，降低了基础架构的成本。它可以支持 2～64 个处理器。Windows Server R2 2008 Datacenter 提供了一个基础平台，在此基础上可以构建企业级虚拟化和按比例增加的解决方案。

5. Windows Web Server 2008 R2

Windows Web Server 2008 R2 是一个强大的 Web 应用程序和服务平台。它拥有多功能的 IIS 7.5，是一个专门面向 Internet 应用而设计的基础平台，它改进了管理和诊断工具，在各种常用开发平台中使用它们，可以帮助我们降低架构的成本。在其中加入 Web 服务器和 DNS 服务器角色后，这个平台的可靠性和可量测性也得到了提升，可以管理最复杂的环境——从专用的 Web 服务器到整个 Web 服务器场。

6. Windows HPC Server 2008

Windows HPC Server 2008，高性能计算(High-Performance Computing，HPC)的应用为具有高度生产力的 HPC 环境提供了企业级的工具、性能和扩展性。Windows HPC Server 2008 可以有效地利用上千个处理器核心，加入了一个管理控制台，通过它可以前摄性地监控及维护系统的健康状态和稳定性。利用作业计划任务的互操作性和灵活性，我们可以在 Windows 和 Linux 的 HPC 平台之间进行交互，还可以支持批处理和面向服务的应用。

7. Windows Server 2008 R2 for Itanium-Based Systems

Windows Server 2008 R2 for Itanium-Based Systems 是一个企业级的平台，可用于部署关键业务应用程序。可量测的数据库、业务相关和定制的应用程序可以满足不断增长的业务需求。故障转移集群和动态硬件分区功能可以提高可用性。恰当地使用虚拟化部署，可以运行不限数量的 Windows Server 虚拟机实例。Windows Server 2008 R2 for Itanium-Based Systems 可以为高度动态变化的 IT 架构提供基础。

根据宜宾学院的网络环境、实际网络服务需求，我们选择 Windows Server 2008 R2 Enterprise 作为服务器操作系统。本书主要以 Windows Server 2008 R2 Enterprise 为基础，介绍服务器的构建与管理。

1.1.2　Windows 操作系统的内部版本号

虽然 Windows 的命名取决于很多因素，形式各不相同，但是其内部版本号却是一脉相承的，从最初的 Windows 1.0 到现在的 Windows Server 2008 R2，再到 Windows 7，其内部版本号的变化为 1.0 到 6.1。

微软 MSDN 技术网站给出了当前使用的各个操作系统的版本号列表，表 1-1 是一个简单的总结，以便帮助 Windows 用户了解其正在使用的系统的内部版本号。

表 1-1　操作系统的内部版本号

操作系统	版 本 号
Windows 7	6.1
Windows Server 2008 R2	6.1
Windows Server 2008	6.0
Windows Vista	6.0
Windows Server 2003 R2	5.2
Windows Server 2003	5.2
Windows XP	5.1
Windows 2000	5.0
Windows Me	4.9
Windows 98	4.1
Windows NT 4.0	4.0
Windows 95	4.0
Windows 3.0	3.0
Windows 2.0	2.0
Windows 1.0	1.0

图 1-1 显示了 Windows Server 2008 R2 的内部版本号为 6.1。

图 1-1　Windows Server 2008 R2 的内部版本号

1.1.3　Windows Server 2008 R2 SP1 简介

　　Windows Server 2008 R2 通过 Service Pack 1(SP1)采用全新的虚拟化技术，可以提供更多的高级功能，在改善 IT 效率的同时提高了灵活性。无论是希望整合服务器，构建私有云，或提供虚拟桌面基础架构(VDI)，强大的虚拟化功能，都可以将数据中心与桌面的虚拟化战略提升到一个新的层次。

　　带有 SP1 的 Windows Server 2008 R2 是构建在广受赞誉的 Windows Server 2008 R2 的基础之上的升级包，不仅对现有技术进行了扩展，并且还添加了新功能。本次更新所包含的部分改进提供了新的虚拟化工具，其中有包含动态迁移以及动态内存功能的升级版 Hyper-V，远程桌面服务中的 Remote FX，改进的电源管理机制，同时还增加了与 Windows 7 的集成功能，例如 BranchCache 以及 Direct Access。Internet 信息服务(IIS)7.5 版、已更新的服务器管理器和 Hyper-V 平台以及 Windows PowerShell 2.0 版这些功能强大的工具的组合，将为客户提供更强的控制、更高的效率以及比以往任何时候都更快地响应一线业务需求的能力。

1.1.4　升级为 Windows Server 2008 R2 的理由

　　Windows Server 2008 R2 是微软推出的比较新的 Windows 服务器操作系统软件。Windows Server 2008 R2 的设计思想是增强对企业内资源的管理控制，并帮助组织更有效率以及减少操作的花销。Windows Server 2008 R2 更有效的能源利用率和更好的性能表现来源于降低能源的消耗率和较低的计算机总开销率。Windows Server 2008 R2 提供了更多的分支机构性能，令人兴奋的远程访问新体验，精简的服务器管理，并扩展了微软为服务器以及客户端计算机提供的虚拟化策略。

1. 强大的硬件和可扩展性

　　Windows Server 2008 R2 可以在相同的硬件资源下提供和 Windows Server 2008 相同或者更佳的性能。另外，Windows Server 2008 R2 也是第一款仅有 64 位架构的 Windows 服务器操作系统。

　　Windows Server 2008 R2 对处理器提供了一些改进。首先，Windows Server 2008 R2 扩展了对处理器的支持，用户可以使用多达 256 个逻辑处理器。Windows Server 2008 R2 还支持 SLAT(Second Level Address Translation，二级地址转换)，以从最新的 AMD 处理器中的增强的页表功能和最新的 Intel 处理器中的嵌套页表功能中获得提升。这些方面的联用将使得 Windows Server 2008 R2 在运行时获得明显的内存管理提升。

　　Windows Server 2008 R2 的组件也获得了硬件支持方面的改进。现在 Windows Server 2008 R2 中的 Hyper-V 可以使用主计算机上高达 32 颗处理器，这可是 Hyper-V 第一版支持处理器数量的 2 倍！这个方面的改进不但提高了对新的多核系统的利用，而且意味着单物理主机上可提供更高的虚拟机共存数量。

2. 减少的电源消耗

Windows Server 2008 引入了一个叫作"平衡"的电源策略，它可以监控服务器上的处理器使用率来动态地调整处理器的性能状态，以减少工作负载所需的电源消耗。Windows Server 2008 R2 新加入的 Core Parking 功能和扩展的电源自适应组策略设置增强了节能功能。

Windows Server 2008 活动目录域服务组策略为管理员提供了大量针对客户端计算机电源管理的控制选项。在更多的部署场景中，Windows Server 2008 R2 和 Windows 7 中增强的节能设置可以提供比以往更精确的控制而最大限度地减少能源消耗。

3. Windows Server 2008 R2 的 Hyper-V

Windows Server 2008 R2 也包含了对 Microsoft 的虚拟化技术——Hyper-V 的升级。新的 Hyper-V 是针对扩大现有的虚拟机管理以及满足 IT 部门所遇到的挑战，尤其是服务器迁移这块而设计的。

Hyper-V 可以使用一项 Windows Server 2008 R2 的内置功能——动态迁移。在 Windows Server 2008 R2 的 Hyper-V V1 时代可以支持快速迁移功能，能够将虚拟机在物理主机之间迁移，而仅仅只有几秒钟的当机时间。不过，这几秒钟的时间也足够在特定的情境下引发问题，尤其是那些连接到虚拟主机服务器上的客户端。而到了动态迁移时代，虚拟机能够在几毫秒的时间内完成在物理主机之间迁移的任务。也就是说，迁移操作对已连接用户来说是完全透明的了。

用户还可以部署针对 Hyper-V 开发的 System Center Virtual Machine Manager，它可以添加额外的管理选项以及管理方式，包括自行调节的虚拟机性能和资源优化功能以及针对故障还原群集管理的优化支持。

新的 Hyper-V 的核心性能增强还包括前文提到的支持最多 64 颗逻辑处理器，通过主机对 SLAT 的支持加强处理器方面的性能。最后，虚拟机可以添加和移除 VHD 磁盘而无须重启，甚至可以直接从 VHD 进行引导。

4. VDI 减少了桌面花费

在服务器领域，虚拟化无疑是最热门的焦点。但是，表现层虚拟化中。表现层虚拟化是服务器端负责进程的处理，而图形界面、键盘、鼠标和其他用户的 I/O 操作则由用户的桌面发起。

Windows Server 2008 R2 包含增强的虚拟化桌面集成(Virtual Desktop Infrastructure，VDI)技术。虚拟化桌面集成技术扩展了终端服务的功能，使得企业实现了将某个业务软件投递到雇员远程桌面的需求。在虚拟化桌面集成技术中，远程桌面服务将程序快捷方式发送到可用计算机的开始菜单中，看起来和本地安装的软件没有区别。这种方式可以提供改进的桌面虚拟化功能以及更好地应用虚拟化。桌面虚拟化在 Windows 7 中，可以从改进的个性化管理，虚拟桌面和应用的无缝集成，更好的音频视频性能，非常酷的 Web 访问等应用中获得益处。

虚拟化桌面集成技术提供了更有效地使用虚拟化资源，更紧密地与本地外接硬件集成以及崭新强大的虚拟管理方面的功能。

5. 更简单更有效的服务器管理能力

有这样一种说法：无论何时增加服务器操作系统的容量都是没错的。这种说法不好的一面是，对服务器管理员来说操作系统的复杂程度越来越高，日常的工作负担也越来越大。Windows Server 2008 R2 特别针对这个问题，实现了自适应管理控制台，让其来接管大量的工作。这些工具中的功能包括以下几种。

(1) 改进的数据中心能源消耗和管理。

(2) 改进的远程管理功能，包括支持远程安装的 Server Manager。

(3) 改进的身份管理功能。升级并简化了活动目录域服务和活动目录联盟服务。

Windows Server 2008 R2 针对流行的 PowerShell 功能做了改进。PowerShell 2.0 相比早期版本有了明显的增强，包括超过 240 个新的脚本命令以及在新的图形界面上添加了专业级别的脚本创建功能。新的图形界面包括了语法颜色，新的脚本生成排错功能，以及新的测试工具。

6. 管理数据而不仅仅是管理存储

随着信息化程度的提高，数据已超出它原始的范畴，它包含各种业务操作数据、报表统计数据、办公文档、电子邮件、超文本、表格、报告以及图片、音视频等各种数据信息。人们用海量数据来形容巨大的、空前浩瀚的、还在不断增长的数据。海量数据是当今必须面对的一个现实。任何一个企业都在面对其企业数据库由于规模扩大产生的沉重负担，提高数据访问能力和业务分析能力的要求也变得越来越迫切。

为了保持速度和竞争力，所有的组织都必须开始管理数据，而不仅仅是磁盘。Windows Server 2008 R2 为 IT 管理员提供了精确的管理工具——新的文件分类架构(FCI)。这个新功能在现有的共享文件架构之上，创建了一套扩展的且自动化的分类方法。这个新功能使得 IT 管理员可以根据整体的自定义的分类方式来实现直接针对某些文件进行某个操作。合作伙伴也可以扩展文件分类架构(FCI)，也就是说在不远的将来，Windows Server 2008 R2 的用户可以看到来自独立于软件开发上的围绕文件分类架构(FCI)开发的新功能。

7. 无所不在的远程访问

在要求 IT 部门为移动员工提供对企业资源远程访问要求的呼声日益高涨的今天，低速的广域网带宽、糟糕的连接效果、重复连接对冗长的桌面管理任务的干扰使管理远程计算机依然是一个持续的挑战。

Windows Server 2008 R2 引入了一项新的连接方式——DirectAccess。DirectAccess 是一种强大的无缝访问企业资源的方式，远程用户不必使用传统的 VPN 连接拨号或者安装客户端软件。在 Windows Server 2008 中自带技术的基础上，微软增加了简单的管理向导，帮助管理员配置连接 Windows Server 2008 R2 和 Windows 7 客户端的 SSTP 和 IPv6 来实现基本的 DirectAccess 连接，并通过 Windows Server 2008 R2 上额外的管理和安全工具来扩展这种连接方式，比如管理策略和 NAP。

使用 DirectAccess 后，在任何时候所有的用户都被认为是远程连接。用户不用区分本地连接和远程连接，所有的相关操作将由 DirectAccess 在后台处理。IT 管理员则保留了对这种连接双向的精确访问控制以及完全的外围安全，并可增加桌面的安全性和管理的便捷性。

8. 改进的分支机构性能和管理性

许多分支机构的 IT 架构都或多或少与低带宽有联系。低速的网络连接导致分支机构人员不得不等待程序从主机构获取信息，进而影响了分支机构人员的生产力。而且所有分支机构的带宽花销差不多占了企业 IT 部门总开销的三分之一。为了迎接这个挑战，Windows Server 2008 R2 推出了新功能 BranchCache。BranchCache 可以减少网络带宽的占用并增强网络应用的反应速度。

使用 BranchCache 后，如果主机构的某个文件之前已经被读取过，则下一个客户端对该数据的请求将直接发送到本地(分支机构)的网络中。存储在本地的文件使得用户可以获得高速快捷的访问体验。大型分支机构的本地 BranchCache 服务器可以存储这些缓存的文件，当然也可以直接存放在本地的计算机上。

9. 中小型企业的简化管理性

在 Windows Server 2008 R2 上，微软对中小型企业用户也投入了越来越多的重视。这种重视体现在为这些用户提供了丰富的微软产品集，从 Small Business Server 到 Windows Essential Business Server 以及现在的 Windows Server 2008 Standard。所有这些产品都包含了简化中小型企业 IT 管理员工作的新管理工具。

所有的图形管理界面都基于 PowerShell，每个单独的图形界面管理工具都会把 Power-Shell 作为底层执行命令。另外，微软为每个服务器角色都提供了最佳实践分析器，来帮助用户同步服务器配置，并了解发生了什么。最后，就是 Windows Server Backup 工具，这项内置的备份功能进行了非常大的改进，包括支持更颗粒化的备份工作创建，对系统状态操作的支持，而且还进行了优化以实现更快的使用速度以及占用更少的磁盘空间。

10. 强大的 Web 应用服务器

Windows Server 2008 R2 做了大量的升级，不但使它成为当今最佳的 Windows 服务器应用平台，同时更重要的一点就是拥有 IIS 7.5。

IIS 7.5 的升级包括扩展的 IIS 管理器带来的高效管理性，IIS 的 PoweShell 生成器的应用以及从服务器核心支持.NET 获得的益处。IIS 7.5 还集成了新的支持和排错功能，包括配置日志记录和专门的最佳实践分析器。最后，IIS 7.5 还集成了一些在 Windows Server 2008 上的最佳可选扩展，比如 URLScan 3.0(或者称为请求筛选器模块)。

1.2　Windows Server 2008 R2 的五大核心技术

Windows Server 2008 R2 新的 Web 工具、虚拟化技术、改进的安全性以及管理公用服务功能，可以帮助企业节省时间、降低成本，并为 IT 基础架构提供稳固的基础。Windows Server 2008 R2 是企业级的应用平台，可以为 CRM 等企业级应用提供更好更强的支撑，其新特性也可以归纳为 5 个方面。

1.2.1 Web 应用程序平台

Windows Server 2008 R2 包含了许多增强功能，从而使该版本成为有史以来最可靠的 Windows Server Web 应用程序平台。该版本提供了新的 Web 服务器角色和 Internet 信息服务(IIS)7.5 版，并在服务器核心提供了对.NET 更强大的支持。IIS 7.5 的设计目标着重于功能改进，使网络管理员可以更轻松地部署和管理 Web 应用程序，以增强可靠性和可伸缩性。另外，IIS 7.5 简化了管理功能，并为用户自定义 Web 服务环境提供了比以往更多的方法。

Windows Server 2008 R2 对 IIS 和 Windows Web 平台做了以下改进。

1. 减少了管理和支持基于 Web 的应用程序的工作量

减少管理和支持基于 Web 的应用程序的工作量是 IIS 7.5 的一个关键优势。此版本支持增强的自动化功能和新的远程管理应用情景，并为开发人员提供了改进的内容发布功能。其重要的功能包括以下几种。

(1) 通过新的管理模块扩充 IIS 管理器的功能。

(2) 通过 Windows PowerShell Provider for IIS 自动化常见管理任务。

(3) 在服务器核心支持.NET，通过 IIS 管理器启用 ASP.NET 和远程管理。

2. 通过 PowerShell 提供程序自动化常见任务

Windows PowerShell Provider for IIS 是一个 Windows PowerShell 管理单元，允许用户执行 IIS 管理任务并管理 IIS 配置和运行时的数据。另外，面向任务的 Cmdlet 集合提供了一种管理网站、Web 应用程序和 Web 服务器的简单方式。

使用 PowerShell，管理员可以利用多项重要功能。

(1) 通过为常见的管理任务编写脚本简化管理工作。

(2) 自动执行重复性任务。

(3) 实时合并来自各个 Web 服务器的关键网络指标。

Windows Server 2008 R2 中自带的 IIS 特定的 Cmdlet 可以在更细的粒度上减轻许多初级日常任务的管理负担。例如，这些 Cmdlet 允许管理员添加和更改网站、基于 Web 的应用程序以及虚拟目录和应用程序池的配置属性。对 Windows PowerShell 比较熟悉的用户将能够执行高级配置任务，甚至整合现有的 Windows PowerShell 脚本与跨越不同 Windows Server 2008 R2 功能区的其他 Windows PowerShell 提供程序。7.5 版的 IIS 管理器中的 PowerShell 的一些常见应用情景介绍如下。

- 添加、修改或删除网站和应用程序。
- 迁移网站设置。
- 配置 SSL 和其他安全性设置。
- 通过 IP 地址限制访问。
- 备份 IIS 配置和内容。

3. IIS 管理器的增强功能

7.5 版的 IIS 管理器增加了许多新的功能，其中包括使用配置编辑器管理 Web 服务器和 Web 应用程序设置。

(1) 更轻松地访问以前隐藏的设置，例如 FastCGI 和 ASP.NET 应用程序的设置。

(2) 通过一个图形用户界面添加和编辑请求过滤规则。

(3) 配置编辑器。配置编辑器允许用户管理配置系统中提供的任何配置节点。配置编辑器公开了许多在 IIS 管理器中其他地方未公开的配置设置。

(4) IIS 管理器用户界面扩展。利用 IIS 7.0 中引入的可扩展的模块化体系结构，新的 IIS 7.5 整合和增强了扩展功能，并允许将来进一步增强和自定义扩展功能。例如，FastCGI 模块允许管理 FastCGI 设置，而 ASP.NET 模块允许管理授权和自定义的错误设置。

(5) 请求过滤。Windows Server 2008 R2 中的请求过滤器模块包括以前在 URLScan 3.1 中采用的过滤功能。通过锁定特定的 HTTP 请求，请求过滤器模块有助于阻止服务器上的 Web 应用程序处理可能有害的请求。请求过滤用户界面提供了一个图形化的用户界面，以配置请求过滤模块。

(6) 托管服务帐户。Windows Server 2008 R2 允许基于域的服务帐户拥有由 Active Directory 托管的密码。这些新型帐户减少了更新帐户身份密码的日常管理任务。IIS 7.5 支持使用托管服务帐户作为应用程序池的标识。

(7) 可托管的 Web 核心。通过使用可托管的 Web 核心功能，开发人员可以在其应用程序中直接响应 HTTP 请求。该功能是通过一组 API 提供的，使其他应用程序可以使用或托管核心 IIS Web 引擎，从而允许这些应用程序直接响应 HTTP 请求。可托管的 Web 核心功能有助于启用自定义应用程序的基本 Web 服务器功能或调试应用程序。

4. 减少了支持和疑难解答的工作量

Windows Server 2008 R2 通过下述方式减少了支持和疑难解答的工作量。

(1) 增强了对 IIS 7.5 和应用程序配置更改的审计功能。IIS 7.5 中新的配置记录功能增强了对 IIS 和应用程序配置更改的审计功能，允许用户跟踪对测试和生产环境所做的配置更改。该功能提供了读取、写入、登录尝试、路径映射更改、文件创建等操作的日志记录。

(2) FastCGI 的失败请求跟踪。在 IIS 7.5 中，PHP 开发人员可以使用 FastCGI 模块将 IIS 跟踪调用包含到其应用程序中。这样可以减少在开发过程中调试代码和在部署以后排除应用程序错误所需的工作量。

(3) 最佳实践分析器(BPA)。BPA 是 IIS 7.5 的一个管理工具。通过扫描 IIS 7.5 Web 服务器和报告已发现的潜在配置问题，BPA 可以帮助用户减少违反最佳实践的做法。用户可以通过服务器管理器和 Windows PowerShell 访问 BPA。

5. 改进了文件传输服务

Windows Server 2008 R2 包含了新版本的 FTP 服务器服务。这些新的 FTP 服务器服务做了以下改进。

(1) 减少了 FTP 服务器服务的管理负担。新的 FTP 服务器与 IIS 7.5 管理界面和配置存储区完全整合。这使得管理员可以在一个通用管理控制台内执行常见的管理任务。

(2) 扩展了对新的 Internet 标准的支持。通过在安全套接字层(SSL)支持 FTP，增强了安全性。通过包含 UTF8 支持，支持扩展的字符集。扩展了 IPv6 提供的 IP 寻址功能。

(3) 改进了与基于 Web 的应用程序和服务的整合。利用新的 FTP 服务器，可以为一个 FTP 站点指定一个虚拟主机名。这允许用户创建多个使用相同 IP 地址的 FTP 站点，这些站点可以通过使用唯一的虚拟主机名加以区别。这样，只要将 FTP 站点绑定到网站，就可以在同一个网站同时提供 FTP 和 Web 内容服务。

(4) 减少了支持和排除 FTP 相关问题的负担。改进的日志记录功能现在支持与所有 FTP 相关的流量、FTP 会话的单独跟踪、FTP 子状态、FTP 日志中额外的详细信息字段等。

6. 能够扩展功能和特性

IIS 7.5 的设计目标之一，是让用户容易地扩展 IIS 7.5 中的基本功能和特性。IIS 扩展允许用户创建或购买可以被整合到 IIS 7.5 中的软件，其独特的整合方式使被整合的软件看起来就像是 IIS 7.5 本身的组成部分一样。

自 Windows Server 2008 RTM 版本发布以来，Microsoft 已经开发了许多 IIS 扩展。用户可以从 http://www.iis.net 下载这些 IIS 扩展。Microsoft 开发的许多 IIS 扩展将作为 Windows Server 2008 R2 的一部分发布，包括 WebDAV、整合与增强的 Administration Pack 以及 Windows PowerShell Provider for IIS。

7. 改进的.NET 支持

.NET Framework(2.0、3.0、3.5.1 和 4.0 版本)现在是服务器核心的一个安装选项。借助这一功能，管理员可以在服务器核心启用 ASP.NET，以充分利用 PowerShell Cmdlet 功能。另外，对.NET 的支持还意味着可以从 IIS 管理器执行远程管理任务，以及在服务器核心托管 ASP.NET Web 应用程序。

8. 提高了应用程序池的安全性

IIS 7.5 中的应用程序池构建于 IIS 7.0 提供的、可增强安全性和可靠性的应用程序池隔离的基础上。现在，每个应用程序池都能够以唯一的、具有较低特权的身份运行。这有助于增强在 IIS 7.5 上运行的应用程序和服务的安全性。

9. IIS.NET 社区门户

要随时掌握 Windows Server 2008 或 Windows Server 2008 R2 中的 IIS 的新增功能，请记得访问 IIS.NET 社区门户(http://www.iis.net)。该站点包含了新的更新、全面的指导性文章、新的 IIS 解决方案下载，还可通过博客和技术论坛获得免费的咨询。

1.2.2　虚拟化技术

虚拟化是当今数据中心的重要组成部分。利用虚拟化提供的运行效率，组织可以显著减轻运行负担，降低电源消耗。Windows Server 2008 R2 提供了两种虚拟化类型：Hyper-V 提供的客户端和服务器虚拟化，以及使用远程桌面服务的演示虚拟化。

　　虚拟化是当今数据中心的主要业务之一。虚拟化所提供的操作便利性允许组织动态地减少操作任务以及能源消耗。

　　Windows Server 2008 R2 提供了下列几种虚拟化类型。

1. Hyper-V 提供的客户端虚拟化和服务器端虚拟化

　　Hyper-V 的主要功能是将物理计算机的系统资源进行虚拟化。计算机虚拟化使用户能为操作系统和应用提供虚拟化的环境。当单独使用时，Hyper-V 适用于典型的服务器端计算机虚拟化。而当与虚拟桌面架构(VDI)联用时，Hyper-V 则适用于客户端计算机虚拟化。

　　Windows Server 2008 服务器端虚拟化所使用的 Hyper-V 技术是作为操作系统的一项内置功能。Windows Server 2008 R2 则引入了更新版本的 Hyper-V。Windows Server 2008 R2 内的 Hyper-V 包含了针对创建动态虚拟数据中心的五个重要核心改进。

　　1) 增强的虚拟数据中心可用性

　　对于世界上任意一个数据中心来说，一项最重要的部分就是尽可能地为系统和应用提供最高的可用性。所以，虚拟数据中心同样有来自企业合并、高可用性、高级管理工具等方面的需求。

　　在 Windows Server 2008 R2 中 Hyper-V 已经集成了大多数时候可能用到的动态迁移功能。这个功能使得用户可以在两个不同的虚拟化主机间移动一个虚拟机，却不会中断服务。在虚拟机移动期间，连接其上的用户可能仅会注意到有一些时间非常短的微小性能影响。也就是说，对于用户而言，他们很难注意到这台虚拟机已经从一台物理服务器移动到另外一台了。而虚拟化数据中心实现了下列功能。

　　(1) 动态迁移支持穿透群集共享卷。动态迁移使用了 Windows Server 2008 R2 故障切换群集的新功能群集共享卷(CSV)。群集共享卷的功能是让同一故障切换群集内的多个节点可以同时对同一个逻辑单元号(LUN)进行访问。对于虚拟机自身而言，每个虚拟机都认为自己拥有一个单独的 LUN，但是实际上每个虚拟机的主 VHD 都存放在同一个群集共享卷中。

　　(2) 增强的群集节点连接错误冗余。群集共享卷架构可以增强群集节点连接错误冗余，这样故障切换群集内运行的虚拟机受到的直接影响将会减小。群集共享卷架构采用的方法，众所周知就是动态 I/O 切换。这种方法使得 I/O 可以在同一套故障切换群集中根据节点的连接状态进行路由重排。

　　(3) 增强的群集验证工具。Windows Server 2008 R2 为所有的主要服务器角色，其中就包括故障切换群集角色，提供了最佳实践分析器(BPA)。

　　2) 增强的虚拟数据中心管理性

　　利用虚拟化可以获得效能的提升，增强虚拟机的可管理性也是很有必要的。一般虚拟机都无须单独的硬件，所以实际上虚拟机增长的速率要比物理计算机的增加速率高得多。这使得虚拟数据中心的管理需求也变得比以往更加迫切。Windows Server 2008 R2 包含了以下增强的特性来帮助用户管理他们的虚拟化数据中心。

- 使用 Hyper-V 控制台进行日常任务管理以减少管理员投入的精力。
- 使用 PowerShell 命令在增强型命令行界面中实现对 Hyper-V 管理任务的自动化管理。
- 使用 System Center Virtual Machine Manager 2008 对虚拟数据中心环境中的多个

Hyper-V 服务器进行增强的管理。

3) 增强的 Hyper-V 虚拟机性能以及硬件支持

Windows Server 2008 R2 中的 Hyper-V 角色，目前可以支持使用主机处理器池中 64 颗以上的逻辑处理器。这对于前一版本来说是一个非常大的跨越。这一变化使得每一主机上的虚拟机密度可以明显增加，同时也使得 IT 管理人员可以为虚拟机提供更加灵活多变的处理器资源。新版本的 Hyper-V 同时也在性能方面有所增加，包括提高了虚拟机的性能表现以及电源消耗。Hyper-V 现在为二级地址转换(SLAT)提供支持了。二级地址转换是现代 CPU 的新功能。它可用于在 Windows Hypervisor 上提高虚拟机性能的同时却减少处理器的负荷，以及配合 Windows Server 2008 R2 新增加的 Core Parking 功能来减少所消耗的电力。

Hyper-V 还包含处理器兼容功能，它允许用户配置的虚拟机在同一处理器供应商的不同处理器间移动。当虚拟机启动时开启了处理器兼容功能，Hyper-V 标准化处理器特性集，只显示给客户端在同一处理器架构下所有可用于 Hyper-V 的处理器的可使用特性，比如是来自 AMD 或 Intel 的处理器产品。这项功能使得虚拟机可以在同一处理器架构下的任意硬件平台上进行迁移。这项功能的实现是依靠 Hypervisor 来截断虚拟机 CPUID 指令，并清除返回的通信字段以实现隐藏物理处理器特性。

4) 增强的虚拟化网络性能

新版本的 Hyper-V 利用 Windows Server 2008 R2 的几项网络技术全面提升了虚拟机的网络性能。两个关键的例子就是新的 VM Chimney (也叫 TCP Offload) 以及对 Jumbo Frames 的使用。

VM Chimney 可以使虚拟机将本地的网络处理负载移动到主机服务器的网卡上。这种方式和物理的 TCP Offload 相同。现在 Hyper-V 可以简单地将该功能扩展到虚拟化世界中。这项功能可以使虚拟机在处理器以及网络吞吐性能上获得益处，同时它也被动态迁移完全支持。

VM Chimney 在 Windows Server 2008 R2 中是默认禁用的，主要原因是短期内硬件方面的兼容问题。但如果配合了兼容的硬件，比如来自供应商 Intel 的产品，VM Chimney 可以显著降低主机处理器在处理虚拟网络流量时的负荷。也就是说，主机系统性能更好，虚拟机网络吞吐并发提升。

和 TCP Offload 一样，Windows Server 2008 引入了 Jumbo Frames 的支持。Windows Server 2008 R2 的 Hyper-V 则将之扩展到了虚拟机。和物理网络情景中一样，Jumbo Frames 为虚拟网络提供了相同的基本性能增强。Jumbo Frames 可以获得每个数据包高至 6 倍的有效载荷。这不仅仅提升了全部的网络吞吐，而且还减少了在处理大文件移动期间处理器的使用率。

5) 简化的物理机和虚拟机部署

历史上，用于部署物理机和虚拟机的系统和应用有很多不同的方法。对于虚拟机来说，vhd 文件格式早已成为用于部署和交换预装操作系统和应用的事实标准。Windows Server 2008 R2 的 Hyper-V 在 vhd 文件格式上有两个重要更新。

- 管理员可以添加和删除 vhd 文件而无须重启，让管理更加灵活多样性。例如：管理员可灵活地添加或删除在一个运行的虚拟机上的虚拟 SCSI 控制器所连接的直通(pass-through)磁盘；当处理存储增长需求时，可直接添加 vhd 文件而无须额外的当机时间；在创建复杂的 Exchange 和 SQL 服务器部署过程中可直接添加备份的 vhd。

● Windows Server 2008 R2 支持通过本地硬盘上存储的一个 vhd 文件来启动计算机。那么用户就可以使用一个预先配置好的 vhd 文件来部署虚拟机和物理计算机。这项功能可以帮助用户减少需要管理的镜像数量，简化在生产环境中部署前的测试部署过程。

2. 表现层虚拟化

表现层虚拟化由远程桌面服务的 RemoteApp 虚拟化出一个进程处理环境，将进程的图形和 I/O 进行分离，使得用户可以在一个位置运行应用，却可以在另外的地方进行控制。

终端服务使得用户远程在一个位置运行应用却在另外的位置对其进行控制和管理变为可能。微软在 Windows Server 2008 R2 中将这个概念进行了显著的发展，并将终端服务更名为远程桌面服务(RDS)以更好地反映新特性和新功能。远程桌面服务的目的是在任意部署场景下，都为用户和管理员们提供包括必要的特性和灵活性来获得最佳的访问体验。

为了扩展远程桌面服务的功能集，微软与合作伙伴包括 Citrix、Unisys、HP、Quest、Ericom 等协作，发明了虚拟桌面架构，也就是 VDI。虚拟桌面架构是一种集中化桌面投递架构。在这种架构下，用户可以在数据中心对存储、执行和管理 Windows 桌面进行集中。它使 Windows 和其他桌面环境的运行可以在一个中心服务器上统一管理。远程桌面服务和虚拟桌面架构通过下列功能迎接各种挑战。

1) 增强的用户体验

对于虚拟桌面架构和传统远程桌面服务来说，用户体验的质量将变得比以前更加重要。Windows Server 2008 这一版本的虚拟桌面架构和远程桌面服务通过新的远程桌面协议的功能提升了终端用户体验。在 Windows Server 2008 R2 和 Windows 7 联合使用时可以启用这些新功能，使得远程用户和本地用户的用户体验相差无几。

2) 增强的 RemoteApp 和桌面连接

新的 RemoteApp 和桌面连接(RAD)聚合提供了一系列的资源，比如 RemoteApp 程序和远程桌面。Windows 7 的用户通过新的 RemoteApp 和桌面连接控制面板来控制这些聚合，资源将被紧密集成到开始菜单和系统托盘区。在 Windows Server 2008 R2 和 Windows 7 中的 RemoteApp 和桌面连接特性可以提供下列方面的增强。

● 扩展远程桌面服务提供的工具来启用虚拟桌面架构。

● 提供简单的发布，增强访问到远程桌面和应用的简单性。

● 增强了在 Windows 7 用户界面方面的集成度。

● 多媒体重定向。

● 真正的多显示器支持。

● 声音的输入和录音。

● 对 Aero 玻璃化效果提供支持。

● 增强的音频视频同步。

● 语言栏重定向。

3) 增强的 RemoteApp 和桌面管理

RemoteApp 和桌面连接不仅提升了终端用户的体验，管理员通过其所提供的专门的管理界面也减少了桌面和应用管理所耗费的精力，更可以实现管理员快速而且动态地为用户分配远程资源。Windows Server 2008 R2 包含了下列 RAD 的管理特性来帮助减少管理工作。

● RemoteApp 和桌面连接管理控制面板界面。

● 单一的管理架构。

● 为包括域成员计算机和独立计算机进行了设计。

● 始终保持最新。

● 支持单点登录技术。

● RemoteApp 和桌面的网页访问。

4) 增强的 RemoteApp 和桌面部署

面对大量的 RAD 部署场景的管理员会发现 Windows Server 2008 R2 的远程桌面服务有一些额外的管理特性。这些管理特性的提高可由终端服务提供的所有旧场景以及 RAD 所带来的新情景。

● PowerShell 的支持。

● 用户文件的增强。

● Microsoft Installer (MSI)兼容。

● 远程桌面网关。

1.2.3　可靠性与可伸缩性

Windows Server 2008 R2 能够管理任意大小的工作负载，具有动态的可伸缩性以及全面的可用性和可靠性。Windows Server 2008 R2 提供了大量的新功能，包括利用复杂的 CPU 架构、增强操作系统的组件化以及提高应用程序和服务的性能与可伸缩性等。

1. 精密的动态 CPU 调节架构

Windows Server 2008 R2 是第一款仅支持 64 位的 Windows 操作系统。这是因为在过去的两年里，一方面用户越来越难买到纯 32 位的服务器处理器，另一方面迁移到 64 位架构可以在性能和可靠性方面获得提升。另外，现在 Windows Server 2008 R2 在一个操作系统实例中可以支持多达 256 个逻辑处理器核心。Hyper-V 虚拟机最多可以使用主机处理器池中的 64 个逻辑处理器。

2. 增强的操作系统组件化

Microsoft 引入服务器角色概念的目的就是让服务器管理员可以迅速而且简单地在任何 Windows 操作系统服务器上进行操作。管理员可以运行一个指定任务集，从系统中完全移除那些无用的系统代码。

Windows Server 2008 R2 的特性扩展了组件化模式。服务器的核心安装选项就是一个不错的例子，用户要求安装支持 PowerShell 脚本，在服务器的核心安装选项中则添加了相应服务器角色的.NET Framework 支持，从而完成了用户的要求。

3．应用和服务增强的性能及扩展性

Windows Server 2008 R2 的一个关键设计目标就是在相同的系统资源下，可以获得比早期 Windows Server 版本更好的性能。另外，Windows Server 2008 R2 增加的性能，使得用户比以前任何时候都可以接受更大的工作负载。

1) 向外扩展而增加的负载支持

Windows Server 2008 R2 的网络负载均衡(Network Load Balancing，NLB)功能使得用户可以在群集中加入两台或多台计算机。用户可以使用网络负载均衡功能将负载分配到群集节点，以实现支持大量的同时在线的用户数量。网络负载均衡功能在 Windows Server 2008 R2 中的改进包括以下几项。

- 增强了对需要持续连接的应用和服务的支持。
- 增强了对运行在网络负载均衡群集上的应用和服务的健康度检查和通知。

2) 容量提升增加的负载支持

Windows Server 2008 R2 可以使单一计算机上的负载更大，容量提升使得数据中心在减少服务器的数量的同时使能源利用更有效。这些支持容量提升的功能包括以下几项。

- 增加了支持逻辑处理器的数量。
- 减少了图形用户界面对系统的消耗。
- 提高了存储设备的性能。

4．增强的存储解决方案

在当今，更快获取信息的能力比以往显得尤为重要。这些高速访问的能力是建立在文件服务和网络连接存储(Network Attached Storage，NAS)的基础上的。Microsoft 存储解决方案是提供文件服务和 NAS 的最佳性能和最优可用性的核心一环。Windows Server 2008 引入了很多对存储技术的改进。Windows Server 2008 R2 再度对存储解决方案的性能、可用性、可管理性进行了改进。

1) 增强的存储解决方案性能

Windows Server 2008 R2 在存储解决方案上做了大量的性能改进，包括以下几项。

- 达到急速存储性能时，降低了处理器的利用率。
- 增强了存储 I/O 处理性能。
- 增强了服务器和存储之间存在多通道时的性能。
- 增强了 iSCSI 存储的连接性能：增强了对存储子系统的优化支持，减少了操作系统启动的时间。

2) 增强的存储解决方案可用性

对于用户组织内所有关键应用来说，存储的可用性是它们的基础。Windows Server 2008 R2 针对存储解决方案的可用性做了下列改进。

- 增强了服务器和存储间的错误冗余。
- 增强了从错误配置恢复的能力。

3) 增强的存储解决方案简化管理

管理存储子系统也是 Windows Server 2008 R2 的设计目标之一。Windows Server 2008 R2 在管理性方面的一些改进如下。

- 存储子系统配置设置的自动部署。
- 增强了对存储子系统的监控。
- 增强了存储子系统配置设定的版本控制。

5. 增强的企业内网资源保护

网络策略服务器(Network Policy Server，NPS) 是电话拨号用户服务协议服务器 (RADIUS)、代理服务器和网络访问保护(Network Access Protection，NAP)健康策略服务器的集合。NPS 为 NAP 客户端验证系统健康度，提供 RADIUS 验证、授权和记录(AAA)，并提供 RADIUS 代理功能。

(1) NAP 是一个包含客户端和服务器端组件的平台，它可以进行完全扩展的系统健康度检查和网络访问及通信方式的授权，包括以下几项。

- 互联网协议安全(IPSec)保护下的沟通。
- 对无线和有限连接进行 802.1X 验证访问。
- 虚拟专用网络 VPN 的远程连接。
- DHCP 地址的分发。
- 终端服务(Terminal Service，TS)网管的访问。

(2) Windows Server 2008 R2 的 NAS 改进包括以下几项。

- 自动化的 NPS SQL 日志安装。
- 改进的 NPS 日志。
- NAP 对一个系统健康度检查器的多项配置。
- NPS 模板。
- 从 Windows Server 2003 互联网验证服务(Internet Authentication Service，IAS)服务器的迁移能力。

1.2.4 管理

针对数据中心的服务器提供持续的管理是当今 IT 管理员所面对的最为耗时的任务。用户部署的任何管理策略都必须同时支持用户的物理和虚拟化环境的管理。

Windows Server 2008 R2 的一个设计目标就是减少针对 Windows Server 2008 R2 的持续管理以及减少日常操作任务的管理负担。下面这些管理任务可以在服务器本地或者远程执行。

1. 增强的数据中心电源消耗管理

数据中心的物理计算机的增加是电源消耗增加的主要原因。另外很多数据中心不得不根据其可用的实际电力功耗来限制放置在该数据中心的计算机数量，这使得减少计算机的电源消耗可以为数据中心节约费用。换句话来说，减少了能源消耗，使得数据中心在相同甚至比以前更少的能源消耗下，可以容纳更多的物理计算机。

1) 减少多核处理器的能源消耗

Windows Server 2008 R2 使用一项新功能叫作内核暂停(或核心暂停，Core Parking)来减少那些采用多核处理器的服务器在处理器方面的能源消耗。内核暂停功能可以让Windows Server 2008 R2 协同进程使用尽可能少的可用处理器核心数量，并暂停不用的处理器核心。

2) 通过调节处理器速度来减少处理器的能源消耗

Windows Server 2008 R2 可以调整处理器高级配置和电源管理接口(ACPI)的"P-states"(性能状态)，从而实现调节服务器的能源消耗的目的。ACPI 的"P-states"是 ACPI 规范中处理器的性能状态。根据处理器的架构，Windows Server 2008 R2 可以调节单独处理器的"P-states"，并在电源消耗上提供非常好的控制。

3) 减少存储的能源消耗

减少数据中心能源消耗的一个关键办法就是集中存储。通常就是使用存储区域网络(Storage Area Network，SAN)。因为存储区域网络在同样的能源消耗下，一般都使用更大容量的存储器。存储区域网络的存储容量与能源消耗比要比普通服务器高。由于所有的服务器都可以链接到存储区域网络中的可用存储，所以平均磁盘空间的有效利用率也会得到提升，从而减少服务器的存储能源消耗。

2. 增强的文件服务管理

存储不再是一个无关紧要的花费。管理存储不再仅仅是简单的卷和卷的可用性，组织需要更高效更有效地对它们的数据进行管理。只有拥有对数据的洞察力，公司才可以减少在存储、维护和管理数据方面的花费。只有强制的公司策略和知晓存储是如何使用的，管理员才能有效地使用存储以及减少数据泄露的风险。对于管理员来说，紧接着就是可以依靠商业价值来管理数据。

Windows Server 2008 R2 所提供的 Windows 文件系统分类架构(File Classification Infrastructure，FCI)深刻洞察用户的数据，并可帮助用户实现管理数据更有效、更少花费、更少风险。

Windows 文件系统分类架构通过自动分类进程来管理用户的数据，使得用户可以更有效、更经济地管理它们的数据。Windows 文件系统分类架构通过两个步骤来实现这个目标，首先根据由管理员定义的属性来自动分类文件(比如一个文件是否包含个人 ID 信息)，然后根据分类信息执行由管理员定义的指定操作(比如备份包含个人 ID 信息的文件到加密存储中)。这些方法都是系统自带的，当然也可以由 IT 组织和合作伙伴扩展这些方法，以创建更丰富的端到端的分类解决方案以及根据这些分类方法来执行的策略。Windows 文件系统分类架构可以帮助用户根据他们的商业价值和业务影响来实现减少开销和缩减风险的目的。

(1) 用户可以使用 Windows 文件系统分类架构识别下列文件。

- 包含敏感信息而且存储在安全性较低的服务器上的文件，并移动这些文件到拥有安全性较高的服务器上。
- 包含敏感信息的文件，并加密这些文件。

- 不再有用的文件，并从服务器上删除这些文件。
- 不经常访问的文件，并移动这些文件到其他存储。
- 需要执行不同的备份计划任务的文件，并依次备份这些文件。

(2) Windows 文件系统分类架构可以帮助用户做如下工作。

- 集中根据策略来分类存储在企业内网中的数据。
- 根据管理员的定义对文件分类执行文件管理任务，而不是根据文件的存储位置、大小、日期这些简单信息来进行分类管理。
- 为存储在内网中的文件生成关于类型信息的报表。
- 文件管理任务进行时，当处理到拥有者持有的数据时，会对数据持有者发送提醒。
- 根据 Windows 文件系统分类架构来创建或者购买自定义的文件管理方案。

3. 增强的远程管理性能

对任何高效的数据中心而言，服务器端计算机的远程管理都是必不可少的。服务器端计算机很少有在本地登录进行操作的。Windows Server 2008 R2 在远程管理性能方面进行了增强，具体如下。

1) 增强的远程管理图形管理工具

服务器管理控制台更新为允许进行服务器的远程管理。而且，很多集成在服务器管理控制台中的管理控制台也升级了，它们将可以支持远程管理的情景。

2) 增强的远程管理命令行工具和自动化脚本

PowerShell V 2.0 对远程管理情景做了很多改进。这些改进使得用户可以在一台或者多台远程计算机上同时运行脚本或者多个 IT 管理员同时在一台计算机上运行脚本。

4. 减少交互式管理任务耗费的管理工作

Windows Server 2008 R2 的一项重要设计目标就是减少日常管理工作。许多用于管理 Windows Server 2008 R2 的管理控制台都进行了升级或者重新设计，以便减少用户的管理工作。

5. 增强的 PowerShell V2.0 命令行工具以及自动管理

Windows Server 2008 引入了 PowerShell V1.0 脚本环境。Windows Server 2008 R2 则引入了 PowerShell V2.0。PowerShell V2.0 在前一版本的基础上进行了如下改进。

(1) Powershell 远程连接带来的改进的远程管理。

(2) 限制的运行空间带来的改进的数据管理安全性，包括状态和配置信息。

(3) 增强的 GUI 界面以方便 PowerShell 脚本创建和排错，Out-GridView 命令带来了改进的 PowerShell 脚本输出视图。

(4) 扩展的脚本功能帮助使用更少的开发工作来创建更强大的脚本。

(5) 增强的 PowerShell 脚本和命令在计算机间的移动性。

6. 增强的身份管理

身份管理是以 Windows 为基础的网络中一项最严峻的管理任务。对于任何组织来说，一个管理不善的身份管理系统，也意味着一个最大的安全隐患。Windows Server 2008 R2 所包含的身份管理增强了活动目录域服务和活动目录联盟这两个服务器角色。

各种活动目录服务器角色的增强，Windows Server 2008 R2 做了下列可能影响所有活动目录服务器角色的身份管理改进。

(1) 被删除对象的恢复。

(2) 加域过程的改进。

(3) 用于服务对象的用户帐户管理改进。

(4) 减少日常管理任务所需工作。

7. 增强的最佳实践分析器

Windows Server 2008 R2 的每个服务器角色都有最佳实践分析器。最佳实践分析器会为 Server Manager 中的角色创建响应的检查列表，用户可以很容易地完成各种配置任务。

1.2.5　更好地与 Windows 7 协作

Windows Server 2008 R2 包含了许多为与运行 Windows 7 的客户端计算机协调工作而专门设计的功能。Windows 7 是 Microsoft 公司自 Vista 版本之后的下一个版本的客户端操作系统。

只有当运行 Windows 7 的客户端计算机与运行 Windows Server 2008 R2 的服务器计算机协作时才可用的功能如下。

(1) 通过 Direct Access 为企业计算机提供更简化的远程连接。

(2) 增强私人和公用计算机远程连接的安全性。

(3) 提高分支机构的效率。

(4) 增强分支办公室内的网络安全性。

(5) 改进虚拟化桌面整合。

(6) 为多个站点之间的连接增加容错能力。

1.3　Windows Server 2008 R2 的硬件需求

实际需求将依系统设定以及我们所选择安装的应用程序和功能而有所差异。处理器性能不仅与处理器的时钟频率有关，也与核心个数以及处理器缓存的大小有关，而系统分区的磁盘空间需求为估计结果，因此 Itanium 架构及 x64 架构操作系统的磁盘空间需求，可能与表 1-2 中的估计结果不同，若要通过网络安装，可能还需要额外的可用磁盘空间。更多信息请参考微软的相关网站。

欲安装使用 Windows Server 2008 R2，必须符合表 1-2 所列硬件需求。

表 1-2　安装 Windows Server 2008 R2 的硬件需求

硬　件	需　求
处理器	最低：1.4GHz(x64 处理器) 建议：2GHz 或以上 注意：Windows Server 2008 R2 for Itanium-Based Systems 版本需要 Intel Itanium 2 处理器
内存	最低：512MB RAM 建议：2GB RAM 或以上 最大：8GB(基础版) 32GB(标准版) 2TB(企业版、数据中心版及 Itanium-Based Systems 版)
可用磁盘空间	最低：32GB 或以上 基础版：10GB 或以上 注意：配备 16GB 以上 RAM 的计算机将需要更多的磁盘空间，以进行分页处理、休眠及转储文件
光驱	DVD 驱动器
显示器	超级 VGA(800×600)或更高分辨率的显示器
其他	键盘和 Microsoft 鼠标(或兼容的指针设备)、Internet 访问(可能需要付费)

1.4　本　章　小　结

　　Windows Server 2008 R2 通过其内置的 Web 技术和虚拟化技术，可以提升服务器基础架构的可靠性和灵活性。Windows Server 2008 R2 可以帮助网络管理员搭建功能强大的网站与应用程序服务器平台，无论是大型、中型还是小型的企业网络，都可以利用 Windows Server 2008 R2 新添加的强大管理功能与经过强化的安全措施，来优化网站与服务器的管理、提高资源的可用性、减少成本支出、保护企业应用程序与数据，让管理员更轻松有效地控制管理网站与应用程序服务器的环境。

　　本章的相关内容参考了互联网上的一些网站，欲了解更多关于 Windows Server 2008 R2 的信息，请访问互联网中的有关网站。

第 2 章　搭建虚拟机测试平台

本章要点：

- 虚拟化简介
- 安装 VMware ESXi 5.0.0
- 应用管理软件 VMware vSphere Client
- 搭建安全 FTP

在开始安装 Windows Server 2008 R2 系统之前，要为服务器的安装做准备。本章将详细介绍 VMware ESXi 的使用方法及如何创建 VMware ESXi 虚拟机和搭建安全 FTP。

2.1　虚拟化简介

当今是信息化的云时代。数据中心采用服务器虚拟化技术构建云计算平台，而测试 Windows Server 2008 R2 的安全及稳定性我们需要搭建虚拟机测试平台，为此，我们将利用一台 IBM X3500 作为虚拟机测试平台，测试 Windows Server 2008 R2 的性能。在搭建测试平台前，我们先来学习什么是虚拟化。

2.1.1　什么是虚拟化

目前大多数的 x86 系列计算机及其兼容机的硬件是专为运行单个操作系统和单个应用程序而设计的，因此大部分计算机远未得到充分利用。借助虚拟化，我们可以在单台物理机上运行多个虚拟机，每个虚拟机都可以在多个环境之间共享同一台物理机的资源。不同的虚拟机可以在同一台物理机上运行不同的操作系统以及多个应用程序。

1. 虚拟化的工作原理

VMware 虚拟化平台基于可投入业务使用的体系结构构建。使用 VMware vSphere 等软件可转变或"虚拟化"基于 x86 系列的计算机的硬件资源(包括 CPU、RAM、硬盘和网络控制器)，以创建功能齐全、可像"真实"计算机一样运行其自身操作系统和应用程序的虚拟机。每个虚拟机都包含一套完整的系统，因而不会有潜在冲突。VMware 虚拟化的工作原理是，直接在计算机硬件或主机操作系统上面插入一个精简的软件层。该软件层包含一个以动态和透明方式分配硬件资源的虚拟机监视器(即"虚拟化管理程序")。多个操作系统可以同时运行在单台物理机上，彼此之间共享硬件资源。由于是将整台计算机(包括 CPU、内存、操作系统和网络设备)封装起来，因此虚拟机可与所有标准的 x86 操作系统、应用程序和设备驱动程序完全兼容。使用虚拟化技术，可以同时在单台计算机上安全运行多个操作系统和应用程序，每个操作系统和应用程序都可以在需要时访问其所需的资源。

2. 基于灵活的体系结构构建数据中心

虚拟化一台物理机仅仅是开始。我们可以使用 VMware vSphere(一个经过验证的虚拟化平台，用作构建私有云与公有云的基础)跨数百台互连的物理机和存储设备进行扩展，构建一个完整的虚拟基础架构，而无须为每个应用程序永久性地分配服务器、存储空间或网络带宽。与之相对应，硬件资源会根据需要在私有云内部动态分配到所需的位置。优先级最高的应用程序总是能得到所需的资源，因而无须浪费资金去置办仅在高峰时段使用的多余资源。将私有云连接到公有云可以创建一个混合云，从而为企业提供茁壮成长所需的灵活性、可用性和可扩展性。

3. 以最低总体拥有成本(TCO)管理资源

重要的不仅仅是虚拟化。我们需要使用管理工具来运行那些虚拟机，还需要能够运行企业所依赖的多种应用程序和基础架构服务。VMware 不但可以让用户提高服务可用性，同时还能摒弃容易出错的手动任务。有了 VMware 虚拟化的帮助，可以更有效率、更有成效地实现 IT 运营。我们将能够应付两倍乃至三倍于原来数目的服务器，使用户能够访问他们所需的服务，同时又保持集中控制。因此，从桌面到数据中心可全面实现内置的可用性、安全性和性能。

2.1.2　虚拟化的优势

通过虚拟化可以提高 IT 资源与应用的效率性和可用性。消除"一台服务器、一个应用"的旧有模式，在每台物理机上运行多个虚拟机，可以让 IT 管理员腾出手来进行创新工作，而不是花大量的时间管理服务器。在非虚拟化的数据中心，仅仅是维持现有基础架构通常就要耗费大约 70% 的 IT 预算，用于创新的预算微乎其微。

借助在经过生产验证的 VMware 虚拟化平台基础上构建的自动化数据中心，我们能够以前所未有的速度和效率响应市场动态。VMware vSphere 可以按需要随时将资源、应用程序甚至服务器分配到相应的位置。VMware 客户通过使用 VMware vSphere 整合其资源池和实现计算机的高可用性，通常可以节省 50%到 70%的 IT 总成本。

VMware 虚拟化的优势主要表现在以下几个方面。

(1) 可以在单个计算机上运行多个操作系统，包括 Windows、Linux 等。

(2) 通过创建一个适用于所有 Windows 应用程序的虚拟 PC 环境，可以让 Mac 计算机运行 Windows。

(3) 通过提高能效、减少硬件需求量以及提高服务器/管理员比率，降低资金成本。

(4) 确保企业级应用实现最高的可用性和性能。

(5) 通过改进灾难恢复解决方案提高业务连续性，并在整个数据中心实现高可用性。

(6) 改进企业桌面管理和控制，并加快桌面部署，则因应用程序冲突而带来的请求支持的数量也将随之减少。

2.1.3 采用虚拟化软件的理由

通过实现 IT 基础架构的虚拟化，可以降低 IT 成本，同时提高现有资产的效率、利用率和灵活性。

1. 提高现有资源的利用率

通过整合服务器将共用的基础架构资源聚合到池中，打破了原有的"一台服务器一个应用程序"模式。

2. 通过缩减物理基础架构和提高服务器/管理员比率，降低数据中心成本

由于服务器及相关 IT 硬件更少，因此减少了占地空间，也减少了电力和散热需求。管理工具更加出色，可帮助提高服务器/管理员比率，因此所需人员数量也将随之减少。

3. 提高硬件和应用程序的可用性，进而提高业务连续性

可安全地备份和迁移整个虚拟环境而不会出现服务中断，可消除计划内停机，并可从计划外故障中立即恢复。

4. 实现运营灵活性

由于采用动态资源管理，加快了服务器调配并改进了桌面和应用程序部署，因此可及时响应市场的变化。

5. 提高桌面的可管理性和安全性

几乎可以在所有标准台式机、笔记本电脑或 Tablet PC 上部署、管理和监视安全桌面环境，无论是否能连接到网络，用户都可以在本地或以远程方式对这种环境进行访问。

2.2 安装 VMware ESXi 5.0.0

vSphere 是 VMware 公司推出一套服务器虚拟化解决方案，目前的最新版本为 5.1。vSphere 5 中的核心组件为 VMware ESXi 5.0.0(取代原 ESX)，ESXi 与 Citrix 的 XenServer 相似，是一款可以独立安装和运行在裸机上的系统，因此与我们以往见过的其他 VMware Workstation 软件不同的是，它不再依存于宿主操作系统。在 ESXi 安装好以后，我们可以通过 vSphere Client 远程连接控制，在 ESXi 服务器上创建多个 VM(虚拟机)，再为这些虚拟机安装好 Linux /Windows Server 系统使之成为能提供各种网络应用服务的虚拟服务器。

ESXi 是从内核级支持硬件虚拟化，运行于其中的虚拟服务器在性能与稳定性上不亚于普通的硬件服务器，而且更易于管理维护，所以我们选择此软件作为虚拟化的应用。

VMware ESXi 5.0.0 的安装文件可以从 VMware 的官方网站上直接下载(注册时需提供一个有效的邮箱)，下载得到的是一个 VMware-VMvisor- Installer-5.0.0-469512.x86_64.iso 文件，可以刻录成光盘或通过工具制作成带 CD-ROM 盘中的优盘中使用，由于 ESXi 本身就

是一个操作系统(Linux 内核)，因此在初次安装时要用它来引导系统。

2.2.1 安装 ESXi 5.0.0

我们利用 IBM X3500 的远程管理卡(Integrated Mangement Module，IMM)功能，利用下载好的镜像文件引导系统进行远程安装。

(1) 系统自动引导后进入 ESXi 5.0.0 的启动菜单，如图 2-1 所示，直接按 Enter 键进入自动调用 ESXi 安装界面，如图 2-2 所示。

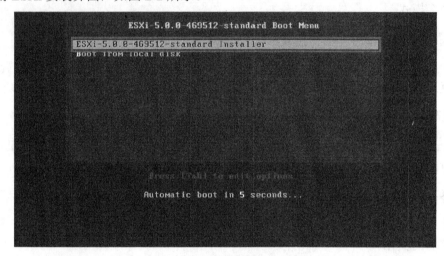

图 2-1　ESXi 5.0.0 的启动菜单

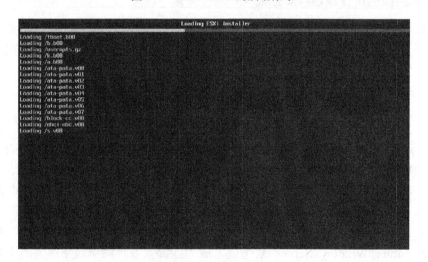

图 2-2　调用安装文件

(2) 自动调用相关文件后，弹出运行界面，如图 2-3 所示，然后进入欢迎界面，如图 2-4 所示，这里直接按 Enter 键进入下一步操作。

(3) 同意相关用户协议后按 F11 键继续，如图 2-5 所示，安装文件会扫描计算机的相关硬件设备，如图 2-6 所示。

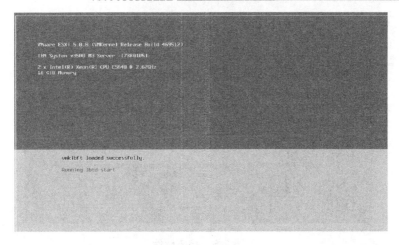

图 2-3 运行界面

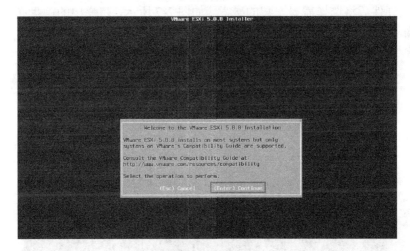

图 2-4 欢迎界面

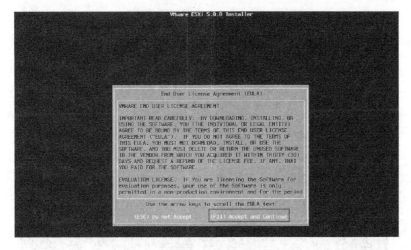

图 2-5 用户协议

图 2-6　扫描硬件

(4) 扫描硬件后将选择需要安装的磁盘，如图 2-7 所示，在弹出的键盘布局进行选择后直接按 Enter 键进入下一步，如图 2-8 所示。

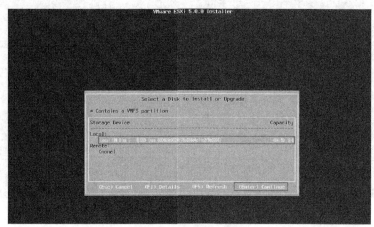

图 2-7　选择安装磁盘

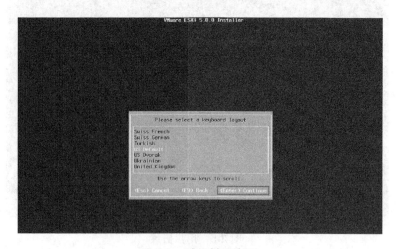

图 2-8　选择键盘布局

(5) 输入 root 用户的密码后按 Enter 键，如图 2-9 所示，将进入系统扫描界面，如图 2-10 所示。

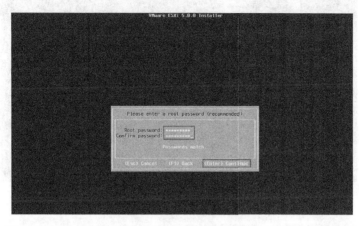

图 2-9 指定 root 用户密码

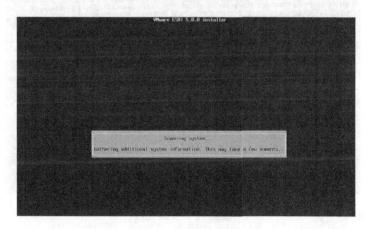

图 2-10 系统扫描

(6) 按 F11 键确认安装，如图 2-11 所示，然后会出现显示安装进度的滚动条，如图 2-12 所示，安装完成后将弹出安装成功对话框，如图 2-13 所示，按 Enter 键重新启动计算机。

图 2-11 确认安装

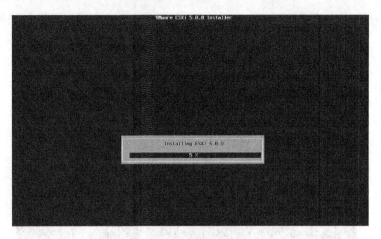

图 2-12　显示安装进度的滚动条

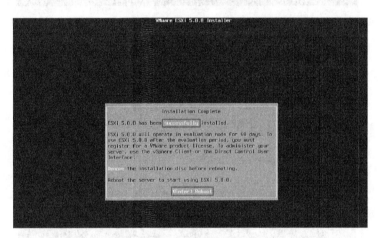

图 2-13　安装完成

(7) 在弹出如图 2-14 所示的"重新启动界面"后，我们的 VMware ESXi 5.0.0 将成功启动，如图 2-15 所示，至此虚拟机软件安装成功。

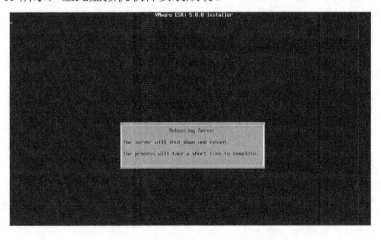

图 2-14　提示将重新启动

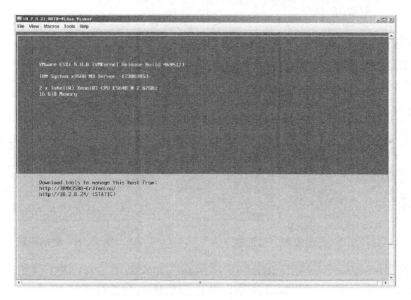

图 2-15　VMware ESXi 5.0.0 安装成功

2.2.2　安装管理软件 VMware vSphere Client 5.0

为方便管理 ESXi 主机，我们按照以下步骤来安装管理软件。

(1) 根据如图 2-15 所示界面的提示，通过 IE 浏览器输入主机管理 IP 地址 (http://10.2.0.24)，可以访问到 VMware ESXi 5 的欢迎界面，如图 2-16 所示，单击 Download vSphere Client 链接可以下载管理软件进行安装(也可以从 VMware 的网站上下载来安装)。

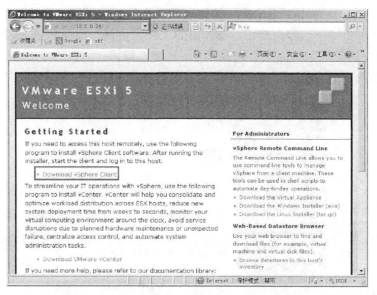

图 2-16　VMware ESXi 5 的欢迎界面

(2) 在弹出的如图 2-17 所示的"打开文件–安全警告"对话框中单击"运行"按钮后文件将自动提取，如图 2-18 所示。

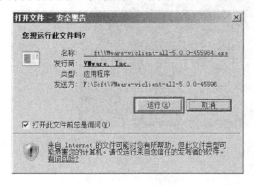

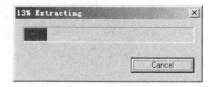

图 2-17　"打开文件–安全警告"对话框　　　　　　图 2-18　自动提取

(3) 文件提取完成后将弹出如图 2-19 所示的选择安装语言对话框，单击"确定"按钮后，会解压缩相关文件，如图 2-20 所示，并进行后续的安装任务。

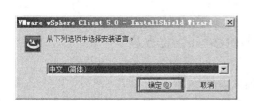

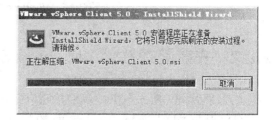

图 2-19　选择安装语言　　　　　　　　　图 2-20　解压缩相关文件

(4) 当文件解压缩完成后，进入"欢迎使用 VMware vSphere Client 5.0 的安装向导"界面，如图 2-21 所示，单击"下一步"按钮，在弹出的"最终用户专利协议"界面中，如图 2-22 所示，单击"下一步"按钮，在弹出的"许可协议"界面中(见图 2-23)，选择"我同意许可协议中的条款"单选按钮并单击"下一步"按钮。

(5) 根据实际情况填写好"客户信息"界面后单击"下一步"按钮，如图 2-24 所示。

图 2-21　"欢迎使用 VMware vSphere Client 5.0 的安装向导"界面

图 2-22　"最终用户专利协议"界面　　　　　图 2-23　"许可协议"界面

（6）我们可以单击"更改"按钮，改变安装路径，确认好"vSphere Client 的安装路径"后单击"下一步"按钮，如图 2-25 所示。

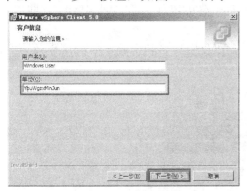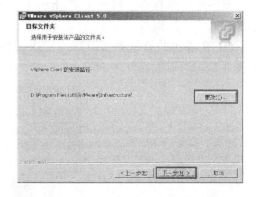

图 2-24　"客户信息"界面　　　　　　图 2-25　选择 vSphere Client 的安装路径

（7）进入"准备安装程序"界面后单击"安装"按钮，如图 2-26 所示，开始安装其相关程序功能，如图 2-27 所示，相关程序功能安装完成后弹出"安装已完成"界面，如图 2-28 所示，表示管理软件 VMware vSphere Client 已成功安装。

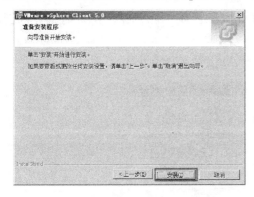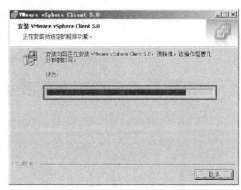

图 2-26　"准备安装程序"界面　　　　　图 2-27　安装所选定的程序功能

图 2-28　"安装已完成"界面

2.2.3　登录主机

安装好管理软件 VMware vSphere Client 5.0 后，双击运行桌面上的图标，即可运行软件。

(1) 在弹出的登录界面中输入 ESXi 服务器的 IP 及用户名和密码，单击"登录"按钮，如图 2-29 所示。

图 2-29　VMware vSphere Client 5.0 登录界面

(2) 登录成功后将弹出如图 2-30 所示的 ESXi 服务管理界面(未激活)，此时就可以创建虚拟机了。

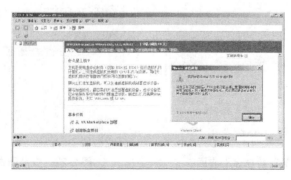

图 2-30　ESXi 服务管理界面(未激活)

2.2.4 激活 VMware ESXi 5.0.0

安装好 ESXi 5.0.0 后,在利用 VMware vSphere Client 5.0 登录到主机后需要激活 ESXi,以方便我们更好地应用其功能,下面介绍激活操作。

(1) 通过 vClient 进入主机,如图 2-31 所示,现在显示"评估版",单击主机,选择"配置"选项卡,单击"已获许可的功能",单击"编辑"后将弹出"分配许可证"对话框,如图 2-32 所示,选中"向此主机分配新许可证密钥"单选按钮,单击"输入密钥"按钮。

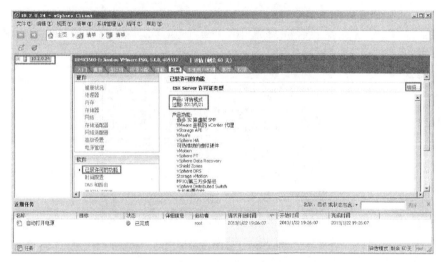

图 2-31 10.2.0.24-vSphere Client 界面

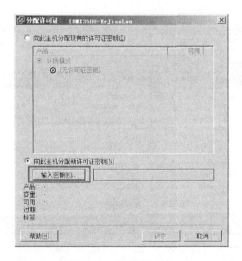

图 2-32 分配许可证

(2) 在弹出的"添加许可证密钥"对话框中输入新许可密钥后单击"确定"按钮,如图 2-33 所示。

图 2-33　添加许可证密钥

(3) 在输入新的许可证密钥后，如果序列号输入正确，会显示对应的产品版本以及容量等信息，如图 2-34 所示，单击"确定"按钮返回。

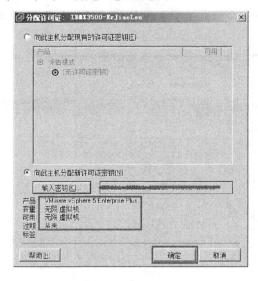

图 2-34　分配许可证成功

(4) 分配许可证成功后可以通过第一步操作，验证激活成功的有效性，如图 2-35 和图 2-36 所示。

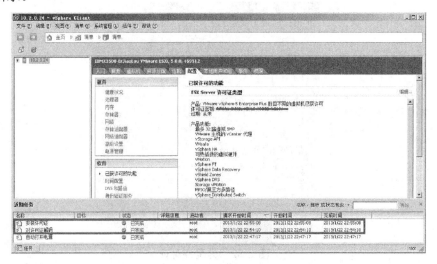

图 2-35　验证激活成功的有效性(1)

图 2-36　验证激活成功的有效性(2)

通过上面的操作搭建好测试 Windows Server 2008 R2 的软硬件平台后，下面我们将利用虚拟化技术为信息化服务。

2.3　应用管理软件 VMware vSphere Client

利用 VMware vSphere Client，我们可以远程访问安装了 ESXi 的主机，通过此程序进行虚拟化的相关应用操作。

2.3.1　管理存储器

1. 虚拟化存储

虚拟化存储是 VMware vSphere 虚拟化环境中不可或缺的一部分。vSphere 存储虚拟化是 vSphere 功能与 API 的结合，可为将在虚拟化部署中处理、管理和优化的物理存储资源提供一个抽象层。

存储虚拟化技术提供了可以从根本上更好地管理虚拟基础架构的存储资源的方法，使系统具有以下功能。

- 大幅提高存储资源利用率和灵活性。
- 无论采用何种存储拓扑，均可简化操作系统修补过程并减少驱动程序要求。
- 提高应用的正常运行时间并简化日常操作。
- 利用并完善现有的存储基础架构。

2. 非虚拟化环境中的存储

在非虚拟化环境中，服务器与存储直接相连。存储可能位于服务器机架内部，也可能位于外部阵列中。非虚拟化环境中存储的最大不足是特定服务器需要完全拥有物理设备，即整个磁盘驱动器(或驱动器阵列中的逻辑单元号)需与单个服务器绑定。在非虚拟化环境中共享存储资源需要复杂的集群文件系统，或者将基于数据块的存储转为基于文件的NAS(网络连接存储)。直接访问基于数据块的存储在驱动程序、存储 ROM 和修补程序方面同样十分复杂。

3. 数据存储和虚拟机

虚拟机在数据存储中作为一组文件存储在自己的目录中。数据存储是逻辑容器，类似于文件系统，它将各个存储设备的特性隐藏起来，并提供一个统一的模型来存储虚拟机文件。 数据存储还可以用来存储 ISO 映像、虚拟机模板和软盘映像。

数据存储可以由以下文件系统提供支持，具体取决于所使用的存储类型。

(1) 虚拟机文件系统(VMFS)：为存储虚拟机而优化的高性能文件系统。该主机可以将VMFS 数据存储部署在任何基于 SCSI 的本地或联网存储设备上，包括光纤通道、以太网光纤通道和 iSCSI SAN 设备。

(2) 网络文件系统(NFS)：NAS 设备上的文件系统。vSphere 通过 TCP/IP 实现对 NF3V3版本的支持。该主机可以访问位于 NFS 服务器上指定的 NFS 卷，挂载该卷并用其满足任何存储需求。

4. VMware Virtual Machine File System (VMFS)——虚拟机文件系统

VMFS 允许多个 VMware vSphere 服务器并行访问共享虚拟机存储。它还使基于虚拟化的分布式基础架构服务(如 vSphere DRS、vSphere HA、vSphere vMotion 和 vSphere Storage vMotion)得以跨整个 vSphere 服务器集群运行。VMFS 为使虚拟化扩展到单个系统界限外提供了技术基础。

5. 存储连接

vSphere 支持基于数据块的存储的所有常见存储互联方式，具体包括如下方式。

(1) 直连存储：通过直接连接而不是网络连接(通常是 SATA、IDE、EIDE 等)连接到主机的内部或外部存储磁盘或阵列。

(2) 光纤通道：用于存储区域网络(SAN)的基于高速光纤的传输协议。光纤通道基于 FC协议封装 SCSI 命令。

(3) FCoE：以太网光纤通道。光纤通道流量封装到以太网帧中。

(4) iSCSI：iSCSI 通过 IP 网络传递 SCSI 命令。

vSphere 还支持将数据存储放置在通过 IP 网络访问的 NAS 存储上。

6. 在客户操作系统中看到的存储

vSphere 极大地简化了从客户操作系统对存储的访问，提供给 vSphere 客户操作系统的虚拟硬件包括一组通用 SCSI 和 IDE 控制器，几乎所有操作系统中都有它们的驱动程序。在客户操作系统中可以看到一个通过标准控制器连接的简单物理磁盘。向客户操作系统呈现虚拟化存储视图有如下优势。

(1) 可更轻松地进行管理。无须为物理服务器中每种类型的控制器都保留客户操作系统驱动程序。

(2) 扩大的支持和访问范围。可以通过客户操作系统访问不同类型的存储互联(如 iSCSI 和 FCoE)，这些操作系统可能并不提供对这些协议的本机支持。

(3) 更高的效率。在 vSphere Server 级别提供了多路径功能，因而无须为数量庞大的物理服务器提供冗余链接和软件配置。

7. 应用存储器

我们的测试机 IBM X3500 采用"直连存储"方式，下面通过登录 ESXi 主机，来查看一下存储是如何工作的。

(1) 成功登录到 ESXi 主机后，在弹出的主机管理窗口(见图 2-37)中，选择 ESXi 主机 10.2.0.24，切换到"配置"选项卡，选择"存储器"硬件，选择要查看的存储，在这里我们选择 Data-1 并右击，在弹出的快捷菜单中选择"浏览数据存储"命令。

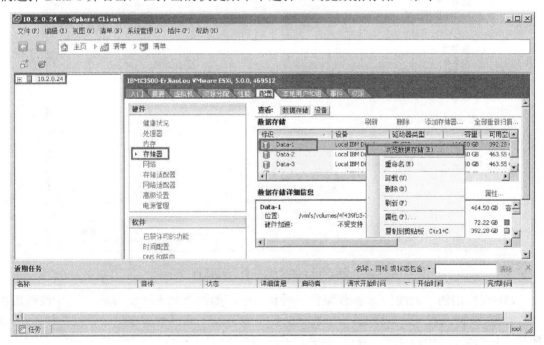

图 2-37　选择"浏览数据存储"命令

(2) 在弹出的"数据存储浏览器"窗口中，如图 2-38 所示，选择"上载文件"命令，在"上载项目"对话框中选择所需要的文件后单击"打开"按钮，如图 2-39 所示。

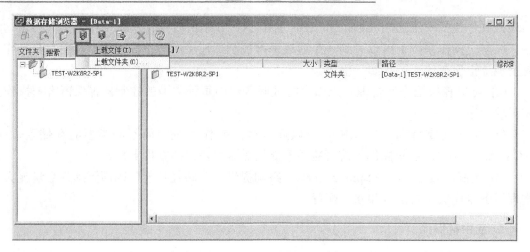

图 2-38　选择"上载文件"命令

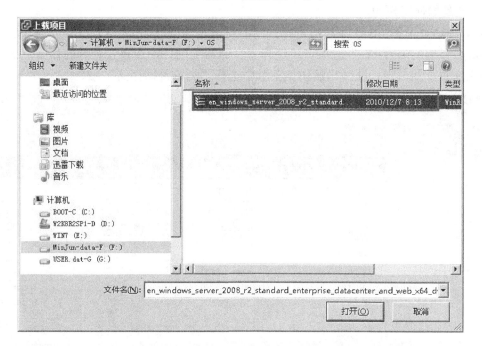

图 2-39　　"上载项目"对话框

(3) 在弹出的"上载/下载操作警告"对话框中，如图 2-40 所示，单击"是"按钮后将进行数据文件上载，图 2-41 显示了数据文件上载进展，通过数据存储浏览器，如图 2-42 所示，我们可以看到上载文件已经完成。

(4) 我们可以把上载成功的安装镜像加载到虚拟机。选择要加载安装镜像的虚拟机 (TEST-W2K8R2-SP1)，选择"编辑虚拟机设置"选项，如图 2-43 所示。

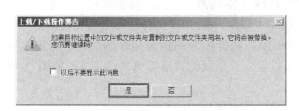

图 2-40　"上载/下载操作警告"对话框

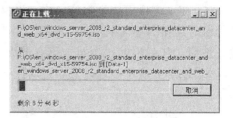

图 2-41　"正在上载"对话框

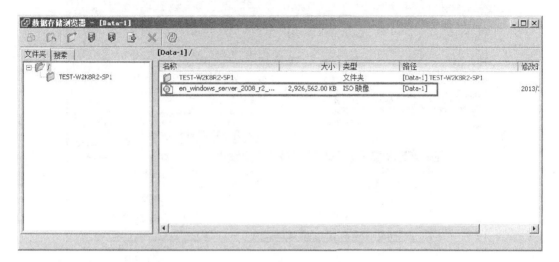

图 2-42　上载数据文件完成

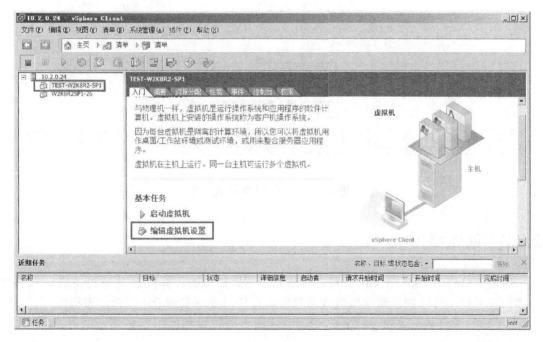

图 2-43　选择虚拟机 TEST-W2K8R2-SP1

39

(5) 在"虚拟机属性"窗口中，选择"CD/DVD 驱动器"，在"设备状态"中选中"打开电源时连接"复选框，在"设备类型"中选中"数据存储 ISO 文件"单选按钮，单击"浏览"按钮，在弹出的"浏览数据存储"对话框中，选择需要的镜像文件后单击"确定"按钮，如图 2-44 所示，通过查看近期任务，可以看到"重新配置虚拟机"已完成，如图 2-45所示。

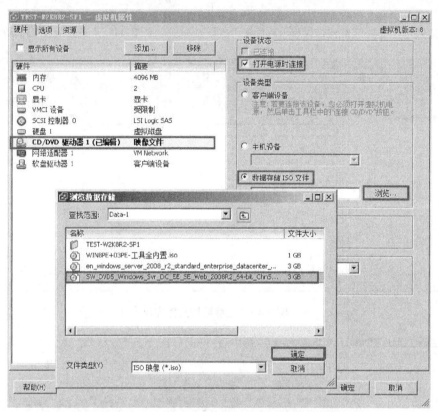

图 2-44　虚拟机属性

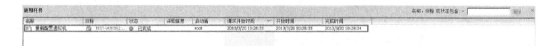

图 2-45　重新配置虚拟机完成

2.3.2　创建虚拟机

通过 VMware vSphere Client 可以登录到运行虚拟机的计算机上(也称为主机)，要向主机添加虚拟机，可以创建新虚拟机或部署虚拟设备，接下来就着手创建虚拟机。

(1) 通过 VMware vSphere Client 登录到主机上可以看到如图 2-46 所示的界面，单击"创建新虚拟机"选项。

(2) 在弹出的"创建新的虚拟机"对话框中，根据需要选择虚拟机的配置，选择"自定义"单选按钮,单击"下一步"按钮,进行后续的配置,如图 2-47 所示。

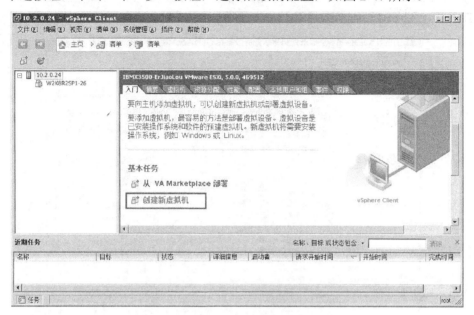

图 2-46 选择创建新虚拟机

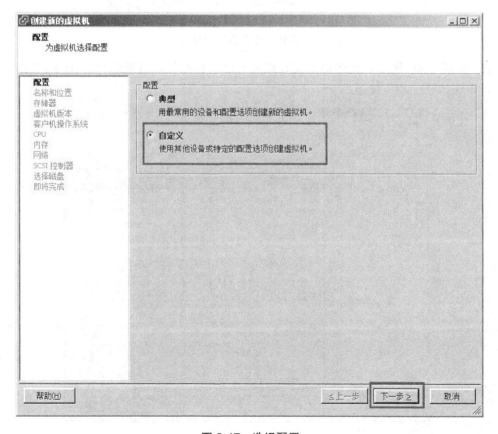

图 2-47 选择配置

（3）在如图 2-48 所示指定虚拟机的名称和位置界面中，根据虚拟机的应用取名"TEST-W2K8R2-SP1"后单击"下一步"按钮。

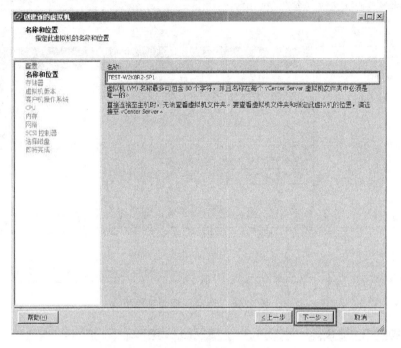

图 2-48　设置名称和位置

（4）如图 2-49 所示，为虚拟机文件选择一个目标存储，这里选择"Data-1"作为目标存储，单击"下一步"按钮。

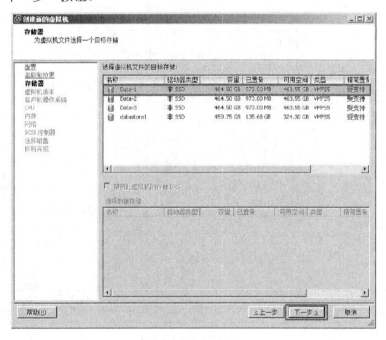

图 2-49　选择存储器

(5) 如图 2-50 所示，选择虚拟机的版本，因此我们的主机上安装的是 VMware ESXi 5.0.0，所以选择"虚拟机版本：8"，单击"下一步"按钮。

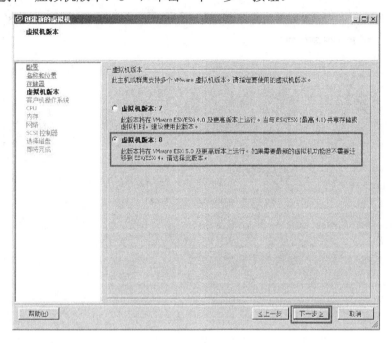

图 2-50　选择虚拟机版本

(6) 根据客户机操作系统指定版本为"Microsoft Windows Server 2008 R2(64 位)"，单击"下一步"按钮，如图 2-51 所示。

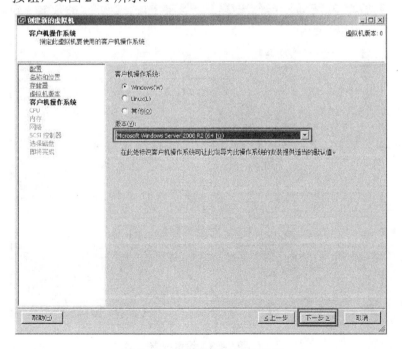

图 2-51　设置客户机操作系统

(7) 结合虚拟机的应用，选择虚拟机 CPU 的数量，如图 2-52 所示，单击"下一步"按钮。

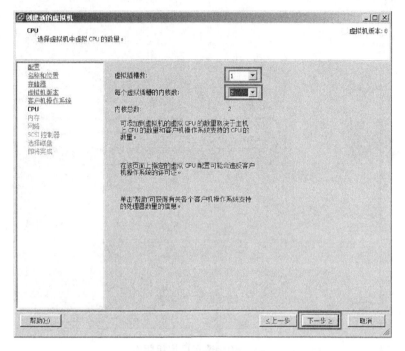

图 2-52　设置 CPU

(8) 如图 2-53 所示，进行虚拟机的内存大小配置，然后单击"下一步"按钮。

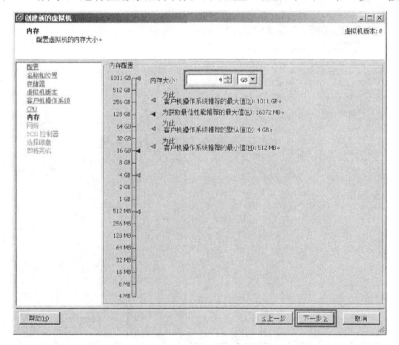

图 2-53　设置内存

(9) 根据虚拟机网络连接情况，创建如图 2-54 所示的网络连接，单击"下一步"按钮。

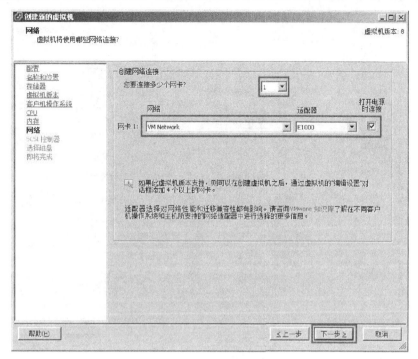

图 2-54　创建网络连接

(10) 在如图 2-55 所示的界面中选择 SCSI 控制器，然后单击"下一步"按钮。

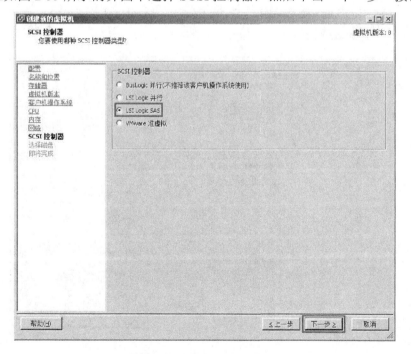

图 2-55　选择 SCSI 控制器

(11) 在如图 2-56 所示的界面中选择磁盘后，单击"下一步"按钮。

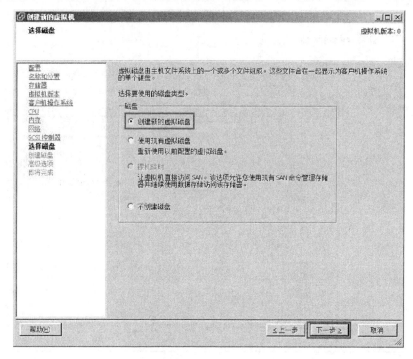

图 2-56 "选择磁盘"界面

(12) 确定虚拟机磁盘的大小及位置，进行如图 2-57 所示的配置后单击"下一步"按钮。

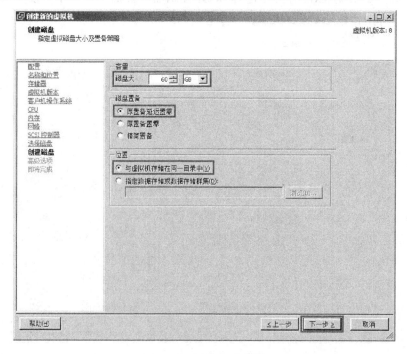

图 2-57 设置创建磁盘

(13) 在如图 2-58 所示的界面中确定虚拟磁盘的接口类型，然后单击"下一步"按钮。

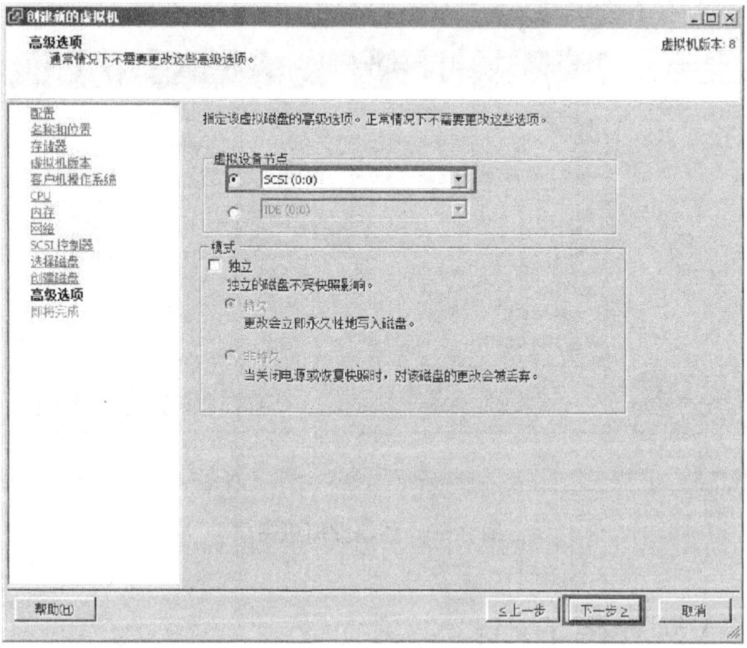

图 2-58　"高级选项"界面

(14) 在图 2-59 中，列出了新建虚拟机的全部配置，确认无误后单击"完成"按钮。

图 2-59　"即将完成"界面

(15) 通过上面 14 步操作即可完成虚拟机的创建工作，如图 2-60 所示，在"近期任务"栏有显示。

图 2-60　创建虚拟机完成

2.3.3　安装 VMware Tools

如果创建好虚拟机并安装系统后，若其上没有安装 VMware Tools，须按 Ctrl+Alt 键才能在主机与虚拟机之间切换。下面介绍安装 VMware Tools 的方法。

(1) 通过查看 TEST-W2K8R2-SP1 的摘要，可以看到"VMware Tools：未运行(未安装)"的提示，如图 2-61 所示。

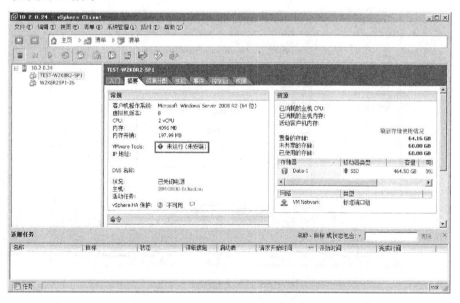

图 2-61　TEST-W2K8R2-SP1 摘要

(2) 在如图 2-60 所示的界面中,单击"启动虚拟机"选项,在 TEST-W2K8R2-SP1 虚拟机启动成功后,右击并在弹出的快捷菜单中选择"客户机"|"安装/升级 VMware Tools"命令,如图 2-62 所示。

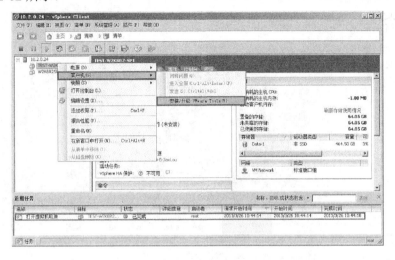

图 2-62　安装/升级 VMware Tools

(3) 在弹出的"安装 VMware Tools"对话框中单击"确定"按钮,如图 2-63 所示,近期任务栏中会提示"执行 VMware Tools 安装程序挂载"已完成,如图 2-64 所示。

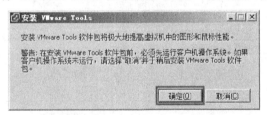

图 2-63　"安装 VMware Tools"对话框

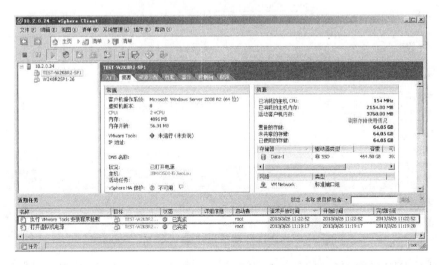

图 2-64　执行 VMware Tools 安装程序挂载完成

(4) 通过单击 ▣ 按钮，启动虚拟机控制台并按 CTRL+ALT+DELTE 组合键登录 TEST-W2K8R2-SP1 虚拟机的系统，如图 2-65 所示，进入系统后可以看到虚拟机的 DVD 驱动器上已挂载 VMware Tools，如图 2-66 所示。

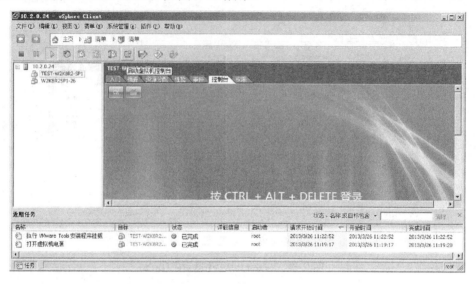

图 2-65　启动虚拟机控制台

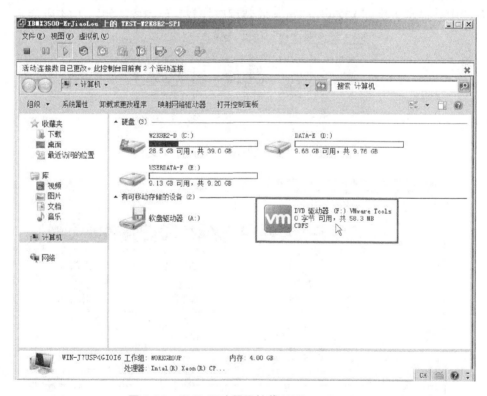

图 2-66　DVD 驱动器已挂载 VMware Tools

(5) 打开 DVD 驱动器，双击 setup 64 文件进行 VMware Tools 安装(见图 2-67)，将进

入如图 2-68 所示的安装进程。

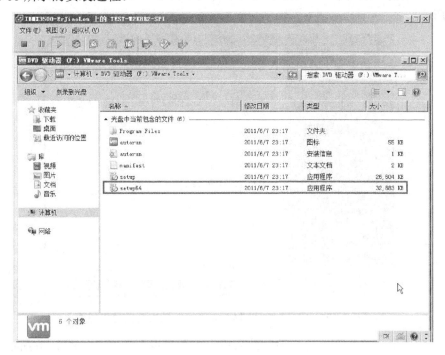

图 2-67　双击 setup 64 文件

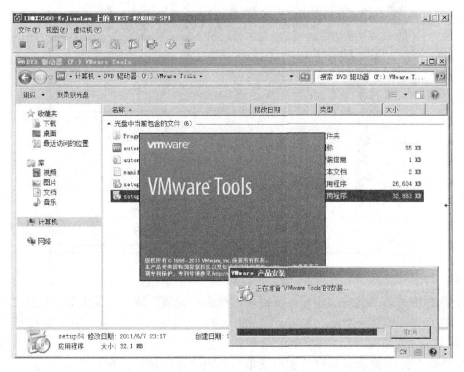

图 2-68　VMware 产品安装

(6) 在弹出的"欢迎使用 VMware Tools 的安装向导"界面中单击"下一步"按钮，如图 2-69 所示。

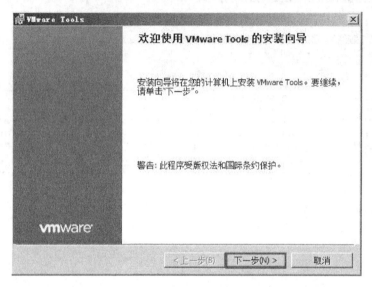

图 2-69 "欢迎使用 VMware Tools 的安装向导"界面

(7) 选中"典型安装"单选按钮，然后单击"下一步"按钮，如图 2-70 所示。

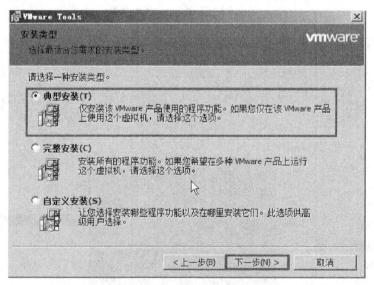

图 2-70 选择安装类型

(8) 在弹出的"准备安装程序"界面中，单击"安装"按钮开始安装，如图 2-71 所示。

(9) 在"正在安装 VMware Tools"界面中单击"下一步"按钮，如图 2-72 所示，几分钟后，将弹出"安装向导已完成"界面，单击"完成"按钮，如图 2-73 所示，要让 VMware Tools 生效，会弹出提示重新启动的对话框，单击"是"按钮，如图 2-74 所示。

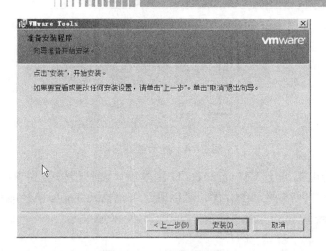

图 2-71　准备安装程序

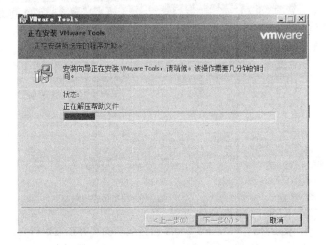

图 2-72　正在安装 VMware Tools

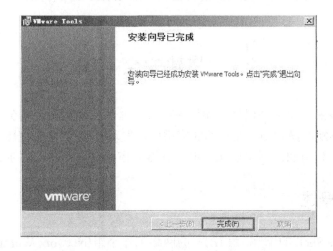

图 2-73　安装向导已完成

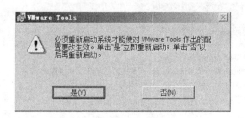

图 2-74   提示重新启动

(10) 重新启动虚拟机让 VMware Tools 生效后,我们能体验到虚拟机中图形和鼠标性能的提高,通过如图 2-75 所示的界面,可以确认 VMware Tools 已经成功安装并正在运行。

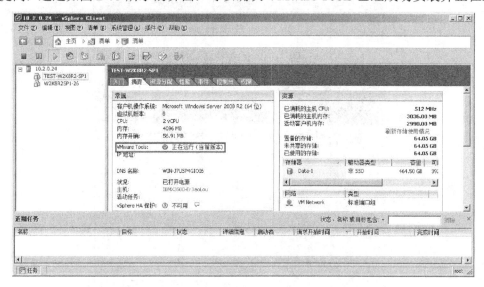

图 2-75   VMware Tools 已经成功安装并正在运行

通过安装 VMware Tools,可以方便物理机与虚拟机之间进行操作,让虚拟机的应用更加流畅。

2.4   搭建安全 FTP

管理虚拟服务器,安全是保障。如何提高服务器的安全系数,避免数据丢失,提高数据传送速度,在不断的摸索中,在长期的应用中,发现利用 SSH 管理服务器,对提高安全性有很大的帮助。利用 SSH,可以在虚拟服务器上搭建安全 FTP,方便数据的共享。

2.4.1   SSH 概述

SSH 是 Secure Shell 的缩写,由 IETF 的网络工作小组(Network Working Group)所制定;SSH 是创建在应用层和传输层基础上的安全协议。

传统的网络服务程序,如 FTP、POP 和 Telnet,其本质上都是不安全的;因为它们在网络上使用明文传送数据、用户帐号和用户口令，很容易受到中间人(man-in-the-middle)攻击方式的攻击。换句话说，就是存在另一个人或者一台机器冒充真正的服务器接收用户传给服务器的数据，然后再冒充用户把数据传给真正的服务器。而 SSH 是目前比较可靠的，专为远程登录会话和其他网络服务提供安全性的协议。利用 SSH 协议可以有效防止远程管理过程中的信息泄露问题。通过 SSH 可以对所有传输的数据进行加密，也能够防止 DNS 欺骗和 IP 欺骗。

SSH 的另一项优点是其传输的数据是经过压缩的，所以可以加快传输的速度。SSH 有很多功能，它既可以代替 Telnet，又可以为 FTP、POP，甚至为 PPP 提供一个安全的"通道"。

1. SSH 协议框架中的三个协议

(1) 传输层协议(Transport Layer Protocol)。传输层协议提供服务器认证、数据机密性、信息完整性等的支持。

(2) 用户认证协议(User Authentication Protocol)。用户认证协议为服务器提供客户端的身份鉴别。

(3) 连接协议(Connection Protocol)。连接协议将加密的信息隧道复用成若干个逻辑通道，提供给更高层的应用协议使用。

SSH 协议同时还可以为许多高层的网络安全应用协议提供扩展支持。各种高层应用协议可以相对地独立于 SSH 基本体系之外，并依靠这个基本框架，通过连接协议使用 SSH 的安全机制。

2. SSH 在客户端的安全验证

SSH 在客户端提供两种级别的安全验证。

1) 第一种级别(基于密码的安全验证)

如果知道帐号和密码，就可以登录远程主机，并且所有传输的数据都会被加密。但是，可能会有其他服务器在冒充真正的服务器，无法避免被"中间人"攻击。

2) 第二种级别(基于密钥的安全验证)

用户必须为自己创建一对密钥，并把公有密钥放在需要访问的服务器上。客户端软件会向服务器发出请求，请求将密钥进行安全验证。服务器收到请求之后，先在该服务器的用户根目录下寻找用户的公有密钥，然后把它和用户发送过来的公有密钥进行比较。如果两个密钥一致，服务器就用公有密钥加密"质询"(challenge)并把它发送给客户端软件，从而避免被"中间人"攻击。

3. SSH 在服务器端的安全验证

SSH 在服务器端的安全验证有两种方案，具体如下。

(1) 主机将自己的公用密钥分发给相关的客户端，客户端在访问主机时则使用该主机的公开密钥来加密数据，主机则使用自己的私有密钥来解密数据，从而实现主机密钥认证，确定客户端的可靠身份。

(2) 存在一个密钥认证中心，所有提供服务的主机都将自己的公开密钥提交给认证中心，而任何作为客户端的主机则只要保存一份认证中心的公开密钥就可以了。在这种模式下，客户端必须访问认证中心然后才能访问服务器主机。

2.4.2 配置 SSH

利用 SSH 来搭建 FTP，需要先进行配置，具体配置步骤如下。

(1) 成功登录到主机后，在"配置"选项卡中选择"安全配置文件"选项，单击"属性"按钮，如图 2-76 所示。

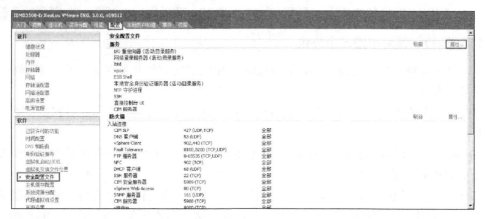

图 2-76 安全配置文件

(2) 在打开的"服务属性"对话框中，选中 SSH，可以看到其当前状态是"已停止"，单击"选项"按钮，更改其状态，如图 2-77 所示。

图 2-77 "服务属性"对话框

(3) 在"SSH 选项"对话框中，在"启动策略"中选择"与主机一起启动和停止"单选按钮，在"服务命令"选项组中单击"启动"按钮，然后单击"确定"按钮，如图 2-78 所示，这样，SSH 服务就开启了。

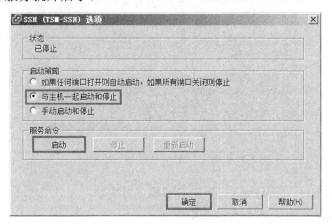

图 2-78　SSH 选项

(4) 同时，检查"防火墙属性"对话框中的"SSH 服务器"选项是否正常选中，如图 2-79 所示。

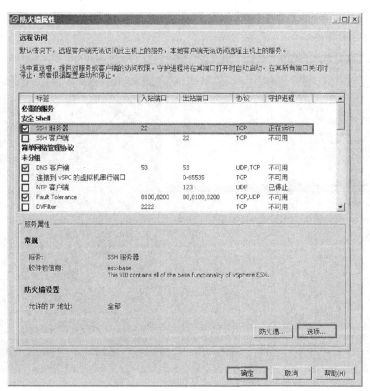

图 2-79　"防火墙属性"对话框

(5) 为保证安全，可以在"防火墙属性"对话框中限定 FTP 规则适用的 IP 范围。在如图 2-79 所示的对话框中，单击"防火墙"按钮，在弹出的"防火墙设置"对话框中选中"仅

允许从以下网络连接"单选按钮,在下面输入允许连接的 IP 范围,如图 2-80 所示,设置完成后,单击"确定"按钮完成操作。所做设置将立即生效。

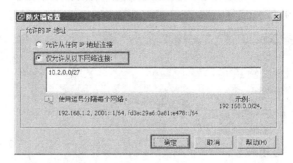

图 2-80 "防火墙设置"对话框

💡 **注意:** 限定 FTP 规则适用的 IP 范围的操作只需执行一次,vSphere 5.x 系统会自动记录设置内容,不用每次重新设置。

我们也可以在 ESXi4.x/5.x 主机界面中开启 SSH。在 ESXi 主机界面下按 F2 键,输入用户名和密码后,在如图 2-81 所示的界面上通过按键盘的上下键选中 Troubleshooting Options,在弹出的 Troubleshooting Mode Options 对话框中选中 Disable SSH,再按 Enter 键确认,当右面显示 SSH is Enabled 后,如图 2-82 所示,依次按 Esc 键退出到主机界面,即可完成开启 SSH 服务。

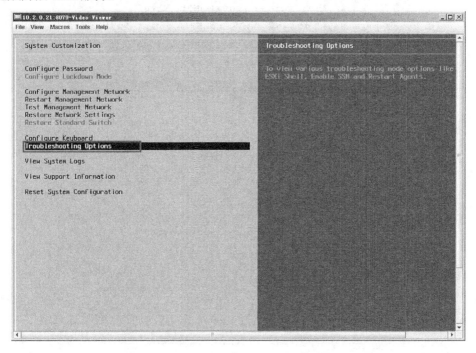

图 2-81 选中 Troubleshooting Options

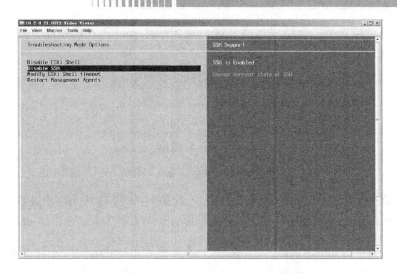

图 2-82　在 ESXi 主机界面开启 SSH

2.4.3　配置应用 FTP

利用 FlashFXP 软件，可以检查 SSH 服务是否成功开启。同时也可以利用 Linux 命令创建 FTP。

1. 测试 SFTP over SSH 连接

由于安全很重要，一些不安全的服务逐渐被停用，比如使用 SFTP 代替 FTP，甚至 RSYNC(remote sync 是类 unix 系统下的数据镜像备份工具)的默认传输层都是用 SSH，因此，在今后的文件传输中，使用 SSH 作为通道会成为标配。SFTP over SSH 是使用安全通道的 FTP 连接。

(1) 我们以 root 用户，通过 FlashFXP 以"SFTP over SSH"连接到 vSphere 5.x 服务器，如图 2-83 所示。

(2) 初次连接，会提示用户验证主机密钥，如图 2-84 所示，单击"接受并保存"按钮，确认密钥。

图 2-83　SFTP over SSH 连接

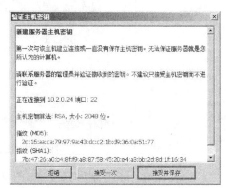

图 2-84　验证主机密钥

(3) 密钥确认成功后，会要求键盘认证，需要输入 root 用户的密码，然后单击"确定"按钮，如图 2-85 所示。

图 2-85　"键盘认证"对话框

(4) 成功连接到具有安全通道的 FTP，上传准备好的"FTP 目录"到 ESXi 任意文件夹，比如上传到/vmfs/volumes/datastore1 卷目录下面。

💡 **注意：** /vmfs/volumes/datastore1 是一个通用卷目录，如果你的系统卷名不同，应该更改为你的系统中的卷名。用户要上传的数据，只需复制一次，重启后仍然存在。若复制到其他目录，重启后需要重新复制。

2. 应用 SSH 配置 FTP

使用 SSH 可以创建安全的连接，接下来，来学习如何使用 SSH Secure Shell 进行 FTP 的创建。

(1) 首先，利用 SSH Secure Shell 软件登录到 vSphere 5.x 服务器，如图 2-86 所示，单击 Quick Connect 按钮，在弹出的 Connect to Remote Host 对话框中输入连接的 ESXi 服务器的 IP 地址及用户名并单击 Connect 按钮。

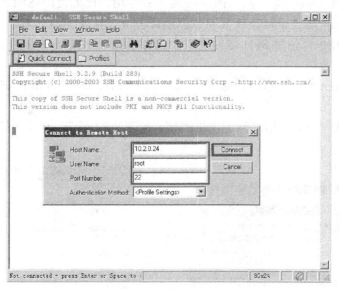

图 2-86　SSH 连接 ESXi 服务器

(2) 输入 root 用户的密码后，如图 2-87 所示，成功连接到 10.2.0.24 服务器并运行如图 2-88 所示的四条命令，命令执行完成后，则利用 SSH 配置 FTP 成功。

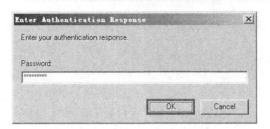

图 2-87 输入 root 用户密码

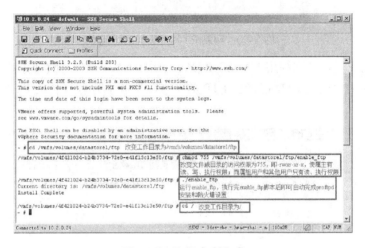

图 2-88 执行命令完成

(3) 为提高安全性，我们在 ESXi 的"防火墙属性"对话框中限定"FTP 服务器"规则适用的 IP 范围。在如图 2-89 所示的界面中，单击"防火墙"按钮，在弹出的"防火墙设置"对话框中选中"仅允许从以下网络连接"单选按钮，在下面输入允许连接的 IP 范围，如图 2-90 所示，设置完成后，单击"确定"按钮完成操作。所作设置将立即生效。

图 2-89 防火墙属性-FTP 服务器

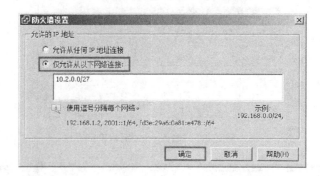

图 2-90　限制 FTP 服务器的访问 IP

(4) 创建完成后，可以利用 FlashFXP 以 root 用户、21 端口、FTP 协议连接 vSphere 5.x 服务器，如图 2-91 所示。成功连接至 FTP 后，可以直观地看到上传的 FTP 目录，如图 2-92 所示。

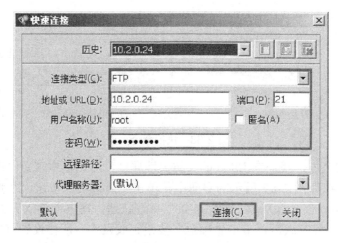

图 2-91　连接至 FTP

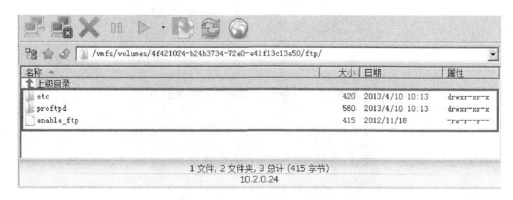

图 2-92　查看上传的 FTP 目录

(5) 测试该 FTP 上传、下载的速度，上传速度可达 10～30MB/秒，下载速度可达 10～50MB/秒，如图 2-92 所示。具体情况需取决于网络连接情况与计算机配置。

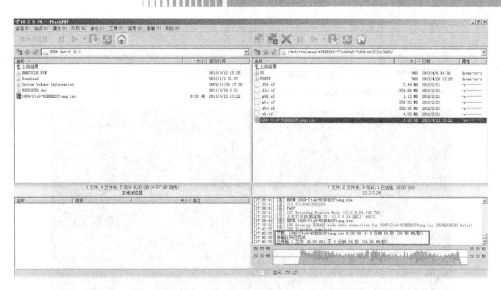

图 2-93　下载文件

3. vSphere 5.x 控制台配置 FTP

上面我们利用 SSH Secure Shell 软件成功配置了 FTP,下面利用 vSphere 5.x 控制台来配置 FTP。

为了让 FTP 服务在 vSphere 5.x 服务器重启后自动启动,需要编辑文件/etc/rc.local(5.0) 或者/etc/rc.local.d/local.sh(5.1.x),具体步骤如下:

(1) 开启 ESXi Shell 的方法与开启 SSH 相同,在如图 2-81 所示的界面上通过按键盘的上下键选中 Troubleshooting Options,在弹出的 Troubleshooting Mode Options 对话框中选中 Disable ESXi Shell,再按 Enter 键确认,当右面显示 ESXi Shell is Enabled 后,则表示启用 ESXi Shell 成功,如图 2-94 所示。

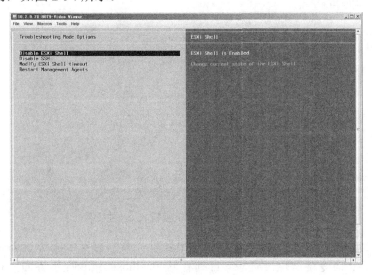

图 2-94　启用 ESXi Shell

(2) 依次按 Esc 键退出到主机界面。然后在主机界面按 Alt+F1 键就会出现 vSphere 5.x 的控制台界面，输入用户名及密码就可以成功登录控制台，如图 2-95 所示，其界面与通过 SSH Secure Shell-Green 登录到 vSphere 5.x 服务器类似。

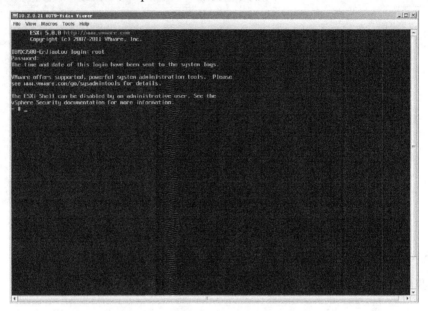

图 2-95　vSphere 5.x 的控制台界面

(3) 进入控制台后，运行命令"vi /etc/rc.local"(打开/etc/rc.local 文件，并将光标置于第一行首)，然后编辑 rc.local 文件，输入如图 2-88 所示的四条代码，注意认真检查输入的正确性，输入完成后，再按一次 Esc 键并输入命令":wq"(存盘退出)。也可以将 rc.local 文件通过 FTP 复制到本地计算机进行编辑，如图 2-96 所示，编辑完成后再通过 FTP 复制到 vSphere 5.x 控制台。

图 2-96　本地计算机编辑 rc.local 文件

(4) 编辑完成后，必须运行 exit 命令退出登录，否则有安全隐患。如果多次登录，就必须多次运行 exit 命令逐次退出登录，直到看见 localhost login:提示界面为止。再按 Alt+F2 键显示主机界面。

💡 **注意**： 如果在图 2-95 中显示 ESXi Shell is Disable，则表示 ESXi Shell 已经停止服务，在主机界面按 Alt+F1 键就不能进入控制台了。

通过操作 vSphere 5.x 的控制台，也可以配置安全的 FTP，以方便资源共享。FTP 操作与"浏览存储"相比，操作简洁，上传、下载速度更快速，界面更加直观，而且安全性也有保证。

本小节涉及 Linux 的命令，有关 Linux 命令的作用，有兴趣的读者可参考相关网站。

有关"FTP 目录"及 SSH Secure Shell 软件，可以通过相关网站进行下载。

2.5 本 章 小 结

虚拟机是通过软件模拟的具有完整硬件系统功能的、运行在一个完全隔离环境中的完整计算机系统。通过虚拟机软件，可以在一台物理计算机上模拟出一台或多台虚拟的计算机，并利用虚拟的仿真计算机进行工作，例如可以在虚拟机上安装操作系统、安装应用程序、访问网络资源等。对于用户而言，它只是运行在物理计算机上的一个应用程序，但是对于在虚拟机中运行的应用程序而言，就是在仿真计算机中进行工作。搭建 VMware ESXi 虚拟机，用于安装并测试 Windows Server 2008 R2 系统，本章详细介绍了 VMware ESXi 5.0.0 的安装与使用方法以及如何搭建安全的 FTP。

第 3 章　安装 Windows Server 2008 R2

本章要点:

- 安装系统前的准备工作
- Windows PE 简介
- 安装 Windows Server 2008 R2

本章主要讲解服务器在安装 Windows Server 2008 R2 系统之前的一些准备工作,以及怎样安装 Windows Server 2008 R2。开始安装之前,请检查计算机是否满足第 1 章介绍的安装系统的最低需求。

服务器需要提供 365 天×24 小时的不间断服务,需要承担众多用户的服务请求,因此,对服务器的硬件性能要求较高,同时对服务器的系统安装也需要严格对待,系统不仅要求稳定、安全,而且要便于维护。为保证服务器的安全、稳定,本章的安装工作均在第 2 章搭建的虚拟机测试平台下进行。

3.1　安装前的准备工作

在开始安装 Windows Server 2008 R2 之前,做好准备工作,会起到事半功倍的效果。安装服务器系统是严谨的事情,每一步都要做到精益求精,以确保服务器能够稳定运行。

3.1.1　选择服务器操作系统的版本

Windows Server 2008 R2 共有 7 个版本,须根据服务器的硬、软件及提供服务的具体情况选择操作系统版本。

对于中小型企事业单位来说,广泛使用的是 Windows Server 2008 R2 Standard 和 Windows Server 2008 R2 Enterprise。下面以 Windows Server 2008 R2 Enterprise 版本为例介绍服务器操作系统的安装与部署过程。

3.1.2　准备安装系统需要的工具

在安装系统之前,除了要准备好 Windows Server 2008 R2 Enterprise 的安装光盘或光盘映像文件外,还应准备以下应用工具。

(1) 系统备份工具。例如 Acronis Backup & Recovery 11.5.32308,用于备份服务器安装的每个阶段,如果安装过程中出现错误,可恢复到上一个备份,而不需要重新安装。

(2) 磁盘整理工具。例如 Diskeeper 2010，用于整理磁盘，使系统运行更加快速、高效。

(3) 杀毒软件与防火墙工具。例如 Symantec Endpoint Protection 11.0，用于保护计算机的安全。

(4) 远程控制工具。例如 Radmin(Remote Administrator) Server 3.5，用于计算机的远程控制与管理。

(5) 文件管理工具。例如 Total Commander 8.01，用于文件管理，与 Windows 资源管理器类似。

(6) 进程查看工具。例如 Process Explorer 15.3，增强型任务管理器，用于查看运行的所有程序，包括隐藏在后台执行的程序。

(7) 压缩工具。例如 WinRAR 3.9，用于压缩和解压缩文件压缩包。

以上是编者安装服务器经常使用的工具，应用上述工具能使服务器的安装管理变得更加简单。

注意：　在安装系统之前，建议断开网络连接。

3.1.3　其他准备工作

在安装 Windows Server 2008 R2 之前，还应做好以下准备工作。

(1) 了解 Windows Server 2008 R2 的注册方式，如果需要使用注册序列号，应记下该序列号。

(2) 准备好计算机硬件驱动程序，主要包括主板驱动程序、显卡驱动程序、网卡驱动程序和 SCSI 驱动程序。

(3) 如果服务器硬盘是 SCSI 或 SAS 硬盘，并使用 RAID 磁盘阵列，需要准备附带的 SCSI 驱动盘。

(4) 备份服务器上的重要数据。

3.2　Windows PE 简介

由于在安装 Windows Server 2008 R2 之前会用到 Windows PE，下面进行简单介绍。

Windows 预安装环境(Windows PE) 是最小的 Windows 操作系统，它包含有限的服务，基于 Windows 内核构建。Windows PE 内可集成需要的工具。Windows PE 可用于安装计算机操作系统时，便于从网络文件服务器复制映像磁盘系统并启动 Windows 安装程序。

Windows PE 不是计算机上的主操作系统，它只是独立的预安装环境以及其他安装和恢复技术的集成组件。这些技术包括 Windows 部署服务、Microsoft 系统中心配置管理器和 Windows 恢复环境 (Windows RE)。

表 3-1 列出了 Windows PE 操作系统的版本与体系结构类型的对应关系。

表 3-1 Windows PE 操作系统的版本与体系结构类型的对应关系。

Windows PE 操作系统	体系结构类型
Windows PE 2005 (1.6)(32 位版本)	基于 x86
Windows PE 2005 (1.6)(64 位版本)	基于 x64
Windows PE 2.0(32 位版本)	基于 x86、基于 x64
Windows PE 2.0(64 位版本)	基于 x64
Windows PE 3.0(32 位版本)	基于 x86、基于 x64
Windows PE 3.0(64 位版本)	基于 x64
Windows PE 3.1(32 位版本)	基于 x86、基于 x64
Windows PE 3.1(64 位版本)	基于 x64
Windows PE 4.0(32 位版本)	基于 x86
Windows PE 4.0(64 位版本)	基于 x64

3.2.1 Windows PE 的优点

创建 Windows PE，启动部署和恢复操作系统的计算机。可以构建单个 Windows PE 映像，然后将其用于安装 32 位和 64 位版本的 Windows。使用跨平台部署解决方案的优点是无须维护多个版本的 Windows PE 就可在不同体系结构类型上安装 Windows。将计算机启动到 Windows PE 后，可以从网络或本地源启动 Windows 安装程序，还可以处理 Windows 的现有副本或恢复数据。

由于 Windows PE 基于内核，因此它通过提供以下功能解决基于 MS-DOS 的启动磁盘的限制。

(1) 对 NTFS 5.x 文件系统的本地支持，包括动态卷的创建和管理。

(2) 对 TCP/IP 网络和文件共享的本地支持(仅客户端)。

(3) 对 32 位(或 64 位)Windows 设备驱动程序的本地支持。

(4) 对 Windows 应用程序编程接口 (API) 的子集的本地支持。

(5) 对 Windows Management Instrumentation (WMI)、Microsoft 数据访问组件 (Windows DAC) 和 HTML 应用程序 (HTA) 的可选支持。

(6) 可以从各种媒体类型启动，包括 CD、DVD、U 盘 (UFD) 和 Windows 部署服务服务器。

(7) 对脱机会话的支持。

(8) 映像的脱机服务。

(9) 包括除显示器驱动程序以外的所有 Hyper-V 驱动程序。这使 Windows PE 可以在虚拟机监控程序中运行。支持的功能包括大容量存储、鼠标集成和网络适配器。

3.2.2 Windows PE 的依赖关系

为了正常工作，Windows PE 需依赖以下 Windows 技术。

(1) 如果在网络上使用 Windows PE，动态主机配置协议 (DHCP) 和域名系统 (DNS)

服务器将十分有用，但不是必须的。

(2) 如果从网络启动 Windows PE，则必须使用 Windows 部署服务。

(3) 如果安装 Windows，则必须运行 Windows 安装程序 (Setup.exe)。

(4) 如果自动进行 Windows 8 安装，则必须使用应答文件。

3.2.3　Windows PE 的限制

Windows PE 是 Windows 的子集，它具有以下限制。

(1) 为减小大小，Windows PE 仅包括可用的 Windows API 的一个子集，即包括 I/O(磁盘和网络)和核心 Windows API。

(2) 为防止将 Windows PE 作为主操作系统使用，在连续使用 72 小时后，它将自动停止运行并重新启动。

(3) Windows PE 无法用作文件服务器或已启用终端服务器的服务器(它不支持远程桌面)。

(4) Windows PE 支持仅用于独立命名空间的分布式文件系统 (DFS) 名称解析，不支持域命名空间。

(5) 连接到文件服务器所支持的方法为 TCP/IP 和 TCP/IP 上的 NetBIOS。Windows PE 不支持其他方法，如 Internetwork Packet Exchange/Sequenced Packet Exchange (IPX/SPX) 网络协议。

(6) 在运行 Windows PE 时，对 Windows PE 注册表进行的所有更改将在下次重新启动计算机时丢失。若要对注册表进行永久性更改，必须在启动 Windows PE 之前脱机编辑注册表。

(7) 当创建 Windows PE 中的分区时，驱动器号将以连续顺序分配。但当重新启动 Windows PE 时，驱动器号将恢复为默认顺序。

(8) 在启动 Windows 安装程序之前，可以使用 Windows PE 对计算机磁盘进行配置和分区。如果在启动 Windows 安装程序之前，已通过 Diskpart.exe 将硬盘转换为动态磁盘，则在安装操作系统时会无法识别这些硬盘，并且这些硬盘上的任何卷都将无法访问。

(9) Windows PE 不支持用 Windows Installer 文件封装的应用程序。

(10) Windows PE 不支持从包含非英文字符的路径启动。

3.2.4　深山雅苑 Windows PE 的应用

网络上 Windows PE 的版本众多，可以根据需要进行下载，但在使用过程中请注意版权的保护。我们使用的是"深山雅苑 Win8 PE+2003 PE"，其启动画面如图 3-1 所示。

为方便系统的安装，首先应对磁盘进行规划并分区。分区方法众多，例如：使用 Diskpart 命令、利用图形界面的磁盘管理工具或分区软件。这里用分区软件，采用按需分配的原则，使用"深山雅苑 Win8 PE+2003 PE"中的"无损分区助手 5.1 专业版"按表 3-2 进行分区。

图 3-1　深山雅苑 Win8 PE+2003 PE

表 3-2　分区规划表

分区	盘符	分区格式	分区大小	卷标	分区用途
主分区 2GB	C	FAT 16	2GB	BOOT-C	安装 DOS 和 NT Loader 可以启动多种操作系统
扩展分区 58GB	D	NTFS	约 40GB	W2K8R2-D	安装 Windows Server 2008 R2 和部分软件
	E	NTFS	约 10GB	DATA-E	存放用户文件
	F	NTFS	约 8GB	USERDATA-F	存放应用工具包

　　在开始磁盘分区之前，按照第 2 章介绍的虚拟光驱加载映像的方法，加载"深山雅苑 Win8 PE+2003 PE"光盘映像文件并启动虚拟机，对磁盘进行快速分区，并根据表 3-2 调整分区大小。具体操作步骤如下：

　　(1) 进入 Win8 PE 桌面后，如图 3-2 所示，双击"运行无损分区助手 5.1 专业版" 弹出如图 3-3 所示的界面。

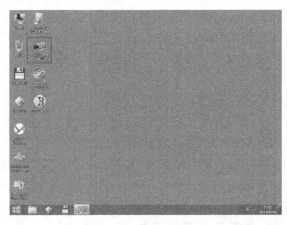

图 3-2　Win 8 PE 桌面

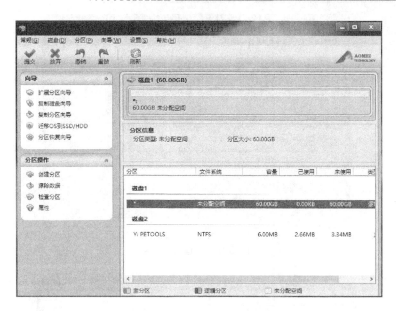

图 3-3 分区助手专业版界面

(2) 在分区助手专业版的界面下，右击并选择"创建分区"命令，或选择"分区操作" | "创建分区"，如图 3-4 所示。

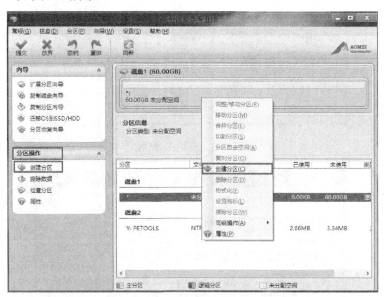

图 3-4 选择创建分区

(3) 根据分区规划表，进行分区创建，单击"高级"按钮，进行相应的设置，如图 3-5 所示。

(4) 其他分区采取与步骤(2)和步骤(3)相同的方法进行操作，如图 3-6 至图 3-8 所示，分别对磁盘的 D、E、F 三个分区进行划分，图 3-9 显示分区标注操作完成，单击"提交"按钮，将执行创建分区的任务。

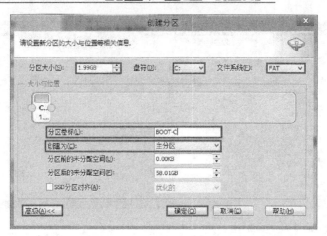

图 3-5　创建 C 分区

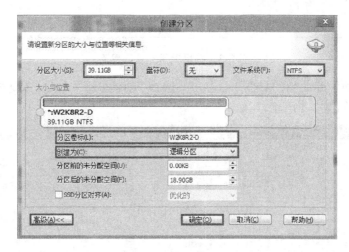

图 3-6　创建 D 分区

图 3-7　创建 E 分区

图 3-8 创建 F 分区

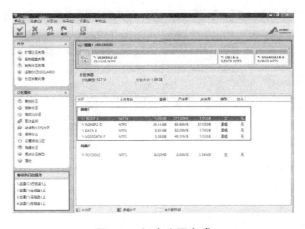

图 3-9 创建分区完成

(5) 在弹出的"等待执行的操作"对话框中，单击"执行"按钮，如图 3-10 所示，在确认执行对话框中，如图 3-11 所示，单击"是"按钮，在操作进度条(见图 3-12)达到 100%时，将弹出创建分区完成的确认对话框，单击"确定"按钮，如图 3-13 所示。

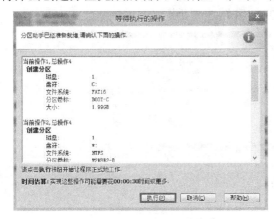

图 3-10 等待执行创建分区操作

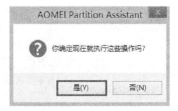

图 3-11 确认执行

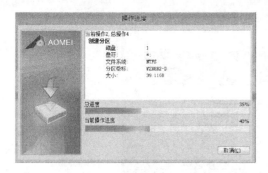

图 3-12　创建分区操作进度　　　　　　　　图 3-13　创建分区成功

(6) 通过查看磁盘 1 的情况，可以确认分区完成，如图 3-14 所示。

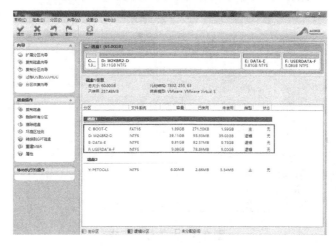

图 3-14　确认分区创建完成

(7) 对每个分区进行格式化操作，并激活主分区。选择 C 分区，选择"分区操作" |
"格式化分区"及"设置活动分区"，如图 3-15 所示，在"格式化分区"及"设置活动分
区"对话框中单击"确定"按钮，如图 3-16 和图 3-17 所示。

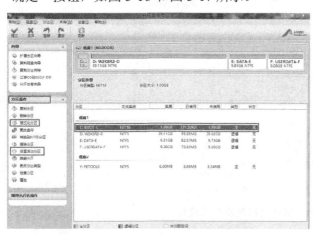

图 3-15　格式化 C 分区及激活分区

图 3-16 格式化 C 分区

图 3-17 设置活动分区

(8) 对 D、E、F 分区采取与步骤(7)相同的操作，即可完成这三个分区的格式化操作，如图 3-18～图 3-20 所示。

(9) 确认"等待执行的操作"后，单击"提交"按钮，如图 3-21 所示。

图 3-18 格式化 D 分区

图 3-19 格式化 E 分区

图 3-20 格式化 F 分区

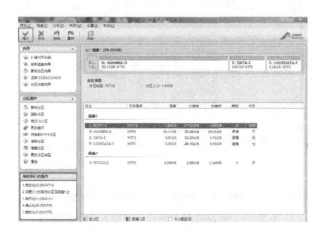

图 3-21 提交格式化任务

(10) 在弹出的"等待执行的操作"对话框中，单击"执行"按钮，如图 3-22 所示，在确认执行对话框中，如图 3-23 所示，单击"是"按钮，在操作进度条(见图 3-24)达到 100%时，将弹出创建分区完成的确认对话框，单击"确定"按钮，如图 3-25 所示。

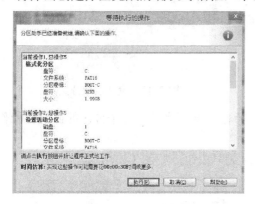

图 3-22 "等待执行的操作"对话框   图 3-23 确认执行

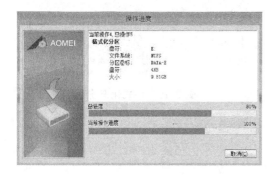

图 3-24 格式化分区进度   图 3-25 格式化分区操作完成

(11) 执行上述的步骤(10)操作后，双击"计算机"，在弹出的计算机信息对话框中，可以确定，对磁盘 1 的分区及格式化操作已经完成，如图 3-26 所示。

图 3-26 确定磁盘 1 的分区及格式化已经完成

上面通过 WinPE 中集成的"无损分区助手 5.1 专业版"软件对磁盘进行了分区及格式化操作。分区软件众多，读者也可以尝试应用其他分区软件对磁盘进行分区操作。

3.3 全新安装 Windows Server 2008 R2

本小节主要是在第 2 章搭建的虚拟机测试平台上，讲解如何全新安装 Windows Server 2008 R2。

(1) 首先将 Windows Server 2008 R2 光盘映像文件加载到虚拟机光驱中，在启动虚拟机时，按 F2 键，进入 BIOS，设置第一启动设备为光驱。退出 BIOS 后，开始全新安装 Windows Server 2008 R2，如图 3-27 所示。

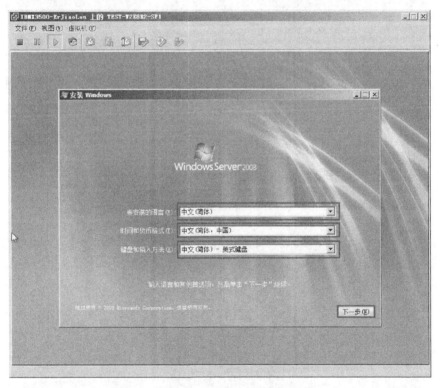

图 3-27　开始安装 Windows Server 2008 R2

(2) 选择 "要安装的语言"、"时间和货币格式"、"键盘和输入方法"(一般使用默认即可)，单击"下一步"按钮，打开如图 3-28 所示的界面。

(3) 单击"现在安装"按钮，会出现如图 3-29 所示的界面，等待一段时间后，弹出如图 3-30 所示对话框，选中"Windows Server 2008 R2 Enterprise(完全安装)"选项，单击"下一步"按钮。

(4) 在图 3-31 中，选中"我接受许可条款"复选框，接受微软许可条款，单击"下一步"按钮。

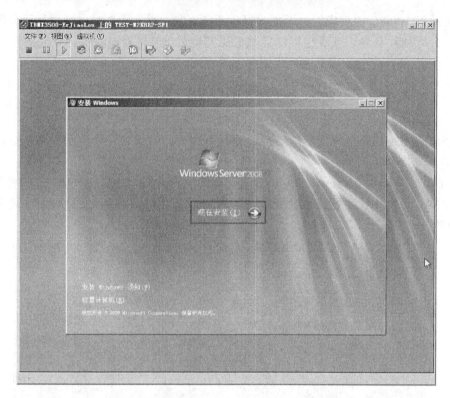

图 3-28 现在安装 Windows Server 2008 R2

图 3-29 安装程序正在启动

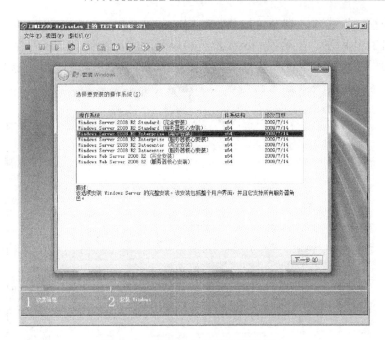

图 3-30　选择安装的操作系统版本

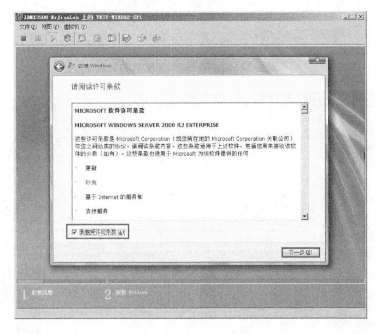

图 3-31　接受许可条款

(5) 在图 3-32 中，选择安装操作系统的类型。单击"自定义(高级)"选项，进入下一步。

(6) 在图 3-33 中，选择操作系统安装的位置分区。如果没有对磁盘进行分区，单击"驱动器选项(高级)"选项，在弹出的对话框中，可以管理磁盘分区，例如删除、格式化、创建主分区等。需要特别注意的是，Windows Server 2008 R2 只能被安装在格式为 NTFS 的分区。如果是需要安装厂商提供的驱动程序才能访问的磁盘，则需要在此提供驱动程序。单击"加载驱动程序"选项,打开"加载驱动程序"对话框,然后按照屏幕上的提示提供驱动程序,如图 3-34 所示。驱动程序所在位置可以是软驱、光驱、USB 闪存,与早期只能从软驱读取驱动程序有很大改进。选择第二个分区(D 盘),单击"下一步"按钮。

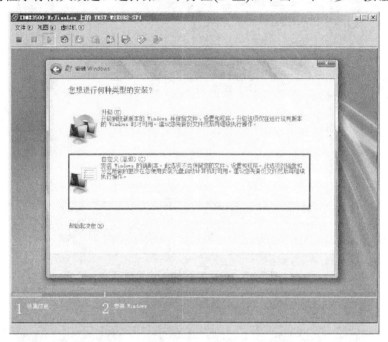

图 3-32   选择安装操作系统的类型

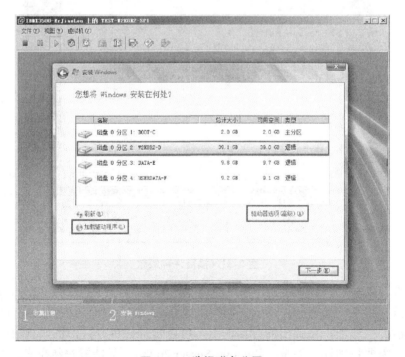

图 3-33   选择磁盘分区

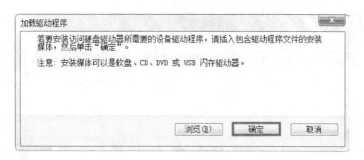

图 3-34 "加载驱动程序"对话框

(7) 在图 3-35 中，开始正式安装操作系统，并显示安装的进度。

(8) 等待 5~10 分钟，系统安装完成，在弹出的重新启动界面中，单击"立即重新启动"按钮，如图 3-36 所示。重新启动计算机的过程中会出现如图 3-37 和图 3-38 所示的提示界面。

(9) 启动完成后，首次使用会提示更改密码，如图 3-39 所示，单击"确定"按钮，按照注意事项设置密码，在图 3-40 中输入密码后，会提示"您的密码已更改"，如图 3-41 所示，单击"确定"按钮，启动安装的 Windows Server 2008 R2 操作系统，如图 3-42 所示。

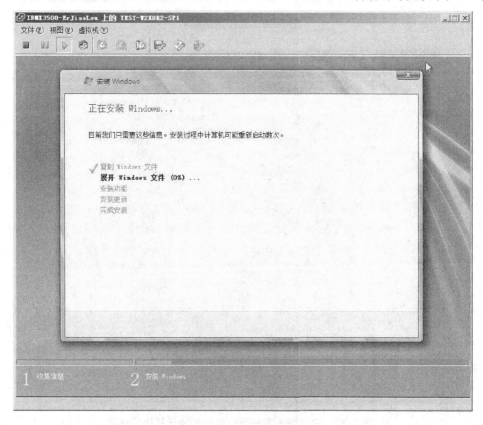

图 3-35 正在安装系统

图 3-36　立即重新启动

图 3-37　安装程序将在重新启动您的计算机后继续

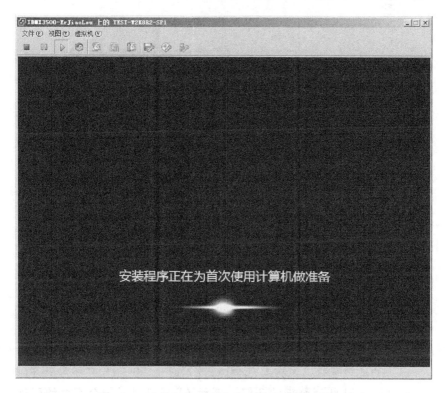

图 3-38　安装程序正在为首次使用计算机做准备

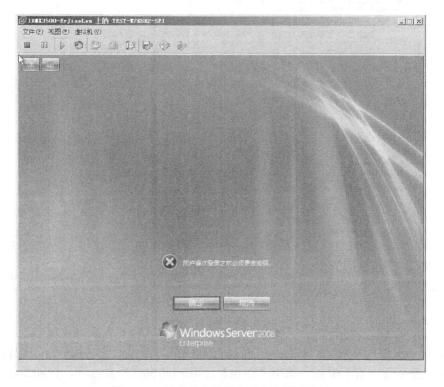

图 3-39　用户首次登录之前必须更改密码

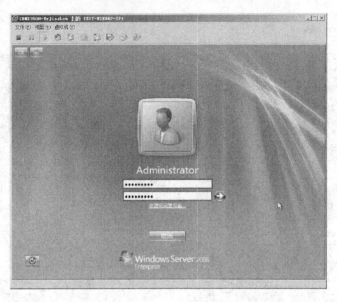

图 3-40　输入密码

💡 注意：　系统默认用户的密码必须至少 6 个字符，并且不可包含用户名称中超过两个以上的连续字符，至少要包含 A～Z、a～z、0～9、非字母数字(例如！、￥、#、%、&)4 组字符中的 3 组，例如 ABcd34 就是一个有效的密码，而 abcdef 是无效密码。

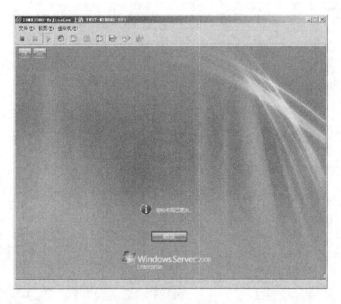

图 3-41　密码已更改

(10) 第一次进入系统时，将显示"初始配置任务"窗口，此时我们可以配置系统的时区、网络、服务等。若不配置，选中"登录时不显示此窗口"复选框，如图 3-42 所示，让系统下次登录时不显示该窗口。

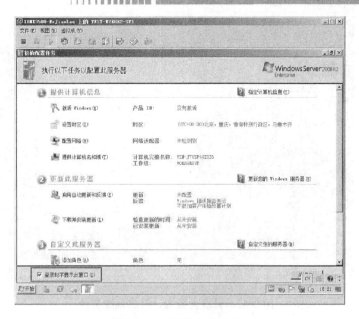

图 3-42 系统启动成功

至此，已完成全新安装 Windows Sever 2008 R2。

3.4 升级安装 Windows Server 2008 R2

升级安装可以保留原有系统的设置和应用程序，升级过程只需要执行较少步骤，升级安装比全新安装节约 70%的时间。

在升级安装之前，应先确认系统是否存在下列不受支持的升级情景，具体情况可以参考 http://www.microsoft.com/china/windowsserver2008/migration-paths.aspx。

(1) 从下列操作系统升级到 Windows Server 2008 R2 不受支持。

- Windows 95，Windows 98，Windows Millennium Edition，Windows XP，Windows Vista，Windows Vista Starter 或者 Windows 7。

- Windows NT Server 4.0，Windows 2000 Server，Windows Server 2003 RTM，Windows Server 2003 with SP1，Windows Server 2003 Web，Windows Server 2008 R2 M3 或者 Windows Server 2008 R2 Beta。

- Windows Server 2003 安腾版，Windows Server 2008 安腾版，Windows Server 2008 R2 安腾版。

(2) 跨架构升级，比如 x86 升级到 x64 不受支持。

(3) 跨语言版本升级，比如英文版升级到德语版不受支持。

(4) 跨版本升级，比如不支持 Windows Server 2008 Foundation 升级到 Windows Server 2008 数据中心版。

(5) 跨类型替换升级，比如从预览版升级到检查版不受支持。

通过查看计算机的系统属性，如图 3-43 所示，可以确认系统是否满足升级要求。

图 3-43　升级前查看计算机系统属性

从现有操作系统升级安装 Windows Server 2008 R2，需启动现有操作系统，如 E 盘中的 Windows Server 2003。然后将 Windows Server 2008 R2 系统光盘放入物理光驱，或者将 Windows Server 2008 R2 系统光盘映像文件加载到虚拟光驱，运行 Windows Server 2008 R2 安装文件 Setup.exe。接下来将 Windows Server 2003 Enterprise x64 升级至 Windows Server 2008 R2 Enterprise。

(1) Windows Server 2008 R2 系统光盘映像文件加载到虚拟光驱后，会自动弹出如图 3-28 所示的画面，单击"现在安装"按钮，会出现如图 3-44 与图 3-45 所示的提示界面。

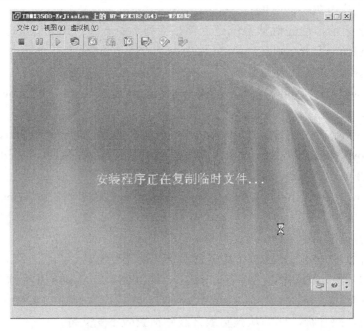

图 3-44　安装程序正在复制临时文件

图 3-45　安装程序正在启动

(2) 安装程序启动完成后，会弹出提示"获取安装的重要更新"，如图 3-46 所示。为保证系统安全，没有接入互联网，直接单击"不获取最新安装更新"进行系统的安装操作。

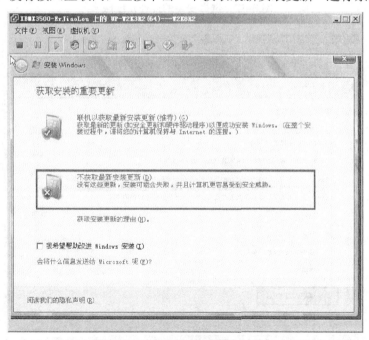

图 3-46　"获取安装的重要更新"界面

(3) 在弹出的如图 3-47 所示的对话框中，选中"Windows Server 2008 R2 Enterprise(完

全安装)"选项,单击"下一步"按钮。

(4) 在图 3-48 中,选中"我接受许可条款"复选框,接受微软许可条款,单击"下一步"按钮。

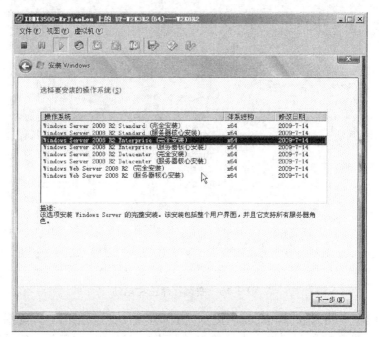

图 3-47　选择安装的操作系统版本

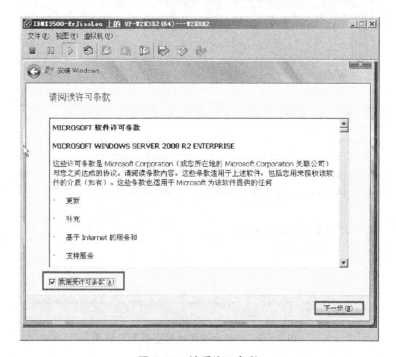

图 3-48　接受许可条款

(5) 在弹出的"您想进行何种类型的安装？"界面中，选择"升级"安装，如图 3-49 所示。

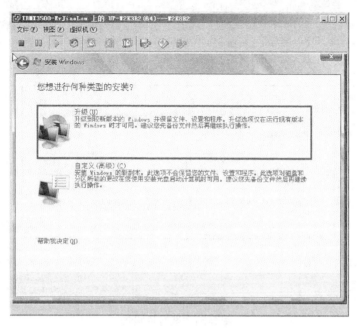

图 3-49　升级安装

(6) 在进行"兼容性检查"后，如图 3-50 所示，将弹出"兼容性报告"界面，单击"下一步"按钮，如图 3-51 所示，直接进入升级过程，如图 3-52 所示。在升级过程中计算机可能重启数次，如图 3-53 所示，等待一定时间后，系统升级完成。

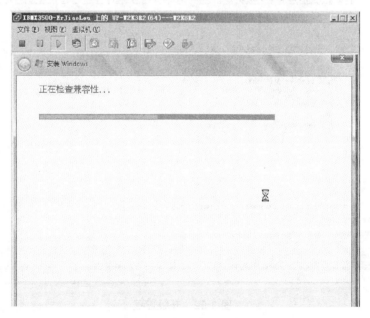

图 3-50　正在检查兼容性

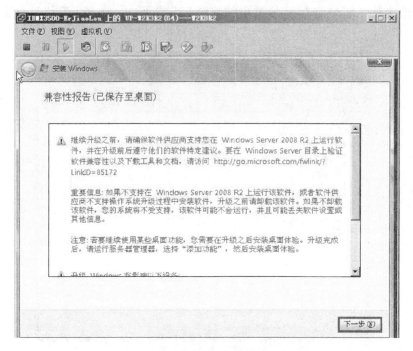

图 3-51 兼容性报告

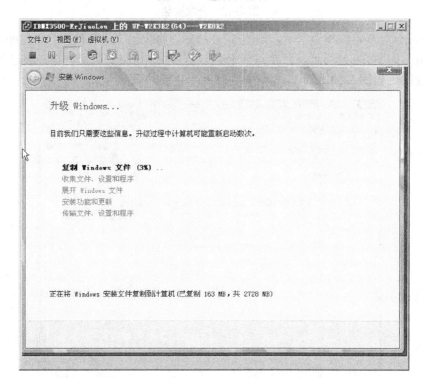

图 3-52 升级过程

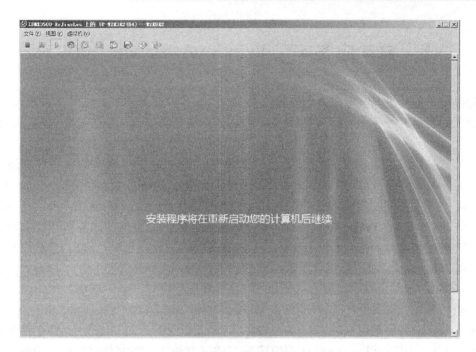

图 3-53　升级安装过程中重启计算机

(7) 升级成功后的系统信息如图 3-54 所示。

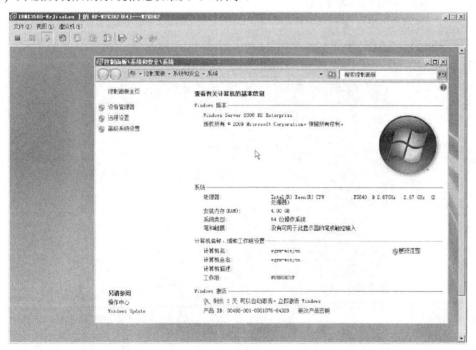

图 3-54　升级成功

至此，从 Windows Server 2003 Enterprise x64 到 Windows Server 2008 R2 Enterprise 的升级工作完成。

3.5　自动应答安装 Windows Server 2008 R2

　　全新安装与升级安装是常用的系统安装方式，而自动应答安装可以简化系统部署过程。Windows 的自动应答安装通过定制安装，扩展了安装介质来自动应答安装过程需要回答的问题。

　　为了让系统安装脱离烦人的"下一步"操作，Windows 自动安装工具包应运而生。Windows 自动安装工具包(Windows Automated Installation Kit(WAIK)) 是一组支持 Windows 操作系统的配置和部署的工具和文档。通过使用 Windows AIK，可以让 Windows 安装自动进行，使用 ImageX 捕获 Windows 映像，使用部署映像服务和管理(DISM)配置和修改映像，创建 Windows PE 映像，并使用用户状态迁移工具(USMT)迁移用户配置文件和数据。Windows AIK 还包含卷激活管理工具(VAMT)，该工具可让 IT 专业人员使用多次激活密钥(MAK)自动进行卷激活的过程并对其进行集中管理。可以访问如下网站下载此工具：http://www.microsoft.com/zh-cn/download/details.aspx?id=5753。

　　接下来讨论如何采用自动应答方式部署 Windows Server 2008 R2，具体包括如何安装 Windows AIK、使用 Windows SIM 创建应答文件以及使用应答文件进行自动应答安装。

3.5.1　安装 Windows AIK

　　下载 Windows AIK 映像后，通过 UltraISO 软件加载映像，从虚拟光驱的根目录运行 StartCD.exe。将出现一个启动画面，如图 3-55 所示。

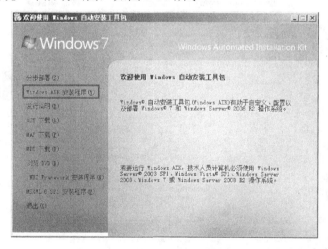

图 3-55　Windows 自动安装工具包

　　(1) 当做好准备工作后，单击图 3-55 中的"Windows AIK 安装程序"选项，将弹出"正在准备安装"提示对话框，如图 3-56 所示，稍后将弹出"欢迎使用 Windows 自动安装工具包安装向导"，单击"下一步"按钮，如图 3-57 所示。

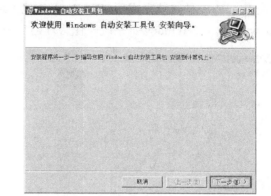

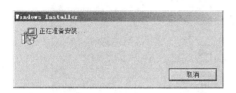

图 3-56　正在准备安装　　　　　图 3-57　欢迎使用 Windows 自动安装工具包安装向导

(2) 选择"我同意"确认许可条款，并单击"下一步"按钮，如图 3-58 所示。

(3) 通过单击"浏览"按钮，确定安装文件夹的位置，在所有权限下选择"所有人"，并单击"下一步"按钮，如图 3-59 所示。

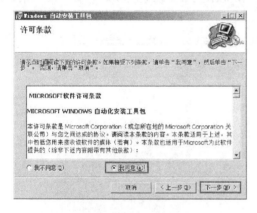

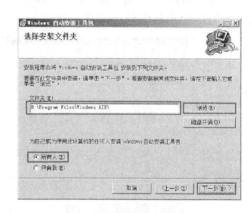

图 3-58　许可条款　　　　　　　　图 3-59　选择安装文件夹

(4) 在弹出的"确认安装"界面中，单击"下一步"按钮开始安装，如图 3-60 所示，完成安装进度后(见图 3-61)，将弹出"安装完成"确认界面，单击"关闭"按钮，退出安装，如图 3-62 所示。

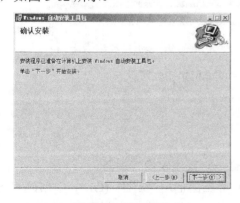

图 3-60　确认安装　　　　　　　　图 3-61　安装进度条

当 WAIK 工具安装完成后，WAIK 工具就出现在"开始"菜单｜"所有程序"｜Microsoft Windows AIK｜"Windows 系统映像管理器"中，如图 3-63 所示。

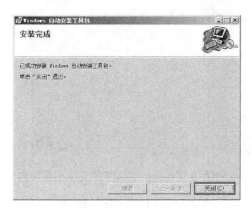

图 3-62　安装完成　　　　　　　　　　　图 3-63　开始菜单上的 WAIK

选择"Windows 系统映像管理器"将启动 WSIM 工具，如图 3-64 所示，接下来熟悉如何使用这个工具创建自动应答文件。

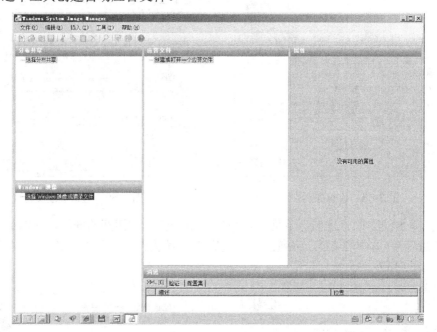

图 3-64　Windows System Image Manager 窗口

3.5.2　创建自动应答文件

在创建自动应答文件之前，先了解一下 Windows 系统映像管理器。

Windows 系统映像管理器 (Windows SIM) 可在图形用户界面 (GUI) 中创建和管理无人参与的 Windows 安装程序应答文件。应答文件是基于 XML 的文件，在 Windows 安装期间用于配置和自定义默认的 Windows 安装。

Windows SIM 不会修改 Windows 映像文件中的设置。Windows SIM 仅用于创建应答文件。使用 Windows SIM 创建的应答文件，可在安装 Windows 之前对磁盘进行分区和格式化、更改 Internet Explorer 主页的默认设置以及将 Windows 配置为安装后启动到审核模式。通过修改应答文件中的设置，Windows SIM 还可以安装第三方应用程序、设备驱动器、语言包和其他更新。使用 Windows SIM 还可以查看 Windows 映像中的所有可用组件，将组件设置添加到应答文件，并通过将组件设置添加到特定的配置阶段来选择何时应用组件设置，将组件设置添加到无人参与的应答文件之后，可以查看和自定义每个组件的可用设置。

Windows SIM 具有以下优点：

● 快速创建无人参与的应答文件。

● 根据 Windows 映像文件验证现有应答文件的设置。

● 查看映像文件中所有的可配置组件设置。

● 轻松更新现有应答文件。

● 创建包含完整的可移动文件夹集(带有安装文件)的配置集。

● 将第三方驱动程序、应用程序或其他程序包添加到应答文件。

如何配置自动应答文件？接下来的操作将告诉你答案。

(1) 将 Windows Server 2008 R2 的光盘映像加载到虚拟光驱，并启动 Windows SIM，如图 3-64 所示。

(2) 选择"文件" | "新建应答文件"命令，启动新建过程，如图 3-65 所示。

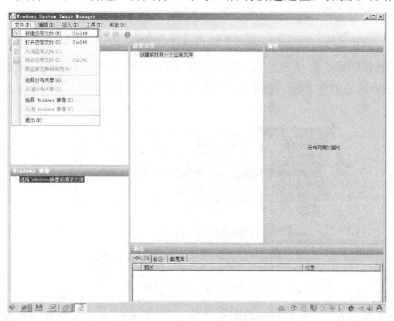

图 3-65 新建应答文件

(3) 在弹出的提示打开 Windows 映像对话框中，单击"是"按钮，如图 3-66 所示，定位到安装映像，然后打开这个映像，如图 3-67 所示。

图 3-66　提示打开 Windows 映像

图 3-67　定位安装映像

（4）在"选择映像"对话框中选择需要的映像后单击"确定"按钮，如图 3-68 所示，在创建的同时确认是否是本地计算机的管理员，从图 3-69 中可以看到添加 Windows 映像成功。

图 3-68　选择映像

（5）在 Components 对象下面可以看到用来安装 Windows 的每个可用的配置阶段，在所需阶段中添加组件，构建应答文件。在 Windows 映像窗格中 Components 的下面，定位至 "amd64_Microsoft-Windows-International-Core-WinPE__6.1.7600.16385_neutral"，该组件负责配置 Windows 安装环境设置。如前所述，在手动全新安装中必须配置语言设置，这个组件将自动化这一过程。右击该组件，然后从弹出的快捷菜单中选择"添加设置以传送 1

windowsPE"命令，如图 3-70 所示。

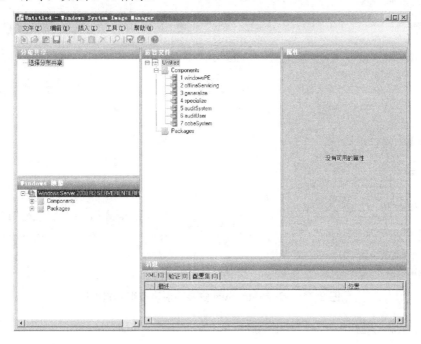

图 3-69　添加 Windows 映像成功

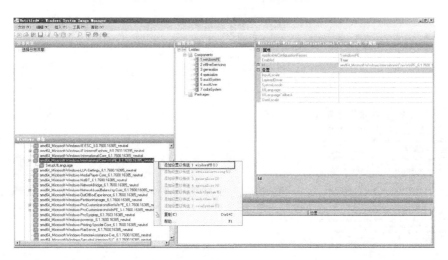

图 3-70　向应答文件添加组件：Windows 安装环境设置

(6) 此时可以看到这个已经添加到应答文件中的组件位于阶段"1 windowsPE"窗格中，选择"属性"编辑框，通过按键盘上的 F1 键可以访问这个属性的帮助信息。随着设置的深入，将需要求助于帮助系统，查看属性的用途及属性的可能值。如图 3-71 和图 3-72 所示，设置好相应属性并做了说明。

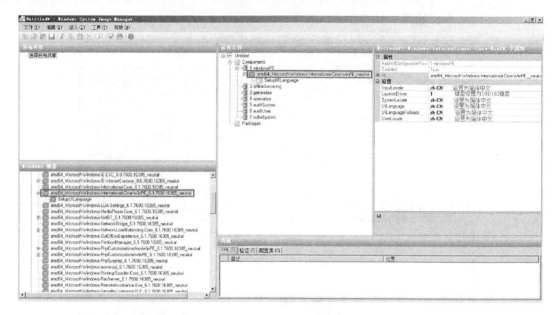

图 3-71　编辑 Windows 安装环境设置组件属性值

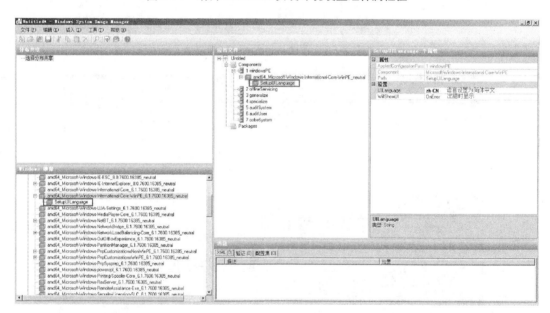

图 3-72　编辑 Windows 安装环境设置组件属性值 SetupULanguage

（7）添加更多的组件并编辑这些组件的属性。操作方法与上述相同。在 Components 的下面，定位至 amd64_Microsoft-Windows-Setup__6.1.7600.16385_neutral，右击该组件，然后从弹出的快捷菜单中选择"添加设置以传送 1 windowsPE"命令，如图 3-73 所示，进行相应的安装配置。在这里针对的只是安装过程中 Windows PE 使用环境的配置，而非安装后的 Windows Server 2008 R2。具体配置如图 3-74 和图 3-75 所示。

（8）在应答文件窗格中，展开"Disk"子组件，在这个组件下面还有两个子组件，分别为 CreatePartitions 和 ModifyPartitions。右击 CreatePartitions 子组件，然后从弹出的快捷菜单中选择"插入新建 CreatePartitions"命令,如图 3-76 所示;右击 ModifyPartitions 子组件,然后从弹出的快捷菜单中选择"插入新建 ModifyPartition"命令,如图 3-77 所示,这将允许在刚刚清除的 Disk0 上创建一个卷,然后按照图 3-77～图 3-79 的属性值进行编辑。

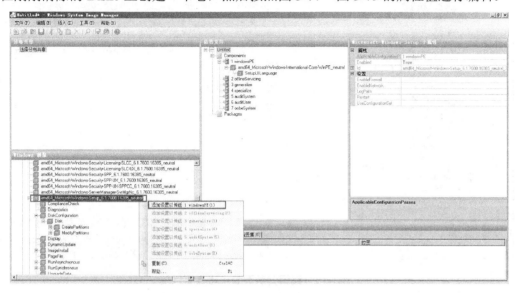

图 3-73　向应答文件添加组件:安装配置

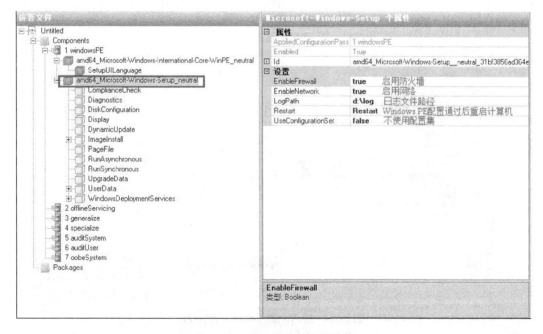

图 3-74　编辑安装配置属性值

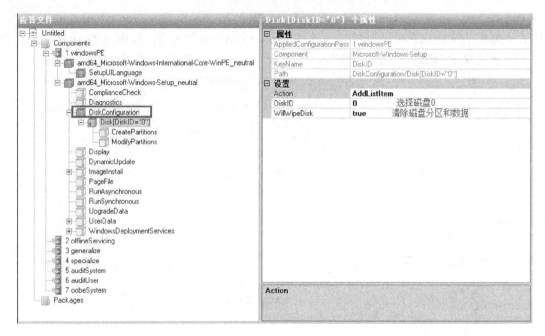

图 3-75　编辑安装配置中磁盘属性值

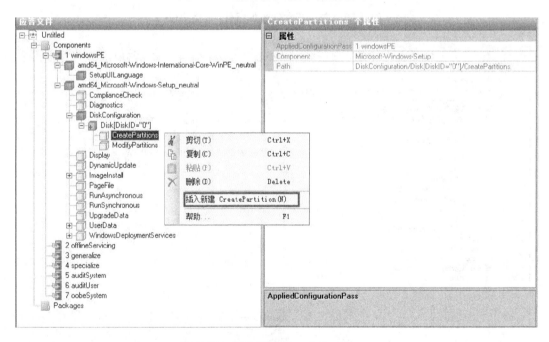

图 3-76　插入新建 CreatePartitions

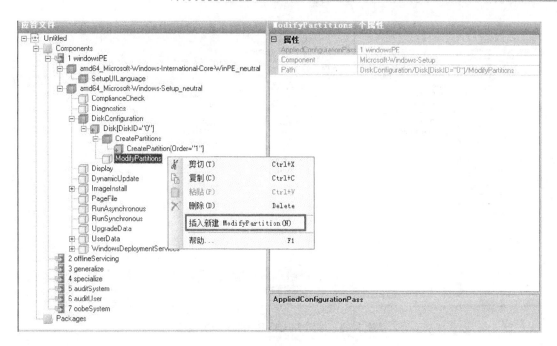

图 3-77　插入新建 ModifyPartition

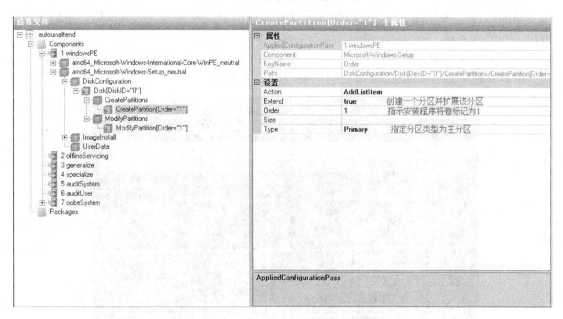

图 3-78　编辑 CreatePartitions 属性值

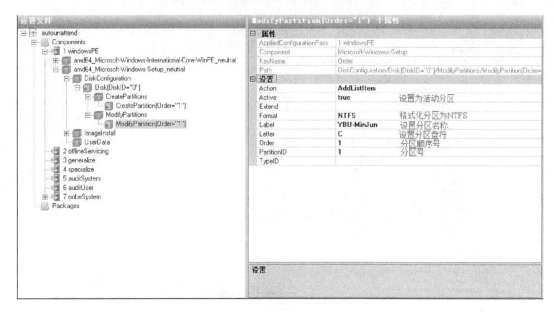

图 3-79　编辑 ModifyPartitions 属性值

(9) 如何进行版本的选择？定位到 ImageInstall/OSImage/InstallFrom/MetaData 子组件，可以帮助选择正确的版本，但是帮助文件没有告诉应该填入什么样的属性值，帮助文件告诉所需的值包含在安装映像 install.wim 中。利用 IMAGEX 命令，可以找到所需要的属性值，如图 3-80 所示，IMAGEX 命令是一个 WAIK 实用工具，允许管理 WIM 文件，根据 IMAGEX 提供的属性值，进行 MetaData 属性值的编辑，如图 3-81 所示。

图 3-80　IMAGEX 命令

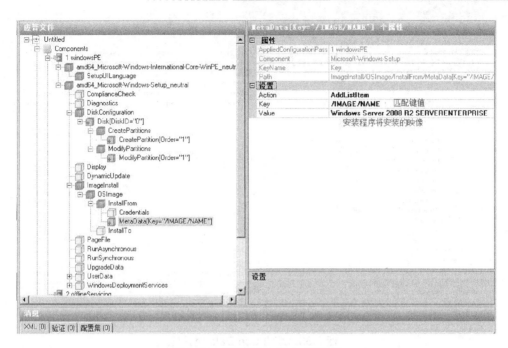

图 3-81　编辑 MetaData 属性值

(10) 定位到 ImageInstall/OSImage/InstallTo，告知系统安装程序选择的映像将安装到步骤(8)和步骤(9)时所选择的磁盘和创建并格式化的卷上，也就是第一块磁盘的第一个分区上，如图 3-82 所示。

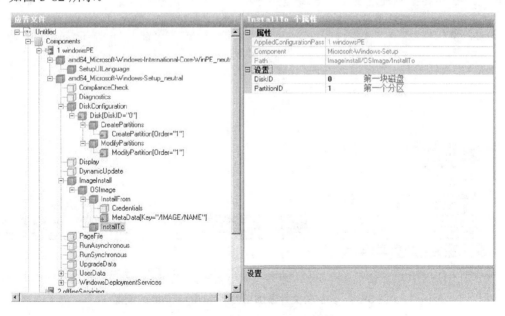

图 3-82　编辑 InstallTo 属性值

(11) 使用"UserData"子组件输入本次安装的许可信息，如图 3-83 所示。

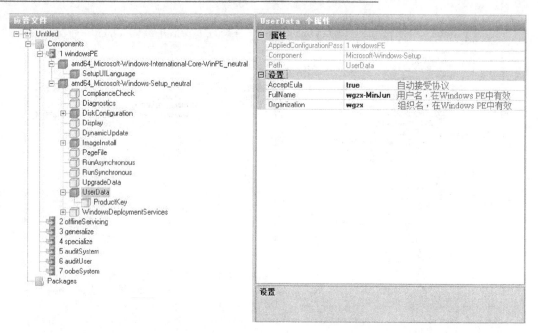

图 3-83   编辑 UserData 属性值

(12) 定位至 amd64_Microsoft-Windows-Shell-Setup_6.1.7600.16385 下的子组件 UserAccounts 进行用户的创建，右击该组件，然后从弹出的快捷菜单中选择"添加设置以传送 7 oobeSystem"命令，如图 3-84 所示。

图 3-84   向应答文件添加组件 UserAccounts 的设置

(13) 此时可以看到该组件已经添加至应答文件的阶段"7 oobeSystem"中，右击"LocalAccounts"子组件，然后从弹出的快捷菜单中选择"插入新建 LocalAccount"命令，如图 3-85 所示。

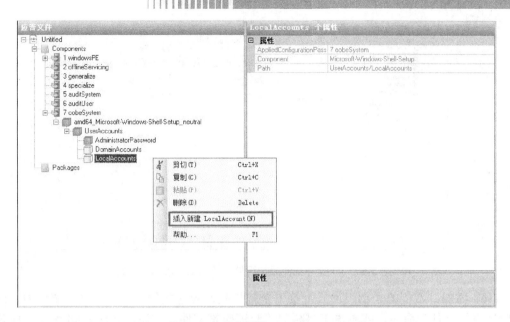

图 3-85　插入新建 LocalAccount

（14）接下来使用 LocalAccounts 子组件输入相关属性值，如图 3-86 所示，同时设置好本地用户的密码。

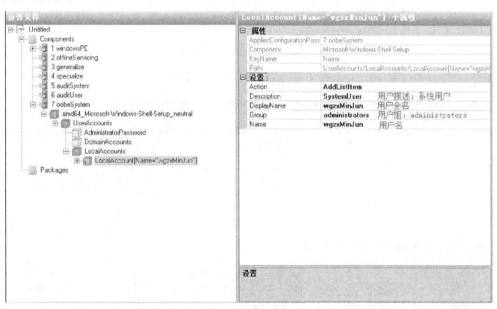

图 3-86　向应答文件添加组件 LocalAccounts 的设置

（15）定位至 amd64_Microsoft-Windows-Shell-Setup_6.1.7600.16385 下的子组件 AutoLogon 进行用户自动登录设置，右击该组件，然后从弹出的快捷菜单中选择"添加设置以传送 7 oobeSystem"命令，如图 3-84 所示。接下来使用"AutoLogon"子组件输入相关属性值，如图 3-87 所示，同时设置好登录用户的密码。

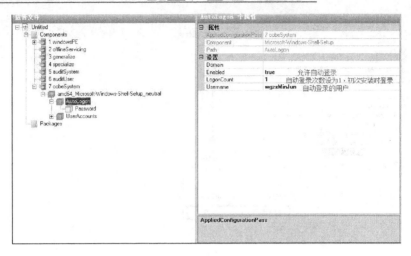

图 3-87　向应答文件添加组件："AutoLogon"设置

(16) 添加好希望的全部组件后，接下来就是验证应答文件，在"工具"菜单中，选择"验证应答文件"命令，或单击工具栏上"验证应答文件"按钮，如图 3-88 所示，检查各个属性以及为属性输入的值。任何明显的错误都将会在"信息"窗格中产生一个错误。如果按照前面的描述输入各个组件和属性值，那么应答文件应该没有问题，如图 3-89 所示。

图 3-88　选择"验证应答文件"

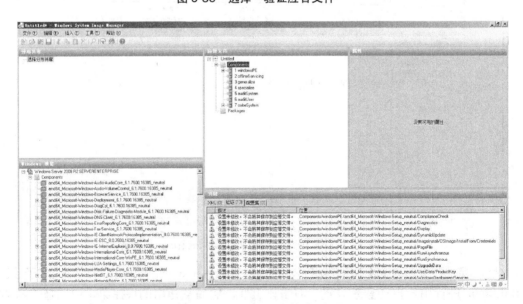

图 3-89　一个完成配置的应答文件

(17) 验证无误后，保存应答文件，选择"文件" | "保存应答文件"命令，如图 3-90 所示，在选择的保存位置将应答文件保存为"autounattend.xml"，如图 3-91 所示。

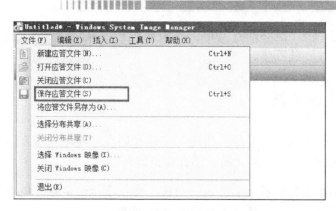

图 3-90 选择保存应答文件

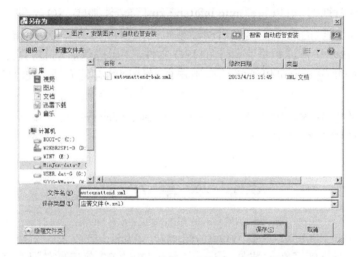

图 3-91 保存应答文件为 autounattend.xml

(18) 通过记事本可以打开创建的应答文件，这个应答文件如图 3-92 所示。

```xml
<?xml version="1.0" encoding="utf-8"?>
<unattend xmlns="urn:schemas-microsoft-com:unattend">
    <settings pass="windowsPE">
        <component name="Microsoft-Windows-International-Core-WinPE" processorArchitecture="amd64"
publicKeyToken="31bf3856ad364e35" language="neutral" versionScope="nonSxS"
xmlns:wcm="http://schemas.microsoft.com/WMIConfig/2002/State" xmlns:xsi="http://www.w3.org/2001/XMLSchema-
instance">
            <SetupUILanguage>
                <UILanguage>zh-CN</UILanguage>
            </SetupUILanguage>
            <InputLocale>zh-CN</InputLocale>
            <LayeredDriver>1</LayeredDriver>
            <SystemLocale>zh-CN</SystemLocale>
            <UILanguage>zh-CN</UILanguage>
            <UILanguageFallback>zh-CN</UILanguageFallback>
            <UserLocale>zh-CN</UserLocale>
        </component>
        <component name="Microsoft-Windows-Setup" processorArchitecture="amd64"
publicKeyToken="31bf3856ad364e35" language="neutral" versionScope="nonSxS"
xmlns:wcm="http://schemas.microsoft.com/WMIConfig/2002/State" xmlns:xsi="http://www.w3.org/2001/XMLSchema-
instance">
            <DiskConfiguration>
                <WillShowUI>OnError</WillShowUI>
                <Disk wcm:action="add">
                    <CreatePartitions>
                        <CreatePartition wcm:action="add">
                            <Extend>true</Extend>
                            <Order>1</Order>
                            <Size>20480</Size>
                            <Type>Primary</Type>
                        </CreatePartition>
                    </CreatePartitions>
                    <ModifyPartitions>
```

图 3-92 用记事本查看 autounattend.xml

现在已经拥有了一个能够回答 Windows 安装过程中提问的应答文件，此时需要将这个应答文件提供给系统安装程序。

3.5.3 使用应答文件

使用应答文件的过程非常简单。将应答文件存储在可移动存储介质的根目录，然后使用 Windows Server 2008 R2 安装介质启动计算机即可。

💡 注意：　不要在重要机器上实验这一功能，请在虚拟机实验环境中测试该功能，因为这一过程会把计算机上的硬盘数据删除。

在虚拟机上测试时，可以将"autounattend.xml"文件制成 ISO 文件，也可以将制成的 ISO 文件上传到虚拟机的数据存储。启动虚拟机的时候可将第二个虚拟的 CD/DVD 连接到本地计算机上的 ISO 文件或数据存储上的 ISO 文件,然后确保启动 DVD 上加载了 Windows Server 2008 R2 的映像。也可以选择适合用户自己使用的存储介质，如 USB 存储器来应用自动应答文件。

如果应答文件有错误，则需要在 WSIM 中重新审查应答文件。如果一切正常，则拥有了一个完成自动化安装的应答文件。

3.6　本 章 小 结

Windows Server 2008 R2 是继 Windows Server 2003 之后，又一个稳定、安全的服务器操作系统。本章主要讲解了在安装 Windows Server 2008 R2 前应做的准备工作,Windows PE 中工具的应用，全新、升级和自动应答安装过程中做的相关工作以及如何激活 Windows Server 2008 R2。在 Windows PE 中，重点介绍了应用"无损分区助手 5.1 专业版"对硬盘进行分区、格式化的操作，在自动应答安装过程中，着重对如何利用"Windows 系统映像管理器"创建自动应答文件进行了讲解。

第 4 章　Windows Server 2008 R2 基本系统配置

本章要点：

- 系统个性化配置
- 显示配置
- 系统属性配置
- 配置用户环境
- 硬件与驱动程序
- 网络连接配置
- 配置 SNMP
- 激活 Windows Server 2008 R2

本章主要介绍如何对 Windows Server 2008 R2 进行基本的系统配置，包括屏幕显示、系统属性、用户环境、网络连接、SNMP 配置与激活系统。这些配置是服务器操作系统的必选项。完成所有配置操作后，应对系统做一次完整备份。

4.1　系统个性化配置

系统安装完成后，第一次登录系统，需要对系统进行基本配置，使计算机操作更便捷。接下来对相关配置进行逐个说明。

4.1.1　配置组策略

管理员通过构建组策略对象配置和部署。组策略对象是设置组的容器，可以应用给域网络中的用户和计算机帐户。

组策略定义了系统管理员管理用户桌面环境的各类组件，例如，用户的可用程序、桌面上的应用程序以及"开始"菜单选项等。组策略的应用众多，主要对禁用"关闭事件跟踪程序"、取消登录按 Ctrl+Alt+Del 组合键和关闭所有磁盘的自动播放等进行配置。

1. 打开组策略编辑器

打开组策略编辑器有两种方法。

(1) 通过命令行打开本地组策略编辑器。

依次选择"开始"|"运行"选项，在打开的"运行"对话框中，输入 gpedit.msc，单

击"确定"按钮,打开组策略编辑器。

(2) 以 MMC 管理单元的方式打开本地组策略编辑器。

① 打开 MMC 控制台 (依次选择"开始"|"运行"选项,在打开的"运行"对话框中,输入 mmc 后,单击"确定"按钮,打开一个控制台)。

② 在控制台的"文件"菜单上,单击"添加/删除管理单元"命令。

③ 在"添加或删除管理单元"对话框中,在"可用的管理单元"列表框中选中"组策略对象编辑器"选项,单击"添加"按钮。

④ 如图 4-1 所示,在弹出的"选择组策略对象"对话框中,如需更改组策略的对象,单击"浏览"按钮,在打开的"浏览组策略对象"对话框中(见图 4-2),选择相应的计算机和用户;如不更改,直接单击"确定"按钮。在"所选管理单元"列表中,可看到添加的"本地计算机 策略"选项,如图 4-3 所示。单击"确定"按钮,返回控制台。

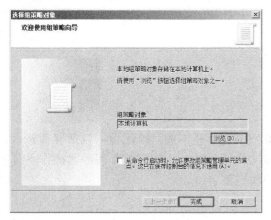

图 4-1 选择组策略对象

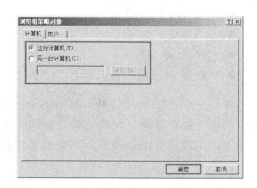

图 4-2 浏览组策略对象

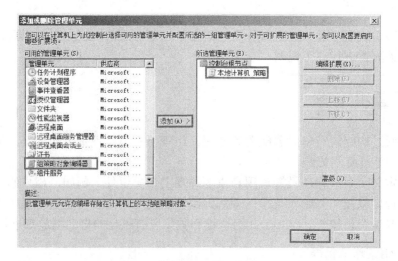

图 4-3 添加或删除管理单元

提示: 在 MMC 控制台中,可添加多个管理单元。在使用时,可以把常用的管理单元都添加在里面,如本地用户和组、磁盘管理、服务、服务器管理器、计算机管理和设备管理器等。添加完成后，在"文件"菜单中，单击"保存"命令，在打开的保存文件对话框中，将自定义的 MMC 控制台存储在桌面上，以后通过运行该文件，即可对服务器进行快速管理。

2. 禁用"关闭事件跟踪程序"

"关闭事件跟踪程序"是 IT 专业人员跟踪用户重新启动或关闭计算机的原因的方法，它不记录用户选择其他选项(如"注销"和"休眠")的原因，只收集用户提供的重新启动和关机的原因，帮助全面描述组织的系统环境。默认情况下，运行 Windows Server 操作系统的计算机，其"关闭事件跟踪程序"是启用的，在每次关机或重新启动计算机时，都会打开如图 4-4 所示的对话框，这时必须在"注释"文本框中输入原因，才能关机或重新启动计算机。如果觉得这样操作烦琐，可以禁用"关闭事件跟踪程序"。

图 4-4　关闭事件跟踪程序

在"本地组策略编辑器"窗口中，依次展开"计算机配置"|"管理模板"|"系统"选项，在右边的栏目中，双击"显示'关闭事件跟踪程序'"选项，如图 4-5 所示。在打开的"显示'关闭事件跟踪程序'"对话框中，选中"已禁用"单选按钮，然后单击"确定"按钮，即可禁用"关闭事件跟踪程序"。

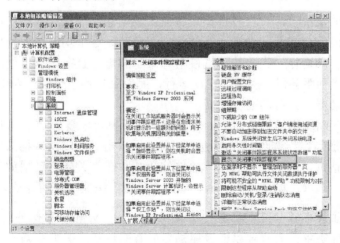

图 4-5　禁用"关闭事件跟踪程序"

禁用"关闭事件跟踪程序",也可以使用以下命令:

```
REG ADD "HKEY_LOCAL_MACHINE\SOFTWARE\Policies\Microsoft\Windows
NT\Reliability" /v ShutdownReasonOn /t REG_DWORD /d "00000000" /f
```

3. 取消登录按 Ctrl+Alt+Del 组合键

默认情况下,用户在启动 Windows Server 2008 R2 操作系统后,需按 Ctrl+Alt+Del 组合键才能登录系统,为方便使用,可关闭该功能。

在"本地组策略编辑器"窗口中,依次展开"计算机配置"|"Windows 设置"|"安全设置"|"本地策略"|"安全选项"选项,在右边的"策略"列表中,双击"交互式登录:无须按 Ctrl+Alt+Del"选项,在打开的对话框中,选中"已启用"单选按钮,然后单击"确定"按钮,启用"交互式登录:无须按 Ctrl+ Alt+ Del"选项,如图 4-6 所示。

图 4-6　启用"交互式登录:无须按 Ctrl+ Alt+ Del"选项

4. 关闭所有磁盘的自动播放

在系统默认的情况下,一旦有存储设备放入驱动器,自动播放程序就开始从驱动器中读取数据,程序的安装文件和音视频媒体将立即启动。这个功能在方便用户使用的同时,也方便了病毒的自动运行。当一块移动硬盘感染了病毒,且在硬盘上生成了自动运行的文件后,若把它连接到服务器,病毒会自动运行,而使服务器被感染。为避免这种情况发生,应该关闭所有驱动器上的自动播放功能。

在"本地组策略编辑器"窗口中,依次展开"计算机配置"|"管理模板"|"Windows 组件"|"自动播放策略"选项,在右边的列表中,双击"关闭自动播放"选项,打开"关闭自动播放"对话框,选中"已启用"单选按钮,并在"关闭自动播放"下拉列表框中选中"所有驱动器"选项,如图 4-7 所示。单击"确定"按钮,配置完成。

💡 注意: 在组策略的"用户配置"|"管理模板"|"Windows 组件"|"自动播放策略"文件夹中,同样可以配置驱动器的自动播放。如果这两个配置发生冲突,则"计算机配置"中的配置优先于"用户配置"中的配置。

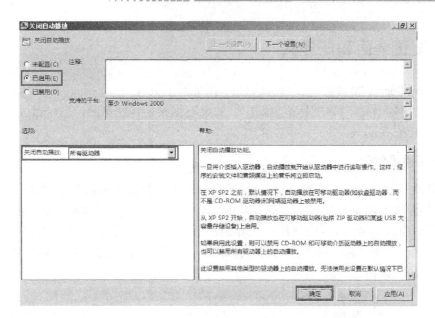

图 4-7　关闭自动播放

除了可以在组策略中关闭自动播放功能外，还可以在"控制面板"中关闭自动播放。依次选择"开始"|"控制面板"选项，选择"所有控制面板项"，单击"自动播放"图标，打开"自动播放"窗口，取消选中"为所有媒体和设备使用自动播放"复选框，如图 4-8 所示。单击"保存"按钮，保存配置。

图 4-8　在控制面板中关闭自动播放

在组策略中还可以修改计算机的其他配置，可以根据服务器的具体应用情况进行取舍。以上选项是在安装服务器时的必选配置，仅作为配置服务器操作系统时的参考。

4.1.2 配置桌面和任务栏

Windows Server 2008 R2 安装完成以后，在桌面上只有一个"回收站"图标，传统的"我的电脑"和"网上邻居"等图标不见踪影。如果习惯使用传统桌面，可以通过安装 "桌面体验"功能把它找回来。

1. 安装桌面体验

(1) 依次选择"开始"菜单｜"管理工具"｜"服务器管理器"｜"功能"｜"添加功能"，将弹出如图 4-9 所示的"选择功能"界面，选择"桌面体验"复选框后会弹出的"是否添加 桌面体验 所需的功能？"界面提示必须添加"墨迹和手写服务" 功能，如图 4-10 所示，单击"添加必需的功能"按钮后，在图 4-11 中将自动选中"桌面体验"，单击"下一步"按钮。

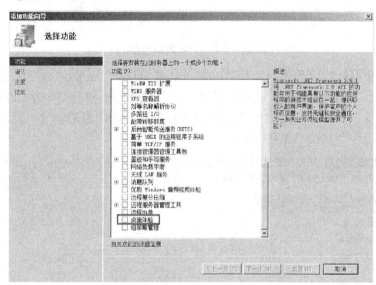

图 4-9　选择功能

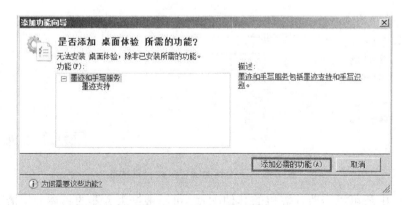

图 4-10　添加必需的功能

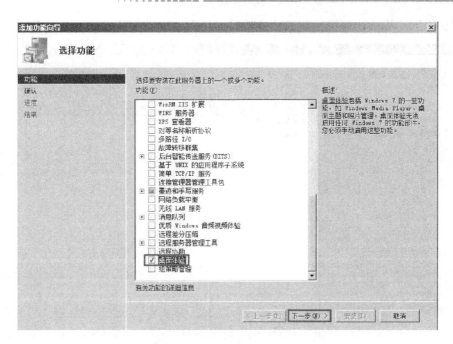

图 4-11 选择桌面体验功能

(2) 在"确认安装选择"界面中，单击"安装"按钮，如图 4-12 所示。

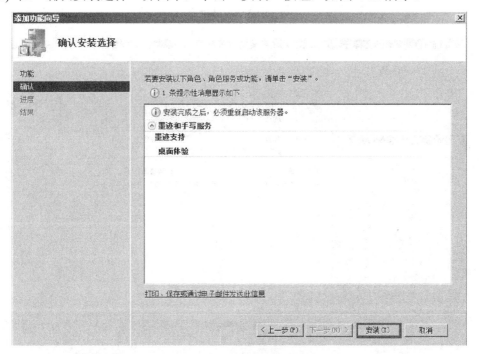

图 4-12 确认安装选择

(3) 安装进度(见图 4-13)完成后，会弹出安装结果并提示重新启动服务器，如图 4-14 所示，单击"关闭"按钮，在"是否希望立即重新启动？"提示对话框中单击"是"按钮，如图 4-15 所示，等待计算机重新启动成功后，桌面体验则安装成功。

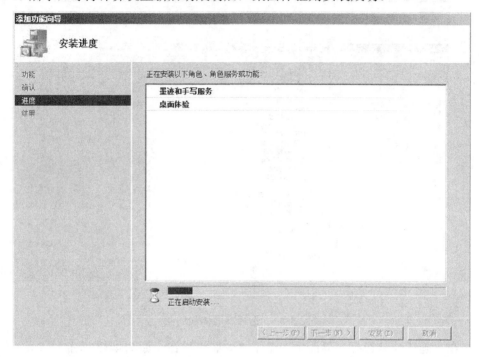

图 4-13　安装进度

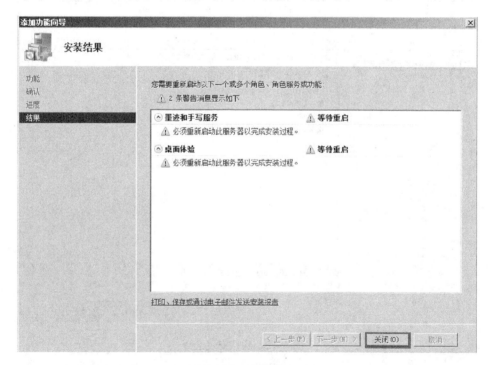

图 4-14　安装结果

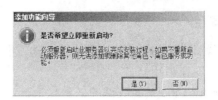

图 4-15 提示是否希望立即重新启动

2. 配置桌面

(1) 在桌面任务空白处右击，在打开的快捷菜单中选择"个性化"命令，单击"更改桌面图标"链接，如图 4-16 所示。

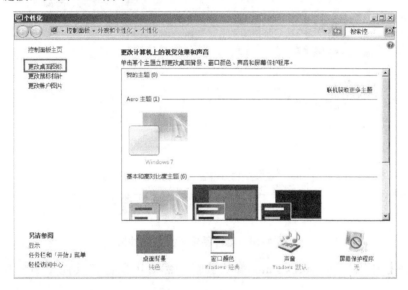

图 4-16 桌面个性化

(2) 在"桌面图板设置"对话框中选择需要的图标，单击"确定"按钮，如图 4-17 所示，即可使图标出现在桌面上。

图 4-17 设置桌面图标

3. 配置任务栏上的工具栏

人们一般习惯使用"开始"菜单按钮旁的"快速启动"图标，但 Windows Server 2008 R2 系统默认已把它停用了，现在启用它。

(1) 在 Windows Server 2008 R2 桌面底部的任务栏上，单击右键，选择"工具栏"|"新建工具栏"命令。

(2) 在"文件夹"文本框里，输入"%appdata%\Microsoft\Internet Explorer\Quick Launch"，然后单击"选择文件夹"按钮，如图 4-18 所示。

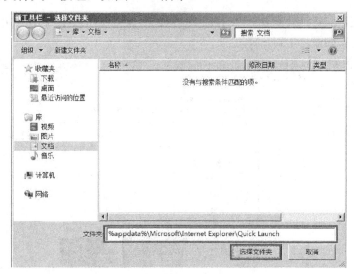

图 4-18　选择新建工具栏文件夹

(3) 任务栏中会出现 Quick Launch 工具栏。然后用鼠标将其拖曳到"开始"菜单的右侧。

(4) 在 Quick Launch 工具栏上单击右键，将"显示文本"和"显示标题"的勾选取消，可以将需要快速启动的程序移到此处，如图 4-19 所示，找回传统的任务栏。

图 4-19　自定义工具栏

4.1.3　禁用所有网络连接

为防止服务器在未安装防火墙与杀毒软件之前被攻击，在 Windows Server 2008 R2 安装完成后，应先禁用所有网络连接。

配置好桌面图标后，右击桌面上的"网络"图标，在打开的快捷菜单中选择"属性"命令，在打开的"网络和共享中心"窗口的左边，单击"更改适配器设置"选项，打开"网络连接"窗口。右击每个网络连接，在快捷菜单中选择"禁用"命令，如图 4-20 所示，禁用所有本地网络连接和无线连接。

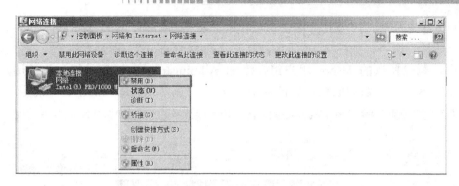

图 4-20 禁用网络连接

4.1.4 新建管理员用户

每台计算机的操作系统安装完成后，会自动创建一个名为 Administrator 的管理计算机 (域)的内置帐户。Administrator 是计算机管理员，拥有计算机管理的最高权限。恶意用户入侵的常用手段之一就是试图获取 Administrator 帐户的密码。每一台计算机至少需要一个帐户拥有管理权限，且未限定使用 Administrator 这个名称。所以，创建另一个拥有管理权限的帐户，然后停用 Administrator 帐户并对其进行改名，是有效抑制恶意用户入侵的一种方法。

1. 创建管理员用户

依次选择"开始"|"管理工具"|"计算机管理"命令，在打开的"计算机管理"窗口中，依次展开"计算机管理(本地)"|"系统工具"|"本地用户和组"|"用户"选项，右击"用户"选项或在右边栏目中右击，在打开的快捷菜单中选择"新用户"命令，打开"新用户"对话框，在其中创建一个帐户(如 wgzxMinJun)，如图 4-21 所示。输入帐户名称和密码后，取消选中"用户下次登录时须更改密码"复选框，选中"用户不能更改密码"和"密码永不过期"复选框。单击"创建"按钮后，会自动打开创建一个新用户的对话框，单击"关闭"按钮返回。

图 4-21 创建一个新用户

帐户创建完成后，应为其分配管理员权限。右击新用户"wgzxMinJun"，在快捷菜单中选择"属性"命令，如图 4-22 所示，打开"wgzxMinJun"属性对话框，在"隶属于"选项卡中，删除默认的 Users 用户组，添加 Administrators 管理员组，将该用户指定为 Administrators 管理员组的成员，如图 4-23 所示，设置好相关属性后单击"确定"按钮。

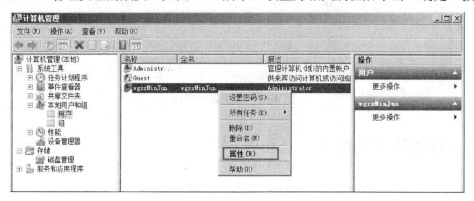

图 4-22   查看用户

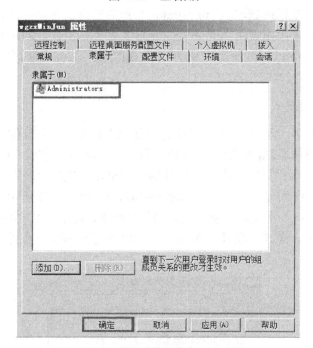

图 4-23   wgzxMinJun 属性

2. Administrator 帐户更名

Administrator 帐户拥有系统最高的管理权限，有时会使用该帐户做特殊配置，不建议将此用户停用，为安全考虑，可以将该帐户更名，并配置复杂密码。

在图 4-22 中，右击 Administrator 帐户，在快捷菜单中选择"重命名"命令，如修改为"wgzxAdministrator"。在快捷菜单中选择"配置密码"命令，在打开的对话框中为帐户配置复杂密码。

右击 wgzxAdministrator 帐户，在快捷菜单中选择"属性"命令，打开"wgzxAdministrator 属性"对话框，在"常规"选项卡中，选中"密码永不过期"复选框，取消选中"用户下次登录时须更改密码"和"用户不能更改密码"复选框。

3. Guest 帐户更名

Guest 是指为来宾访问计算机系统设置的帐户，在操作系统中称为"来宾帐户"。与 Administrators 和 Users 用户组不同，通常该帐户没有修改系统配置、安装程序以及创建、修改任何文档的权限，其仅能读取计算机系统信息与文件。由于恶意用户经常利用 Guest 帐户进行攻击，一般情况下不推荐使用此帐户，应停用该帐户并改名。

Windows Server 2008 R2 安装完成之后，默认情况下，Guest 帐户是停用的，可以通过重命名和配置复杂密码提高系统安全性。在图 4-22 中，右击 Guest 帐户，在快捷菜单中选择相应选项，为 Guest 帐户重命名和配置复杂密码，如重命名为 wgzxGuest。

在图 4-24 中可以看到系统更改后的帐户配置情况。

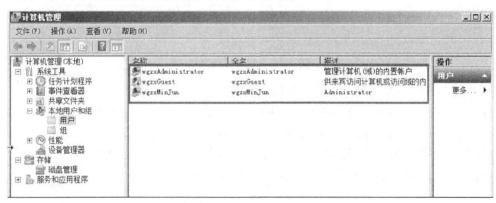

图 4-24　查看修改完成后的帐户

帐户配置完成后，重新启动系统，并以新用户 wgzxMinJun 登录。利用该用户登录后，需按 4.1.2 节的方法配置此用户的桌面和任务栏。

4.2　显　示　配　置

在桌面上的任意空白区域右击，在打开的快捷菜单中选择"个性化"命令，打开"个性化"窗口，可以配置屏幕的显示外观，如图 4-16 所示。

4.2.1　桌面背景

Windows Server 2008 R2 系统的桌面背景默认为蓝色，如果应用于服务器，可不更改背景，若作为个人计算机桌面，可更改为自己喜欢的图片或对眼睛刺激小的颜色。在图 4-16 中，单击"桌面背景"选项，打开"桌面背景"窗口，在其中可以选择背景颜色和图片，如图 4-25 所示。

图 4-25　配置桌面背景

在选择图片做桌面背景时，应注意以下几点：

(1) 尽量选用与显示器分辨率相同的图片，如显示器分辨率为 1440×900 像素，则选用相同分辨率的图片，这样可以避免使用拉伸等方法造成图片变形。

(2) 尽量不选用分辨率过高的图片，否则会影响计算机的运行速度。

(3) 尽量选用单一背景色的图片，使桌面图标突出。

4.2.2　显示器分辨率与刷新频率

1. 分辨率

显示器分辨率是指显示器所能显示的像素的多少。由于屏幕上的点、线和面都是由像素组成的，显示器可显示的像素越多，画面就越精细，同样的屏幕区域内能显示的信息也越多，所以分辨率是个非常重要的性能指标之一。可以把整个图像想象成是一个大型的棋盘，而分辨率的表现方式就是所有经线和纬线交叉点的数目。若分辨率较低，图像可能会出现锯齿状边缘。

例如，640×480 像素是较低的屏幕分辨率，而 1440×900 像素是较高的屏幕分辨率。CRT 显示器的分辨率通常按显示器尺寸分为 800×600 像素与 1024×768 像素，LCD 显示器则支持更高分辨率。是否能够增加显示器分辨率取决于显示器的大小、功能及显卡的类型。

在屏幕分辨率较高的情况下，文本和图像更小、更清楚；在屏幕分辨率较低的情况下，文本更大、更易于阅读，但图像斑驳且屏幕容纳的内容更少。

在桌面上任意空白区域右击，在打开的快捷菜单中选择“屏幕分辨率”命令，如图 4-26 所示，拖动滑块可更改分辨率。

图 4-26　配置分辨率

2. 刷新频率

刷新频率分为垂直刷新频率和水平刷新频率，一般提到的刷新频率通常指垂直刷新频率。垂直刷新频率表示屏幕的图像每秒钟重绘多少次，也就是每秒钟屏幕刷新的次数，以Hz(赫兹)为单位。刷新频率越高，图像就越稳定，图像显示就越自然清晰，对眼睛的影响也越小。刷新频率越低，图像闪烁和抖动的就越厉害，眼睛就越容易疲劳。一般来说，如能达到 80Hz 以上的刷新频率就可完全消除图像闪烁和抖动感，眼睛就不太容易疲劳。

显然刷新频率越高越好，但是建议不要让显示器一直以最高刷新频率工作，那样会加速 CRT 显像管的老化，一般比最高刷新频率低一到两档是比较合适的，建议 75Hz。而液晶显示器(LCD/LED)的发光原理与传统的 CRT 是不一样的，由于液晶显示器每一个点在收到信号后就一直保持那种色彩和亮度，恒定发光，而不像阴极射线管显示器(CRT)那样需要不断刷新亮点。因此，液晶显示器画质高而且绝对不会闪烁，把眼睛疲劳降到了最低。而刷新频率对 CRT 的意义比较突出，而 LCD/LED 刷新频率设置过高，反而会影响其使用寿命，一般保持在 60Hz 就可以了。

更改刷新频率之前，要求更改屏幕分辨率，原因是并非每个屏幕分辨率都与每个刷新频率兼容。分辨率越高，刷新频率也应越高。

在图 4-26 中，单击"高级设置"按钮，打开如图 4-27 所示对话框，在"屏幕刷新频率"下拉列表框中选择刷新频率，根据显卡性能选择颜色，然后单击"确定"按钮。

图 4-27　配置刷新频率

4.2.3　窗口颜色和外观

屏幕上显示的窗口、图标、菜单、标题栏和滚动条等，均可更改其显示外观。在"个性化"窗口中单击"窗口颜色 Windows 经典"选项，打开"窗口颜色和外观"对话框，如图 4-28 所示，可以根据项目进行调整。

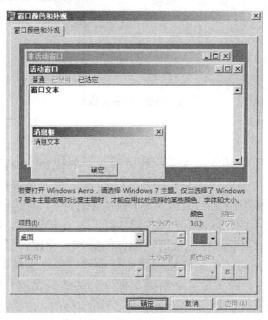

图 4-28　外观配置

例如，根据显示器分辨率，可以调整桌面上图标的垂直与水平间距，使桌面图标获得最佳显示效果。在图 4-28 中，在"项目"下拉列表框中选择"图标间距(垂直)"选项，在"大小"文本框中输入图标的垂直间距值(如 27)，在"项目"下拉列表框中再选 "图标间距(水平)"选项，配置图标的水平间距值(如 46)。

4.2.4　调整字体大小

如果显示器的分辨率设置过大，显示的文字和图片就会变小。通过调整字体大小，能使屏幕上的文本或其他项目(如图标)变大，易于查看。如果显示器的分辨率设置过小，可以通过减少 DPI 比例以使屏幕上的文本和其他项目变小，从而在屏幕上显示更多的信息。通过修改每英寸点数(DPI)比例，可以调整字体大小。

在图 4-16 中，单击"显示"选项，在弹出的显示配置窗口中，如图 4-29 所示，可以根据显示器的分辨率进行配置。

如果系统给定的三个选项不能满足显示要求，可以通过单击"设置自定义文本大小(DPI)"选项，在弹出的"自定义 DPI 设置"对话框中，输入需要缩放的百分比，然后单击"确定"按钮，如图 4-30 所示。

调整字体大小配置完成后，单击图 4-29 中的"应用"按钮，系统会提示"您必须注销计算机才能应用这些更改"，若要查看更改后的效果，请关闭所有程序，然后单击"立即注销"按钮，如图 4-31 所示。

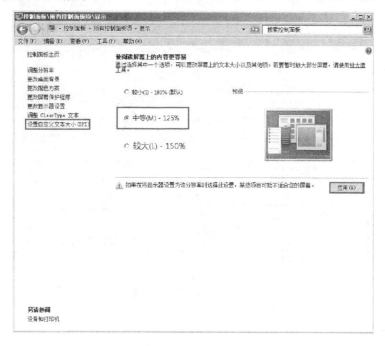

图 4-29　配置显示

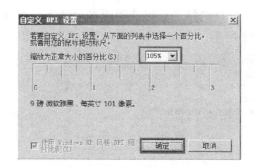

图 4-30　自定义 DPI 设置

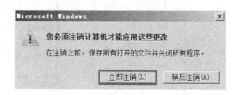

图 4-31　立即注销提示

4.2.5　配置桌面主题

主题是图片、颜色和声音的组合，可以通过使用主题更改计算机的桌面背景、窗口边框颜色、声音、屏幕保护程序等。

1. 打开 Themes 服务

要使用主题，必须打开 Themes 服务，才能为用户提供使用主题管理的应用。依次选择"开始"|"控制面板"|"管理工具"|"服务"命令，打开"服务"窗口，找到 Themes

服务，默认情况下，服务是禁用的。双击 Themes 服务，打开 "Themes 属性" 对话框，在 "启动类型" 下拉列表框中选择 "自动" 选项，单击 "应用" 按钮，再单击 "启动" 按钮，启动 Themes 服务，如图 4-32 所示。

图 4-32　启动 Themes 服务

2. 选择主题

打开 Themes 服务后，就可以使用桌面主题了。在 "个性化" 窗口中，选择需要的主题选项，若感觉系统定义的主题视觉效果不好，可以选择 "联机获取更多主题"，进行主题的下载并应用，也可以自定义主题，如图 4-33 所示。

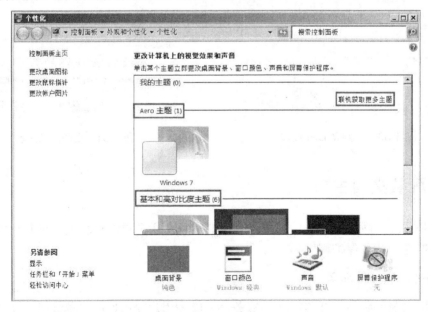

图 4-33　主题选择

通过联机访问主题网站进行下载，如图 4-34 所示，例如下载名为蜜蜂的主题，下载完成后，通过双击应用下载的蜜蜂主题，应用后桌面效果如图 4-35 所示，这样在视觉效果上显著提升。

图 4-34　联机下载主题

图 4-35　应用下载的蜜蜂主题后桌面个性化效果

4.2.6　调整桌面图标

桌面上的图标是打开程序的快捷方式，可以调整它们的大小、排列方式等。

在桌面右击，打开桌面的快捷菜单，在"查看"的二级菜单中，选择"小图标"和"自动排列图标"等命令，如图 4-36 所示。在"排序方式"的二级菜单中，选择"名称"命令，使桌面图标按名称排序。

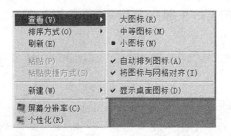

图 4-36　调整桌面图标

提示：　在桌面上按下 Ctrl 键并滚动鼠标滚轮，可放大或缩小桌面图标。

4.3　系统属性配置

通过对系统属性进行配置，可使系统运行更高效、操作更简便。

4.3.1　文件夹选项配置

为了灵活查看系统中的各种文件夹，使用"控制面板"中的"文件夹选项"，可以更改文件和文件夹执行的方式以及项目在计算机上的显示方式。依次选择"控制面板"|"外观和个性化"|"文件夹选项"选项，如图 4-37 所示。

图 4-37　选择文件夹选项

1. 常规配置

在"常规"选项卡中，可以更改文件夹的显示方式和工作方式。如图 4-38 所示，选中

"通过单击打开项目"单选按钮,可以通过单击(就像网页中的链接那样)而不是通常的双击方式打开所有文件和文件夹,默认为双击打开方式。

提示:　若要还原文件夹的原始配置,单击"还原为默认值"按钮。

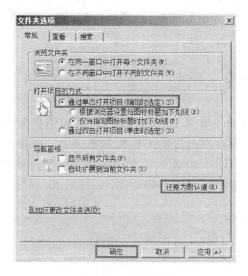

图 4-38　常规配置

2. 查看配置

在"文件夹选项"的"查看"选项卡中,如图 4-39 所示,根据长期使用的经验,依次做以下配置。

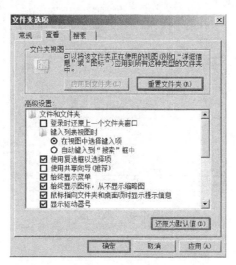

图 4-39　查看配置

- 选中"使用复选框以选择项"复选框。
- 取消选中"使用共享向导(推荐)"复选框。
- 选中"始终显示菜单"复选框。

- 取消选中"隐藏受保护的操作系统文件(推荐)"复选框。
- 选中"显示隐藏的文件和文件夹"单选按钮。
- 取消选中"隐藏已知文件类型的扩展名"复选框。

单击"应用"按钮，将当前的"查看"配置应用于计算机上所有同类型的文件夹，例如 Documents、Pictures 或 Music 文件夹。若要将这些文件夹配置恢复到默认配置，单击"重置文件夹"或"还原为默认值"按钮。

4.3.2　高级系统配置

在"控制面板"窗口中，单击"系统"选项，或右击桌面上的"计算机"图标，在快捷菜单中选择"属性"命令，在打开的"系统"窗口中，单击"高级系统配置"选项，打开"系统属性"对话框，如图 4-40 所示，在这里可以配置计算机名、用户配置文件、系统启动配置和更改计算机的虚拟内存配置等。

1. 配置计算机名

作为服务器的计算机，最好为其配置一个独特的计算机名，以方便在其他计算机中查找。在图 4-40 中，单击"更改"按钮，在打开的"计算机名/域更改"对话框中，输入计算机名即可。修改计算机名称后，必须重启计算机才能生效。

图 4-40　系统属性

2. 优化视觉效果

在"系统属性"对话框的"高级"选项卡中，如图 4-41 所示，单击"性能"选项组中的"设置"按钮，打开"性能选项"对话框，如图 4-42 所示。在服务器上使用，可调整为最佳性能；日常使用，可根据计算机的性能，调整为最佳外观或自定义选项。选择"自定义"选项时，可选中除"平滑屏幕字体边缘"和"在桌面上为图标标签使用阴影"以外的所有复选框。选中"平滑屏幕字体边缘"功能，在屏幕放大显示时，字体会出现模糊现象。

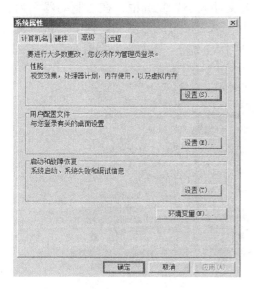

图 4-41　"高级"选项卡

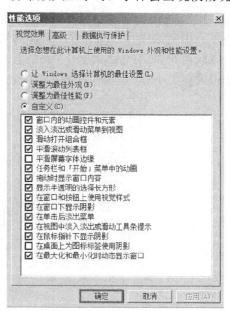

图 4-42　视觉效果

3. 合理配置虚拟内存

切换到"高级"选项卡，可配置使用的虚拟内存等，如图 4-43 左图所示。

进程是当前计算机运行的程序，包括前台的程序和后台的程序 。在"处理器计划"选项组中可优化运行的程序。优先选中"程序"单选按钮，这样较多的处理器资源都用在前台程序。如果选择"后台服务"，那么前台的程序和后台的程序都获得相同的处理器资源。

在配置虚拟内存的时候要注意，如果有多块硬盘，那么最好能把分页文件配置在没有安装操作系统或应用程序的硬盘上，或者所有硬盘中速度最快的硬盘上。这样在系统繁忙的时候才不会产生同一个硬盘既忙于读取应用程序的数据又同时进行分页操作的情况。只有应用程序和分页文件存放在不同的硬盘上，才能最大限度降低硬盘利用率，同时提高效率。当然，如果只有一块硬盘，就完全没必要将分页文件配置在其他分区了，同一个硬盘上不管配置在哪个分区中，对性能的影响都不是很大。

(1) 虚拟内存主要根据内存大小和计算机的用途来设定。所谓虚拟内存就是在物理内存不够用时把一部分硬盘空间作为内存来使用。由于硬盘的数据传输的速度相比物理内存的数据传输速度慢，则使用虚拟内存比物理内存传输数据的效率低。实际需要的值可根据应用调整。设置过大会产生碎片，严重影响系统速度；设置过小又不能满足应用，系统将会提示虚拟内存不足。

(2) 一般情况下，可让 Windows 来自动分配管理虚拟内存，它能根据实际内存的使用情况，动态调整虚拟内存的大小。

(3) 自定义虚拟内存，一般默认的虚拟内存大小是取一个范围值，但最好给它一个固定值，这样就不容易产生磁盘碎片，具体数值根据物理内存大小来定，一般为物理内存的

1.5～3 倍。

　　单击"虚拟内存"选项组中的"更改"按钮，打开"虚拟内存"对话框，如图 4-43 右图所示。取消选中"自动管理所有驱动器的分页文件大小"复选框，在"驱动器"列表中选中系统盘符(如 E 盘)，选中"系统管理的大小"单选按钮，单击"设置"按钮。在自定义虚拟内存大小时，虚拟内存最小值为物理内存的 1.5～2 倍，最大值为物理内存的 2～3 倍。

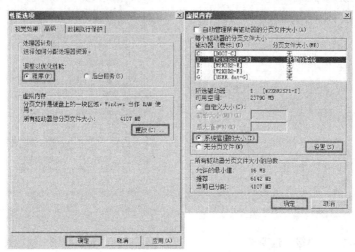

图 4-43　配置虚拟内存

4. 启动和故障恢复

　　如果计算机上安装了多个操作系统，则可以在打开计算机时选择启动哪个操作系统。在图 4-41 中的"启动和故障恢复"选项组中，单击"设置"按钮，打开"启动和故障恢复"对话框，如图 4-44 所示。将显示操作系统列表的时间改为 5 秒。在"系统失败"选项组中，取消选中"自动重新启动"复选框，将"写入调试信息"配置为"无"。

图 4-44　启动和故障恢复

5. 关闭远程桌面功能

用"远程桌面"等连接工具连接远程的服务器，如果连接上了，输入系统管理员的用户名和密码后，将可以像操作本机一样操作远程的计算机。远程桌面服务所使用的通信协议是 Microsoft 定义 RDP(Reliable Data Protocol)协议，RDP 协议的 TCP 通信端口号是 3389，该端口经常成为恶意用户的攻击对象，为了安全起见，需要更改端口或者关闭远程桌面服务。

1) 修改端口

在"运行"对话框中，输入 regedit 命令，单击"确定"按钮后，打开注册表编辑器，定位到计算机 \HKEY_LOCAL_MACHINE\SYSTEM\CurrentControlset\Control\Terminal Server\Wds\rdpwd\Tds\tcp，如图 4-45 所示。

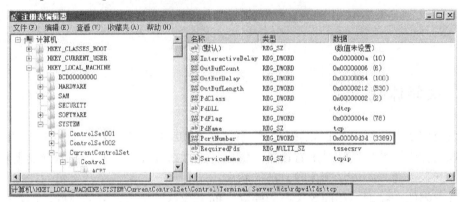

图 4-45　修改远程桌面端口(1)

定位到计算机\HKEY_LOCAL_MACHINE\SYSTEM\CurrentControlset\Control\Terminal Server\ WinStations\RDP-Tcp，然后修改 PortNumber 的值，如图 4-46 所示。

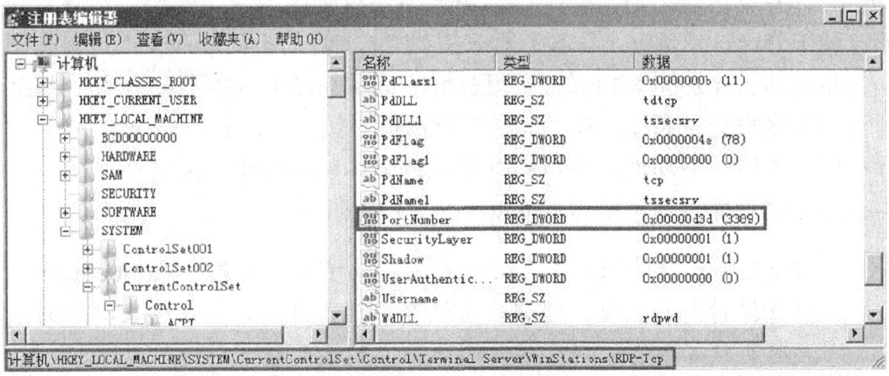

图 4-46　修改远程桌面端口(2)

其 PortNumber 的值为 0x00000d3d，是十六进制，等同于十进制的 3389，也就是 RDP 协议使用的端口，将它改成其他端口即可。

2) 关闭远程桌面服务

开启远程桌面服务会给操作系统的安全性带来隐患，建议关闭远程桌面服务。在"系统属性"的"远程"选项卡中，如图 4-47 所示，选中"不允许连接到这台计算机"单选按钮，可以阻止任何人使用远程桌面或终端服务 RemoteApp (TS RemoteApp) 连接到计算机。

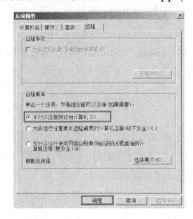

图 4-47   关闭远程桌面

4.3.3   关闭休眠功能

将系统切换到休眠(Hibernate)模式后，系统会自动将内存中的数据全部转存到硬盘上的一个休眠文件中，然后暂停对所有设备的供电。当系统恢复的时候，则从硬盘上将休眠文件的内容读入内存，并恢复到休眠之前的状态。这种模式，降低了计算机的能耗，但代价是需要有空闲的和物理内存同等大小的硬盘空间。而这种模式恢复的速度，取决于内存大小和硬盘的读写速度。

当 Windows Server 2008 R2 系统处于"休眠"状态时，系统分区中会自动生成一个与系统内存容量相同的 hiberfil.sys 文件，当系统从休眠状态切换到正常运行状态时，hiberfil.sys 文件并不会随之消失，这样会消耗掉系统分区的空间资源，影响系统的运行效率。为了给系统分区"减负"，且服务器应提供 24 小时的不间断服务，可以按照如下步骤来停用 Windows Server 2008 R2 系统的休眠功能，确保系统分区中不会出现 hiberfil.sys 文件。

使用管理员帐户登录系统，在"运行"对话框中输入 powercfg -h off，单击"确定"按钮，运行程序，关闭休眠功能，会自动删除系统分区的 hiberfil.sys 文件。

如需打开休眠功能，只需要运行 powercfg -h on 即可。

> 注意：　睡眠(Sleep)与休眠不同。powercfg -h off 关闭的是休眠(hibernate)，区别在于前者保持内存供电，能够快速恢复，后者是将内存中的数据转写入硬盘，恢复时再读回内存，耗费的时间取决于硬盘和总线的速度。

4.4   配置用户环境

如果重新安装系统，系统中"我的文档"、"收藏夹"、"Internet 临时文件夹"等用户文件夹中的内容将被删除。因此，需要更改这些用户文件夹的位置，可以方便多用户共享此信息。首先，在除系统盘的分区上(如 G 盘)，建立用户文件夹，如 G:\WGZXUSER.dat，用于存放用户数据。

4.4.1　自定义用户环境变量

环境变量是给系统或用户应用程序配置参数，例如 Path 变量，是告诉系统，当要求系统运行一个程序而没有告诉它程序所在的完整路径时，系统除了在当前目录下面寻找此程序外，还应到哪些目录下去寻找。

下面添加指向用户文件夹 G:\WGZXuser.dat 的用户环境变量，可让其他系统和多用户共享。

在"系统属性"的"高级"选项卡中，单击"环境变量"按钮，如图 4-41 所示，打开"环境变量"对话框。在"wgzxMinJun 的用户变量"选项组中，单击"新建"按钮，打开"新建用户变量"对话框，建立变量名为 UserProDat、变量值为 g:\WGZXuser.dat 的用户变量，如图 4-49 所示。单击"确定"按钮后，在图 4-48 中可以看到添加的用户变量 UserProDat。

图 4-48　配置环境变量　　　　　　图 4-49　新建 UserProDat 环境变量

4.4.2　修改用户文件夹

环境变量 UserProDat 添加完成之后，就可以用它来改变用户环境了。在重新安装系统或修改用户文件夹时，通过修改 UserProDat 变量的值，便可以恢复原有的用户环境。方法是打开注册表编辑器，找到如图 4-50 所示键值，并进行修改。

注册表配置完成后，G:\WGZXuser.dat 目录下的 Favorites、My Documents、Temporary Internet Files 和 Cookies 等文件夹不需要手动建立，系统会自动生成。

为方便以后定义环境变量，可将这些配置导出为一个注册表文件。选中 User Shell Folders 键，在菜单中依次选择"文件"|"导出"命令，在打开的"导出注册表文件"对话

框中，选择文件存储位置，并输入文件名，如 W2K8R2-UserProDat.reg。

图 4-50　编辑注册表

使用"记事本"程序打开 W2K8R2-UserProDat.reg 文件，可将其他的选项删除，仅留下 Favorites、My Documents、Temporary Internet Files 和 Cookies。修改后的 W2K8R2-UserProDat.reg 文件内容如图 4-51 所示，也可以根据需要添加需要的键值。

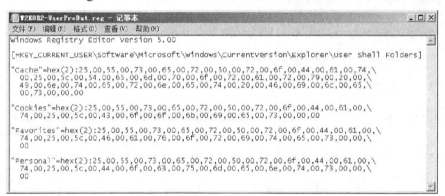

图 4-51　W2K8R2-UserProDat.reg 文件内容

以后，只需要导入 W2K8R2-UserProDat.reg 注册表文件，就可以完成用户文件夹的修改。

另外，可在 G:\WGZXuser.dat 目录下创建一个 Program Files 文件夹，将常用应用软件放入此目录，并将这些应用软件的图标发送为桌面快捷方式。选中桌面上常用工具的快捷图标，在快捷菜单中单击"属性"命令，在打开的文件属性对话框的"快捷方式"选项卡中，在"目标"和"起始位置"文本框中，将程序目录中的 G:\WGZXuser.dat 更改为%UserProDat%，如图 4-52 所示。所有常用工具的快捷方式修改完成后，对桌面上的所有图标做一个备份。备份的方法是：因此在 D:\Users\wgzxMinJun\Desktop 文件夹中保存了 wgzxMinJun 用户桌面的所有快捷图标，所以把 Desktop 文件夹复制出来即可。这样，重新安装本机操作系统和其他计算机的操作系统时，可直接把 G:\WGZXuser.dat 和 Desktop 文件夹复制到新安装的操作系统上，桌面图标和常用工具就直接配置完成，不必重复操作。

图 4-52　更改快捷方式

注意：　不用安装的绿色软件可采用上述方法，若需要安装的软件则不能使用上述方法，如 Microsoft Office。

4.5　硬件与驱动程序

驱动程序是一种允许计算机与硬件或设备之间进行通信的软件。如果没有驱动程序，连接到计算机的硬件(例如，显卡或打印机)将无法正常工作。

大多数情况下，Windows 附带有驱动程序，也可以通过 "控制面板"中的 Windows Update 检查是否有更新来查找驱动程序。如果在 Windows 中没有找到所需的驱动程序，则通常可以在要使用的硬件或设备附带的光盘上或者制造商的网站中找到该驱动程序。

4.5.1　设备管理器

Windows 的设备管理器是一种管理工具，可用它来管理计算机上的设备。可以使用"设备管理器"查看和更改设备属性、更新设备驱动程序、配置设备配置和卸载设备。

1. 设备管理器的功能

使用设备管理器可以：

● 确定计算机上的硬件是否工作正常。
● 更改硬件配置。
● 标识为每个设备加载的设备驱动程序，并获取有关每个设备驱动程序的信息。

- 更改设备的高级配置和属性。
- 安装、更新设备驱动程序。
- "启用"、"禁用"和"卸载"设备。
- 回滚到驱动程序的前一版本。
- 基于设备的类型、按设备与计算机的连接或按设备所使用的资源来查看设备。
- 显示或隐藏不必查看、但对高级疑难解答而言可能必需的隐藏设备。

通常使用设备管理器来检查硬件的状态以及更新计算机上的设备驱动程序。完全了解计算机硬件的高级用户还可以使用设备管理器的诊断功能解决设备冲突和更改资源配置。

2. 打开设备管理器

打开设备管理器有以下几种方法，图 4-53 为设备管理器界面。

(1) 在"控制面板"中打开"设备管理器"。

(2) 右击"计算机"，在快捷菜单中选择"属性"命令，在打开的"系统"窗口中单击"设备管理器"选项。

(3) 在"运行"对话框中，输入命令 devmgmt.msc。

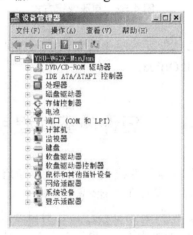

图 4-53 设备管理器

4.5.2 添加设备驱动程序

将新设备连接到计算机时，Windows 会自动尝试安装该设备的驱动程序，并且，如果找不到设备的驱动程序会有提示。如果发生这种情况可以尝试以下几种方法：

(1) 使用 Windows Update。可能需要将 Windows Update 配置为自动下载并安装推荐的更新。

(2) 安装来自设备制造商的软件。例如，如果设备附带光盘，则该光盘可能包含用于安装设备驱动程序的软件。

(3) 自行下载并更新驱动程序。使用此方法可以安装从制造商网站下载的驱动程序。如果 Windows Update 找不到设备的驱动程序，且设备未附带安装驱动程序的软件，则执行此操作。

找到更新的驱动程序后，按照网站上的安装说明操作。大多数驱动程序在下载后，通常只需双击安装文件(如 Setup.exe)，然后按照提示即可安装驱动程序。

(4) 如果设备制造商提供的或下载的驱动程序包里没有包括安装文件，按照以下步骤操作。

① 打开设备管理器。

② 在"硬件类别"列表中，找到需要更新的设备，然后双击该设备名称，打开设备的属性对话框，如图 4-54 所示。

③ 在"驱动程序"选项卡中，单击"更新驱动程序"按钮，打开如图 4-55 所示对话框。如果需要自动搜索更新的驱动程序，单击第一项。这里，单击第二项，浏览本机的驱动程序。

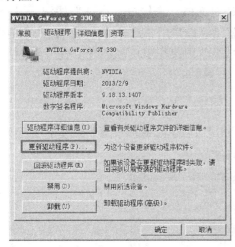

图 4-54 驱动程序

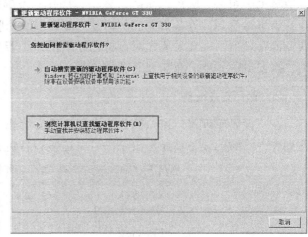

图 4-55 选择安装方式

④ 在图 4-56 中，选择驱动程序所在的位置，然后单击"下一步"按钮。

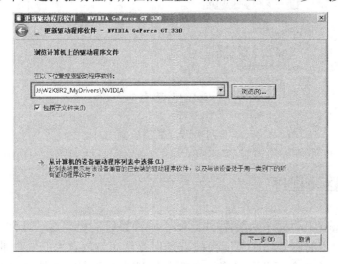

图 4-56 选择驱动程序

⑤ 接下来，开始搜索并安装驱动程序。

通过以上方法，可以将系统不能自动识别的硬件驱动程序安装完成。

4.5.3 管理设备

在设备管理器中，可禁用、卸载和扫描检测新设备。右击一个设备，在快捷菜单中可以对设备进行相应操作，如图 4-57 所示。以下是管理设备的两个技巧。

1. 隐藏光驱

有时我们需要将光驱隐藏。在设备管理器中找到并展开"DVD/CD-ROM 驱动器"选项，选择需要隐藏的具体光驱型号(如果有多个)，然后单击工具栏上的"禁用"图标或从快捷菜单中单击"禁用"命令，系统会打开一个确认对话框，直接单击"是"按钮，过一会儿就可以看到该设备前面的图标变为 🔻，表明光驱已经被禁用。此时再打开"我的电脑"或资源管理器，就会发现光驱盘符已经不见了！若光驱单独接在 IDE 接口上，也可通过禁用"次要 IDE 通道"的方法来隐藏光驱。

2. 显示隐藏设备

在"设备管理器"窗口的菜单中依次选择"查看"|"显示隐藏的设备"命令，就会发现列表中隐藏的设备被显示出来，可对这些设备进行管理。

图 4-57　管理设备

4.5.4 回滚驱动程序

Driver Rollback(驱动程序回滚)特性有助于确保系统的稳定性。当你对某一驱动程序进行更新时，先前版本的驱动程序包便会被自动保存至负责放置系统文件的特定子文件夹(系统将针对你所备份的每个驱动程序将一个新数值赋予注册表相关部分中的 Backup 键)。

回滚驱动程序操作只允许执行一次，也就是说，系统只能提供一个早期的驱动程序版本的。

当用户升级硬件驱动失败后，可以在设备管理器中通过"回滚驱动程序"功能解决问题。

右击需要回滚驱动程序的设备，在快捷菜单中单击"属性"命令，在打开的设备属性的"驱动程序"选项卡中，如图 4-58 所示，单击"回滚驱动程序"按钮，此时系统会提示你是否真的要"回滚"，单击"是"按钮，即可完成操作。

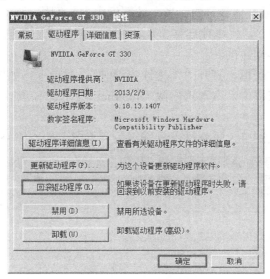

图 4-58 回滚驱动程序

4.6 网络连接配置

使服务器能够提供速度更快、连接更稳定的网络连接服务非常重要，因此除了要保证网络连接的相关硬件性能稳定外，还要对系统做针对性的配置。

4.6.1 关闭不必要的网络协议

与旧版本操作系统相比，Windows Server 2008 R2 系统新增加了 TCP/IPv6 网络协议，由于目前还未广泛使用该协议，导致该协议在日常网络应用中无法发挥作用。该协议在默认状态会被 Windows Server 2008 R2 系统自动安装启用，它的存在会对网络应用的稳定性产生影响。

此外，链路层拓扑发现响应程序、链路层拓扑发现映射器 I/O 驱动程序等均可去掉，由于上述组件应用特殊，如果选中它们，会影响网络应用和系统安全；另外，若服务器中没有资源要共享给其他用户访问或者不必访问局域网中的其他共享资源时，可取消"Microsoft 网络客户端"项目以及"Microsoft 网络的文件和打印机共享"项目的选中状态。

网络服务质量(Quality of Service，QoS)是指当一种类型的流量或应用程序设法穿越网络连接时用来赋予其优先性(而不是仅依赖于最佳性能的连接)的各种技术。目前支持 QoS 的应用程序较少，因此暂缓应用"QoS 数据包计划程序"。

右击桌面上的"网络"图标，在快捷菜单中单击"属性"命令，在打开的"网络和共享中心"窗口中，单击"更改适配器设置"选项，打开"网络连接"窗口，如图 4-59 所示，在这里显示了本机可用的网络连接。

"网络连接"文件夹存储了所有的网络连接。网络连接是一个信息集，使计算机能够连接到 Internet、网络或其他计算机。当在计算机中安装网络适配器时，系统会在"网络连接"文件夹中创建其连接。"本地连接"是针对有线网络适配器创建的。"无线网络连接"是针对无线网络适配器创建的。

双击"本地连接"图标，打开"本地连接 属性"对话框，如图 4-60 所示，在"此连接使用下列项目"列表框中，取消选中除"Internet 协议版本 4(TCP/IPv4)"以外的所有复选框。

如果系统中有多块网卡，重复以上步骤，关闭不需要的网络协议。

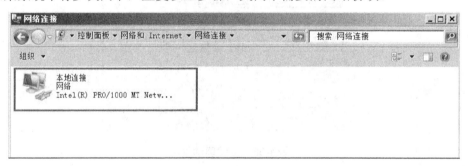

图 4-59　查看网络连接

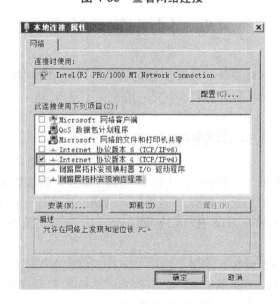

图 4-60　本地连接 属性

4.6.2　高级 TCP/IP 配置

在网络连接中只保留了 TCP/IPv4 协议，还需要对该协议进行配置，才能保证服务器的安全。

1. 配置 IP 地址

IP 地址就是给每个连接 Internet 的主机分配的一个 32 位地址。

认为一台计算机只能有一个 IP 地址的观点是错误的。我们可以为一台计算机指定多个 IP 地址；此外，通过特定的技术，可以让多台计算机共用一个 IP 地址，这些服务器从用户角度看是一台计算机。

在本地连接属性对话框中，双击"Internet 协议版本 4(TCP/IPv4)"选项，打开"Internet 协议版本 4(TCP/IPv4)属性"对话框，如图 4-61 所示。如果局域网中存在 DHCP 服务器，可选择自动获取 IP 地址和 DNS 服务器地址。作为服务器，需要配置固定的 IP 地址。

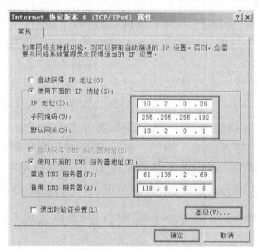

图 4-61　配置 IP 地址

选中"使用下面的 IP 地址"单选按钮，在下面的文本框中输入相应的 IP 地址、子网掩码和默认网关。选中"使用下面的 DNS 服务器地址"单选按钮，输入相应的 DNS 服务器地址。

如果需要为服务器添加多个 IP 地址，单击"高级"按钮，打开"高级 TCP/IP 设置"对对话框，单击"IP 配置"选项卡中的"添加"按钮，在打开的对话框中输入新添加的 IP 地址，如图 4-62 所示。

💡 注意：　由于宜宾学院有三个网络出口：中国电信、中国联通和教育网，在配置 DNS 服务器地址时，可配置三个不同网络运营商的 DNS 服务器 IP。如在首选 DNS 服务器里，使用中国电信 DNS，在备用 DNS 使用中国联通 DNS，单击"高级"按钮，在打开的对话框中切换到 DNS 选项卡，在其中添加教育网的 DNS，这样方便访问各个运营商的网络。

图 4-62   添加多个 IP 地址

　　宜宾学院的服务器配置了多块网卡，且不同的网卡分别接入不同的网络出口，包括内网、中国电信、中国联通、教育网。对于这种服务器，在进行网络配置时必须认真对待，稍有不慎便可能出现网络故障或者网络服务不稳定等问题，并且出现这类问题后很难查找和解决。

　　如果将每块网卡都配置一个默认网关，就会导致服务器网络服务不稳定。在配置服务器时出现过这样的错误，同时配置了连接中国电信网卡和连接教育网网卡的默认网关，结果当外网用户访问该服务器时，经常出现网络服务不稳定现象，出现该现象时，只要将其中一块网卡执行"禁用"与"启用"操作，并设置好唯一网关即可解决。这就是多个默认网关相互冲突的结果。现在，我们的服务器只配置一个默认网关，仅在连接中国电信的网卡中添加中国电信的默认网关，对其他网段的连接，通过配置静态路由的方式来实现。

　　💡 注意：　　所有网卡，只能有一块网卡可以配置默认网关。

2. 禁用 TCP/IP 上的 NetBIOS 和关闭 LMHOSTS 查找

　　NetBIOS 是指网络输入输出系统，在计算机网络发展史中，NetBIOS 算得上是历史悠久。早在 1985 年，IBM 公司就开始在网络领域使用 NetBIOS，微软推出第一套基于 Windows 的网络操作系统——Windows for Workgroups(面向工作组的视窗操作系统)时，就采用了适用于 Windows 的 NetBIOS 版本，即 NetBEUI。微软当年之所以选择 NetBEUI 作为网络传输的基本协议，是因为它占用系统资源少、传输效率高，尤其适用于由 20 到 200 台计算机组成的小型局域网。此外，NetBEUI 还有一个最大的优点：可以方便地实现网络中各单机资源的共享。

　　网络发展速度突飞猛进，进入 20 世纪末，全球的计算机可通过国际互联网络方便连接，随着互联网络的迅猛发展，TCP/IP 协议成为广泛使用的传输协议。

　　今天，TCP/IP 协议已是互联网领域的通用协议，接入互联网的计算机都使用 TCP/IP。同时，NetBEUI 协议依然在局域网领域广泛使用，因此，系统在安装 TCP/IP 协议时，NetBIOS 也被 Windows 作为默认配置载入了计算机，使计算机具有了 NetBIOS 的开放性。NetBIOS

的开放，意味着计算机内的硬盘资源会在网络中成为共享。对于网络上的恶意用户，可以通过 NetBIOS 获知计算机中的一切。

LMHOSTS 是用来进行 NetBIOS 名称静态解析的，将 NetBIOS 名称和 IP 地址对应起来，功能与 DNS 类似，只不过 DNS 是将域名/主机名和 IP 对应。禁用 NetBIOS，同时也要关闭 LMHOSTS 查找。

在"高级 TCP/IP 配置"对话框中，切换到 WINS 选项卡，取消选中"启用 LMHOSTS 查找"复选框，选中"禁用 TCP/IP 上的 NetBIOS"单选按钮，然后单击"确定"按钮，如图 4-63 所示。

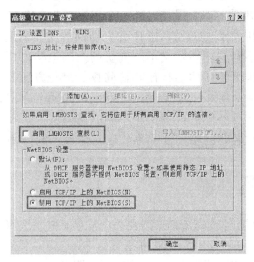

图 4-63　关闭 LMHOSTS 查找和禁用 TCP/IP 上的 NetBIOS

4.7　配置 SNMP

在服务器上配置 SNMP 协议，通过网管系统(如 Solar Winds Orion)可查看服务器的运行状况。

4.7.1　SNMP 简介

SNMP(Simple Network Management Protocol，简单网络管理协议)的前身是简单网关监控协议(SGMP)，用来对通信线路进行管理。随后，人们对 SGMP 进行了很大的修改，特别是加入了符合互联网定义的 SMI 和 MIB 的体系结构，改进后的协议就是著名的 SNMP。SNMP 的目标是管理互联网上众多厂家生产的软硬件平台，因此 SNMP 受互联网标准网络管理框架的影响很大。

SNMP 开发于 20 世纪 90 年代早期，其目的是简化大型网络中设备的管理和数据的获取。网络硬件厂商把 SNMP 加入了他们制造的每一台设备。现在，各种网络设备上都可以看到默认启用的 SNMP 服务，从交换机到路由器，从防火墙到网络打印机，无一例外。许多与网络有关的软件包,如 SolarWinds Orion、HP 的 OpenView 和 Nortel Networks 的 Optivity Network Management System,还有 Multi Router Traffic Grapher(MRTG)之类的免费软件,都使用 SNMP 服务来简化网络的管理和维护。

最常见的默认通信字符串(团体名称、团体字符串)是 public(只读)和 private(读写),除此之外,许多厂商设置了私有的默认通信字符串。在所有运行 SNMP 的网络设备上,都可以找到某种形式的默认通信字符串。采用默认通信字符串的优势是网管软件可以直接访问设备,无须经过复杂的配置,但这种优势会造成恶意用户的攻击。

GET 和 SET 是 SNMP 用来收集信息和配置参数的命令,团体名称(Community Name)是网络应用程序在做 SET 和 GET 操作时的一个口令。SNMP 的团体是一个代理和多个管理站之间的认证访问控制关系。在 SNMP 中允许访问的团体名是被管理系统定义的。一般来讲,代理系统可以对不同的团体定义不同的访问控制策略,每一个团体被赋予唯一的名字。管理站只能以代理认可的团体名行使其访问权。另一方面,由于团体名的有效范围局限于定义它的代理系统中,所以一个管理站可能以不同的名字出现在不同的代理中,即管理实体可以用不同的名字对不同的代理实施不同的访问权限。反之,如果两个代理系统定义了相同的团体名,这种名字的相同性并不代表它们属于同一团体。

4.7.2 安装 SNMP

默认情况下,SNMP 服务没有安装,需要手动安装。依次选择"开始"|"管理工具"|"服务器管理器"|"功能"|"添加功能"命令,打开"添加功能向导"对话框,如图 4-64 所示。在"功能"列表框中,选中"SNMP 服务"复选框,下面的"SNMP 服务"和"SNMP WMI 提供程序"复选框被自动选中。单击"下一步"按钮,开始安装服务。安装完成后,重新启动计算机,即可开始使用 SNMP 服务。

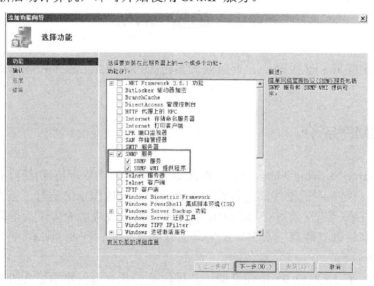

图 4-64　添加 SNMP 服务

4.7.3　配置 SNMP

SNMP 服务安装好以后，选择"开始" | "管理工具" | "服务"命令，在本地服务列表中找到 SNMP Service 服务，双击进入 SNMP 的属性配置。在"常规"选项卡里，查看服务是否已经启动，如果没有启动，则启动它，并在"启动类型"下拉列表框中选中"自动"选项。在"安全"选项卡里，添加只读团体名称，如 ybuTempR，并配置可接受哪些 IP 地址的管理。为了安全，只输入只读团体名称和 SolarWinds 网管服务器的 IP 地址 10.1.0.254，如图 4-63 所示。

图 4-65　配置 SNMP 服务的属性

经过以上配置，网管服务器 10.1.0.254 就可以管理这台 Windows Server 2008 R2 的服务器了。

注意：　　SNMP 配置完成之后，必须配置好防火墙，允许 D:\Windows\System32\snmp.exe 访问网络，才能被网管服务软件管理。

4.8　激活 Windows Server 2008 R2

经过基本配置后，体验到 Windows Server 2008 R2 系统的功能。接下来要做的工作就是激活它。

Windows Server 2008 R2 安装完成后，必须在 30 天内(零售版与 OEM 版)运行激活程序，否则过期后，虽然系统仍然可以正常运行，但是桌面背景将变成黑色、Windows Updata 仅会安装重要更新，而且系统会持续提醒用户必须激活系统，直至激活为止。

4.8.1　通过序列号激活

依次选择"开始"｜"计算机"｜"系统属性"，查看有关计算机的基本信息，如图 4-66 所示，单击"剩余×天可以自动激活。立即激活 Windows"，也可以通过单击"更改产品密钥"来输入产品序列号进行激活操作。

图 4-66　激活 Windows Server 2008 R2

4.8.2　OEM 方式激活 Windows Server 2008 R2

在采用 OEM 方式激活 Windows Server 2008 R2 前，先来谈谈什么是 SLIC？SLIC 的全称是 Software Licensing Internal Code，即软件许可内部码，它存放于 BIOS 中，用于激活 OEM 版的 Windows 操作系统。

微软公司用 SLIC 来控制用户对 OEM 版本 Windows 系统的非法使用。OEM(Original Equipment Manufacture)的基本含义是定牌生产合作，俗称"代工"。微软为特定的合作伙伴发放操作系统的 OEM 版本，以满足合作双赢的需求。这些 OEM 版本的操作系统随机器预安装，并采用批量许可的授权模式。这样的批量许可难以有效识别合法用户和非法用户，可能被滥用而导致版权问题。为了控制这个问题，微软规定在安装每一个操作系统时将其激活。OEM 可在安装过程中根据 OEM 和批量许可的媒体安装映像。

人们一般认为主板是硬件升级中最不可能更换的部件，甚至有观点认为，主板的更换约等于整台机器的更换。要有效识别一台机器是否为 OEM 合法用户，可以在每台预装操作系统的机器主板的 BIOS 里写入特定的信息，来标示这是一台 OEM 合法用户的机器。这样写入的特定信息就是 SLIC。不同的 OEM 厂商的 SLIC 是不同的，所以它们的 OEM 操作系统不能混用。在没有预装系统的机器，即便是品牌机，也不会含有 SLIC 信息。这样，OEM 版的操作系统就可以限定在 OEM 机器上使用。

SLIC 一般是写在软件许可描述表(Software Licensing Description Table，SLDT)中的，SLDT 长 374 字节。而 SLDT 写在高级配置和电源管理接口(Advanced Configuration and PowerManagement Interface，ACPI)。

那么什么是 SLIC2.0 和 SLIC2.1？SLIC2.0 和 SLIC2.1 是指 SLIC 的版本号，与操作系统的对应关系如下。

- Windows XP 或 Windows Server 2003 需要 SLIC1.0 才能激活。
- Windows Server 2008 或 Windows Vista 需要 SLIC2.0 才能激活。
- Windows Server 2008 R2 或 Windows 7 需要 SLIC2.1 才能激活。

若我们购买的品牌机预装有官方正版操作系统，其主板的 BIOS 中有与品牌机品牌对应的 SLIC，则可以使用 SLIC Toolkit 或 Everest Ultimate 软件进行检验。

我们通过网络查询到戴尔品牌机开启 OEM 版 SLIC 的方法，以 DELL 980 机器型号的 BIOS 为例进行说明。

戴尔采用 SVCTAG 软件进行工程模式调试，要开启 SLIC 屏蔽，可以通过以下方式实现。

1. 设置 BIOS 开启 SLIC 屏蔽

在启动 DELL 980 时，根据屏幕提示按下 F2 键进入 BIOS 设置，依次选择 Maintenance|Asset Tag，在右方的 Asset Tag 文本框内输入 PASS:12/31，如图 4-67 所示，输入完成后按 Enter 键，会弹出警告提示，单击 Yes 按钮，保存 Asset Tag。

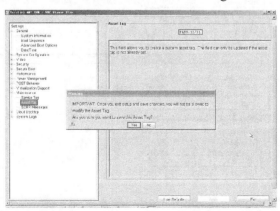

图 4-67　设置 Asset Tag

按下 Ctrl + Alt + Del 组合键重启计算机，自检完成后会提示，要求按 Alt + F 组合键重新引导以关闭工厂模式，按下后系统重启进入 Windows 系统，利用软件重新查看 SLIC 信息，一般情况下已经开启。

2. 利用 SVCTAG 软件开启 SLIC 屏蔽

SVCTAG 软件的执行平台必须在磁盘操作系统(Disk Operating System，DOS)才能正常运行。可以先利用优盘制作成 DOS 启动，把 SVCTAG 软件复制到优盘中，然后执行下面指令即可开启 SLIC 屏蔽。

(1) C:\>ASSET PASS：12/31 ；(全部采用大写，回车)

(2) Service Tag   ；(你的服务编码信息，屏幕显示信息)

(3) Asset Tag   PASS：12/31 ；(此行是屏幕显示信息)

(4) Owner Tag   ；(此行是屏幕显示信息)

不同的机型进入工程模式的方法也不同，戴尔的机型分类及命令格式对照如下。

(1) ASSET PASS：12/31；笔记本/台式机/工作站，如 Dell T3500/T5500/T7500 等。

(2) ASSET PASS：1234；服务器，如 Dell PowerEdge T105 等。

(3) ASSET PASS：12/34；台式机，如 Dell C51，OptiPlex 740 等。

上面讲解的是在物理机上开启 SLIC2.1，在虚拟机中，我们可以通过修改虚拟机配置文件(后缀为 .vmx)来开启 SLIC2.1，在配置文件内加入" bios440.filename = "BIOS440_3.ROM""。BIOS 配置文件 BIOS440_3.ROM 需要上传至虚拟机文件所在的位置，各品牌机的虚拟机 BIOS 文件可以通过网络进行下载。

使用 Everest Ultimate 软件验证 SLIC 的结果如图 4-68 所示。

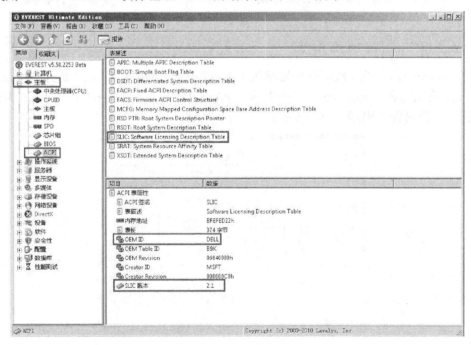

图 4-68　Everest Ultimate 验证 SLIC

开启 SLIC2.1 成功后，通过执行制作的批处理文件 setdell.bat，如图 4-69 所示，导入品牌机的 OEM 证书，即可激活系统(品牌机许可文件可从网络下载)，执行过程如图 4-70～图 4-74 所示。

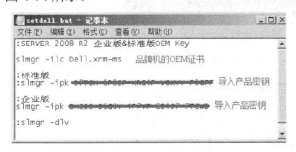

图 4-69　setdell.bat 文件内容

图 4-70　导入品牌机的 OEM 证书

图 4-71　成功安装许可文件 Dell.xrm-ms

图 4-72　安装产品密钥

图 4-73　成功安装产品密钥

4.8.3　延长试用期

如果试用期限即将到期，但是暂时还不想激活，可以通过运行 slmgr.exe 程序延长试用期。在试用期即将到期前运行如图 4-74 所示的命令，运行成功后，会出现如图 4-75 所示的提示对话框，单击"确定"按钮。

图 4-74　运行 slmgr.exe 程序

图 4-75　命令成功完成

如果要查看还有几次延长试用期的机会，可以通过运行 MGADiag.exe 程序得知。此程序可到微软网站下载。运行此程序，如图 4-76 所示，单击 Continue 按钮，如图 4-77 所示，通过图 4-78 所示的 Licensing 选项卡进行查看，从图 4-78 中我们可以知晓此计算机还有 2 次重置机会。

图 4-76　运行 MGADiag.exe 程序

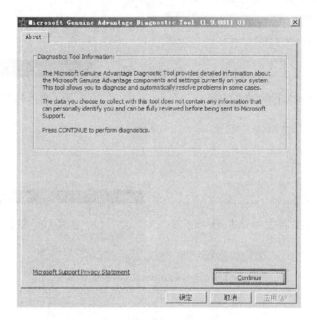

图 4-77　MGADiag 工具

图 4-78　查看重置计数

4.9　本章小结

　　本章主要介绍安装 Windows Server 2008 R2 之后的配置情况，包括屏幕显示、系统属性、用户环境、网络连接、SNMP 配置以及如何激活 Windows Server 2008 R2。这些配置是在安装服务器时的必选配置，读者可以根据需要进行选择。

　　按照本章介绍的内容配置好服务器后，连接网络之前，应先对服务器系统做好备份工作。选用 Acronis Backup & Recovery 11.5.32308 作为服务器的备份工具，它的使用与安装方法将在后面的章节做详细介绍。

第 5 章　系统备份与异机还原

本章要点:

- 使用 Windows Server Backup 备份与恢复系统
- Acronis Backup & Recovery 11 软件的应用
- 异机还原系统经验分享

本章主要讲解 Windows Server 2008 R2 中提供的备份与还原功能,为弥补其不足,编者力推 Acronis Backup & Recovery 11 软件,将二者功能进行对比,以供读者选择适合自己系统还原的方法。另外,还分享了异机还原经验,希望能给读者提供帮助。

服务器的备份工作是服务器维护的重要组成部分,也是服务器管理的重要组成部分。随着高校处理数据的增多,网络应用频繁,感染病毒与恶意攻击的次数增多,所以,做好数据备份是至关重要的工作。三分技术,七分管理,特别是数据的管理,如数据备份,对于关键数据、重要数据,最好做到多份、异地完整备份,以备急时之需。

很多计算机用户都有过这样的经历,由于使用计算机过程中的错误操作,从而造成几个小时、甚至是几天的工作成果付诸东流。若没有出现操作错误,也会因为病毒、木马等恶意程序的攻击,使用户计算机系统出现死机、运行缓慢等状况,严重时会丢失重要数据。随着计算机和网络应用的不断普及,确保系统数据安全就显得尤为重要。

根据使用经验,常用的备份与恢复工具主要有:Windows 自带的备份与恢复工具 Windows Server Backup 与 Acronis Backup & Recovery 应用软件。

5.1　使用 Windows Server Backup 备份与恢复系统

第 4 章小结中提到,在对系统进行基本配置后,应该对系统做一次全盘备份,以应对在系统出现问题时进行还原操作,也就是服务器管理员熟悉的任务——备份与还原操作,它对保护数据和应用程序非常重要。

对于服务器来说,备份是最有效的保障措施,其应该成为一项常规工作。在 Windows Server 2008 R2 中集成了一个非常高效的备份工具——Windows Server Backup,利用该工具管理员可以轻松地对服务器上的数据实施备份,且可以创建备份计划实现自动备份。

Windows Server 2008 R2 中的 Windows Server Backup 功能由 Microsoft 管理控制台 (MMC)管理单元和命令行工具组成,可为日常备份和恢复需求提供完整的解决方案,可以使用向导引导完成备份和恢复工作。使用 Windows Server Backup 可以备份整个服务器(所有卷)、选定卷或系统状态,可以恢复卷、文件夹、文件、某些应用程序和系统状态。另外,在出现类似磁盘故障时,可以使用整个服务器备份和 Windows 恢复环境执行系统恢复,这样可将整个系统还原到新的磁盘。

5.1.1　安装 Windows Server Backup

　　Windows Server Backup 工具已经包含在 Windows Server 2008 R2 版本中，但默认情况下它并没有被安装。要安装 Windows Server Backup 工具，可以通过服务器管理器来完成。

　　(1) 在服务器管理器的左侧窗格单击"功能"选项，再单击右侧的"添加功能"选项，如图 5-1 所示。

图 5-1　添加功能

　　(2) 在打开的"添加功能向导"对话框中，在功能列表中选中"Windows Server Backup 功能"复选框，如图 5-2 所示。如果需要使用 Windows PowerShell 所提供的命令来编辑脚本，以便通过此脚本来执行备份工作的话，请选中其下的"命令行工具"复选框。单击"下一步"按钮。

　　(3) 在"确认安装选择"对话框中，单击"安装"按钮，开始安装。

　　(4) 在向导安装完这些功能后，单击"关闭"按钮即可。至此，"Windows Server Backup 功能"就成为"管理工具"中的一个选项了。

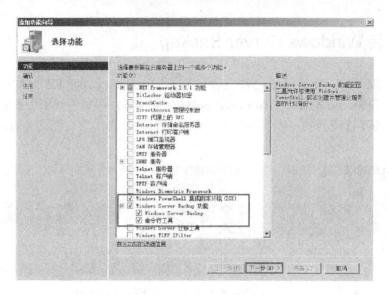

图 5-2　选择 Windows Server Backup 功能

5.1.2　创建备份计划

使用 Windows Server Backup 可以备份操作系统、卷、文件和应用程序数据，可以将备份数据保存到单个或多个磁盘、DVD、可移动介质或远程共享文件夹中，还可以将备份计划设定为自动或手动运行。

使用 Windows Server Backup 工具创建备份计划的步骤如下。

(1) 依次选择"开始"|"管理工具"| Windows Server Backup 命令，打开 Windows Server Backup 窗口，单击右侧的"备份计划"选项，如图 5-3 所示。

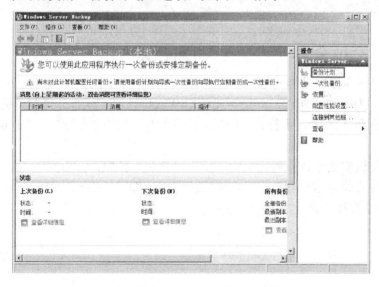

图 5-3　Windows Server Backup 窗口

（2）在打开的"备份计划向导"的"入门"界面中，单击"下一步"按钮，如图 5-4 所示。

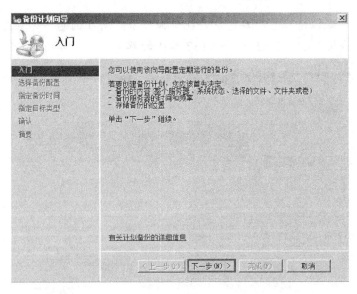

图 5-4　"备份计划向导"的"入门"界面

（3）在"选择备份配置"界面中，如图 5-5 所示，执行下列操作之一。

● **整个服务器**：备份服务器中的所有卷。这是默认选项。

● **自定义**：备份用户选择数据。

此处以备份系统盘为例，介绍备份计划的使用，选中"自定义"单选按钮，然后单击"下一步"按钮。

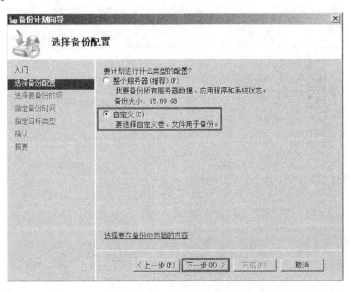

图 5-5　选择备份配置

（4）在"选择要备份的项"界面中，如图 5-6 所示，单击"添加项"按钮，在弹出的"选择项"界面中，选择需要备份的卷，如选中系统盘 D 盘，如图 5-7 所示，然后在如图 5-6 所示的界面中单击"下一步"按钮。

注意：　　　默认情况下，备份中将包含操作系统所在的卷，并且无法将其排除。不能备份 FAT、FAT16、FAT32 格式的卷。

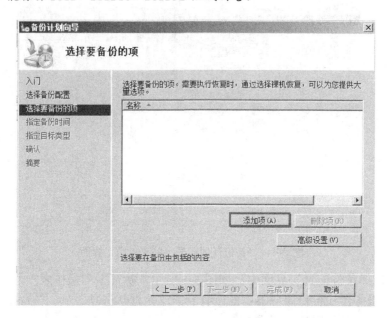

图 5-6　添加备份项

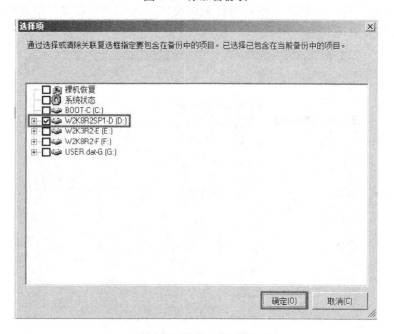

图 5-7　选择备份项目

(5) 在"指定备份时间"界面中(如图 5-8 所示)中选择备份计划的时间，可每日一次或多次。如设置每天晚上 21:00 进行系统备份，单击"下一步"按钮。

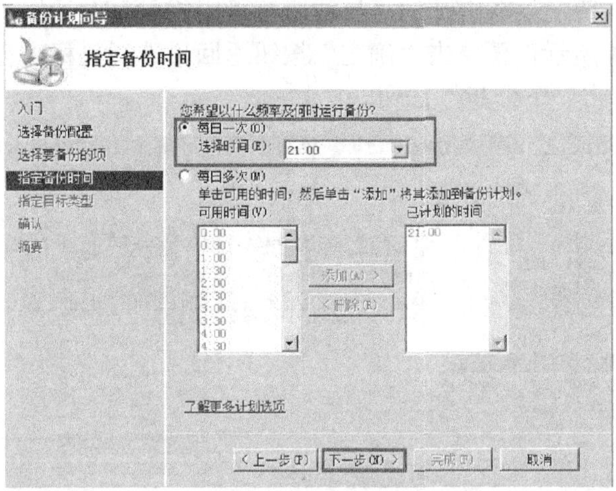

图 5-8　指定备份时间

（6）在"指定目标类型"界面中，选择用于存放备份文件的类型，如图 5-9 所示，然后，单击"下一步"按钮。每个外部磁盘最多可以包含 512 个备份，主要取决于每个备份中包含的数据数量。同时在这里还可以选择多个磁盘，这样设置，Windows Server Backup 会自动轮换使用目标磁盘进行备份。

注意：　　通常情况下，应该把备份文件存储在与原文件不同的介质上，这样可以避免单点故障。存放备份文件的磁盘不能是系统所在磁盘。默认情况下，可用磁盘将显示在列表中。但 Windows Server 2008 R2 支持将系统状态备份放在源卷上，默认状态这是不允许的，应通过修改注册表来启用这项功能 [HKEY_LOCAL_MACHINE\SYSTEM\CurrentControlSet\services\wbengine] "AllowSSBToAnyVolume"=dword:00000001。

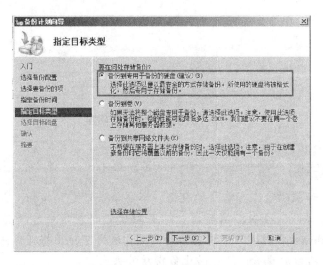

图 5-9　指定目标类型

(7) 如果"选择目标磁盘"界面中未列出要使用的磁盘，可以单击"显示所有可用磁盘"按钮，如图 5-10 所示。在打开的"显示所有可用磁盘"对话框中，选中要用于存储备份的磁盘，如图 5-11 所示，再单击"确定"按钮返回"选择目标磁盘"界面，就可以看到可用的磁盘，然后单击"下一步"按钮。

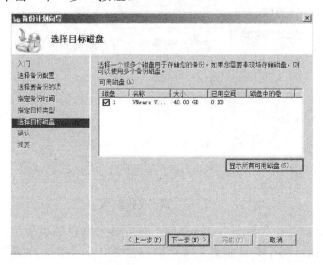

图 5-10　选择目标磁盘

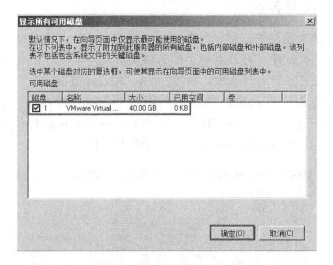

图 5-11　显示所有可用磁盘

(8) 选中用于备份的磁盘并单击"下一步"按钮后，系统将显示一条消息，告知将对选定的磁盘进行格式化，并删除现有的全部数据。单击"是"按钮，如图 5-12 所示。

注意：　　如果磁盘上有需要的数据，不要单击"是"按钮。若要使用其他磁盘，单击"否"按钮，然后在"可用磁盘"列表框中选择其他磁盘。此磁盘在 Windows 资源管理器中将不再可见，这样可防止将数据意外存储在此驱动器上，然后被覆盖，还可防止备份意外丢失。

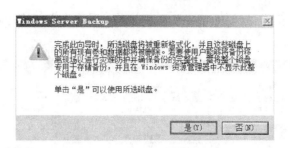

图 5-12　提示将删除所有数据

（9）在"确认"界面中，查看备份详细信息，如图 5-13 所示，然后单击"完成"按钮。向导开始对磁盘进行格式化，这可能要花费几分钟时间，具体时间长短取决于磁盘大小。

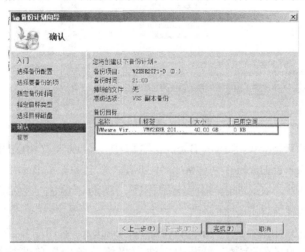

图 5-13　确认备份计划

（10）在"摘要"界面中，单击"关闭"按钮，如图 5-14 所示。

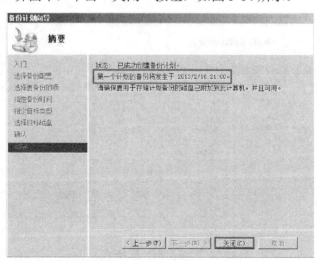

图 5-14　备份摘要

创建备份计划完成后，只要约定备份时间来临，系统将立即执行指定的备份，如图 5-15 所示。

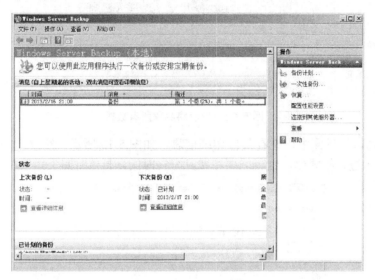

图 5-15 自动执行备份

备份完成后，在 Windows Server Backup 窗口中，可以查看相应的备份信息。

使用 Windows Server Backup 创建备份计划后，应定期查看该计划，以确认该计划是否仍符合业务需求。另外，在添加或删除应用程序、功能、角色、卷或磁盘后，应查看计划备份的配置，并考虑对该计划进行修改。

如果需要修改备份计划，在 Windows Server Backup 窗口中单击"备份计划"选项，在打开的"修改计划的备份设置"界面中，选中"修改备份"单选按钮，如图 5-16 所示，单击"下一步"按钮，即可开始修改备份计划。选中"停止备份"单选按钮，则可删除备份计划。

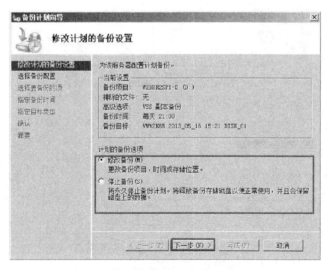

图 5-16 修改计划的备份设置

5.1.3　一次性备份

无论使用上面介绍的创建计划进行备份，还是执行一次性备份，其操作都是一样，下面就一些不同的地方加以说明。

(1) 在如图 5-3 所示的窗口中选择"一次性备份"选项，打开"一次性备份向导"对话框，如图 5-17 所示。

- **计划的备份选项**：如果之前执行过备份计划，在此可以选择和该计划备份相同的设置来备份，即立即执行计划备份。
- **其他选项**：重新选择备份设置，如重新选择备份的卷、备份的目的地等。

此时，选中"其他选项"单选按钮，再单击"下一步"按钮。

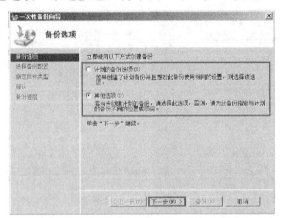

图 5-17　备份选项

(2) 在"选择备份配置"界面中，选择要进行的备份类型。此处以备份整个服务器为例，介绍备份计划的使用，选中"整个服务器"单选按钮，然后单击"下一步"按钮，如图 5-18 所示。

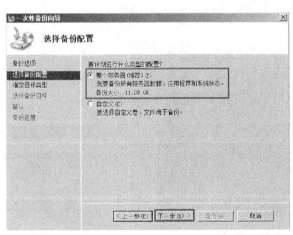

图 5-18　选择备份配置

（3）在"指定目标类型"界面中，选中"本地驱动器"单选按钮，如图 5-19 所示，然后单击"下一步"按钮。

如果希望将备份保存到远程共享文件夹中，则需要输入远程文件夹的 UNC 路径，例如 \\BackupServer\Backups\Server1，其中 BackupServer 是远程备份服务器的名称，\Backups\Server1 是 BackkupServer 上保存 server1 服务器备份数据的共享路径。此外，如果希望备份文件夹可以被每个可访问共享文件夹的用户访问，需要在访问控制选项下选中"继承"单选按钮，反之如果想限制为只有当前用户可以访问，则选中"不继承"单选按钮。这样当在被要求提供访问凭据时，输入可以访问和写入该共享文件夹帐户的用户名和密码即可。

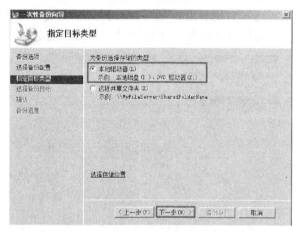

图 5-19　指定目标类型

（4）在"选择备份目标"界面中，选择要用来存储备份的目标，如图 5-20 所示。如果选择硬盘，应确认磁盘中有足够的可用空间。如果选择 DVD 驱动器或其他光学介质，应指出是否在写入内容后验证这些内容。由于选择的备份卷包含在整个服务器中，因此在弹出的如图 5-21 所示的排除卷提示对话框中，单击"确定"按钮，排除备份卷。

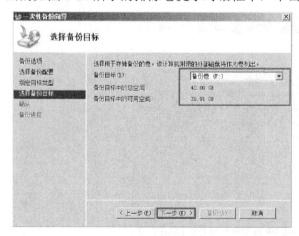

图 5-20　选择备份目标

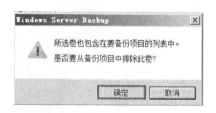

图 5-21　排除备份卷

(5) 在"确认"界面中查看备份详细信息,如图 5-22 所示,然后单击"备份"按钮。向导将准备备份集,对使用的光学介质或可移动介质进行格式化,然后创建备份。

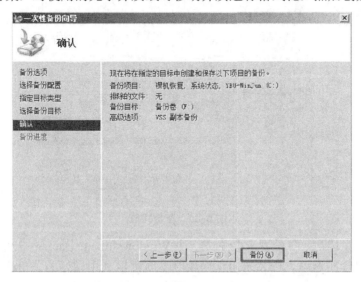

图 5-22　"一次性备份向导"的"确认"界面

(6) 在"备份进度"界面中,可以查看备份的状态,如图 5-23 所示。如果备份到 DVD,则在备份开始时,将收到一条消息,提示在驱动器中插入第一张 DVD,如果备份容量相对于单张 DVD 显得过大,则在继续进行备份时,系统将提示插入后续 DVD。在此过程中,应该将消息中的"磁盘标签"信息写到插入的 DVD 光盘上,以后可根据磁盘标签信息来执行恢复操作。由于我们选择备份到磁盘,所以没有提示插入光盘的操作。在如图 5-23 所示的界面中,可以单击"关闭"按钮,让备份工作在后台运行。

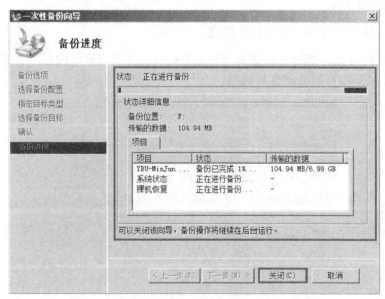

图 5-23　备份进度

(7) 等待一段时间，备份完成，如图 5-24 所示。

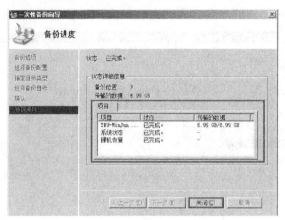

图 5-24　备份完成

一次性备份完成后，备份卷上会生成一个 Windows Image Backup 文件夹，整个服务器的备份文件就包含在这里。当系统出现问题时，就可以利用做好的备份磁盘对系统进行恢复操作了。

5.1.4　恢复备份

如系统出现故障，并且还可以启动进入 Windows Server 2008 R2 系统，就可以在 Windows Server 2008 R2 下进行恢复。可以利用之前创建的备份来恢复文件、文件夹、应用程序、卷或操作系统等。恢复文件和文件夹、应用程序、卷的步骤与恢复操作系统或整个磁盘的操作略有不同。

1. 恢复文件和文件夹、应用程序或卷

(1) 在如图 5-3 所示的窗口中选择"恢复"选项，打开"恢复向导"对话框，如图 5-25 所示，在此选择从哪台服务器恢复数据。

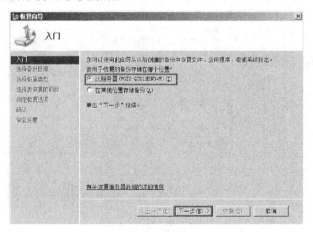

图 5-25　"恢复向导"的"入门"界面

(2) 在"选择备份日期"界面中，从日历中选择日期，并从"时间"下拉列表中选择时间，如图 5-26 所示。有备份的日期将加粗显示。

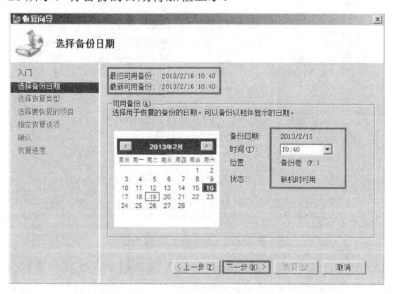

图 5-26 选择可用备份日期

(3) 在"选择恢复类型"界面中，选择要恢复的内容：文件和文件夹、卷、应用程序或系统状态，如图 5-27 所示。此处以恢复"文件和文件夹"为例，单击"下一步"按钮。

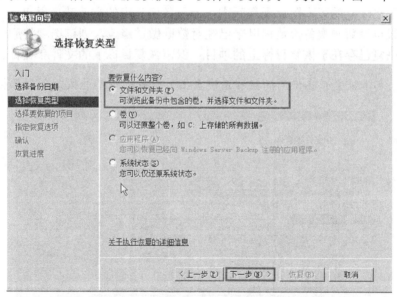

图 5-27 选择恢复类型

(4) 在"选择要恢复的项目"界面的"可用项目"下，展开列表，直到显示所需文件夹。选中需要还原的文件夹，如 ProgramData\Microsoft，然后单击"下一步"按钮。

提示： 使用 Shift 和 Ctrl 键，可以选择多个文件或文件夹。

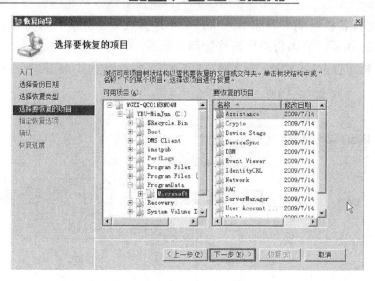

图 5-28　选择要恢复的项目

(5) 在"指定恢复选项"界面的"恢复目标"选项组中，选择将数据恢复的位置，如图 5-29 所示。在"当该向导在恢复目标中已有的备份中查找项目时"选项组中，设置恢复目标与备份文件中存在相同文件和文件夹时的处理方法。

- **创建副本，以便您具有两个版本**：选择该选项后，可以防止硬盘上的文件被覆盖。这是还原文件最安全的一种方法。
- **使用已恢复的版本覆盖现有版本**：即用备份集中的文件替换硬盘上的全部文件。如果自最后一次备份数据以来已经对数据做过修改，则该选项将删除这些修改。
- **不恢复已存在于恢复目标上的项目**：保留恢复目标上的文件和文件夹。

注意：　如果恢复正在使用的操作系统盘上的数据，则不能恢复到原始位置。

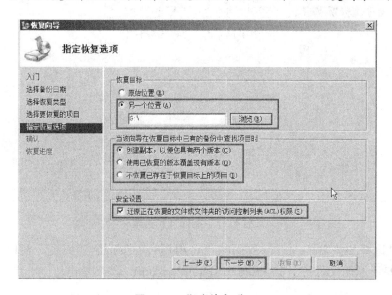

图 5-29　指定恢复选项

（6）在"确认"界面中查看恢复详细信息，如图 5-30 所示，然后单击"恢复"按钮，还原指定的项目。

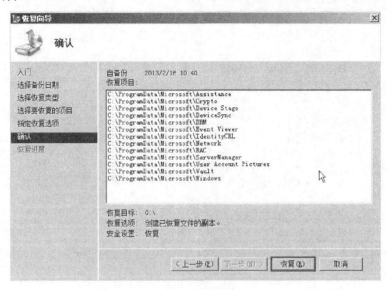

图 5-30　确认恢复信息

（7）在"恢复进度"界面中，可以查看恢复操作的状态以及恢复是否成功完成。恢复完成后，单击"关闭"按钮，如图 5-31 所示。

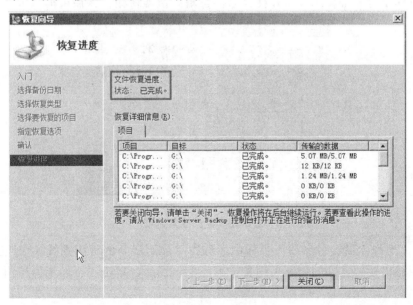

图 5-31　恢复文件夹完成

2. 恢复操作系统或整个磁盘

恢复操作系统或整个磁盘的步骤如下。

（1）将 Windows Server 2008 R2 安装光盘放在光驱内，从光盘启动系统。

(2) 在如图 5-32 所示的窗口中，单击"修复计算机"选项。

图 5-32　修复计算机

(3) 在打开的"系统恢复选项"对话框中，显示了需要恢复的操作系统，如图 5-33 所示，选中"使用以前创建的系统映像还原计算机"单选按钮，然后单击"下一步"按钮。

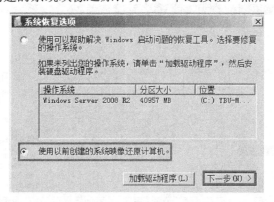

图 5-33　系统恢复选项

(4) 在"选择系统镜像备份"界面中，选中"使用最新的可用系统映像(推荐)" 单选按钮，系统将自动搜索到的最新可用备份来还原，然后，单击"下一步"按钮，如图 5-34 所示。

(5) 在如图 5-35 所示的界面中，选择还原备份的方式，这里不选中"格式化并重新分区磁盘"复选框，直接单击"下一步"按钮。

格式化并重新分区磁盘：格式化磁盘，盘内的所有数据将被删除，不过会自动排除包含备份的磁盘。

单击"高级"按钮，在打开的对话框中，还可以设置还原完成后是否重启等。

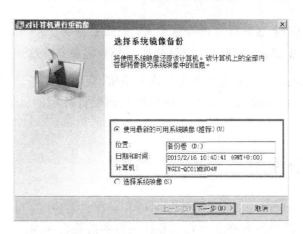

图 5-34　从备份还原整个计算机

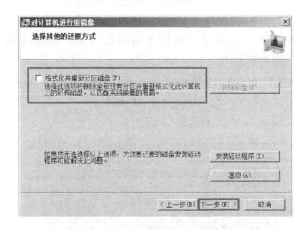

图 5-35　选择其他的还原方式

(6) 在如图 5-36 所示的对话框中，查看并确认需要还原的信息，单击"完成"按钮，开始还原系统。

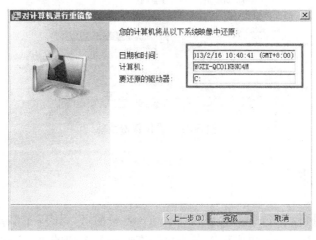

图 5-36　确认还原信息

💡 **注意：** 如果使用第 3 章介绍的分区方式，则因 C 盘为 FAT 格式，不能使用 Windows Server Backup 备份该类型的分区，如果需要备份应先转换为 NTFS 格式。

用 Windows Server Backup 进行备份与恢复系统，仅针对备份计算机或与备份计算机硬件配置相同的计算机，如果需要将备份恢复到其他硬件环境的计算机上，则系统还原不能成功。

5.1.5　优化备份性能

使用 Windows Server Backup 进行计划备份和一次性备份时，可设置是完全备份还是增量备份。增量备份不是单独存在的，它需要和完整备份整合使用。

在如图 5-3 所示的窗口中，单击右侧的"配置性能设置"选项，在打开的"优化备份性能"对话框中，可设置备份的选项，如图 5-37 所示。各选项说明如下。

- **普通备份性能：** 每次备份时，重新备份所有数据。这种备份方式将花费较多的时间，但不会影响整体性能。
- **快速备份：** 只备份有改动或新添加的文件，不备份上次备份过但没有改动的文件。这种备份方式备份速度快，但会降低整体性能。
- **自定义：** 对不同的分区、卷选择不同的备份方式。

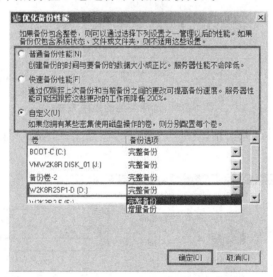

图 5-37　优化备份性能

5.1.6　备份日志

不管什么时候执行 Windows Server Backup 备份服务，该程序都会将相关的事件写入 Windows 事件日志中。有关日志可以在"事件查看器"窗口的"应用程序和服务日志"项目下的\Microsoft\Windows\Backup\Operational 目录下看到。通过查看 Operational 日志，可以快速了解备份从什么时候开始，什么时候结束，以及失败的原因。例如是由其他管理员取消，还是因为备份目标上的可用空间不足。通过计算备份的开始时间和完成时间，还可以知道备份进行的时长等。

如果要删除备份日志，应在命令行状态运行"wbadmin delete catalog"删除编录，如图 5-38 所示。

图 5-38　删除编录

然后打开事件查看器，找到 Backup | Operational，右击并在弹出的快捷菜单中选择"清除日志"命令清除所有事件，如图 5-39 所示。再打开 Windows Server Backup 控制台就没有备份、还原历史记录了。

图 5-39　清除备份日志

5.2　异机还原软件 Acronis Backup & Recovery 11

上面介绍了利用 Windows Server Backup 进行系统的备份与还原操作，但对比其他具有备份与还原功能的软件，Windows Server Backup 就显得有点欠缺。从作者多年的使用经验看，Acronis Backup & Recovery 11 软件能胜任我们的备份与还原要求。

Acronis Backup & Recovery 11 是一款系统备份与异机恢复系统的软件，该软件具有增量备份与差异备份功能，其备份文件的扩展名为.tib，其备份、还原速度比 Ghost 软件、贝壳一键快很多。

Acronis Backup & Recovery 11 的备份和恢复完全可以脱离 Windows 系统，可以把备份文件还原到不同的硬件或虚拟机器上，实现异机还原操作系统和服务器的快速部署，提供一组完整的备份与还原的应用。

5.2.1　软件概述

Acronis Backup & Recovery 11 以 Acronis 专利磁盘影像与裸机还原技术为基础，是接替 Acronis True Image 产品线的新一代灾难复原产品系列。构建在一个文件与系统级支持备份和恢复的统一平台之上，跨实体、虚拟、云端环境提供数据保护，并支持各种可用于远程复制的备份媒体，包括磁盘、磁带和云端目标。

Acronis Backup & Recovery 11 可备份与还原 Windows 或 Linux 服务器。它提供以磁盘为基础的备份、灾难还原与数据保护，支持磁盘、磁带或云端存储选项、编目、搜寻，以及中央控管，是实体和虚拟环境均适用的中大型企业的绝佳备份与还原方案，使用 Acronis Backup & Recovery 11，操作系统、应用程序与所有数据可在数分钟内复原，不必花费数小时或数天的时间。

Acronis Backup & Recovery 11 针对各种规模的企业设计，可延展到上千部计算机。它提供企业组织重复数据删除、增强的安全性、作业仪表板、原则式管理等进阶的数据备份与系统复原功能。

企业组织可利用 Acronis Backup & Recovery 11 的功能与极为易用的特性，简化其备份与复原程序同时提升达到高难度的复原时间目标(Recovery Time Objective，RTO)的能力。这个完全集成的平台提供一系列简单易用、能保护企业数据与应用程序的模块。公用代码库让这些模块能根据用户的特殊需求独立操作或无缝互相搭配使用。一个解决方案能一次对所有文件、文件夹、应用程序及操作系统执行单点备份。可受惠于直观式、易于实施的技术，降低 IT 操作与维护费用。

5.2.2　主要功能

Acronis Backup & Recovery 11 软件的主要功能如下。

1. 完整系统恢复

最佳磁盘映像和裸机恢复技术，能快速恢复整套系统，无须重新安装操作系统和应用程序。

2. 集成数据保护

集成数据保护提供以数据为中心的概念，渐进式访问备份内的特定资料。它可以为 Microsoft Exchange Server 或 Microsoft SQL Server 等应用程序提供集成支持。例如高级目录功能让用户无论是在本地、远程或其他任何位置都可轻松浏览、搜索并恢复备份中不同版本的文件或电子邮件。

3. 支持虚拟环境

高速、同步、无代理程序图像备份/恢复虚拟机可利用与物理机相同的设备经由同一控制台进行管理。一套 Virtual Edition 许可证可让用户备份/恢复单台主机上无限数量的虚拟机，并可进行虚拟机至物理机(V2P)和物理机至虚拟机(P2V)迁移。

4. 备份/恢复至云端存储

有了 Acronis Backup & Recovery Online，可确保企业受到完整保护而不受失窃或天灾威胁，也无须购买昂贵硬件。完全集成，可与其他方案搭配使用，并可经由管理 Acronis Backup & Recovery 11 的同一控制台进行管理。

5. 单一统一解决方案

我们可以受惠于这套合二为一的强大解决方案，在物理与虚拟环境中使用图像系统恢复、文件与应用程序备份、搜索、目录，以及磁盘、磁带和云端存储选项。

6. 异机还原选项模块

系统管理员可快速还原备份到相异硬件或虚拟机器的还原程序也可迅速自动化。实现裸机还原，若出现硬盘故障，可从空机还原服务器，也可在新硬盘上还原。可实现远程还原，让远程计算机的数据还原到其他不同硬件的远程计算机上。

7. 支持物理机与虚拟机

Acronis 支持工作站、服务器、Windows 或 Linux，以及 VMware vSphere/ESX/ESXi、Microsoft Hyper-V、Citrix XenServer、Red Hat Enterprise Virtualization 和 Parallels Server 4 Bare Metal 上运行的物理机与虚拟机。

5.2.3 启动 Acronis Backup & Recovery 11 软件

在第 3 章，应用到深山雅苑 Windows PE，该 PE 中集成有 Acronis Backup & Recovery 11 软件，不用安装就可以直接应用该软件。有关 Acronis 软件的说明，有兴趣的读者可参考 http://bbs.wuyou.com/forum.php?mod=viewthread&tid=275660 网站。试用该软件，如果认为它对你有用，请购买正版。

利用深山雅苑 Windows PE 启动虚拟机，可以选择"运行 Windows 8 PE 系统"运行其中集成的 Acronis Backup & Recovery 11 软件，也可选择"运行 Acronis 软件合集[输入相应数据回车]"，如图 5-40 所示。

如图 5-41 所示，选择 ABR32308.IMG(Acronis Backup & Recovery 11.5.32308 中文版)。

稍等片刻后，Acronis 软件启动成功，如图 5-42 所示，选择"在本地管理此计算机"选项，进入 Acronis 软件应用界面，如图 5-43 所示，就可以开始对计算机进行备份、恢复与应用异机还原等操作。

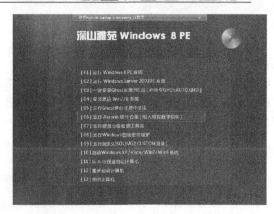

图 5-40　应用 Acronis Backup & Recovery 11 程序的界面

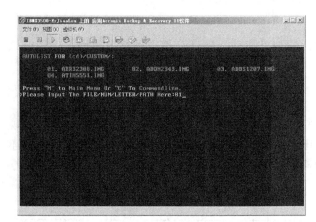

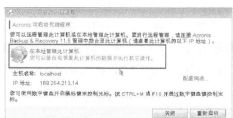

图 5-41　Acronis 版本选择　　　　　图 5-42　Acronis 软件启动成功

图 5-43　Acronis 软件应用界面

5.2.4　将深山雅苑 Windows PE 部署到硬盘

在将深山雅苑 Windows PE 部署到硬盘之前，先来了解一下 GRUB。

1. GRUB 概述

GRUB 是引导装入器，它负责装入内核并引导 Linux 系统。GRUB 还可以引导其他操作系统，如 FreeBSD、NetBSD、OpenBSD、GNU HURD 和 DOS，以及 Windows 95\98\NT\2000。尽管引导操作系统看上去是件平凡且琐碎的任务，但它实际上很重要。如果引导装入器不能很好地完成工作或者不具有弹性，那么就可能锁住系统，而无法引导计算机。另外，好的引导装入器比较灵活，从而可以在计算机上安装多个操作系统，而不必处理不必要的麻烦。我们使用的深山雅苑 Windows PE 就是利用 GRUB 生成的。

如何将 GRUB 安装到硬盘上？这个过程几乎与引导盘安装过程一样。首先，需要决定哪个硬盘分区将成为启动 GRUB 分区。在这个分区上，创建 /boot/grub 目录，并将辅助文件从 /usr/share/grub/i386-pc 复制到该目录中。可以通过重新引导系统并使用引导盘，或者使用驻留版本的 GRUB 来执行这一步操作。在这两种情况下，启动 GRUB，并用 root 命令指定 root 分区。

接着，决定在哪里安装 GRUB？是安装在硬盘的 MBR 中？还是安装在特定分区的引导记录中？如果安装到硬盘的 MBR 中，则可以指定整个磁盘而不必指定分区。

最后创建引导菜单，只需在 /boot/grub 中创建一个简单的文本文件 menu.lst 即可。

有关 GRUB 的详细信息，可参考 http://forum.ubuntu.org.cn/viewtopic.php?t=2475。

2. 部署到硬盘

前面，介绍了如何利用 GRUB 部署引导，接下来讲解如何将深山雅苑 Windows PE 部署到硬盘。

为方便使用，我们将深山雅苑 Windows PE 进行了一系列改进，生成"WIN8PE+03PE-工具全内置.iso"与"WIN8PE+03PE-工具全外置.iso"两个版本，二者区别如下。

- WIN8PE+03PE-工具全内置.iso 用于内存较大的计算机(至少 1GB)，工具内置，启动后可以直接运行桌面的 Acronis 程序恢复系统，使用方便。
- WIN8PE+03PE-工具全外置.iso 用于内存较小的计算机，不过由于工具全外置，在启动后恢复系统时需要将 C:\Petools\Acronis 等程序复制到硬盘上再启动 Acronis 程序恢复系统，操作较烦琐。需要应用时，可从 ISO 中提取 Petools 到 C 盘根目录。

为提高应用效率，可将改进后的 WIN8PE+03PE+AcronisISO-MJ-OK04 部署到硬盘，方便应用程序的使用，其部署方法如下。

(1) 按照第 3 章部署分区的方法，先准备好 C 盘；准备好 grldr、grldr.mbr 和 boot.ini 文件；保证 C 盘有足够空间(安装 WIN8PE+03PE-工具全内置.iso 需要 1400MB 的磁盘空间，安装 WIN8PE+03PE-工具全外置.iso 需要 1110MB 的磁盘空间)；检查 C 盘上是否有同名文件。

(2) 用 UltraISO 打开 WIN8PE+03PE-工具全内置的 ISO 文件，将光盘根目录下的所有文件及目录都复制到 C:\盘根目录。

(3) 在 boot.ini 中添加启动项：

```
[boot loader]
timeout=5
default=c:\grldr
[operating systems]
c:\grldr="WIN8PE+03PE-工具全内置"
```

(4) 利用 BOOTICE.exe 的软件添加 Windows 7 启动项。Windows 7 启动项和 Windows XP 启动项可以并存使用。方法是启动 BOOTICE 软件，打开 C:\BOOT\BCD 文件，如图 5-44 所示，在启动项中添加 WIN8PE+03PE-工具全内置的 GRUB4DOS 启动项，启动文件必须是\grldr.mbr，如图 5-45 所示。

图 5-44　打开 BCD 文件

图 5-45　添加 GRUB4DOS 启动项

(5) 修改 C 盘根目录下的 menu.lst 文件，需要修改的地方有以下两处。

- 将 menu.lst 中的"(cd)"全部替换为"(hd0,0)"；
- 将以下两行：

```
map (hd0,0)/PE/WIN8PE.ISO (0xff)
map (hd0,0)/PE/WIN03PE.ISO (0xff)
```

改为：

```
map --mem(hd0,0)/PE/WIN8PE.ISO (0xff)
map --mem(hd0,0)/PE/WIN03PE.ISO (0xff)
```

(6) 修改原因：(cd)代表光盘，(hd0,0)代表第一个硬盘的第一个分区；若使用"grub-map"参数启动 ISO，则会报错误代码"Error 60"，因为此参数要求 ISO 在硬盘上必须连续存放；map 若加上--mem 参数进行仿真，则不会要求对应的映像文件在硬盘上一定要连续存放。

通过以上操作，可以实现在硬盘上部署改进后的深山雅苑 Windows PE(WIN8PE+03PE-工具全内置)，如果系统出现问题，可以利用该 PE 修复计算机。

5.2.5　将深山雅苑 Windows PE 部署到优盘

上一小节，介绍了如何将 Windows PE 部署到硬盘，如果当前系统出现问题，可以利用其进行修复，但这种部署有一定的局限，也不能保证当前系统的 Windows PE 是否正常。若要解决上述问题，可以将 Windows PE 部署到优盘(也称 U 盘)或光盘，这样可以提高系统维护的方便性及安全性。下面介绍如何将改进后的深山雅苑 Windows PE 部署到优盘。

优盘是当前便宜、便携的存储工具，可以利用 FbinstTool 软件，将深山雅苑 Windows PE 部署到优盘。FbinstTool 是一款简单、方便制作可启动万能优盘的工具。FbinstTool 的特点是安全，不像批量复制工具有一定的风险，针对不同的优盘芯片还要找对应的批量复制工具。利用 FbinstTool 可产生一个隐藏的分区来保存优盘的启动数据文件，其只读，兼容性好，维护方便，可以对隐藏区域进行文件管理。下面，来看看如何利用 FbinstTool 制作工具将改进后的深山雅苑 Windows PE 部署到优盘。

1. 编辑好 fba 文件

在编辑 fba 文件前，可从相关网站参考有关 GRUB4DOS 的知识。

编辑好的 WIN8PE+03PE+AcronisUD.fba 文件内容如图 5-46 所示。

图 5-46　WIN8PE+03PE+AcronisUD.fba

2. 格式化优盘

插入优盘前，将优盘中的数据备份，格式化会清除优盘中的数据。

(1) 在 FbinstTool 软件窗口中，选择"启动设置"|"格式化"命令，如图 5-47 所示。

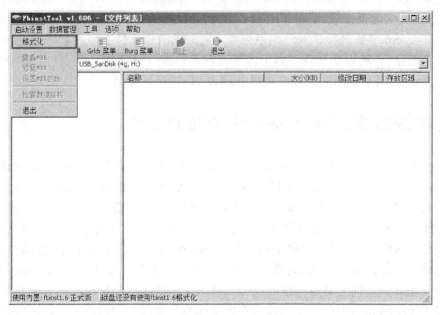

图 5-47　选择格式化

(2) 在"格式化磁盘"对话框中，按图 5-48 所示进行选择，选择选项后，单击"格式化"按钮。

第一次对优盘进行格式化时，选择"强行格式"选项，"UD 扩展分区"大小是要保存在隐藏分区中文件所需的大小，存档文件是编辑好的 fba 文件。

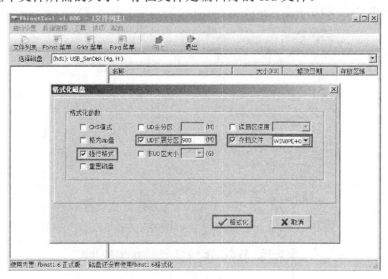

图 5-48　格式化磁盘选项

(3) 在弹出如图 5-49 与图 5-50 所示信息提示框中，单击"是"按钮，等待一定时间，格式化完成。完成格式化后，最好弹出一次优盘，再插入就可以正常使用了。

图 5-49　是否开始格式化磁盘　　　　　图 5-50　是否删除所有数据

提示：　分区中的隐藏文件可以用自己制作的 fba 文件，也可以从网站上下载一些做好的 WinPE。

(4) 格式化完成后，还需将 WIN8PE+03PE+AcronisUD 中的 Petools 目录复制到 Windows 资源管理器中优盘的根目录，否则 Win8PE 和 03PE 启动后将没有 Acronis 等应用程序。

利用 FbinstTool 工具制作可启动优盘的原理是在优盘创建一个隐藏分区，隐藏分区里放置相应的启动文件，用 grub4dos 引导，而 fba 文件可以用 FbinstTool 工具制作、编辑、修改，并写入优盘，使用过批量复制工具的优盘也可以再用 FbinstTool 进行分区，不影响以前批量复制工具做的操作。

通过以上操作，可以实现在优盘上部署改进后的深山雅苑 Windows PE，如果系统出现问题，则可以利用该 PE 修复计算机系统。

5.2.6　备份系统

在硬盘或优盘上部署好改进后的深山雅苑 Windows PE 后，就可以利用 Acronis Backup & Recovery 11 软件进行系统备份及异机恢复操作了。

1. 网络设置

按 5.2.3 节中的方法，启动 Acronis Backup & Recovery 11 软件，如图 5-42 所示，单击"配置网络"选项，配置网络设置，如图 5-51 所示。

设置好网络，连接 FTP，方便保存备份文件。

2. 备份选项

在如图 5-43 所示的界面中，单击"立即备份"按钮，开始进行系统备份操作，为提高备份文件的高可用性，在设置备份时，可配置以下选项。

1) 备份内容

根据选择需要备份的数据盘，不需要的，可以单击"删除"按钮移除，如图 5-52 所示。

图 5-51　网络设置

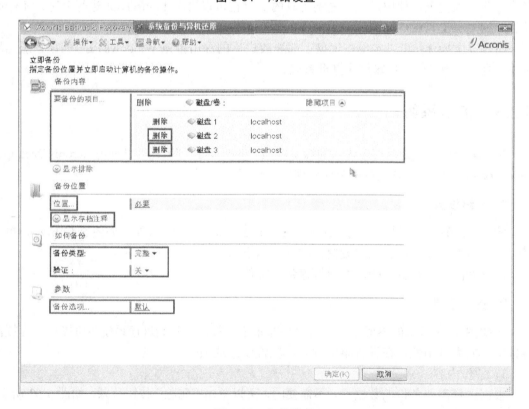

图 5-52　备份选项

2) 备份位置

在如图 5-52 所示的界面中，单击"位置"按钮，可以设置备份文件存储的位置，可以根据需要进行备份文件存储位置的选择。在弹出的如图 5-53 所示的对话框中，设置存储位置为 FTP 服务器，输入 FTP 服务器的路径及备份文件名称，然后单击"确定"按钮，操作进度会提示输入访问凭据检查 FTP 的连通性，如图 5-54 所示。

在如图 5-52 所示的界面中，选择"显示存档注释"选项，可以为备份文件输入相关的提示注释信息，方便还原时应用。

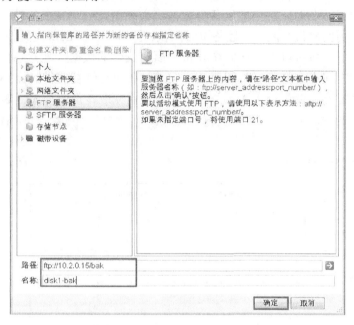

图 5-53　设置备份文件存储的位置

图 5-54　访问凭据

3）备份类型

在如图 5-52 所示的界面中单击"备份类型"按钮，由于是第一次备份，所以选择"完整"备份，如果再次进行备份，就可以选择增量备份或差异备份。

从备份策略来讲，备份可分为三种：完全备份、增量备份和差异备份。这几种备份之间的区别如下。

- 完全备份：备份指定计算机或文件系统的所有文件，不管它是否改变。完全备份比增量备份和差异备份占用的磁盘空间大，且备份时间慢，但完全备份在恢复文件时比增量备份和差异备份快。
- 增量备份：只备份自上一次备份(包含完全备份、差异备份、增量备份)之后有变化的数据。在创建首个增量备份之前，必须创建一个完全备份。增量备份比完全备份占用的磁盘空间小，且备份时间快，但增量备份在恢复文件时比完全备份慢。
- 差异备份：备份自上一次完全备份之后有变化的数据。差异备份比增量备份占用的磁盘空间小，且备份时间更快，但差异备份在恢复文件时比完全备份慢。

对备份文件的验证设置，选择"关"选项。设置完成备份选项如图 5-55 所示。

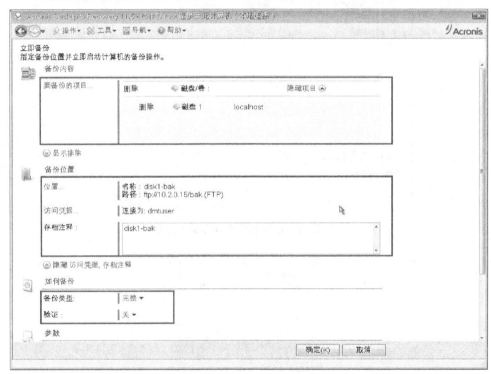

图 5-55　设置完成备份选项

3. 备份参数

备份参数主要是针对备份文件进行优化，保证备份文件的安全性。在如图 5-52 所示的界面中，单击参数下的"备份选项"按钮，分别对备份参数进行设置。

1) 压缩级别

压缩级别高，备份文件就小，而花费的备份时间就越长。一般情况下，选择"常规"，就能满足备份文件的压缩要求，如图 5-56 所示。

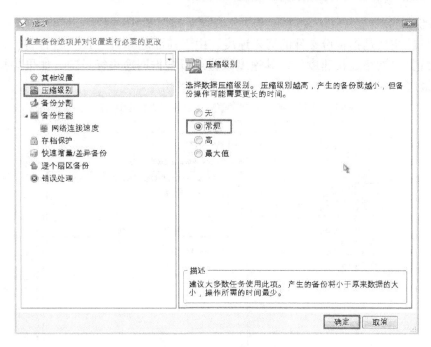

图 5-56 设置压缩级别

2) 备份分割

备份分割是将备份文件分割成小文件。由于有的系统可能采用 FAT16 的分区格式，而 FAT16 的分区格式的文件大小不能超过 2GB，所以在设置备份分割大小时，我们选择固定大小 2GB，如图 5-57 所示。

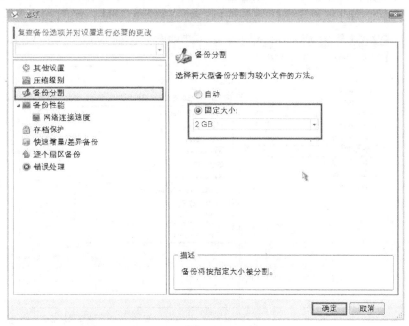

图 5-57 设置备份分割

3) 备份性能

备份性能主要是指备份文件的写入速度。由于前面选择通过 FTP 进行备份，所以在备份性能中选择"网络连接速度"，其速度设置可以根据网速进行设定。如果想提高备份文件的写入速度，建议将其设置为最大值，如图 5-58 所示。

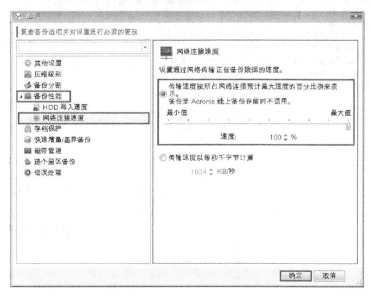

图 5-58　设置备份性能

4) 存档保护

为提高备份文件的安全性，防止恶意用户盗用，通过设置存档保护，可以保障备份文件的安全。选中"为存档设置密码"复选框，并选定加密算法，如图 5-59 所示。

图 5-59　设置存档保护

由于选择的是完整备份，因此可以不设置"快速增量/差异备份"。使用"逐个扇区备份"参数，会将没有数据的扇区都进行备份，在此备份时，可以不做考虑。使用"错误处理"参数，可以选择默认选项"重新尝试"。

配置好相应的备份参数后，在图 5-55 中，单击"确定"按钮，就可以开始备份系统了，在弹出的如图 5-60 所示对话框中显示了备份信息，可以看到备份的情况。

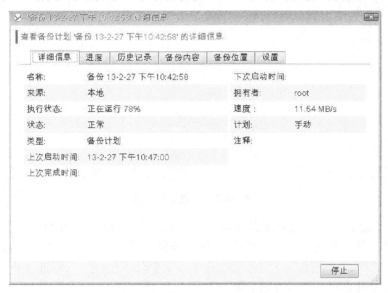

图 5-60　备份计划详细信息

备份完成后，查看 FTP，已经成功生成备份文件。

在备份过程中，Acronis Backup & Recovery 11 软件没有对磁盘的分区格式进行限制，而 Windows 系统则不能备份 FAT 格式的磁盘分区；Acronis Backup & Recovery 11 软件的备份类型与备份速度也优于 Windows Server Backup。

5.2.7　异机还原系统

Windows Server Backup 的备份仅能还原于本机或与本机硬件配置相同的计算机，如果要部署另一台硬件配置不相同的服务器则需要花费大量时间重新进行配置。利用 Acronis Backup & Recovery 11 软件，对于异机系统的部署，一切都变得很简单，它是 Acronis True Image 的升级版本，它还原的系统稳定，兼容不同的硬件平台。下面就来详细了解一下异机还原系统如何进行。

为求稳定，还是先在虚拟机上进行测试。新建一个虚拟机，测试异机还原系统。利用深山雅苑 Windows PE 启动虚拟机，选择 Acronis Backup & Recovery 11 软件，开始异机还原操作。

(1) 在如图 5-43 所示的界面中，单击"恢复"按钮，在弹出的"恢复数据"界面中(见图 5-61)，单击"选择数据"按钮。

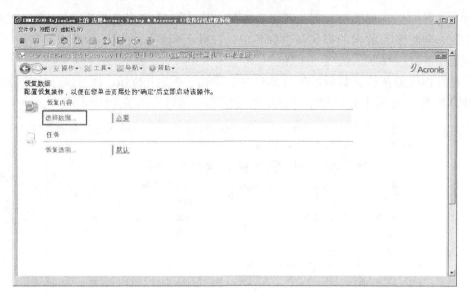

图 5-61　设置选择数据

(2) 由于备份文件存储在 FTP 服务器上，因此在图 5-62 所示界面中，单击"浏览"按钮，选择备份文件所在的位置，在连接 FTP 服务器的过程中要求输入用户名及密码。若备份文件设置有密码，在连接备份文件的过程中还需要输入密码，以保证备份文件的安全性。也可以将备份文件存储到本地磁盘，提高异机还原的效率。

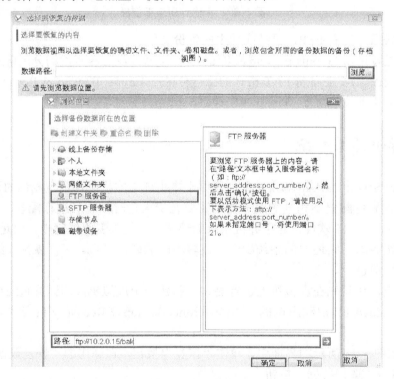

图 5-62　选择数据所在位置

提示：　用 Abr32308 等高版本恢复老版本备份的 .tib 文件只需单击"刷新"按钮便可看到备份文件。

(3) 选择要恢复的数据，如图 5-63 所示，然后单击"确定"按钮。

图 5-63　选择要恢复的数据

(4) 由于通过网络恢复，加载恢复数据的时间稍长。数据加载完成后，可以选择系统恢复位置，如图 5-64 所示。

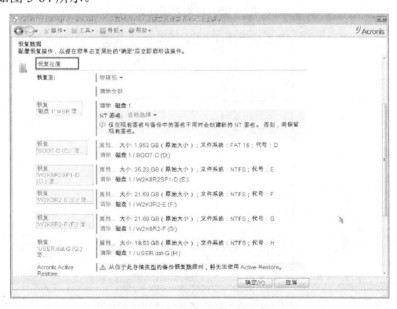

图 5-64　设置恢复位置

(5) 对于"恢复选项"，采用"默认"即可；对于"用于 Windows 的异机还原"选项，选择"使用"异机还原，在此可以添加不同硬件的驱动程序，如图 5-65 所示。

例如，异机还原机器的驱动程序存放在 FTP://10.2.0.15/ driver 文件夹，通过选择"添加文件夹"或"添加驱动程序"选项，可以指定驱动程序所在的位置，如图 5-66 所示，然后单击"确定"按钮，开始异机还原。

异机还原程序会自动查找与机器匹配的驱动程序，这样操作，可以解决异机还原蓝屏的现象。

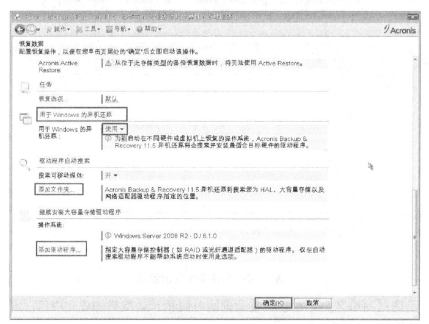

图 5-65　使用异机还原

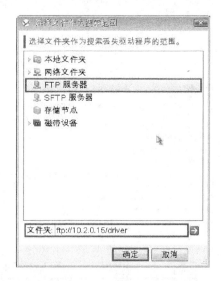

图 5-66　添加异机还原驱动程序的位置

(6) 如果没有搭建 FTP 服务器存储文件，而异机还原驱动程序在当前计算机，则可以

在图 5-65 所示界面中选择"添加驱动程序"选项,然后在图 5-66 所示界面选择"本地文件夹"选项,指定驱动程序的位置,如图 5-67 所示,然后单击"确定"按钮。

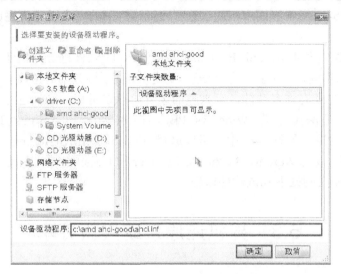

图 5-67　指定本地驱动程序位置

(7) 在弹出的"操作进度"对话框中会提示正在创建恢复任务,如图 5-68 所示,接下来会出现"我的恢复_1"的详细信息,可以查看任务及恢复进度等情况,如图 5-69 所示。

图 5-68　正在创建恢复任务

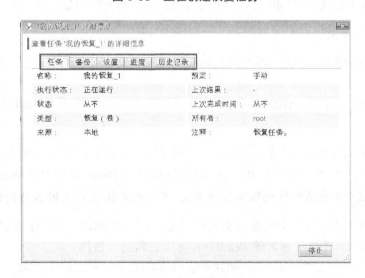

图 5-69　查看详细信息

系统还原成功后，启动虚拟机，部署好的 Windows Server 2008 R2 系统就可以进行测试应用了。

也可以在图 5-43 所示界面中，通过选择"操作"下的"应用异机还原"进行系统的还原工作。

经过多次测试，利用 Acronis Backup & Recovery 11 软件进行异机还原系统是可行的，它节约了系统部署时间，保证了系统的安全、稳定，提高了服务器搭建效率。Acronis Backup & Recovery 11 软件中还有许多功能，有兴趣的读者可以参考相关网站进行研究。

值得一提的是深山雅苑 Windows PE 同时也集成了 Acronis True Image Home 2013(ATIH2013)软件，在图 5-41 中，可以选择 ATIH5551.IMG(Acronis True Image Home 2013)，它的使用方法与 Acronis Backup & Recovery 11 大致相同，在此不做介绍，有兴趣的读者可以通过相关网站下载该软件试用。

5.3 异机还原系统经验分享

下面在使用异机还原系统的过程中的经验。

5.3.1 Dell980 还原经验

在物理机上实验，对 Dell980-500G-Win8PE-ATIH2013(经高级别压缩的备份文件总共约 24GB)恢复只需 5 分钟。

1. 固态硬盘恢复

备份时使用 Intel SSD 180G 固态硬盘，备份 E 盘(20GB)，Win8PE 用时 5 分钟；Win7PE 用时 10 分钟；Win03PE 用时 40 分钟。Win8PE 对 SSD 的支持明显优于其他两个版本的 PE。

2. 利用优盘恢复

利用优盘启动恢复，Dell980-500G-Win03PE-ATIH2013 恢复不成功，反而破坏了原有的磁盘启动。

在 Win03PE 下，ATIH2013 启动较慢且不稳定，能够使用 Win8PE 最好不要使用 Win03PE。

💡 注意： 在 Win03PE 下需要先使用 PE 所带的 ADDH 分区软件删除磁盘原有全部分区，删除后最好重启一次 Win03PE(用 ADDH 分区软件删除不需重启，用 ADDS 分区软件删除必须重启)，不然虽然恢复成功但容易出错。

异机还原系统后，正常模式和安全模式启动 W2K8R2SP1-E 都蓝屏，错误代码为 STOP:0x00000024。硬盘中部署的 Win03PE 可以正常启动使用。

重新更换了一个优盘启动到 Win03PE 使用 ATIH2013 恢复系统成功。

💡 **注意：** 如果发现多次重启 Win03PE 和 Win8PE，ATIH2013 都不能启动成功，则有可能是优盘上的 Acronis 文件已经损坏，需要重新格式化优盘并复制 ATIH2013 软件。

3. 数据的依赖性

1) Win03PE 恢复

如果 Win8PE+03PE+AcronisUD 已经安装到硬盘，Win03PE 启动成功后，所需要的软件已经复制到内存中运行，则不依赖硬盘上的数据，但是 Petools 中的 ATIH2013 软件存放在硬盘上，使用时需要读取硬盘上该软件的数据。

解决方法是将 C:\Petools\ATIH5551CN 目录中 ATIH2013 等 Acronis 程序复制到备份文件所在的硬盘上，这样就可以从硬盘启动 Win03PE 后，用 ADDH 软件删除原有硬盘的所有分区，不需重启(用 ADDS 软件删除必须重启，这里行不通)。然后再启动备份文件所在硬盘上的 ATIH2013 恢复系统即可。

💡 **注意：** 必须启动备份文件所在硬盘上的\PETOOLS\Acronis\ATIH5551CN\install.exe 来启动 ATIH2013。

接着，再使用 ATIH2013 恢复成功，时间也是 5 分钟。但恢复后，正常模式和安全模式启动 E 盘的系统(W2K8R2SP1-E)都蓝屏，错误代码为 STOP:0x00000024，而硬盘中部署的 WinPE03 可以正常启动使用。

解决蓝屏问题的办法是重新使用优盘启动到 Win8PE 使用 ATIH2013 恢复系统。

2) Win8PE 恢复

如果 Win8PE+03PE+AcronisUD 已经安装到硬盘，Win8PE 启动成功后，所需要的软件已经复制到内存中运行，则不依赖硬盘上的数据，但是 Petools 中的 ATIH2013 软件是存放在硬盘上，使用时需要读取硬盘上该软件的数据。

数据依赖性的解决方法与 Win03PE 恢复相同。从硬盘启动 Win8PE，再启动备份文件所在硬盘上的 ATIH2013 恢复系统成功，用时 5 分钟，然后即可成功启动 W2K8R2SP1-E 进入桌面。

💡 **注意：** 第一次启动 ATIH2013 必须运行\PETOOLS\Acronis\ATIH5551CN\install.exe，第二次可以直接运行\Petools\Acronis\ATIH5551CN\TrueImage.exe。

也可以直接使用 Win8PE 下的 ATIH2013 完成备份，可以在备份选项里选择压缩级别为高、存档分割为 2000MB，Dell980-500G-Win8PE-ATIH2013 备份用时约为 10 分钟。

4. 添加启动项

恢复完成后，还需要使用 EasyBCD2.1 的 Windows 7 启动管理工具重新添加该 ISO 启动项，不能直接替换原来的 ISO 文件。EasyBCD 是绿色软件，但需要.net 组件支持。

打开 EasyBCD2.1，单击左面的 Add New Entry 按钮；在下面的 Portable/External Media 中单击 ISO，依次在 Name、Mode 与 Path 的位置输入 Win8PE+Acronis、Load from Memory、C:\PE\Win8PE.iso(若内存小可以使用默认的 Run from Disk)，输入正确后，单击右下角的 Add Entry 按钮完成启动项的添加，如图 5-70 所示。

经测试，使用 ATIH2013 还原系统后，可能由于分区标识变化，使用原来添加的 Win8PE+Acronis 和 Win03PE+Acronis 无法启动。必须使用 EasyBCD2.1 删除原来的启动项，再重新添加即可。

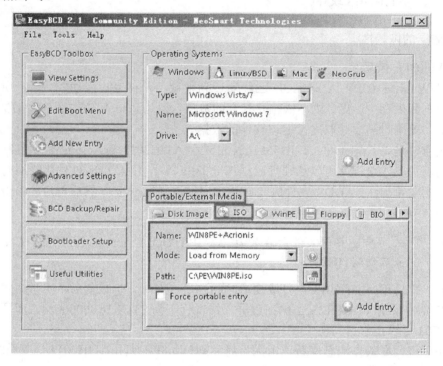

图 5-70　添加启动项

5.3.2　USB 鼠标无法正常使用

在使用 Acronis 9.5.8018 进行异机还原 W2K3R2、W2K8SP2 系统的过程中，出现 USB 鼠标无法移动的问题。这时只有更改 rundll32.exe 文件名才能解决这个问题。

使用 Acronis10-UR-NoUser 与 Acronis Backup & Recovery 11 两个版本的软件异机还原 W2K8R2 系统，则没有出现上述问题。系统重启后能够正常使用 USB 鼠标、键盘，而不用去更改 rundll32.exe 文件名。

若你在使用过程中，也遇到与我们相同的问题，可以尝试用下面的方法来解决。

1. 文件更名

若下述方法可行的话，这是最高效、稳妥的方法。从恢复完成，更改文件，到启动鼠标、键盘可用，仅用了 5 分钟的时间。

办法很简单，把 rundll32.exe 改名为 rundll32.bak，这样系统就不会提示安装硬件了，系统恢复完成后，再将文件名更改回来。

若改名不能解决问题，可以将 rundll32.exe 备份到其他位置。然后将下面两个 rundll32.exe 文件都从系统中删除。

```
F:\WINDOWS\system32\rundll32.exe
F:\WINDOWS\system32\dllcache\rundll32.exe
```

💡 **注意**：　这里恢复的是安装在 F 盘的 Windows Server 2003。其他分区、其他版本的 Windows，需要根据实际情况做相应改动。

我们也可以编写两个批处理文件来完成改名任务，以提高效率，保证正确性。

批处理文件 rentobak.bat，用于将 rundll32.exe 改名为 rundll32.bak。下面是批处理文件 rentobak.bat 的内容。

```
ren F:\WINDOWS\system32\dllcache\rundll32.exe rundll32.bak
ren F:\WINDOWS\system32\rundll32.exe rundll32.bak
pause
```

批处理文件 rentoexe.bat，用于将 rundll32.bak 改回 rundll32.exe。下面是批处理文件 rentoexe.bat 的内容。

```
ren F:\WINDOWS\system32\dllcache\rundll32.bak rundll32.exe
ren F:\WINDOWS\system32\rundll32.bak rundll32.exe
pause
```

改名完成后，可以通过 Total Commander 工具，确认一下改名是否成功。

正常重启后，系统开始出现检测硬件提示。若出现"运行身份"对话框，如图 5-71 所示，直接单击"确定"按钮即可，下次正常启动时便不再提示。这样操作后，USB 鼠标和键盘即可正常使用。

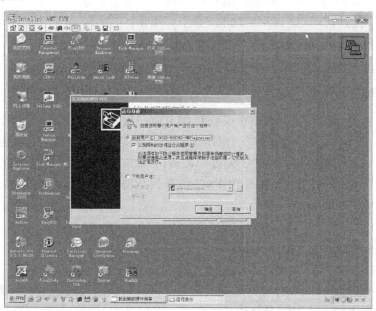

图 5-71　运行身份

2. 安全模式下加载 USB 键盘、鼠标驱动

系统恢复后的第一次正常启动，键盘、鼠标不一定能够正常使用。此时，可在启动过程中，直接按 F8 功能键启动到安全模式，这样会优先识别鼠标、键盘驱动，等到成功识别

键盘、鼠标后，重新启动系统就行了。

按上述方法操作，大约需要等待 10～30 分钟，系统便会识别到一些基本硬件。如果设置了屏保，等待屏保启动后，便可以正常重启系统。

💡 注意：　不要在安全模式一直等待，这样键盘鼠标不会自动可用。在安全模式中系统识别到基本硬件后，必须重新启动计算机，正常启动即可。启动后等待几分钟，键盘鼠标便会自动可用。

下面是对安全模式下加载驱动的试验经验，希望能给读者提供借鉴。

第一次试验经验：恢复后第一次重启到安全模式且键盘鼠标自动可用时间为 40 分钟，在试验过程中，经过两次安全模式启动，每次用时 10 分钟，然后正常重启系统，键盘鼠标自动可用。

在第一次试验过程中发现，恢复后第一次重启到安全模式，键盘鼠标的灯都不亮。第二次启动安全模式 10 分钟后，键盘的灯亮了一个，鼠标灯不亮；等待 10 分钟后；再次启动到安全模式，发现键盘鼠标的灯都亮了(光电鼠标)，但是键盘鼠标不能用；再次重启，键盘鼠标可以使用了。

第二次试验经验：恢复后第一次重启到安全模式且键盘鼠标自动可用时间为 5 分钟，在 PE 中恢复系统后，直接在 PE 中把 F 盘的两个 rundll32.exe 文件改名为 rundll32.bak。

正常启动到桌面，没有检测硬件提示。鼠标键盘过 1 分钟，就可以使用了。

从恢复完成，更改文件，到启动鼠标键盘可用只用了 5 分钟。

等待鼠标、键盘可用后，再次启动到 PE 中。将两个文件 rundll32.bak 改回 rundll32.exe。

正常重启后，系统开始出现检测硬件提示并出现如图 5-71 所示的"运行身份"对话框，此时直接单击"确定"按钮即可。下次正常启动时便不再提示了。

3. 使用 PS/2 的鼠标和键盘

事实上，经过异机恢复的系统在某些机器上第一次启动时，会提示重新安装新硬件驱动程序。而 Windows 系统的硬件驱动程序是逐个依次安装，这样就会出现某个硬件的驱动程序没有安装好却要被使用(如 USB 键盘和鼠标)的现象，结果就导致其不能正常使用。

若主板上有 PS/2 的接口，可使用 PS/2 的鼠标和键盘，系统会自动加载该设备的驱动程序。

5.3.3　更换硬盘出现的问题

在异机恢复 Windows Server 2008 R2 的过程中，若遇到更换硬盘后系统不能正常使用的情况，可以用下面三个方法来解决。

1. 采用全盘备份、全盘恢复的方法

首先使用 Acronis10-UR-NoUser 进行整盘所有分区的完整备份，然后用 Acronis10-UR-NoUser.iso 启动后，进行异机还原。系统正常启动后，可以成功登录使用，在设备管理器中若遇到带叹号的设备，可以直接卸载并重新搜索即可正常使用，包括网卡也是。若重新搜索设备时

蓝屏，可强行关机重启，让系统重新识别设备，即可正常安装设备，正常登录系统。

2. 修复硬盘 MBR

若在恢复系统的过程中，在更换硬盘备份恢复后，系统能够正常启动，但无法登录到桌面。可以用 Windows Server 2008 R2 安装光盘启动进行修复。

可以利用 MBRFix 工具修复硬盘的 MBR。先进入 cmd 命令窗口，然后进入 mbrfix 工具所在的目录，输入命令 MbrFix/drive 0 fixmbr，再确认一下即可。这样可以解决更换硬盘后硬盘 ID 的绑定问题。

3. 利用 sysprep.exe 工具

在进行系统备份之前，在系统中搜索找到 sysprep.exe 文件并运行。选中"通用"复选框，在关机选项中选择"关机"，如图 5-72 所示，然后单击"确定"按钮。最后用 Windows PE 系统进行异机还原，就可以将更换后的硬盘应用到其他计算机上。

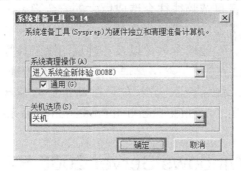

图 5-72　系统准备工具 3.14

以上是在使用 Acronis 软件进行异机还原时的经验分享，希望能对读者在使用 Acronis 软件时有所帮助。

5.4　本 章 小 结

备份，无论是对服务器还是个人计算机都是非常重要的。本章主要介绍了如何使用 Windows Server 2008 R2 自带的备份工具和 Acronis Backup & Recovery 11 软件备份与异机还原系统。在实际的使用过程中，推荐使用 Acronis Backup & Recovery 11 软件来备份与恢复系统。

第 6 章　Windows Server 2008 R2 安全配置

本章要点：

- 设置 Windows Server 2008 R2 的安全选项
- 配置和管理 Windows Server 2008 R2 防火墙
- 系统更新
- 应用 Symantec Endpoint Protection

仅仅依靠某种或某几种手段来保障安全是不可靠的，尤其是对安全性要求很高的应用系统，同时对安全系统的盲目依赖往往会造成巨大的安全隐患。

系统安全，一直是服务器维护管理操作的重点，为保证服务器运行安全，最常采用的措施就是安装网络防火墙、专业杀毒软件以及各种反间谍工具等。在第 4 章，已简单介绍了 Windows Server 2008 R2 在帐户、网络管理等方面的安全管理。在本章，主要以 Windows Server 2008 R2 自带的防火墙为基础，介绍如何在 Windows Server 2008 R2 下部署安全配置。另外简单介绍如何应用 Symantec Endpoint Protection 提高系统的防护能力。

6.1　设置 Windows Server 2008 R2 的安全选项

在增加功能的同时，对系统操作也增加了一些限制，以便尽可能地让 Windows Server 2008 R2 系统的运行更加安全。显然，这些限制给网络管理带来了诸多不便，同时也影响着网络管理效率。为了让网络管理更加高效同时兼顾安全，需要对 Windows Server 2008 R2 的一些安全选项进行设置。

6.1.1　锁定用户帐户，让网络登录更安全

帐户锁定是 Windows 的一项安全功能，如果在指定时间内登录失败的次数达到设定值，该功能将根据安全策略锁定用户帐户。锁定的帐户将不能登录。

设定帐户锁定选项具有两个优势：

(1) 恶意用户不能操作该帐户，除非他能够用少于你设定的密码错误次数猜出密码。

(2) 如果设置了对登录情况的记录，则查看登录日志，就能看到那些危及安全的尝试登录。

另一方面，设置这个选项可能会带来下面两个隐忧。

(1) 合法的用户在登录时的错误操作，会把自己的帐户锁定。

(2) 对帐户的自动攻击会引发多个帐户的全局锁定。

因此，在设置帐户锁定时，应合理配置锁定次数和解锁时间。

在"运行"对话框中，输入 gpedit.msc 命令，打开组策略编辑器，依次选择"计算机配置"|"Windows 设置"|"安全设置"|"帐户策略"|"帐户锁定策略"选项，在右边双击"帐户锁定阈值"子项，打开"帐户锁定阈值 属性"对话框，设定帐户的锁定界限是 5 次无效的登录尝试。单击"确定"按钮后，会自动建议将"重置帐户锁定计数器"和"帐户锁定时间"设置为 30 分钟，如图 6-1 所示，直接单击"确定"按钮返回。

5 次尝试之后，这个帐户就会被锁定。这样设置，既可以允许自己不小心的错误操作，也能防止黑客的暴力攻击。5 次尝试的机会的确使攻击者多了一些破解密码的时间，但是密码复杂度高，5 次尝试是很难破解密码的，不至于对帐户的安全造成威胁。

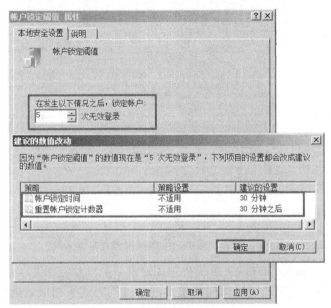

图 6-1　设置帐户锁定阈值

6.1.2　封堵虚拟内存漏洞

尽管 Windows Server 2008 R2 系统的安全性能已经提高，不过这并不意味着该系统自身没有任何安全漏洞。对于 Internet 或局域网中的恶意用户来说，Windows Server 2008 R2 系统中的安全漏洞仍然存在，只是它们的隐蔽性相对高一点；如果不能及时对一些重要的隐私漏洞进行封堵，恶意用户就能够利用这些漏洞攻击操作系统。

当启用了 Windows Server 2008 R2 系统的虚拟内存功能后，该功能在默认状态下支持在内存页面未使用时，会自动使用系统页面文件将其交换保存到本地磁盘中，这样具有访问系统页面文件权限的非法用户，可能就能访问到保存在虚拟内存中的隐私信息。为了封堵虚拟内存漏洞，可以设置 Windows Server 2008 R2 系统在执行关闭系统操作时，自动清除虚拟内存页面文件，那么本次操作过程中出现的一些隐私信息就不会被恶意用户非法窃取，下面是封堵系统虚拟内存漏洞的具体操作步骤。

(1) 打开"组策略编辑器"。

(2) 依次选择"计算机配置"|"Windows 设置"|"安全设置"|"本地策略"|"安全选项"选项，在对应的右侧列表中，找到 "关机：清除虚拟内存页面文件"选项。

(3) 双击"关机：清除虚拟内存页面文件"选项，在打开对话框中，选中"已启用"单选按钮，单击"确定"按钮保存上述设置操作，如图 6-2 所示。

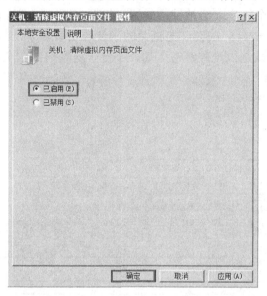

图 6-2　设置"关机：清除虚拟内存页面文件"

这样，Windows Server 2008 R2 系统在关闭之前，会自动将保存在虚拟内存中的隐私信息清除，那么恶意用户就无法通过访问系统页面文件的方式来窃取本地系统的操作隐私了。

6.1.3　禁用或删除端口

开放的端口具有潜在威胁，Windows Server 2008 R2 有 65535 个可用的端口，而服务器并不需要开放所有端口。系统中的防火墙允许管理员禁用不必要的 TCP 和 UDP 端口。所有的端口被划分为三个不同的范围：常用端口(0～1023)、注册端口(1024～49151)、动态/私有端口(49152～65535)。常用端口都被操作系统功能所占用；注册端口被某些服务或应用占用；动态/私有端口没有任何约束。

如果能获得一个端口和所关联的服务和应用的映射清单，那么管理员就可以决定哪些端口是系统功能所必需的。举例来说，为了阻止 Telnet 或 FTP 传输，可以禁用与这两个应用相关的通信端口。同样地，常用软件和恶意软件使用哪些端口，用户都是所熟知的，这些端口可以被禁用，以创造一个更加安全的服务器环境。最好的方法是关闭所有未用的端口。要查看服务器上端口的状态，使用免费 Nmap 工具是一个比较简单高效的方式。

6.1.4　关闭不常用的服务

增强服务器的安全性最有效的方法是不安装与业务不相关的应用程序，并且关闭不需要的服务。

在 Windows Server 2008 R2 上，有多个服务可以被禁用。举例来说，最基础的安装包含 DHCP 服务。不过，如果不打算利用该系统作为 DHCP 服务器，可禁用 tcpsvcs.exe，这样会阻止该服务的初始化和运行。但是，并非所有的服务都是可以禁用的。举例来说，远端过程调用(Remote Procedure Call，RPC)服务可以被蠕虫病毒所利用，进行系统攻击，不过它却不能被禁用，因为 RPC 允许其他系统进程在内部或在整个网络进行通信。

关闭不必要的服务的方法是，打开"服务"窗口，双击需要禁用的服务，打开"属性"对话框，在"启动类型"下拉列表框中选择 "禁用"选项，如果服务已经启动，还要单击"停止"按钮。

系统安装完成之后可以关闭以下自动启动的服务。

1. DHCP Client

DHCP Client 服务通过注册和更改 IP 地址以及 DNS 名称来管理网络配置。如果该服务停止了，服务内计算机将无法收到动态 IP 地址以及 DNS 的更新。如果该服务被禁用了，那么任何依赖该服务的其他服务都将无法运行。该服务的默认运行方式是自动，如果是手动指定计算机的 IP，完全可以禁用，因为只有 WinHTTP Web Proxy Auto-Discovery Service 这个服务依赖它。

命令：\\Windows\System32\svchost.exe -k LocalServiceNetworkRestricted

2. Diagnostic Policy Service

Diagnostic Policy 服务为 Windows 组件提供诊断支持。如果该服务停止了，系统诊断工具将无法正常运行。如果该服务被禁用了，那么任何依赖该服务的其他服务都将无法正常运行。该服务的默认运行方式是自动，Windows vista 或 IE 7.0 有时会弹出对话框询问是否需要让它帮忙找到故障的原因，只有 1%的情况下它会帮忙修复故障问题，所以可以关掉。

命令：\\WINDOWS\System32\svchost.exe -k netsvcs

3. Distributed Link Tracking Client

在计算机内 NTFS 文件之间保持链接或在网络域中的计算机之间保持链接。该服务的默认运行方式是自动，不过这个功能一般都用不上，完全可以放心禁用。

命令：\\Windows\system32\svchost.exe -k netsvcs

4. DNS Client

DNS Client 服务是为计算机解析和缓冲 DNS。如果此服务被停止，计算机将不能解析 DNS 名称并定位 Active Directory 域控制器。如果此服务被禁用，任何明确依赖它的服务将不能启动。该服务的默认运行方式是自动，如果是在域环境中设置为自动，这个服务会泄露用户浏览过哪些网站，所以一般出于安全考虑，应禁用它。

命令：\\Windows\System32\svchost.exe -k NetworkService

5. Function Discovery Resource Publication

发布该计算机以及连接到该计算机的资源，以便能够在网络上发现这些资源。如果该服务被停止，将不再发布网络资源，网络上的其他计算机将无法发现这些资源。此服务与即插即用扩展(Plug-and-Play，PnP-X)和简单服务发现协议(Simple Service Discovery Protocol，SSDP)相关，如果无相关设备就关闭该服务。

命令：\\Windows\System32\svchost.exe -k LocalService

6. IKE and AuthIP IPsec Keying Modules

该服务名称为IKEEXT，其托管Internet密钥交换(IKE)和身份验证 Internet协议(AuthIP)键控模块。这些键控模块用于Internet协议安全(IPSec)中的身份验证和密钥交换。停止或禁用此项服务将禁用与对等计算机的 IKE/AuthIP 密钥交换。通常将IPSec配置为使用IKE或AuthIP，因此停止或禁用此项服务将导致 IPSec 故障并且危及系统的安全。针对虚拟专用网络(Virtual Private Network，VPN)环境的认证，强烈建议运行此项服务。不用VPN或用第三方 VPN 拨号的应用则可以禁用。

命令：\\Windows\System32\svchost.exe -k netsvcs

7. IP Helper

在 IPv4 网络上提供自动的 IPv6 连接。如果停止此服务，则在计算机连接到本地 IPv6 网络时，该计算机将只具有 IPv6 连接。此服务主要是提供 IPv6 的支持，换句话说，就是让 IPv4 和 IPv6 相互兼容。在 IPv6 没有大范围地普及情况下不是特别需要，可设置成禁用。

命令：\\Windows\System32\svchost.exe -k NetSvcs

8. IPsec Policy Agent

Internet 协议安全(IPSec)支持网络级别的对等身份验证、数据原始身份验证、数据完整性、数据机密性(加密)以及重播保护。此服务强制执行通过 IP 安全策略管理单元或命令行工具 netsh ipsec 创建的 IPSec 策略。停止此服务时，如果策略需要连接使用 IPSec，可能会遇到网络连接问题。同样，此服务停止时，Windows 防火墙的远程管理也不再可用。某些公司的网络环境要求必须打开，它提供了一个 TCP/IP 网络上客户端和服务器之间端到端的安全连接。其他的情况建议设置成禁用。

命令：\\Windows\System32\svchost.exe -k NetworkServiceNetworkRestricted

9. Print Spooler

管理所有本地和网络打印机队列及控制所有打印工作。如果没有配置本地或网络打印机，可关闭。

命令：\\Windows\System32\spoolsv.exe

10. Remote Registry

使远程用户能修改此计算机上的注册表设置。如果此服务被终止，只有本地计算机上的用户才能修改注册表。如果此服务被禁用，任何依赖它的服务都将无法启动。作为服务器和个人计算机使用时可以关掉它。

命令：\\Windows\System32\svchost.exe -k regsvc

11. Server

此服务可实现网络共享管理计算机系统，支持计算机通过网络共享文件、打印和命名管道。如果这个服务一旦被禁用或停止，那么全部网络共享都将不可启动或变更。如果不需要在网络上共享资源就可以关掉。

命令：\\Windows\System32\svchost.exe -k netsvcs

12. Shell Hardware Detection

为自动播放硬件事件提供通知。如果不喜欢 Autoplay 功能，设置成手动，那么新插入一个优盘时，可能系统没有任何提示。

命令：\\Windows\System32\svchost.exe -k netsvcs

13. TCP/IP NetBIOS Helper

该服务实现局域网之间相互访问，以及为网络上的客户端提供 NetBIOS 名称解析功能，允许客户端共享文件、打印机和登录到网络中。在域环境中不能停止此项服务，一旦停止该服务，会出现如：无法使用域帐号远程登录服务器的情况。不需要可关闭。

命令：\\Windows\System32\svchost.exe -k LocalServiceNetworkRestricted

14. Windows Error Reporting Service

允许在程序停止运行或停止响应时报告错误，并允许提供现有解决方案，还允许为诊断和修复服务生成日志。如果此服务被停止，则错误报告将无法正确运行，而且可能不显示诊断服务和修复的结果。可关闭该服务。

命令：\\Windows\System32\svchost.exe -k WerSvcGroup

15. Windows Firewall

Windows 防火墙通过阻止未授权用户通过 Internet 或网络访问计算机来帮助保护计算机。如果安装有其他防火墙，可禁用该服务。

命令：\\Windows\System32\svchost.exe -k LocalServiceNoNetwork

16. WinHTTP Web Proxy Auto-Discovery Service

WinHTTP 实现了客户端 HTTP 堆栈并向开发人员提供 Win32 API 和 COM 自动化组件以供发送 HTTP 请求和接收响应。此外，通过执行 Web 代理自动发现(WPAD)协议，WinHTTP 还提供对自动发现代理服务器配置的支持。WPAD 是一种协议，可以自动发现 HTTP 客户端代理服务器配置，该服务使应用程序支持 WPA 协议的应用，建议设置成手动或禁用。

命令：\\Windows\System32\svchost.exe -k LocalService

17. Workstation

使用 SMB 协议创建并维护客户端网络与远程服务器之间的连接。如果此服务已停止，这些连接将无法使用。如果此服务已禁用，任何明确依赖它的服务将无法启动。一般在网络环境中，特别是局域网中是一个必需的服务，不需访问别人的共享资源时可以设为手动。

命令：\\Windows\System32\svchost.exe -k LocalService

6.2   配置和管理 Windows Server 2008 R2 防火墙

系统安全，一直是服务器维护管理操作的重点，而要保证服务器运行安全，最常使用的方法是安装网络防火墙、专业杀毒软件以及各种反间谍工具等。

不过，依赖外来力量保护服务器系统的安全，确实让管理员感到不便。正版的网络防火墙与专业杀毒软件会花费高额费用。为了解决管理员的困惑，Windows Server 2008 R2 系统对自带的防火墙功能进行了功能强化，管理员既能从控制面板窗口访问防火墙的用户配置界面，又能从 MMC 控制台对防火墙的高级功能进行安全配置。利用好 Windows Server 2008 R2 系统自带的防火墙程序，可以有效保护本地服务器系统的运行安全！

集成在 Windows Server 2008 R2 下的防火墙功能全面，安全防护等级高，对该防火墙程序进行合理配置，可以让 Windows Server 2008 R2 系统运行得更加安全、稳定。Windows Server 2008 R2 内置的高级安全防火墙(WFAS)有了较大的改进：

- 支持双向保护，可以对出站、入站通信进行过滤。
- 将 Windows 防火墙功能和 Internet 协议安全(IPSec)集成到一个控制台。使用这些高级选项可以按照环境所需的方式配置密钥交换、数据保护(完整性和加密)以及身份验证。而且 WFAS 还可以实现高级的规则配置，可以针对 Windows Server 2008 R2 上的各种对象创建防火墙规则，以确定阻止还是允许通过。

在 Windows Server 2008 R2 服务器系统，有两种方式进入防火墙的 Windows 配置界面，不过这两种配置界面的内容却不一样：从"控制面板"窗口进入的防火墙配置界面属于基本界面，这种界面往往适合初级用户使用；从 MMC 控制台进入的防火墙配置界面属于高级界面，这种界面往往适合高级用户使用，高级用户可以配置控制服务器系统的数据流入和流出能力。除此之外，常在 DOS 命令行下操作的朋友还能通过 MS-DOS 窗口中的命令在命令行模式配置服务器系统自带防火墙，或者使用创建安全脚本的方式在多台服务器系统中进行防火墙参数的自动配置。当然，与旧版本系统下的防火墙程序一样，还能通过组策略控制服务器系统防火墙的配置操作。

6.2.1   Windows 防火墙

最初的系统自带防火墙程序往往只提供了系统安全的单向防护能力，也就是说只能对进入服务器系统的数据信息流进行拦截审查，而不易出现由于防火墙参数配置不当造成服务器系统安全性能下降的现象。在进行这种初级配置时，可以从"控制面板"窗口中单击

"Windows 防火墙"选项，进入防火墙配置界面，下面是具体的使用步骤。

1. 打开 Windows 防火墙

第一次连接到网络时，必须选择网络位置，这将为所连接网络的类型自动设置适当的防火墙和安全设置。如果用户在不同的位置(例如，家庭、本地咖啡店或办公室)连接到网络，则选择一个网络位置可以确保始终将用户的计算机设置为适当的安全级别。

在 Windows Server 2008 R2 中，有四种网络位置。

1) 家庭网络

对于家庭网络或用户信任的网络，选择"家庭网络"。家庭网络中的计算机可以属于某个家庭组。对于家庭网络，"网络发现"处于启用状态，允许用户查看网络上的其他计算机和设备并允许其他网络用户查看用户的计算机。

2) 工作网络

对于小型办公网络或其他工作区网络，选择"工作网络"。默认情况下，"网络发现"处于启用状态，允许用户查看网络上的其他计算机和设备并允许其他网络用户查看用户的计算机，但是，用户无法创建或加入家庭组。

3) 公用网络

为公共场所(如咖啡店或机场)中的网络选择"公用网络"。公用网络中的用户是互不可见并不受信任的，选择公用网络可保护计算机免受来自 Internet 的任何恶意软件的攻击。家庭组不能选择公用网络，并且网络发现也是禁用的。

4) 域网络

"域"网络位置用于域网络(如在企业工作区的网络)。这种类型的网络位置由网络管理员控制，因此无法选择或更改。

依次选择"开始"|"设置"|"控制面板"|"Windows 防火墙"选项，就能打开 Windows 防火墙的基本配置界面了，如图 6-3 所示。

图 6-3　Windows 防火墙

2. 启用 Windows 防火墙

在"Windows 防火墙"窗口的左侧单击"打开或关闭 Windows 防火墙"选项，打开"自定义设置"窗口，如图 6-4 所示，可以根据所使用的网络范畴进行选择。

图 6-4　设置 Windows 防火墙

3. 设置允许的程序

在 Windows Server 2008 R2 安装完成之后，Windows 防火墙默认设置是启用的，这样会影响那些依赖非请求传入通信的程序或服务的通信。在这种情况下，必须设置程序的网络通行情况，并且将这些程序或其通信添加为例外通信，如图 6-5 所示，从而允许程序通过 Windows 防火墙通信。

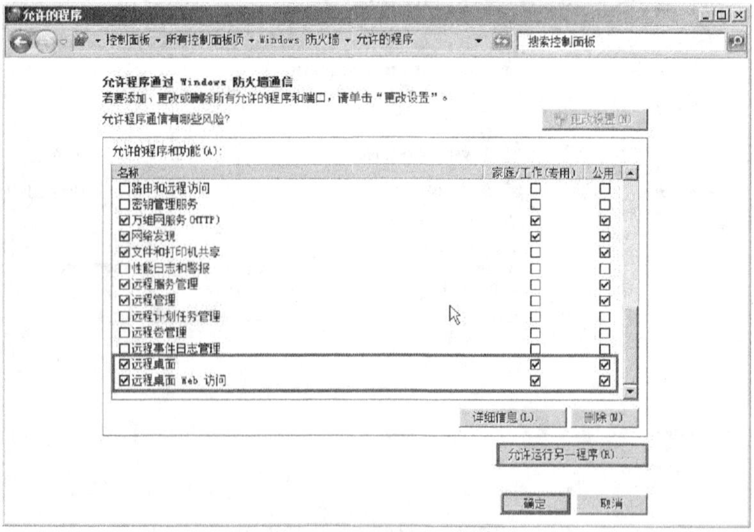

图 6-5　设置允许的程序

6.2.2　高级安全 Windows 防火墙

使用高级安全 Windows 防火墙可以帮助用户保护网络上的计算机，可以确定允许在计算机和网络之间传输的网络流量。它还包括使用 Internet 协议安全性(IPSec)保护在网络间传送的流量的连接安全规则。

高级安全 Windows 防火墙是一种有状态的防火墙，它检查并筛选 IP 版本 4 (IPv4) 和 IP 版本 6 (IPv6)流量的所有数据包。筛选意味着通过管理员定义的规则对网络流量进行处理，进而允许或阻止网络流量。默认情况下阻止传入流量，除非是对主机请求(请求的流量)的响应，或者得到特别允许(即创建了允许该流量的防火墙规则)。可以通过指定端口号、应用程序名称、服务名称或其他标准将高级安全 Windows 防火墙配置为显式允许流量。

1. 打开高级安全 Windows 防火墙

要想打开 Windows Server 2008 R2 服务器系统的高级安全防火墙配置界面，有三种方法。

1) 在管理工具中打开

依次选择"开始"|"管理工具"|"高级安全 Windows 防火墙"选项，打开高级安全 Windows 防火墙窗口，如图 6-6 所示。

图 6-6　高级安全 Windows 防火墙

2) 从系统控制台进入

在"运行"对话框中输入命令 mmc.exe，按 Enter 键后打开服务器系统的控制台窗口。

在该控制台窗口，选择"文件"|"添加或删除管理单元"命令，在打开的"添加或删除管理单元"对话框中，在"可用的管理单元"列表框中选中"高级安全 Windows 防火墙"

选项，并单击"添加"按钮，如图 6-7 所示，在打开的"选择目标机器"对话框中，选中"本地计算机"单选按钮，再单击"完成"按钮，最后单击"确定"按钮，这样就能看到添加的系统防火墙高级安全设置界面了。

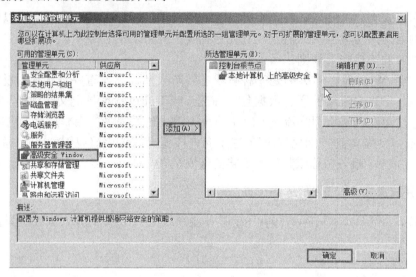

图 6-7　高级安全 Windows 防火墙设置

3) 在组策略编辑器中进入

在组策略编辑器中，依次选择"计算机配置"|"Windows 设置"|"安全设置"|"高级安全 Windows 防火墙"|"高级安全 Windows 防火墙-本地组策略对象"选项，可以打开高级安全 Windows 防火墙管理界面。

2. 让网络下载更安全

在公共场合，人们会随意使用类似迅雷的 P2P 工具进行恶意下载，这不但会影响整个局域网的运行稳定性，而且也容易导致本地系统受到安全攻击。其实，在 Windows Server 2008 R2 系统环境下，可以利用该系统自带的高级安全防火墙功能，创建下载安全规则，禁止任意用户在本地系统使用迅雷这样的工具进行恶意下载。下面就是实现让网络下载更安全的具体操作步骤。

打开"高级安全 Windows 防火墙"窗口，在左侧右击"入站规则"选项，在快捷菜单中选择"新建规则"，打开"新建入站规则向导"对话框，设置如下。

(1) 在"规则类型"选项卡中选中"端口"单选按钮，以便让 Windows Server 2008 R2 系统对迅雷工具下载信息时使用的 3077、3078 端口进行限制，如图 6-8 所示。

(2) 在"协议和端口"选项卡中，选中 TCP 选项及"特定本地端口"选项，再在"特定本地端口"文本框中输入迅雷工具下载信息时默认使用的端口 3077 和 3078。

(3) 在"操作"选项卡中，选中"阻止连接"单选按钮。

(4) 在"配置文件"选项卡中，同时选中"域"、"专用"和"公用"复选框。

(5) 在"名称"选项卡中，输入名称"禁止使用迅雷下载"。

添加完成后，返回高级安全 Windows 防火墙的入站规则界面，就可以看到添加的"禁止使用迅雷下载"规则。以后，如果有用户尝试在本地 Windows Server 2008 R2 系统中使用迅雷这样的工具进行恶意下载时，就会被系统中的高级安全防火墙自动拦截，这样本地系统的安全性就能得到保证了，同时网络的运行稳定性也不会受到恶意下载的影响。

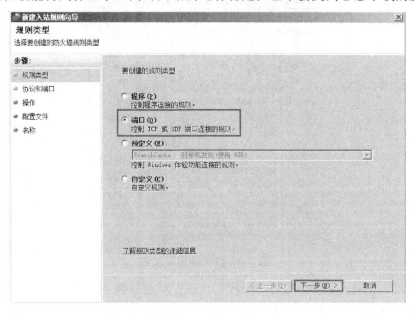

图 6-8　设置规则类型

3. 防火墙配置文件

默认情况下，第一次进入高级安全 Windows 防火墙管理控制台的时候，将看到 Windows 高级安全防火墙默认开启，并且阻挡不匹配入站规则的入站连接。配置文件与防火墙规则相匹配。网络适配器匹配对应网络类型的防火墙配置文件。例如，如果网络适配器连接到公用网络，则到达或来自该网络的所有流量会由与公用配置文件关联的防火墙规则筛选。

配置文件是一种分组设置的方法，如防火墙规则和连接安全规则，根据计算机连接的位置将其应用于该计算机。例如根据你的计算机是在企业局域网中还是在本地咖啡店中。一次只能应用一个配置文件。在图 6-6 中，可看到高级安全 Windows 防火墙有三个配置文件可供用户选择。

- 域配置文件：当计算机连接到其域帐户所在的网络时选择此文件。
- 专用配置文件：当计算机连接到不包括其域帐户的网络时选择此文件，例如家庭网络。专用配置文件的设置应该比域配置文件更为严格。
- 公用配置文件：当计算机通过公用网络(如机场和咖啡店中的可用网络)连接到网络时应用。由于计算机所连接到的公用网络无法像 IT 环境一样严格控制安全，因此公用配置文件的设置应该最为严格。

如果没有更改配置文件的设置，则只要具有高级安全性的 Windows 防火墙使用此配置文件，都会应用其默认值。建议为三个配置文件都启用具有高级安全性的 Windows 防火墙。

单击如图 6-6 所示的"Windows 防火墙属性"命令或右侧的"属性"选项，打开如

图 6-9 所示对话框，可配置这些配置文件。默认情况下，所有配置文件都是启用的，阻止所有的入站连接，允许所有的出站连接。

图 6-9 防火墙配置文件

可以为这三个配置文件中的每个配置文件进行配置的选项如下。

● 防火墙状态。可以为每个配置文件单独打开或关闭高级安全 Windows 防火墙。

● 入站连接。可以将入站连接配置为以下设置之一：

◆ 阻止(默认)。高级安全 Windows 防火墙阻止与任何活动防火墙规则不匹配的入站连接。选择此设置后，必须创建入站允许规则以允许应用程序所需的流量。

◆ 阻止所有连接。高级安全 Windows 防火墙忽略所有入站规则，从而有效阻止所有入站连接。

◆ 允许。高级安全 Windows 防火墙允许与活动防火墙规则不匹配的入站连接。选择此设置后，必须创建入站阻止规则以阻止不希望出现的流量。

● 出站连接。可以将出站连接配置为以下设置之一：

◆ 允许(默认)。高级安全 Windows 防火墙允许与任何活动防火墙规则不匹配的出站连接。选择此设置后，必须创建出站规则以阻止不希望出现的出站网络流量。

◆ 阻止。高级安全 Windows 防火墙阻止与活动防火墙规则不匹配的出站连接。选择此设置后，必须创建出站规则以允许应用程序所需的出站网络流量。

◆ 受保护的网络连接。可以配置哪个活动网络连接受此配置文件要求限制。默认情况下，所有网络连接受所有配置文件限制。单击"自定义"，然后选择希望保护的网络连接。

在图 6-9 中，单击"设置"区域中的"自定义"按钮可配置以下设置，如图 6-10 所示。

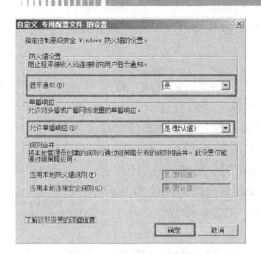

图 6-10　自定义设置

- 当阻止某个程序接收入站通信时，会向用户显示通知。该设置控制 Windows 是否显示通知，并允许用户知道某个入站连接已被阻止。
- 允许多播或广播请求的单播响应。该设置允许计算机接收对其传出多播或广播请求的单播响应。
- 应用本地防火墙规则。除了组策略应用的特定于此计算机的防火墙规则之外，还要在允许本地管理员在此计算机上创建和应用防火墙规则时，选择此选项。当清除该选项时，管理员仍然可以创建规则，但不会应用规则。只有当通过组策略配置策略时才能使用该设置。
- 允许本地连接安全规则。除了组策略应用的特定于此计算机的连接安全规则之外，还要在允许本地管理员在此计算机上创建和应用连接安全规则时，选择此选项。当清除该选项时，管理员仍然可以创建规则，但不会应用规则。

在图 6-9 中，可以设置日志记录。单击"日志"区域中的"自定义"按钮可配置以下日志记录选项，如图 6-11 所示。

图 6-11　自定义日志设置

- 名称。默认情况，该文件存储在 %windir%\system32\logfiles\firewall\pfirewall.log 中。可以单击"浏览"按钮更改日志存储位置。
- 大小限制。默认情况下，大小限制为 4096KB。
- 记录丢弃的数据包。默认情况下，不记录丢弃的数据包。

● 记录成功的连接。默认情况下，不记录成功的连接。

4. IPSec 设置

Internet 协议安全性(IPSec)是一种开放标准的框架结构，通过使用加密的安全服务可以确保在 Internet 协议(IP)网络上进行保密而安全的通信。IPSec(Internet Protocol Security)是安全联网的长期方向。它通过端对端的安全性来提供主动的保护以防止专用网络与 Internet 的攻击。在通信中，只有发送方和接收方才是唯一必须了解 IPSec 保护的计算机。IPSec 提供了一种能力，以保护工作组、局域网计算机、域客户端和服务器、分支机构(物理上为远程机构)、Extranet 以及漫游客户端之间的通信。为保障上网安全，可以对 IPSec 进行设置。

在图 6-9 中，切换到"IPSec 设置"选项卡，如图 6-12 所示，单击"自定义"按钮，对 IPSec 进行设置。

图 6-12　IPSec 设置

在图 6-13 中，可以自定义 IPSec 设置，其设置如下。

● "密钥交换(主模式)"。若要启用安全通信，必须使两台计算机能够访问同一共享密钥，而不通过网络传输该密钥。单击"自定义"按钮可以配置安全方法、密钥交换算法以及密钥生存期。这些设置用于保护 IPSec 协商，而 IPSec 协商反过来又会确定用于连接上发送的其余数据的保护。

● "数据保护(快速模式)"。IPSec 数据保护定义用来为连接提供数据完整性和加密的算法和协议。数据完整性确保在传输过程中不会修改数据。数据加密使用加密来隐蔽信息。高级安全 Windows 防火墙使用身份验证头(AH)或封装式安全措施负载(ESP)提供数据保护。高级安全 Windows 防火墙使用 ESP 进行数据加密。

● 身份验证方法。除非规则或组策略设置指定了其他方法，否则使用此设置为本地计算机上的 IPSec 连接选择默认的身份验证方法。默认的身份验证方法为 Kerberos 版本 5，这种方法在实施域隔离的规则上非常有用。还可以限制仅连接到具有来自特定证书颁发机构(CA)的证书的那些计算机。

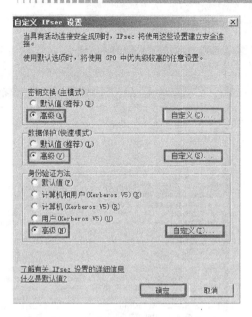

图 6-13　自定义 IPSec 设置

5. 入站规则

入站规则明确允许或者明确阻止与规则条件匹配的通信。例如，可以将规则配置为明确允许受 IPSec 保护的远程桌面通信通过防火墙，但阻止不受 IPSec 保护的远程桌面通信。首次安装 Windows 时，将阻止入站通信，若要允许通信，则必须创建一个入站规则。

传入数据包到达计算机时，具有高级安全性的 Windows 防火墙会检查该数据包，并确定它是否符合防火墙规则中指定的标准。如果数据包与规则中的标准匹配，则执行规则的操作。如果数据包与规则中的标准不匹配，则 Windows 防火墙会丢弃该数据包，并在防火墙日志文件中创建记录(如果启用了日志记录)。

对规则进行配置时，可以从各种标准中进行选择，例如应用程序名称、系统服务名称、TCP 端口、UDP 端口、本地 IP 地址、远程 IP 地址、配置文件、接口类型(如网络适配器)、用户、用户组、计算机、计算机组、协议、ICMP 类型等。规划中标准设置越多，进入到本地计算机的数据就越安全。

Windows 高级安全防火墙所提供的默认规则较多。在 Windows Server 2003 中，只有三个默认的例外规则。而 Windows Server 2008 R2 高级安全防火墙提供了大约 90 条默认入站防火墙规则和至少 40 条默认出站规则。

在"高级安全 Windows 防火墙"窗口的左侧，单击"入站规则"选项，可查看系统默认的入站规则，如图 6-14 所示。在每条规则前面都有一个灰色或者是绿色的打钩的图标。绿色的图标就表示该规则是启用的，而灰色则表示该规则已经定义但未启用。要启用或禁用一条规则，只需选中该规则，并单击右侧的"启用规则"或"禁用规则"选项。单击"属性"选项，可查看与修改该规则的配置。

例如，出于安全因素考虑，在 Windows Server 2008 R2 上是不允许系统以外的其他用户对本地系统执 Ping 命令，如果需要配置允许被 Ping，必须通过"高级安全 Windows 防

火墙"|"入站规则"进行配置，如图 6-15 所示。

图 6-14　入站规则

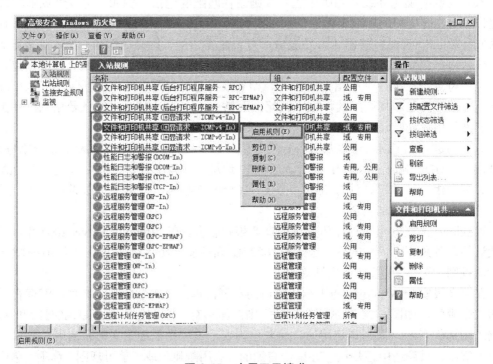

图 6-15　启用回显请求

在图 6-15 中启用文件和打印机(回显请求-ICMPv4-In)规则后，通过 Ping 命令就可以查看到启用规则前后的情况，如图 6-16 所示。

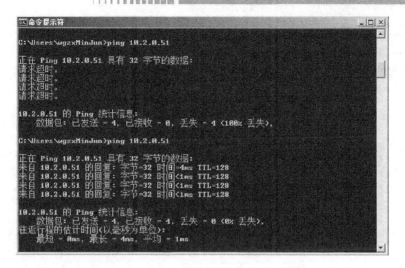

图 6-16　启用规则前后 Ping 命令状态

6. 出站规则

出站规则明确允许或者明确拒绝来自与规则条件匹配的计算机的通信。例如，可以将规则配置为明确阻止出站通信，即阻止数据达到指定的计算机，但允许同样的通信到达其他计算机。默认情况下允许出站通信，因此必须创建出站规则来阻止通信。

在"高级安全 Windows 防火墙"窗口的左侧，单击"出站规则"选项，可查看系统默认的出站规则。也可以设置出站规则。例如，禁止使用 IE 浏览器访问网络，其操作方法如下：

(1) 右击"出站规则"，在快捷菜单中选择"新建规则"命令。

(2) 在弹出的"新建出站规则向导"对话框中，设置规则类型为"程序"，然后单击"下一步"按钮，如图 6-17 所示。

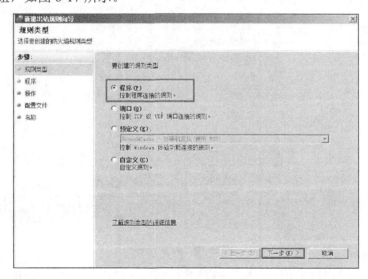

图 6-17　规则类型

(3) 在选择指定程序对话框中，单击"浏览"按钮，找到 IE 地址的位置，然后单击"下一步"按钮，如图 6-18 所示。

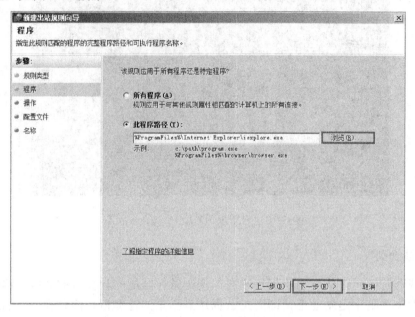

图 6-18　指定程序路径

(4) 对 IE 地址的操作是禁止网络访问，所以选择"阻止连接"单选按钮，然后单击"下一步"按钮，如图 6-19 所示。

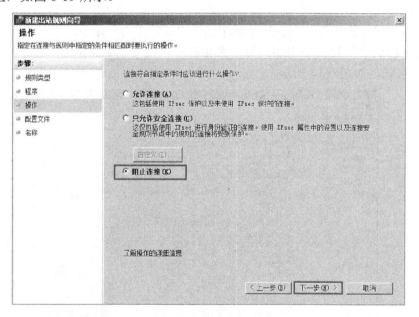

图 6-19　设置操作

(5) 配置文件是规则的应用范畴，选择此规则应用的配置文件，如图 6-20 所示，一般选中所有配置文件。单击"下一步"按钮。

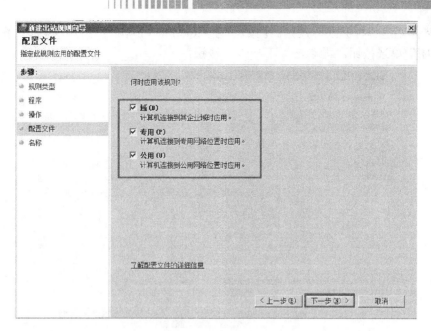

图 6-20　设置配置文件

(6) 在输入好规则名称与描述后，单击"完成"按钮，如图 6-21 所示，就成功创建了针对 IE 浏览器的出站规则。

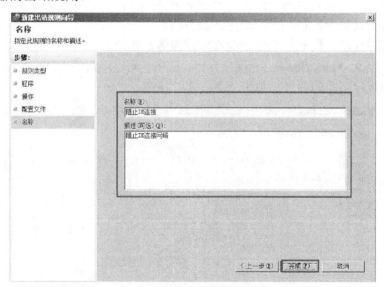

图 6-21　设置名称

7. 创建新规则

Windows 防火墙能够根据很多标准来创建入站和出站规则，包括通过一个特定的程序管理访问或是根据 TCP 或 UDP 端口管理访问。要添加一项新规则，应先根据自己的需要选择"入站规则"或是"出站规则"，然后右击并选择"新建规则"，其创建方法与上面讲解的创建 IE 浏览器出站规则类似。打开的创建新规则的向导对话框如图 6-22 所示。

(1) 选择创建哪种类型的规则。例如，为"Radmin Viewer 3 程序"添加一条入站规则。选中"程序"单选按钮，再单击"下一步"按钮。

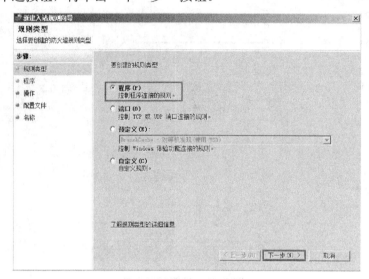

图 6-22　设置规则类型

(2) 在图 6-23 中，选择受新规则约束的程序和服务。

● 所有程序：规则对所有运行的程序和服务起作用，也就是意味着这项规则是关注常规的连接而不是特定的程序或服务的。

● 此程序路径：仅对一个特定的程序或服务起作用。

这里我们以 Radmin Viewer 3.5 程序为例，选中"此程序路径"单选按钮，单击"浏览"按钮，找到该程序所在的位置。单击"下一步"按钮。

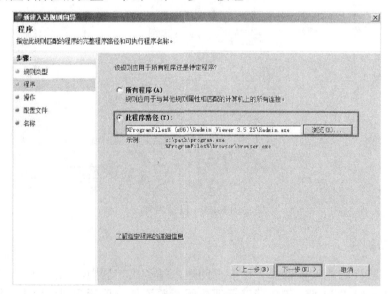

图 6-23　选择程序

(3) 在图 6-24 中，指定连接与规则中指定的条件相匹配时要执行的操作，有三个选项。

- 允许连接：允许使用 IPSec 保护以及未保护的连接。
- 只允许安全连接：只允许使用 IPsec 进行身份验证以及完整性保护的连接。选中"要求加密连接"复选框时，还必须指定哪些用户或者计算机能够进行可信任的连接。
- 阻止连接：阻止指定程序的入站或出站连接。

选中"允许连接"单选按钮，然后单击"下一步"按钮。

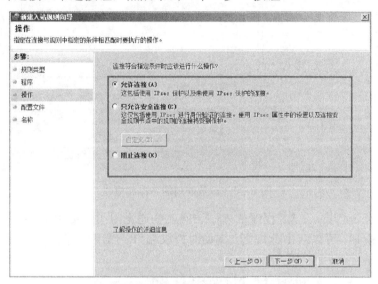

图 6-24　设置操作

(4) 选择此规则应用的配置文件，如图 6-25 所示，一般选中所有配置文件。单击"下一步"按钮。

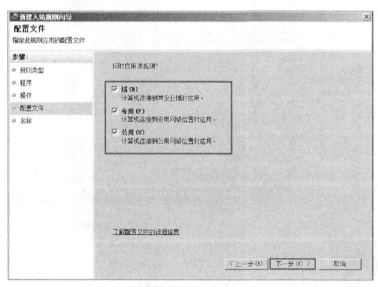

图 6-25　指定配置文件

(5) 在图 6-26 中，输入规则的名称和描述，单击"完成"按钮，规则创建完成。

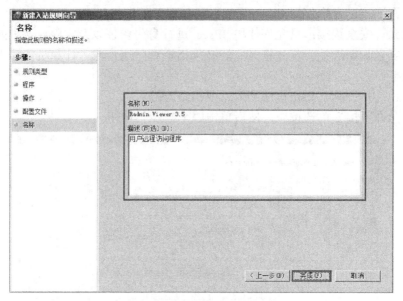

图 6-26　设置规则的名称和描述

现在，Radmin Viewer 3.5 程序的入站访问就畅通无阻了。如果需要对该程序的访问规则有更详细的规划，可以双击此规则，例如对授权端口、作用域等进行相应设置，如图 6-27 所示。

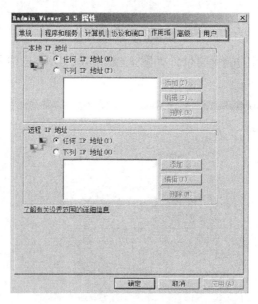

图 6-27　Radmin Viewer 3.5 规则的详细设置

8. 连接安全规则

连接安全是指在两台计算机开始通信之前对它们进行身份验证，并确保在两台计算机之间发送的信息的安全性。可以配置连接安全规则，确保通信连接的安全性。在图 6-6 中，右击"连接安全规则"，在快捷菜单中选择"新建规则"命令，打开如图 6-28 所示的对话框。

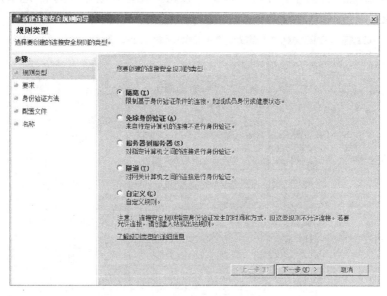

图 6-28　连接安全规则类型

- 隔离：隔离规则可根据定义的身份验证标准对连接进行限制。例如，可以使用此规则类型来隔离加入域中的计算机和域外的计算机(例如，Internet 上的计算机)。
- 免除身份验证：使用此选项可以创建使指定计算机免于进行身份验证的规则，而不考虑其他连接安全规则。此规则类型通常用于已授权访问的计算机，如 Active Directory 域控制器、证书颁发机构 (CA)或 DHCP 服务器。虽然计算机已免除身份验证，但来自这些计算机的网络流量仍然可能被 Windows 防火墙阻止，除非防火墙规则允许它们进行连接。
- 服务器到服务器：可以使用此规则类型对两台指定计算机之间、两个计算机群集之间、两个子网之间或者指定计算机和计算机群集或子网之间的通信进行身份验证，还可以使用此规则对数据库服务器和业务层计算机之间或基础结构计算机和其他服务器之间的流量进行身份验证。此规则与隔离规则类型类似，但将显示"终结点"页，以便用户可以识别受此规则影响的计算机。
- 隧道：使用此规则类型，可以通过 IPsec 中的隧道模式而非传输模式确保两台计算机之间安全地进行通信。隧道模式将整个网络数据包嵌入在两个已定义路由的网络数据包。对于每个路由的终结点，都可以指定接收和消耗通过隧道发送的网络流量的单个计算机，或者指定连接到专用网络的网关计算机，接收隧道终结点从隧道中提取接收的流量后会将流量路由到传到专用网关计算机。
- 自定义：使用此规则类型可以创建需要特殊设置的规则。此选项启用所有向导页(仅用于创建隧道规则的向导页除外)。

可以根据需要创建连接安全规则。例如，可以创建一条服务器到服务器的连接安全规则，步骤如下。

(1) 在图 6-28 中，选择创建安全连接的规则类型为"服务器到服务器"。

(2) 在"终结点"界面中，单击"添加"按钮，配置好服务器的 IP 地址，如图 6-29 所示，配置完成的服务器 IP 地址如图 6-30 所示，然后单击"下一步"按钮。

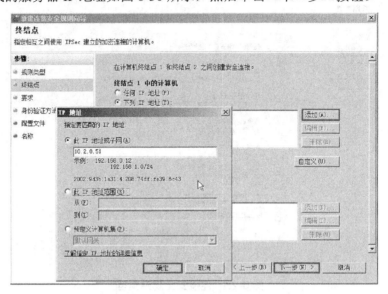

图 6-29　配置终结点

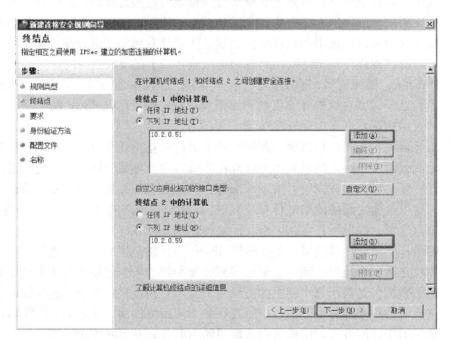

图 6-30　配置好终结点 IP

(3) 为保证服务器的连接安全，选择"入站和出站连接要求身份验证"单选按钮，如图 6-31 所示，然后单击"下一步"按钮。

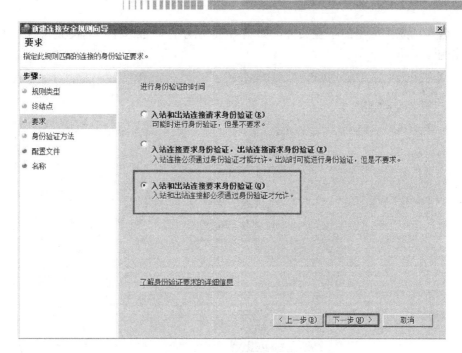

图 6-31　配置身份验证

(4) 在身份验证方法中，选择"计算机证书"作为身份验证，单击"浏览"按钮，找到证书后，如图 6-32 所示，单击"下一步"按钮。

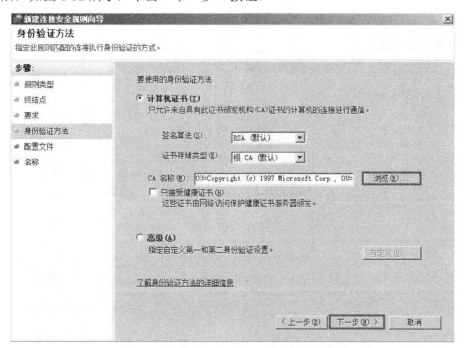

图 6-32　设置身份验证方法

(5) 选择此规则应用的配置文件，如图 6-33 所示，一般选中所有配置文件。单击"下一步"按钮。

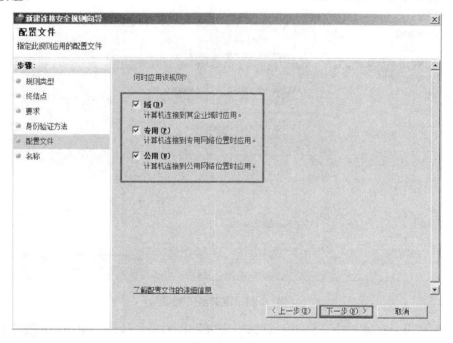

图 6-33　选择配置文件

(6) 在图 6-34 中，输入规则的名称和描述，单击"完成"按钮，服务器到服务器的安全连接规则创建完成。

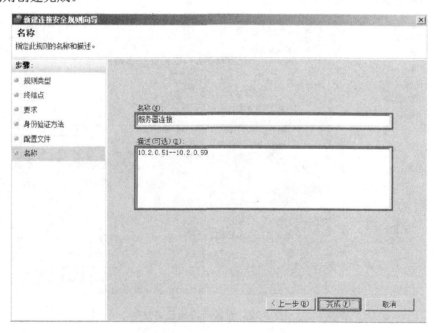

图 6-34　设置规则名称和描述

上面讲解了如何对 Windows Server 2008 R2 这个内置、免费、高级的基于系统的防火墙进行配置应用，它可以使系统变得更加安全。但是，如果你不启用它，它不会对你的应用有任何帮助。

6.2.3　使用 netsh.exe 配置系统防火墙

虽然图形化配置界面比较简单直观，但是对于有经验的系统管理员来说，往往更喜欢使用命令行方式来完成配置工作，因为后者一旦熟练掌握，可以更灵活、准确、迅速地实现配置任务。

netsh 是可以用于配置网络组件设置的命令行工具，可以使用它配置具有高级安全性的 Windows 防火墙，也可以使用创建脚本的方式配置系统防火墙。还可以使用 netsh.exe 配置命令显示具有高级安全性的 Windows 防火墙的配置和状态。netsh.exe 配置系统防火墙的命令非常多，下面介绍最常用的命令。

netsh.exe 的常用命令如下所述。

1. help 命令(或?)

这个命令虽然简单，但却是最有用的命令。任何时候输入"?"命令，都会看到和上下文相关的所有选项，以及该命令的语法。

2. consec(连接安全规则)命令

这个连接规则可以创建两个系统之间的 IPSec VPN。(IPSec VPN 即指采用 IPSec 协议来实现远程接入的一种 VPN 技术，IPSec 全称为 Internet Protocol Security，是由 Internet Engineering Task Force (IETF)定义的安全标准框架，用以提供公用和专用网络的端对端加密和验证服务。)换句话说，consec 规则能够加强通过防火墙的通信的安全性，而不仅仅是限制或过滤。

如果输入"advfirewall consec ?"命令，将显示 advfirewall consec 中可用的六个不同的命令。

- add：添加新连接安全规则。
- delete：删除所有匹配的连接安全规则。
- dump：显示一个配置脚本。
- help：显示命令列表。
- set：为现有规则的属性设置新值。
- show：显示指定的连接安全规则。

1) 添加规则示例

使用默认值为域隔离添加规则，命令如图 6-35 所示。

图 6-35　使用默认值为域隔离添加规则的命令

使用自定义快速模式添加规则，命令如图 6-36 所示。

图 6-36　使用自定义快速模式添加规则的命令

创建从子网 A (192.168.0.0, external ip=1.1.1.1)到子网 B (192.157.0.0, external ip=2.2.2.2)的隧道模式规则，命令如图 6-37 所示。

图 6-37　创建隧道模式规则的命令

使用 CA 名称添加规则，命令如图 6-38 所示。

图 6-38　使用 CA 名称添加规则的命令

2) 删除规则示例

从所有配置文件中删除名称为 rule1 的规则，命令如图 6-39 所示。

图 6-39　从所有配置文件中删除名称为 rule1 的规则的命令

从所有配置文件中删除所有动态规则，命令如图 6-40 所示。

图 6-40　从所有配置文件中删除所有动态规则的命令

3) 修改规则示例

将 rule1 重命名为 rule 2，命令如图 6-41 所示。

图 6-41　rule1 重命名为 rule 2 的命令

更改规则的操作，命令如图 6-42 所示。

图 6-42　更改规则的操作命令

4) 显示规则示例

显示所有规则，命令如图 6-43 所示。

图 6-43　显示所有规则的命令

显示所有动态规则，命令如图 6-44 所示。

图 6-44　显示所有动态规则的命令

3. export 命令

这个命令将防火墙当前的所有配置导出到一个文件中。这个命令非常有用，使用可以将所有的配置备份到文件中，如果对以后做出的配置不满意，可以随时使用这个文件来恢复到修改前的状态。

以下是一个应用示例，命令如图 6-45 所示。

图 6-45　生成配置备份文件 advfirewallpolicy.pol 的命令

执行命令后，可在 D 盘根目录看到生成的文件 advfirewallpolicy.pol。

4. import 命令

使用 import 命令可以从一个文件导入防火墙的配置。这个命令可以把之前使用 export 命令导出的防火墙配置再恢复回去。示例如图 6-46 所示。

图 6-46　恢复配置文件 advfirewallpolicy.pol 的命令

5. firewall 命令

使用这个命令可以为防火墙添加新的入站和出站规则，以及修改防火墙中的规则。

如果输入"advfirewall firewall ?"命令，将显示 advfirewall firewall 中可用的六个不同的命令，其命令内容与 consec 命令相同，此处就不再赘述。

接下来举例说明如何添加、删除和修改防火墙的规则的。

1) 添加防火墙规则示例

为 messenger.exe 添加入站规则，命令如图 6-47 所示。

图 6-47　messenger.exe 添加入站规则的命令

为端口 80 添加出站规则，命令如图 6-48 所示。

图 6-48　端口 80 添加出站规则的命令

为 messenger.exe 添加入站规则并要求安全性，命令如图 6-49 所示。

图 6-49　messenger.exe 添加入站规则并要求安全性的命令

为 SDDL 字符串标识的组 acmedomain\scanners 添加经过身份验证的防火墙跳过规则，命令如图 6-50 所示。

图 6-50　SDDL 字符串添加经过身份验证的防火墙跳过规则的命令

2) 删除防火墙规则示例

删除本地端口 80 的所有入站规则，命令如图 6-51 所示。

图 6-51　删除本地端口 80 的所有入站规则的命令

删除名为 allow80 的入站规则，命令如图 6-52 所示。

图 6-52　删除名为 allow80 的入站规则的命令

3) 修改防火墙规则示例

根据名称为 allow80 的规则更改远程 IP 地址，命令如图 6-53 所示。

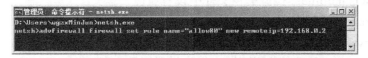

图 6-53　修改名称为 allow80 规则的远程 IP 地址的命令

启用带有分组字符串 Remote Desktop 的组，命令如图 6-54 所示。

图 6-54　启用带有分组字符串 Remote Desktop 的组的命令

4) 查看防火墙规则示例

显示所有动态入站规则，命令如图 6-55 所示。

图 6-55　显示所有动态入站规则的命令

显示所有名为 allow messenger 的所有入站规则的所有设置，命令如图 6-56 所示。

图 6-56　显示所有名为 allow messenger 的所有入站规则的所有设置的命令

6. reset

这个命令可以将防火墙策略恢复到默认策略状态。使用这个命令时务必谨慎，因为一旦输入这个命令并按下 Enter 键后，它将不再提示是否真要重设，而直接恢复防火墙的策略。

示例命令如图 6-57 所示。

图 6-57　恢复防火墙策略到默认策略状态的命令

7. set 命令

使用 set 命令可修改防火墙的不同设置状态。

如果输入"advfirewall set?"命令，将显示 advfirewall set 中可用的六个不同的命令：

- set allprofiles：在所有配置文件中设置属性。
- set currentprofile：在活动配置文件中设置属性。
- set domainprofile：在域配置文件中设置属性。
- set global：设置全局属性。
- set privateprofile：在专用配置文件中设置属性。
- set publicprofile：在公用配置文件中设置属性。

以下是使用 set 命令的一些示例。

(1) 在所有配置文件中配置防火墙

在所有配置文件中关闭防火墙，命令如图 6-58 所示。

图 6-58　所有配置文件中关闭防火墙的命令

设置默认行为，以在所有配置文件上阻止入站连接和允许出站连接，命令如图 6-59 所示。

图 6-59　所有配置文件上设置默认行为的命令

在所有配置文件上打开远程管理，命令如图 6-60 所示。

图 6-60　所有配置文件上打开远程管理的命令

在所有配置文件上记录放弃连接的日志，命令如图 6-61 所示。

图 6-61　所有配置文件上记录放弃连接的日志的命令

(2) 在域配置文件中配置防火墙

在域配置文件活动时关闭防火墙，命令如图 6-62 所示。

设置默认行为，以在域配置文件活动时阻止入站连接和允许出站连接，命令如图 6-63 所示。

在域配置文件活动时打开远程管理，命令如图 6-64 所示。

图 6-62　域配置文件活动时关闭防火墙的命令

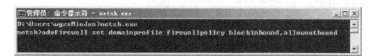

图 6-63　域配置文件上设置默认行为的命令

图 6-64　域配置文件活动时打开远程管理的命令

(3) 在专用配置文件中配置防火墙

在专用配置文件活动时关闭防火墙，命令如图 6-65 所示。

图 6-65　专用配置文件活动时关闭防火墙的命令

设置默认行为，以在专用配置文件活动时阻止入站连接和允许出站连接，命令如图 6-66 所示。

图 6-66　专用配置文件上设置默认行为的命令

(4) 在公用配置文件中配置防火墙

在公用配置文件活动时关闭防火墙，命令如图 6-67 所示。

图 6-67　公用配置文件活动时关闭防火墙的命令

设置默认行为，以在公用配置文件活动时阻止入站连接和允许出站连接，命令如图 6-68 所示。

图 6-68　公用配置文件上设置默认行为的命令

8. show 命令

使用 show 命令可以查看所有不同的配置文件中的设置和全局属性。

如果输入"advfirewall show?"命令，将显示 advfirewall show 中可用的七个不同的命令。

- show allprofiles：显示所有配置文件的属性。
- show currentprofile：显示活动配置文件的属性。
- show domainprofile：显示域配置文件的属性。
- show global：显示全局属性。
- show privateprofile：显示专用配置文件的属性。
- show publicprofile：显示公用配置文件的属性。
- show store：显示当前交互式会话的策略存储。

有关 show 命令的命令实例就不列举了，有兴趣的读者可参考互联网上的相关网站学习它的应用。

至此使用 netsh advfirewall 命令配置 Windows Server 2008 R2 防火墙的一些基本命令已经介绍完，用户可以选择是使用图形界面还是使用命令行方式来配置防火墙。如果掌握了命令行方式下的这些命令，将是一种快速配置 Windows Server 2008 R2 防火墙的方法。

6.3 系 统 更 新

Windows 操作系统是一个庞大、复杂的软件体系，因此难免会存在漏洞，这些漏洞会被病毒、木马、恶意用户利用，从而严重影响计算机的使用安全和网络畅通。Windows 操作系统会不定期对该系统进行软件更新，可以通过微软公司网站下载补丁程序，用以保障系统安全。也可以通过 Windows Update 进行自动更新，它通常提供漏洞、驱动、软件的升级服务，通过它来更新我们的系统，能够扩展系统的功能，让系统支持更多的软、硬件，解决各种兼容性问题，让系统更安全、更稳定。

6.3.1 Windows 补丁

当系统发布后，若发现其中存在漏洞，会被恶意用户利用而攻击用户系统，所以会不断发布相应的升级补丁程序来修复漏洞，安装这些补丁程序后，恶意用户就不能利用这些漏洞来攻击用户系统。因此及时为 Windows 安装系统补丁是十分必要的。

微软发布的系统补丁有两种类型：Hotfix 和 Service Pack，下面介绍它们之间的区别和联系。

Hotfix 是微软针对某一个具体的系统漏洞或安全问题发布的专门解决程序，Hotfix 的程序文件名有严格的规定，一般格式为"产品名-KB××××××-处理器平台-语言版本.exe"。例如：微软针对振荡波病毒发布的 Hotfix 程序名为"Win2K-KB835732-X86-CHS.exe"，从文件名可知，这个补丁是针对 Windows 2000 系统的，其知识库编号为 835732，应用于 x86 处理器平台，语言版本为简体中文。

Hotfix 是针对某一个具体问题发布的解决程序，因此它会经常发布，数量非常大。用户要想知道目前已经发布了哪些 Hotfix 程序是一件非常麻烦的事，更别提自己是否已经安装了。因此微软将这些 Hotfix 补丁全部打包成一个程序提供给用户安装，这就是 Service Pack，简称 SP。Service Pack 包含了发布日期以前所有的 Hotfix 程序，因此只要安装了它，就可以保证自己不会漏掉任何一个 Hotfix 程序。而且发布时间晚的 Service Pack 程序会包含以前的 Service Pack，例如 SP3 会包含 SP1、SP2 的所有补丁。

如果使用 Windows Update 来升级，一般是指升级 Hotfix 类型的补丁。Service Pack 一般集成在系统的发布中，或需单独下载安装。

6.3.2　手动安装系统补丁

微软的客户帮助和支持网站 http://support.microsoft.com/提供了大量的技术文档、安全公告、补丁下载服务，经常访问该网站可及时获得相关信息。另外，各类安全网站、杀毒软件厂商网站经常会有安全警告，并提供相关的解决方案，当然也包含各类补丁的下载链接。通过链接下载到补丁程序后，只需运行安装并按提示操作即可。

依次选择"开始"|"控制面板"| Windows Update 选项，打开 Windows Update 窗口。第一次进行系统更新时，需单击"启用自动更新"按钮，如图 6-69 所示，启用自动更新。

图 6-69　启用自动更新

之后，系统会提示安装新的 Windows Update 软件，单击"现在安装"按钮开始安装，如图 6-70 所示，接着会自动搜索出适合系统的更新程序。

经过搜索，有 138 个重要的更新，如图 6-71 所示，单击"138 个重要更新　可用"选项，在打开的"选择要安装的更新"窗口中，可选择安装哪些更新程序，如图 6-72 所示。

选择好需要安装的补丁之后，单击"确定"按钮，接着在图 6-71 中单击"安装更新"

按钮。部分更新程序会弹出软件许可条款对话框，选中"接受许可协议"复选框，即可开始下载并安装系统更新。在安装的过程中，有些补丁会让用户再次确认是否安装。

图 6-70　安装 Windows Update 软件

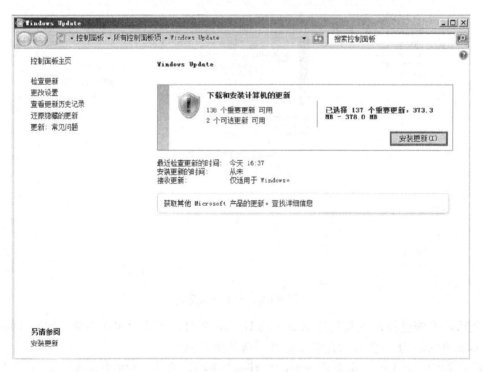

图 6-71　安装更新

图 6-72　设置选择要安装的更新

6.3.3　Windows 自动更新方法

在安装系统之后，一般第一次更新采用手动更新，之后使用 Windows 自动更新更方便。Windows 自动更新会检查 Microsoft Update 网站找到适用于计算机操作系统的可用更新，而且可根据首选项自动安装更新，或等待用户批准安装更新后进行安装。

在 Windows Update 窗口中，单击"更改设置"选项，可以打开"更改设置"窗口，如图 6-73 所示。默认情况下，重要更新下的"自动安装更新"(推荐)选项处于选中状态。

- 自动安装更新：Windows 自动更新将在指定的时间自动下载更新并安装。
- 下载更新，但是让我选择是否安装更新：Windows 自动更新将自动下载更新，但是允许用户查阅已下载的更新并决定仅安装所需的那些更新。
- 检查更新，但是让我选择是否下载和安装更新：Windows 自动更新将检查更新，并使用桌面任务栏中的警报图标通知更新可用，但仅下载并安装用户选择的更新。
- 从不检查更新(不推荐)：Windows 自动更新不会检查或安装更新，除非手动命令 Windows 自动更新安装更新。

如果希望 Windows 自动更新那些推荐的更新或最为关键的更新，在"推荐更新"下选中"以接收重要更新的相同方式为我提供推荐的更新"复选框。

为系统的稳定性考虑，建议将更新方式设置为"检查更新，但是让我选择是否下载和安装更新"。

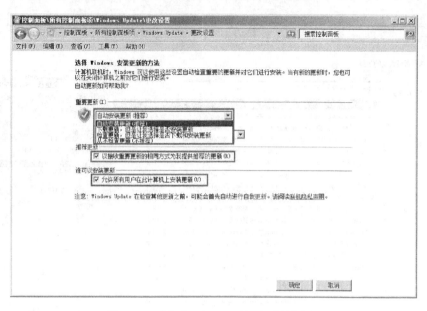

图 6-73　选择 Windows 安装更新的方法

6.3.4　操作更新程序

在 Windows Update 窗口中，单击"查看更新历史记录"选项，可查看系统中已经安装的更新程序，如图 6-74 所示。

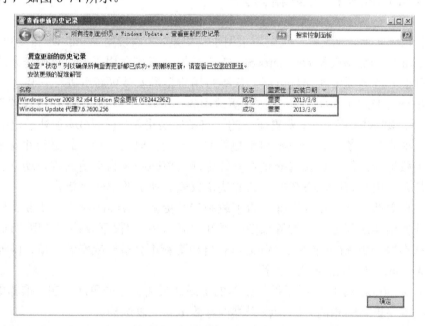

图 6-74　复查更新历史记录

当安装的更新与计算机的应用程序冲突时，需要卸载相应的更新。在 Windows Update 窗口左下方，单击"已安装更新"选项，在弹出的"卸载更新"界面中，如图 6-75 所示，选择要卸载的更新程序，单击"卸载"按钮，即可卸载更新程序。

图 6-75　卸载更新程序

如果认为 Windows 系统自带的防火墙不能胜任网络要求，可以安装其他的防控软件，如 Symantec Endpoint Protection。为避免多个防火墙引起冲突，建议将 Windows 系统自带的防火墙禁用。

6.4　应用 Symantec Endpoint Protection

上一小节提到如果想保证系统的安全，可以尝试安装防火墙进行保护。在日常应用中，经常使用防病毒软件——赛门铁克(Symantec Endpoint Protection，SEP)。对于该软件的安装，在此不进行细述。下面主要以 SEP 11.0.5002.333 CS 版本为例说明一些使用技巧。

安装好 SEP 软件后，首先应将其升级到最新版本。SEP 防火墙会自动允许 SEP 的升级程序访问网络，不用为 SEP 的升级程序配置 SEP 防火墙。

在使用过程中，有时会遇到 SEP 图标会从系统托盘中消失或者显示为关闭(实际上已经启用)的现象。SEP 11.0.3000 CS 和 SEP 11.0.4000 CS 有此现象。不过，SEP 仍然起作用，遇到病毒文件 SEP 仍然会提示处理。此时，只需注销后重新登录即可出现 SEP 图标。

安装好 SEP 后，需要在防火墙中正确配置，程序才能正常访问网络，如果没有正确配置，SEP 将会把它挡在网络的大门外。下面就以配置 Windows Update 程序为例进行说明，其他程序的配置方法与此类似。

6.4.1　配置 Windows Update 程序

为 Windows Update 配置 SEP 防火墙的方法如下。

(1) 在桌面双击启动 Windows Update。

(2) 右击系统托盘中的 SEP 盾牌图标，打开 SEP 管理窗口；单击"网络威胁防护"右侧的"选项"|"查看网络活动"，如图 6-76 所示。

图 6-76　查看网络活动

(3) 在"网络活动"窗口的空白处右击并选择"应用程序详细信息"命令；右击"Windows 安装程序"(msiexec.exe)进程，并选择"询问"命令，然后关闭"网络活动"窗口。

(4) 单击"网络威胁防护"右侧的"选项"|"配置防火墙规则"；在"配置防火墙规则"窗口中，选中 Allow All(Allow All 是用户自定义的规则)规则，再单击"编辑"按钮。

(5) 在"编辑防火墙规则"窗口，切换到"应用程序"选项卡，选中"Windows 服务主进程"复选框，如图 6-77 所示。

(6) 依次单击"确定"按钮退出。这样，Windows Update 便能够正常访问网络了。为其他需要访问网络的程序配置 SEP 防火墙时，方法与上面步骤类似。

图 6-77 编辑防火墙规则

6.4.2 配置规则

安装好 SEP 后，其默认规则如图 6-78 所示。

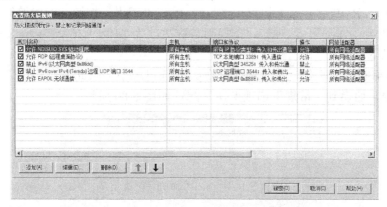

图 6-78 默认规则

默认的规则不适应网络应用要求，为方便工作中的应用，可以对相应规则进行编辑更改，更改如下。

1. "允许 NDISUIO.SYS 驱动程序"规则更改为"Allow All"规则

选中"允许 NDISUIO.SYS 驱动程序"规则，单击"编辑"按钮，在"编辑防火墙规则"对话框中，切换到"常规"选项卡，把规则名称更改为"Allow All"规则，然后切换到"应用程序"选项卡中，添加一些允许访问网络的应用程序。例如，根据工作需要，添加以下 7 条允许，如图 6-79 所示。

```
"d:\windows\system32\svchost.exe"
"d:\program files(x86)\internet explorer\iexplore.exe"
"g:\wgzxuser.dat\program files\totalcmd\totalcmd.exe "
"g:\wgzxuser.dat\program files\flashfxp\flashfxp.exe"
```

```
"g:\wgzxuser.dat\program files\serv-u\servudaemon.exe"
"d:\windows\system32\ping.exe"
"d:\windows\system32\rserver30\rserver3.exe"
```

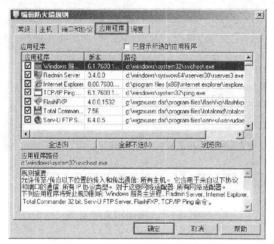

图 6-79   配置"Allow All"规则的"应用程序"选项卡

2. "允许 RDP(远程桌面协议)"规则更改为"Block ICMP echo 8 All"规则

选中"允许 RDP(远程桌面协议)"规则，单击"编辑"按钮，在"编辑防火墙规则"对话框中，切换到"常规"选项卡，把规则名称更改为"Block ICMP echo 8 All"，编辑该规则应注意以下设置。

(1) 对全部网络适配器，禁止通信并在数据包日志中记录此通信。在"编辑防火墙规则"对话框中，切换到"常规"选项卡，其配置如图 6-80 所示。

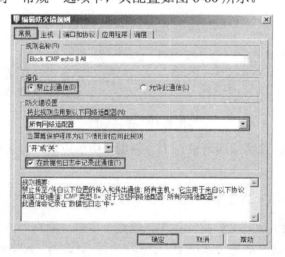

图 6-80   配置"Block ICMP echo 8 All"规则的常规选项卡

(2) 对所有主机禁止传入和传出的通信。在编辑防火墙规则的窗口中，切换到"主机"选项卡，其配置如图 6-81 所示。

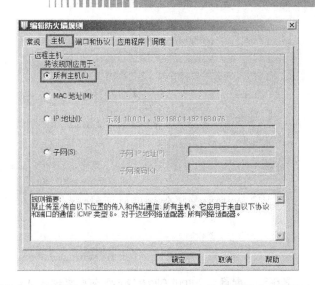

图 6-81　配置"Block ICMP echo 8 All"规则的主机选项卡

（3）启用不允许外来的 Ping。在"编辑防火墙规则"对话框中，切换到"端口和协议"选项卡，在协议中选择"ICMP"，再选中"回显请求-8"复选框，通信方向选择"两者"，然后单击"确定"按钮，如图 6-82 所示。这样设置表示：禁止来自 ICMP 协议的数据通信，即不允许外来 Ping。

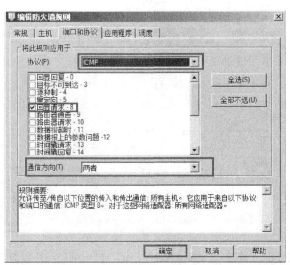

图 6-82　配置 Block ICMP echo 8 All 规则的端口和协议选项卡

3. "禁止 IPv6(以太网类型 0x86dd)"规则更改为 Output Allow Only 规则

选中"禁止 IPv6(以太网类型 0x86dd)"规则，单击"编辑"按钮，在"编辑防火墙规则"对话框中，切换到"常规"选项卡，把规则名称更改为 Output Allow Only 规则，对全部网络适配器，允许通信，配置如图 6-83 所示。

图 6-83 配置"Output Allow Only"规则常规选项卡

(1) 在"主机"选项卡，允许所有主机的传入和传出通信。

(2) 对所有协议和端口允许通信。在"编辑防火墙规则"对话框中，切换到"端口和协议"选项卡，其配置方法如图 6-84 所示。

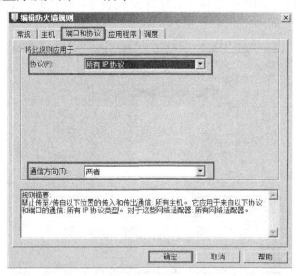

图 6-84 配置"Output Allow Only"规则端口和协议选项卡

4．"禁止 IPv6 over IPv4(Teredo)远程 UDP 端口 3544"规则更改为 Input Allow Only 规则

选中"禁止 IPv6 over IPv4(Teredo)远程 UDP 端口 3544"规则，单击"编辑"按钮，在"编辑防火墙规则"对话框中，切换到"常规"选项卡，把规则名称更改为 Input Allow Only 规则，编辑该规则应注意以下设置。

(1) 启用允许 Ping 外面地址的功能。在"编辑防火墙规则"对话框中，切换到"应用程序"选项卡，添加 PING.EXE 和 ntoskrnl 两个程序，允许其访问网络，如图 6-85 所示。

图 6-85　配置"Input Allow Only"规则应用程序选项卡

(2) 在"常规"选项卡，对所有网络适配器允许通信。

(3) 在"主机"选项卡，允许所有主机的传入和传出通信。

(4) 在"端口和协议"选项卡，允许所有 IP 协议的通信。

5. "允许 EAPOL 无线通信"规则更改为 Block All 规则

选中"允许 EAPOL 无线通信"规则，单击"编辑"按钮，在"编辑防火墙规则"对话框中，切换到"常规"选项卡，把规则名称更改为 Block All，编辑该规则应注意以下设置。

(1) 在"常规"选项卡，对所有网络适配器禁止通信。

(2) 在"主机"选项卡，禁止所有主机的传入和传出通信。

(3) 在"端口和协议"选项卡，禁止所有 IP 协议的通信。

五条规则编辑完成后，如图 6-86 所示。

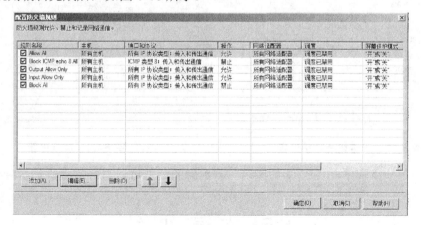

图 6-86　配置防火墙规则

规则的添加或删除，可以根据实际网络应用需要进行配置。

6.4.3　配置 SEP 选项

右击系统托盘中的 SEP 盾牌图标，打开 SEP 管理窗口；单击"网络威胁防护"右侧的"选项"|"更改设置"。在出现的"网络威胁防护设置"选项卡里，进行以下设置。

(1) 在"智能通信过滤"选项组中选中"启用智能 DHCP"、"启用智能 DNS"和"启用智能 WINS"复选框。

(2) 在"通信设置"选项组中选中"启用 NetBIOS 防护"、"启用防 MAC 欺骗"、"启用网络应用程序监控"和"在防火墙启动以前及防火墙停止之后禁止所有通信"复选框，取消选中"允许初始 DHCP 和 NetBIOS 通信"复选框。

(3) 在"不匹配的 IP 通信设置"选项组中选中"在允许应用程序通信前提示"复选框。

针对网络威胁防护设置，按需配置好后如图 6-87 所示。

另外，在 SEP 管理窗口中，单击左侧的"更改设置"按钮，再单击"客户端管理"右侧的"配置设置"按钮，可以配置 SEP"调度的更新"等项目，让 SEP 进行自动更新，如图 6-88 所示。

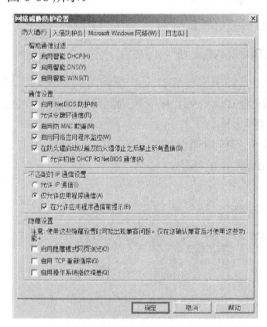

图 6-87　网络威胁防护设置

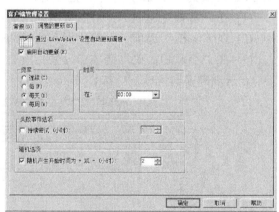

图 6-88　调度更新

上面简单地讲解了 SEP 的常规应用，有兴趣的读者可以自行下载进行实际操作。

6.5　本 章 小 结

本章主要介绍了 Windows Server 2008 R2 的安全管理，通过安全部署，服务器就可以有保障地接入互联网了。配置好 Windows 系统自带的防火墙可以让用户的系统多一道安全保护屏障。

经常给系统打补丁是一个保护系统数据的好措施，因为大多数病毒都是通过 Windows 操作系统的漏洞进行攻击、破坏系统的正常使用的。打补丁的频率一般是每月检查一次，或者启动计算机的"自动更新"功能。同时，微软公司也会通过媒体向用户提醒需要打补丁。另外，也可以安装其他的防火墙软件，例如 SEP，以提高系统的安全性。

第 7 章　磁　盘　管　理

本章要点：

- 磁盘的概念
- 基本磁盘的管理
- 动态磁盘的管理
- 磁盘整理与检查错误

　　磁盘管理是一项对磁盘进行优化，提高磁盘的读取效率的常规任务，Windows Server 2008 R2 的磁盘管理任务是以一组磁盘管理应用程序的形式提供给用户的，包括查错程序、磁盘碎片整理程序、磁盘管理程序等。磁盘管理是一种用于管理磁盘及其所包含的卷或分区的系统实用工具。使用磁盘管理可以初始化磁盘、创建卷以及使用 FAT16、FAT32 或 NTFS 文件系统格式化卷。磁盘管理在不需重新启动系统或中断用户的情况下就能执行与磁盘相关的任务，多数配置的更改可立即生效。

7.1　磁盘的概念

　　计算机上的文件、文件夹全部保存在磁盘上，并且计算机可同时连接多个磁盘驱动器，如软驱、磁盘和光驱等。其中每一个磁盘又可分为多个分区或卷，可以对这些分区或卷进行格式化、复制和修改等操作。在对磁盘进行操作之前，下面先来了解一下磁盘接口类型、磁盘的分区方法、磁盘的使用方式和卷的类型等内容。

7.1.1　磁盘接口的类型

　　磁盘接口是磁盘与主机系统之间的连接通道，作用是在磁盘缓存和主机内存之间传输数据。磁盘接口类型决定着磁盘与计算机之间的连接速度，在整个系统中，磁盘接口的优劣直接影响着程序运行的快慢和系统性能的好坏。

　　从整体的角度，磁盘接口分为 IDE、SATA、SCSI、SAS 和光纤通道五种。IDE 接口磁盘多用于家用产品中，也部分应用于服务器；SCSI 接口的磁盘则主要应用于服务器市场；光纤通道只用在高端服务器上，价格昂贵；SATA 是新生的磁盘接口类型，还正处于市场普及阶段，在家用市场中有着广泛的前景。在 IDE 和 SCSI 的大类别下，又可以分出多种具体的接口类型，又各自拥有不同的技术规范，具备不同的传输速度，比如 ATA100 和 SATA、Ultra160 SCSI 和 Ultra320 SCSI 都代表着一种具体的磁盘接口，各自的速度差异也较大。下面介绍各个类型的磁盘接口。

1. IDE

IDE 的英文全称为 Integrated Drive Electronics，即"电子集成驱动器"，常见的是 2.5 英寸 IDE 磁盘接口，它的本意是指把"磁盘控制器"与"盘体"集成在一起的磁盘驱动器。把盘体与控制器集成在一起的做法减少了磁盘接口的电缆数目与长度，数据传输的可靠性得到了增强，磁盘制造起来变得更容易，因为磁盘生产厂商不需要再担心自己的磁盘是否与其他厂商生产的控制器兼容。对用户而言，磁盘安装起来也更为方便。IDE 这一接口技术从诞生至今就一直在不断发展，性能也不断得到提高，其拥有的价格低廉、兼容性强的特点，为其造就了其他类型磁盘无法替代的地位。

IDE 代表着磁盘的一种类型，但在实际的应用中，人们也习惯用 IDE 来称呼最早出现的 IDE 类型磁盘 ATA-1，这种类型的接口随着接口技术的发展已经被淘汰了，而其后发展分支出更多类型的磁盘接口，比如 ATA、Ultra ATA、DMA、Ultra DMA 等接口都属于 IDE 磁盘。

2. SATA

使用 SATA(Serial ATA)口的磁盘又叫串口磁盘，SATA 磁盘接口是未来 PC 磁盘的趋势。2001 年，由 Intel、APT、Dell、IBM、希捷、迈拓这几大厂商组成的 Serial ATA 委员会正式确立了 Serial ATA 1.0 规范。2002 年，虽然串行 ATA 的相关设备还未正式上市，但 Serial ATA 委员会已抢先确立了 Serial ATA 2.0 规范。Serial ATA 采用串行连接方式，串行 ATA 总线使用嵌入式时钟信号，具备了更强的纠错能力，与以往相比其最大的区别在于能对传输指令(不仅仅是数据)进行检查，如果发现错误会自动矫正，这在很大程度上提高了数据传输的可靠性。串行接口还具有结构简单、支持热插拔的优点。

串口磁盘是一种完全不同于并行 ATA 的新型磁盘接口类型，由于采用串行方式传输数据而知名。相对于并行 ATA 来说，具有非常多的优势。首先，Serial ATA 以连续串行的方式传送数据，一次只会传送 1 位数据。这样能减少 SATA 接口的针脚数目，使连接电缆数目变少，效率也会更高。实际上，Serial ATA 仅用四支针脚就能完成所有的工作，分别用于连接电缆、连接地线、发送数据和接收数据，同时这样的架构还能降低系统能耗和减小系统复杂性。其次，Serial ATA 的起点更高、发展潜力更大，Serial ATA 1.0 定义的数据传输速率可达 150MB/s，这比目前最新的并行 ATA(即 ATA/133)所能达到的最高数据传输率 133MB/s 还高，而在 Serial ATA 2.0 的数据传输速率将达到 300MB/s，最终 SATA 将实现 600MB/s 的最高数据传输速率。

3. SATA Ⅱ

SATA Ⅱ是在 SATA 的基础上发展起来的，其主要特征是外部传输速率从 SATA 的 1.5Gb/s(150MB/s)进一步提高到了 3Gb/s(300MB/s)，此外还包括 NCQ(Native Command Queuing，原生命令队列)、端口多路器(Port Multiplier)、交错启动(Staggered Spin-up)等一系列的技术特征。单纯的外部传输速率达到 3Gb/s 并不是真正的 SATA Ⅱ。

SATA Ⅱ的关键技术就是 3Gb/s 的外部传输速率和 NCQ 技术。NCQ 技术可以对磁盘的指令执行顺序进行优化，避免像传统磁盘那样机械地按照接收指令的先后顺序移动磁头读写磁盘的不同位置，与此相反，它会在接收命令后对其进行排序，排序后的磁头将以高效率的顺序进行寻址，从而避免磁头反复移动带来的损耗，延长磁盘寿命。另外并非所有的 SATA 磁盘都可以使用 NCQ 技术，除了磁盘本身要支持 NCQ 之外，也要求主板芯片组的 SATA 控制器支持 NCQ。此外，NCQ 技术不支持 FAT 文件系统，只支持 NTFS 文件系统。

💡 **注意：** 根据进制规定，传送速度可以有两种表示方法 bps(b/s) 和 Bps(B/s)，但是它们是有严格区别。Bps 中的 B 使用的是二进制系统中的 Byte 字节，bps 中的 b 是十进制系统中的位元，即 8 bit=1 Byte，但存储器厂家特别是硬盘厂家却使用十进制来计算，即 10 bit=1 Byte。

4. SCSI

SCSI(Small Computer System Interface，小型计算机系统接口)是与 IDE(ATA)完全不同的接口，IDE 接口是普通 PC 机的标准接口，而 SCSI 并不是专门为磁盘设计的接口，是一种广泛应用于小型机上的高速数据传输技术。SCSI 接口具有应用范围广、多任务、带宽大、CPU 占用率低以及热插拔等优点，但较高的价格使得它很难如 IDE 磁盘般普及，因此 SCSI 磁盘主要应用于中、高端服务器和高档工作站中。

5. SAS

SAS 是 Serial Attached SCSI 的缩写，即串行连接 SCSI。2001 年 11 月 26 日，Compaq、IBM、LSI、Maxtor 和 Seagate 联合宣布成立 SAS 工作组，其目标是定义一个新的串行点对点的企业级存储设备接口。

SAS 技术引入了 SAS 扩展器，使 SAS 系统可以连接更多的设备，其中每个扩展器允许连接多个端口，每个端口可以连接 SAS 设备、主机或其他 SAS 扩展器。为保护用户投资，SAS 规范也兼容了 SATA，这使得 SAS 的背板可以兼容 SAS 和 SATA 两类磁盘，对用户来说，使用不同类型的磁盘时不需要再重新投资。

第二代 SAS 将外部接口速度由 3Gb/s 提高到了 6Gb/s，传输速度更快，散热量却在降低，可靠性也更高。同时，可支持的线缆长度也由第一代的 8m 提升到了 10m(SATA 仅为 1m)。

6. 光纤通道

光纤通道的英文拼写是 Fibre Channel，和 SCSI 接口一样，光纤通道最初也不是为磁盘设计开发的接口技术，是专门为网络系统设计的，但随着存储系统对速度的需求，才逐渐应用到磁盘系统中。光纤通道磁盘是为提高多磁盘存储系统的速度和灵活性才开发的，它的出现大大提高了多磁盘系统的通信速度。光纤通道的主要特性有：热插拔性、高速带宽、远程连接、连接设备数量大等。

光纤通道是为像服务器这样的多磁盘系统环境设计的，能满足高端工作站、服务器、海量存储子网络以及外设间通过集线器、交换机和点对点连接进行双向、串行数据通信等系统对高数据传输速率的要求。

现在服务器上采用的磁盘接口技术主要有三种，SATA、SCSI 和 SAS，当然还有高端的光纤磁盘，但这三种是比较常见的。

7.1.2　MBR 磁盘与 GPT 磁盘

数据能够被存储于磁盘中，该磁盘必然被划分成一个或几个磁盘分区，例如：在第 3 章，利用"深山雅苑 Win8 PE+2003 PE"中的"无损分区助手 5.1 专业版"将磁盘划分为四个分区。

在磁盘内有一个被称为磁盘分区表的区域，用于存储磁盘分区数据的相关信息。例如，每一个磁盘分区的起始地址、结束地址、是否为活动的磁盘分区等信息。

Windows Server 2008 R2 的磁盘有两种分区形式：MBR 和 GPT。

1. MBR 磁盘

MBR(Master Boot Record，主引导记录)即传统的磁盘分区形式，MBR 位于磁盘的第一个隐藏扇区，又叫作主引导扇区，是计算机开机后访问磁盘时所必须要读取的首个扇区，它在磁盘上的三维地址为(柱面，磁头，扇区)=(0, 0, 1)，计算机启动时，主板上的 BIOS(基本输入/输出系统)会先读取 MBR，并将计算机的控制权交给 MBR 内的程序，然后由此程序继续后面的启动工作。MBR 所记录的是磁盘的分区信息，是由分区程序(如 Fdisk, Parted)所产生的，它不依赖任何操作系统，而且磁盘引导程序也是可以改变的，从而能够实现多系统引导。

从主引导记录的结构可以知道，MBR 仅包含一个 64 字节的磁盘分区表。由于每个分区信息需要 16 个字节，对于采用 MBR 型分区结构的磁盘，最多只能识别 4 个主要分区。所以对于一个采用此种分区结构的磁盘来说，想要得到 4 个以上的主要分区是不可能的。这里就需要引出扩展分区了。扩展分区也是主分区(Primary partition)的一种，但它与主分区的不同在于理论上可以划分为无数个逻辑分区，每一个逻辑分区都有一个和 MBR 结构类似的扩展引导记录(EBR)。

2. GPT 磁盘

GPT (GUID Partition Table，全局唯一标识分区表)是一个实体硬盘的分区结构。它是 EFI(可扩展固件接口标准)的一部分，用来替代 BIOS 中的主引导记录分区表。但因为 MBR 分区表不支持容量大于 2TB 的分区，所以也有一些 BIOS 系统为了支持大容量硬盘而用 GPT 分区表取代 MBR 分区表。

GPT 分区表位于磁盘的前端，并且有主分区表和备份分区表，若主分区表出现问题，备份分区表将立即起作用。与 MBR 分区方法相比，GPT 具有更多的优点，因为它允许每个磁盘有多达 128 个主分区(没有扩展分区)，支持高达 18EB 的卷大小。

由于其设计上的问题，导致 MBR 在对分区的管理上有许多限制，如分区最大为 2TB，最多 4 个主分区。磁盘空间的剧增和用户对分区个数需求的增加使得 MBR 往往无法满足，GPT 分区在很大程度上解决了这个问题，它所能支持的空间大小上限为 18EB，分区个数也多达上百个，而且 GPT 分区为了保证对 MBR 分区的兼容，依然将整个磁盘的第 0 个扇区置为 MBR 的传统格式，从第 1 个扇区起才是真正的 GPT 分区表。当然在使用 GPT 分区时还需要操作系统的支持，不过现在应用的 Windows Server 2008 R2 对这一特性还是支持的。

7.1.3 基本磁盘与动态磁盘

Windows Server 2008 R2 中的磁盘使用方式可分为两类：基本磁盘和动态磁盘。

1. 基本磁盘

我们平时使用的磁盘类型基本上都是基本磁盘。基本磁盘受 26 个英文字母的限制，也就是说磁盘的盘符只能是 26 个英文字母中的一个。因为 A、B 已经被软驱占用，实际上磁盘可用的盘符只有 C~Z 共 24 个。另外，在基本磁盘上只能建立四个主分区。

2. 动态磁盘

动态磁盘不受 26 个英文字母的限制，它是用"卷"来命名的。动态磁盘的最大优点是可以将磁盘容量扩展到非邻近的磁盘空间。这些卷可以模拟我们常说的 RAID，但是这个被模拟的 RAID 没有硬件芯片支持，只能通过 Windows Server 2008 R2 的软件来完成，效果和硬件的 RAID 一样，就是资源占用率比硬件多些。

7.1.4 卷的类型

卷是由一个或多个磁盘上的可用空间组成的存储单元。可以使用一种文件系统对卷进行格式化并为其分配驱动器号。动态磁盘上的卷可以具有下列任意一种布局：简单卷、跨区卷、镜像卷、带区卷或 RAID-5 卷。

1. 简单卷

简单卷使用单个磁盘上的可用空间。它可以是磁盘上的单个区域，也可以由多个连续的区域组成。简单卷可以在同一磁盘内扩展，也可以扩展到其他磁盘。如果简单卷扩展到多个磁盘，则它就变成跨区卷。基本磁盘内的每一个主分区或逻辑分区又被称为基本卷、简单卷。

2. 跨区卷

跨区卷由多个磁盘(2~32 个磁盘)上的可用空间组成，这样可以更有效地使用多个磁盘系统上的所有空间和所有驱动器号。如果需要创建卷，但又没有足够的未分配空间分配给单个磁盘上的卷，则可通过将来自多个磁盘的未分配空间的扇区合并到一个跨区卷来创建足够大的卷。用于创建跨区卷的未分配空间区域的大小可以不同。跨区卷是这样组织的，先将一个磁盘上为卷分配的空间写满，然后从下一个磁盘开始，再将该磁盘上为卷分配的空间写满。跨区卷不能被镜像。

3. 镜像卷

镜像卷是一种容错卷，它的数据被复制到两个物理磁盘上。一个卷上的所有数据被复

制到另一个磁盘上以提供数据冗余。如果其中一个磁盘发生故障，则还可以从另一磁盘访问数据。镜像卷不能被扩展。镜像卷又称 RAID-1。

4．带区卷

带区卷是指数据交替存储在两个或多个物理磁盘上的卷。带区卷不能被镜像或扩展。带区卷也称为 RAID-0 卷。

5. RAID-5 卷

RAID-5 卷是一种容错卷，其数据带状分布于由三个或更多个磁盘组成的磁盘阵列中。奇偶校验(一个可用于在出现故障后重建数据的计算值)也是带状分布于该磁盘阵列中。如果一个物理磁盘发生故障，可以使用剩余数据和奇偶效验重建该故障磁盘上的 RAID-5 卷部分。RAID-5 卷不能被镜像或扩展。

7.1.5　RAID 简介

RAID 是 Redundant Array of Independent Disk 的缩写，中文意思是独立冗余磁盘阵列。冗余磁盘阵列技术诞生于 1987 年，由美国加州大学伯克利分校提出。简单地解释，就是将 N 块磁盘通过 RAID 控制器(分为硬件部分和软件部分)结合成虚拟单块大容量的磁盘使用。RAID 的采用为存储系统(或者服务器的内置存储)带来了巨大利益，其中提高传输速率和提供容错功能是最大的优点。

RAID 技术主要包含 RAID 0～RAID 7 等数个规范，它们的侧重点各不相同，常用的规范有以下几种。

1. RAID 0

RAID 0 连续地以位或字节为单位分割数据，并行读/写于多个磁盘上，因此具有很高的数据传输率，但它没有数据冗余，因此并不能算是真正的 RAID 结构。RAID 0 只是单纯地提高性能，并没有为数据的可靠性提供保证，而且其中的一个磁盘失效将影响到所有数据。因此，RAID 0 不能应用于数据安全性要求高的场合。

2. RAID 1

RAID 1 是通过磁盘数据镜像实现数据冗余，在成对的独立磁盘上产生互为备份的数据。当原始数据繁忙时，可直接从镜像备份中读取数据，因此 RAID 1 可以提高读取性能。RAID 1 是磁盘阵列中单位成本最高的，但提供了很高的数据安全性和可用性。当一个磁盘失效时，系统可以自动切换到镜像磁盘上读写，而不需要重组失效的数据。

3. RAID 0+1

RAID 0+1 也被称为 RAID 10 标准，实际是将 RAID 0 和 RAID 1 标准结合的产物，它是在连续地以位或字节为单位分割数据并且并行读/写多个磁盘的同时，为每一块磁盘作磁盘镜像进行冗余。它的优点是同时拥有 RAID 0 的超凡速度和 RAID 1 的数据高可靠性，但是 CPU 占用率同样也更高，而且磁盘的利用率比较低。

4. RAID 2

RAID 2 将数据条块化地分布于不同的磁盘上，条块单位为位或字节，并使用称为"加重平均纠错码(海明码)"的编码技术来提供错误检查及恢复。这种编码技术需要多个磁盘存放检查及恢复信息，使得 RAID 2 技术的实施更加复杂，因此在商业环境中很少使用。

5. RAID 3

它同 RAID 2 非常类似，都是将数据条块化分布于不同的磁盘上，区别在于 RAID 3 使用简单的奇偶校验，并用单块磁盘存放奇偶校验信息。如果一块磁盘失效，奇偶盘及其他数据盘可以重新产生数据；如果奇偶盘失效则不影响数据使用。RAID 3 对于大量的连续数据可提供很好的传输率，但对于随机数据来说，奇偶盘会成为写操作的瓶颈。

6. RAID 4

RAID 4 同样也将数据条块化并分布于不同的磁盘上，但条块单位为块或记录。RAID 4 使用一块磁盘作为奇偶校验盘，每次写操作都需要访问奇偶盘，这时奇偶校验盘会成为写操作的瓶颈，因此 RAID 4 在商业环境中也很少使用。

7. RAID 5

RAID 5 不单独指定奇偶盘，而是在所有磁盘上交叉地存取数据及奇偶校验信息。在 RAID 5 上，读/写指针可同时对阵列设备进行操作，提供了更高的数据流量。RAID 5 更适合于小数据块和随机读写的数据。RAID 3 与 RAID 5 相比，最主要的区别在于 RAID 3 每进行一次数据传输就需涉及所有的阵列盘；而对于 RAID 5 来说，大部分数据传输只对一块磁盘操作，并可进行并行操作。在 RAID 5 中有"写损失"，即每一次写操作将产生四个实际的读/写操作，其中两次是读旧的数据及奇偶信息，另外两次是写新的数据及奇偶信息。

7.2 基本磁盘的管理

对基本磁盘的管理，主要包括初始化新磁盘、调整分区大小和更改驱动器号等操作。可以利用图形界面的磁盘管理、Windows PowerShell 或 Diskpart 命令对磁盘进行管理。下面主要介绍用磁盘管理工具与 Diskpart 命令如何对磁盘进行操作管理。

1. 打开磁盘管理工具的方式

打开磁盘管理工具有以下三种方式。
- 依次选择"开始"|"程序"|"管理工具"|"计算机管理"命令，在打开的"计算机管理"窗口的左侧依次单击"存储"|"磁盘管理"选项，然后在右侧即可对磁盘进行管理。
- 在"服务器管理器"窗口的左侧依次单击"存储"|"磁盘管理"选项，然后在右侧可以对磁盘进行管理。

- 选择"开始"|"运行"命令，在打开的"运行"对话框中，输入并运行 diskmgmt.msc 命令，即可打开"磁盘管理"窗口，如图 7-1 所示。

2. Diskpart 命令概述

Diskpart 是 Windows 系统的基础命令行实用工具之一，作为 Fdisk 的继任者首次出现在 Windows XP 中。这个工具可用于分区、格式化、初始化、调整驱动器的大小以及设置 RAID，Windows 7 与 Windows Server 2008 R2 中的 Diskpart 包含了更多的功能，还可以管理虚拟磁盘。

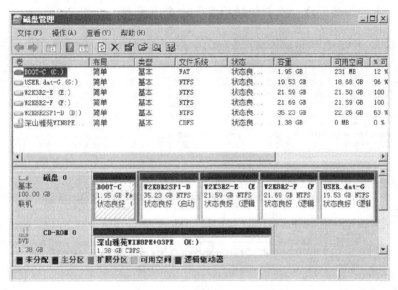

图 7-1 "磁盘管理"窗口

选择"开始"|"运行"命令，在打开的"运行"对话框中输入 Diskpart，然后按 Enter 键，可以看到 Diskpart 有自己的命令提示符。可在命令行界面 (command-line interface, CLI) 的提示符下输入可执行指令，如输入 Help(或任何无效的命令)并按 Enter 键，然后 Diskpart 会显示 37 个命令，千万不要因为需要学习这 37 个命令而对 Diskpart 望而却步，因为实际上大约只需要执行 8 个命令就可以完成 99%的 Diskpart 工作。

Diskpart 是 Windows 环境下的一个命令，正常运行该命令时需要以下几个系统服务的支持。

- Logical Disk Manager Administrative Service(dmadmin)。
- Logical Disk Manager(dmserver)。
- Plug and Play(PlugPlay)。
- Remote Procedure Call (RPC) (RPCss)。

这四个服务的依存关系为：dmserver 依赖于 PlugPlay 和 RPCss，dmadmin 依赖于 dmserver。如果这四个服务没有运行，那么是不可能成功运行 Diskpart 命令的，所以在纯 DOS、WinPE 下面都是不能够运行这个命令的。

与磁盘管理工具相比，Diskpart 可启用"磁盘管理"管理单元所支持的操作的集合。"磁盘管理"管理单元可以禁止无意中执行可能会导致数据丢失的操作。建议应谨慎使用

Diskpart 实用工具，因为 Diskpart 支持显式控制分区和卷。

7.2.1　初始化新磁盘

在计算机上安装新磁盘后，必须经过初始化才能使用。默认情况下，新添加的磁盘为"脱机"状态，右击该新磁盘，在弹出的快捷菜单中选择"联机"命令，如图 7-2 所示。

提示：　如果插入新磁盘后，在"磁盘管理"窗口中找不到新安装的磁盘，可选择"操作"菜单下的"重新扫描磁盘"命令来查找，如图 7-3 所示。

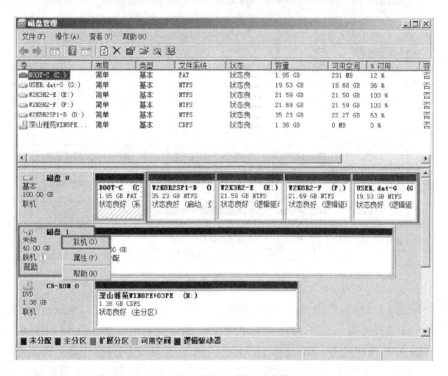

图 7-2　选择"联机"命令

图 7-3　选择"重新扫描磁盘"命令

磁盘联机后，状态显示为"没有初始化"。右击该新磁盘，在弹出的快捷菜单中选择"初始化磁盘"命令，如图 7-4 所示。在打开的"初始化磁盘"对话框(见图 7-5)中，选中需要初始化的磁盘，并选择磁盘的分区形式，单击"确定"按钮完成初始化。

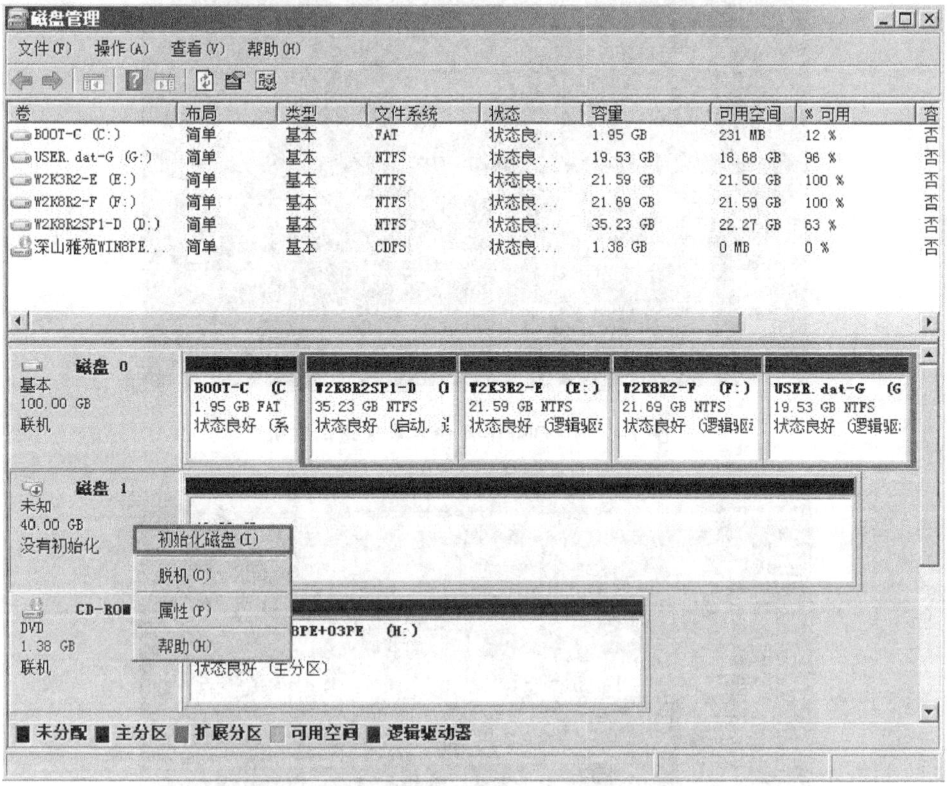

图 7-4　选择"初始化磁盘"命令

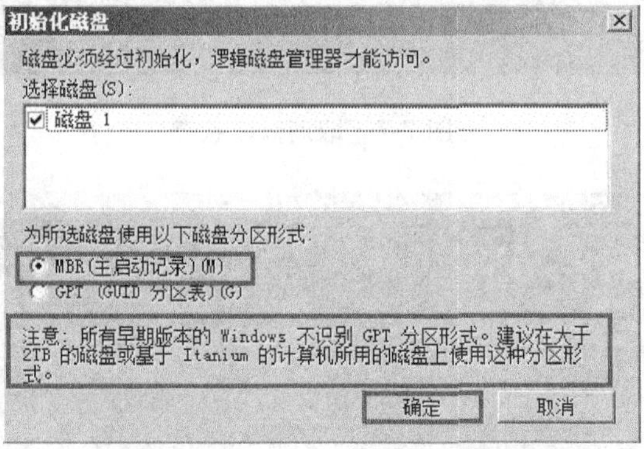

图 7-5　"初始化磁盘"对话框

磁盘在初始化成功后，将显示为基本/联机状态。

同样，也可以利用 Diskpart 命令实现这一操作。接下来看看是如何运用 Diskpart 命令对磁盘进行联机及初始化的。在操作 Diskpart 命令之前，在虚拟机上添加一块新磁盘。如图 7-6 所示，将新添加的磁盘联机。

由于 Diskpart 没有直接对磁盘进行初始化的命令，所以需要对其进行分区操作后再删除才能实现初始化磁盘的目的，如图 7-7 与图 7-8 所示。

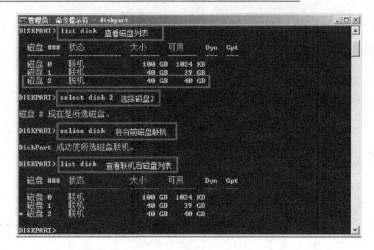

图 7-6　用 Diskpart 命令实现磁盘联机

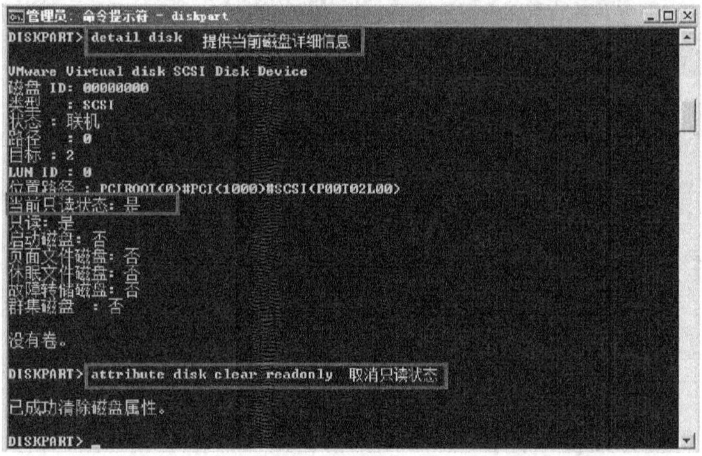

图 7-7　取消只读状态

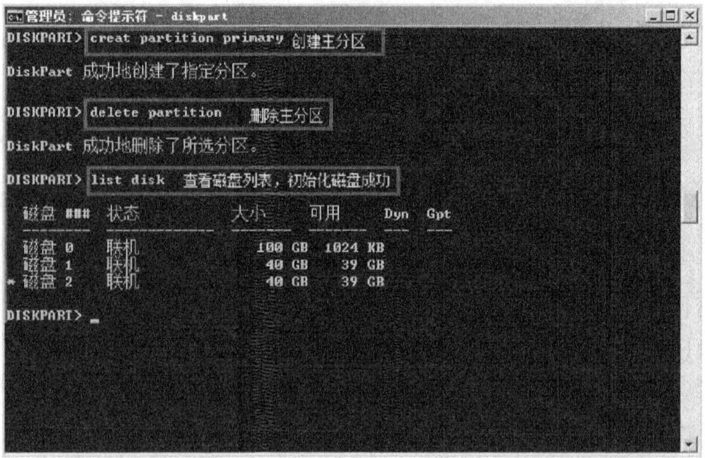

图 7-8　用 Diskpart 命令实现磁盘初始化

7.2.2　新建简单卷

磁盘初始化完成后，状态显示为"联机"，此时就可以对该磁盘进行各种操作了。

1. 新建主分区

(1) 在"磁盘管理"窗口中右击"磁盘 1""未分配"的窗格(见图 7-2)，在弹出的快捷菜单中选择"新建简单卷"命令。

(2) 在打开的"欢迎使用新建简单卷向导"界面中，如图 7-9 所示单击"下一步"按钮。

(3) 在"指定卷大小"界面中，输入简单卷的大小，如 20000MB(约 20GB)，如图 7-10所示，单击"下一步"按钮。

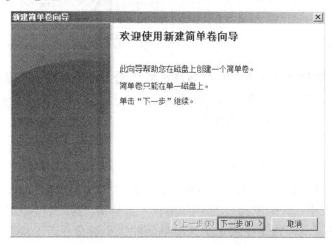

图 7-9　"欢迎使用新建简单卷向导"界面

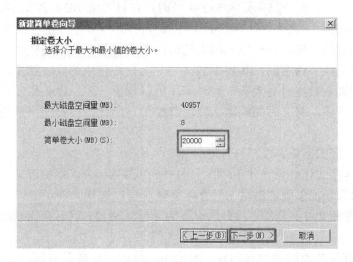

图 7-10　指定卷大小

(4) 在"分配驱动器号和路径"界面中，为新建的简单卷选择驱动器号或指定 NTFS

文件夹，如图 7-11 所示。

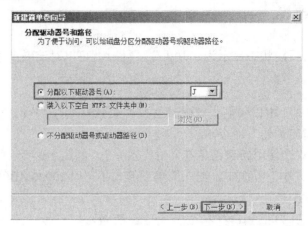

图 7-11　分配驱动器号

🖎 **提示：**　将新建的简单卷装入空白 NTFS 文件夹，就是指定一个空的 NTFS 文件夹来代表此分区。如指定 F:\UserData，则以后所有存储到 F:\UserData 文件夹中的内容，都会被存储到此分区中。

(5) 在如图 7-12 所示的界面中，设置好格式化分区的参数后，单击"下一步"按钮，接下来我们对图 7-12 有关卷的参数做下列说明。

① **文件系统：**可选择 FAT32、NTFS 或 FAT(分区≤4GB 时才可以选择 FAT)。

② **分配单元大小：**分配单元是磁盘的最小访问单元，其大小必须适当。每个分配单元只能存放一个文件。文件就是按照这个分配单元的大小被分成若干块存储在磁盘上的。比如一个 512 字节的文件，当分配单元为 512 字节时，它占用 512 字节的存储空间；如有一个 513 字节大的文件，当分配单元为 512 字节时，它将占用 1024 字节的存储空间，但当分配单元为 4096 字节时，这个 513 字节的文件就会占用 4096 字节的存储空间。 一般来说，分配单元越小越节约空间，分配单元越大越节约读取时间，但浪费空间。这样看起来好像分配单元小一些更能节约空间，其实不然。一个文件被分成的块数越多，特别是这些存储单元分散时，则读取数据时会浪费一些时间，可以想象一下，磁头在磁盘的盘片间为了一点一滴的数据艰难移动时，时间就这么被浪费掉了。因此，推荐使用系统默认的分配单元大小。

③ **卷标：**分区的标识。

④ **执行快速格式化：**只重建 FAT32、NTFS 或 FAT 表，不检查是否有坏扇区，也不删除扇区内的数据。如果确定磁盘内没有坏扇区，可以选择此项。

⑤ **启用文件和文件夹压缩：**将分区设置为压缩式磁盘，以后存储到此分区的文件都会被自动压缩。

(6) 在"正在完成新建简单卷向导"界面中，单击"完成"按钮，如图 7-13 所示，开始格式化磁盘分区。等待一段时间，格式化完成，如图 7-14 所示，可看到新建的主分区 J。

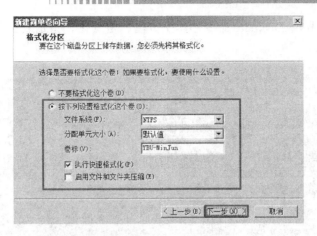

图 7-12　设置格式化分区

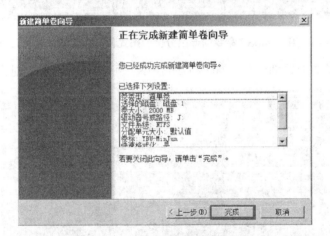

图 7-13　正在完成新建简单卷向导

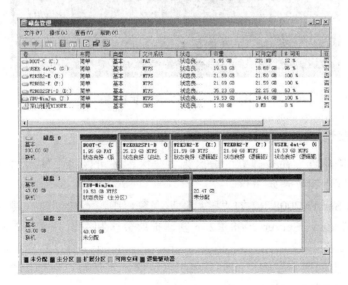

图 7-14　查看新建的分区

同样，也可以利用 Diskpart 命令创建主分区、格式化、指定卷标和分配驱动器盘符，如图 7-15 所示。

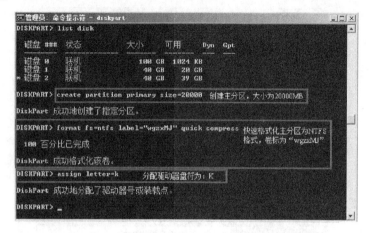

图 7-15　用 Diskpart 命令创建主分区、格式化、指定卷标和分配驱动器

通过查看磁盘 2 的详细信息，如图 7-16 所示，可以看出磁盘 2 创建主分区成功。

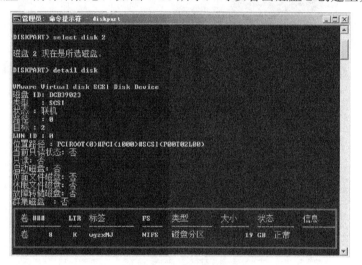

图 7-16　查看磁盘 2 详细信息

2. 创建扩展分区

使用"新建简单卷"命令建立的分区为主分区，还可以将未使用的空间划分为扩展分区，并在扩展分区上建立逻辑分区。

在 Windows Server 2008 R2 的"磁盘管理"窗口中，不能创建扩展分区，只能创建主分区。如何在 Windows Server 2008 R2 下创建扩展分区和逻辑分区呢？利用 Diskpart 命令即可实现，方法如图 7-17 所示。用 create partition extended 命令建立扩展分区时，将把当前选中的磁盘 1 上的所有空闲空间划分成扩展分区，当然也可以使用命令 create partition extended size=X 指定扩展分区的大小。

利用 Diskpart 命令创建完成扩展分区后，在磁盘管理窗口中，可以看到磁盘 1 的

20.47GB 未划分的空间已经是扩展分区了，如图 7-18 所示。

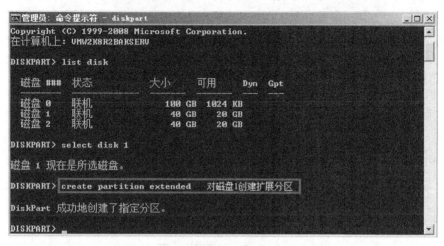

图 7-17 用 Diskpart 命令创建扩展分区

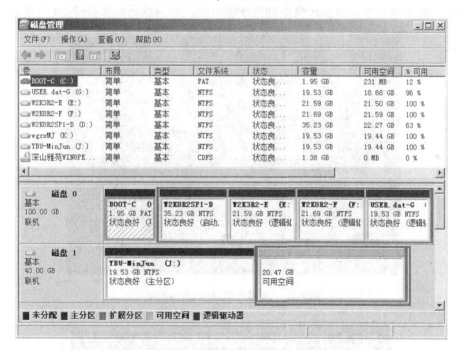

图 7-18 查看创建的扩展分区

3. 创建逻辑分区

扩展分区创建好之后，可以在扩展分区内创建逻辑分区。右击扩展分区中可用空间窗
格(见图 7-18)，在弹出的快捷菜单中选择"新建简单卷"命令，打开"新建简单卷向导"
对话框，在此按照创建主分区的方法创建逻辑分区。如图 7-19 所示，在扩展分区上创建了
两个逻辑分区。

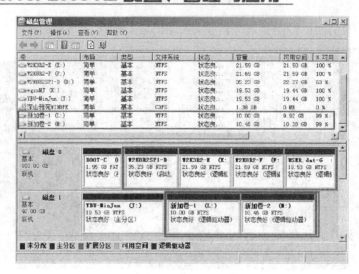

图 7-19　创建逻辑分区

同样，也可以利用 Diskpart 命令创建逻辑分区，其操作方法如图 7-20 与图 7-21 所示。

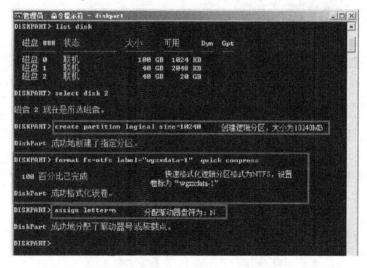

图 7-20　创建逻辑分区 wgzxdata-1

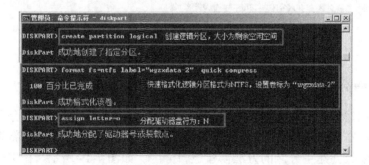

图 7-21　创建逻辑分区 wgzxdata-2

查看当前磁盘 2 的分区情况如图 7-22 所示。

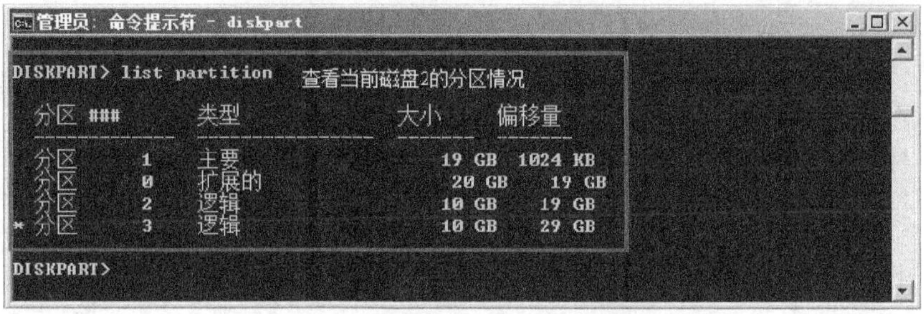

图 7-22　查看磁盘 2 的分区情况

通过"磁盘管理"窗口，可以看到对新添加的两个硬盘的分区创建工作完成，如图 7-23 所示。

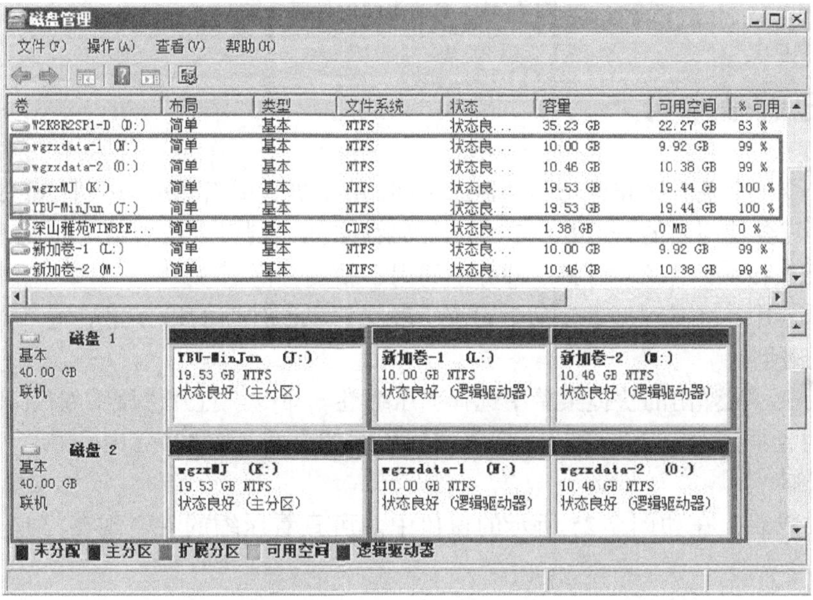

图 7-23　磁盘 1 与磁盘 2 的分区情况

4. 更改驱动器号和路径

在图 7-23 所示窗口中，可对除系统卷及活动卷的任意一个卷进行驱动器号更改的操作。右击该卷，在弹出的快捷菜单中选择"更改驱动器号和路径"命令，在打开的对话框中，单击"更改"按钮，打开"更改驱动器号或路径"对话框，在此可为分区更改驱动器号或路径，如图 7-24 所示，为分区选择驱动器号 P。

注意：　　(1) 不要任意更改驱动器号，因为有很多应用程序要根据磁盘代号来访问数据，如果更改了驱动器号，则这些应用程序可能会读取不到需要的数据。
(2) 当前正在使用中的系统卷与活动卷的驱动器号是无法更改的。

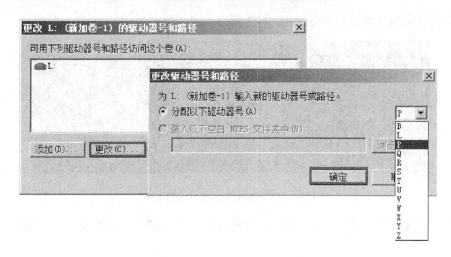

图 7-24　添加驱动器号或路径

7.2.3　压缩基本卷

可以减少一个主分区和逻辑驱动器的空间，用于扩大或新建另一个主分区或逻辑分区。例如，如果需要使用新的分区却没有多余的磁盘空间，则可以从卷结尾处收缩现有分区，进而创建新的未分配空间，可将这部分空间用于新的分区。

收缩分区时，将在磁盘上自动重定位一般文件以创建新的未分配空间。收缩分区无须重新格式化磁盘。

右击某卷，在弹出的快捷菜单中选择"压缩卷"命令，打开"压缩卷"(其显示因选择卷名而异)对话框，如图 7-24 所示，输入需要压缩的空间，如 4096MB(4GB)，单击"压缩"按钮开始压缩。

压缩完成后，在如图 7-25 所示的窗口中，可查看压缩的卷，现在已有 4GB 的可用空间。

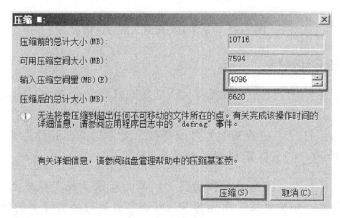

图 7-25　压缩卷

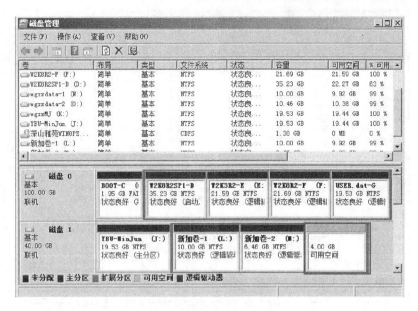

图 7-26　查看压缩的卷

同样，也可以利用 Diskpart 命令压缩卷，其操作方法如图 7-27 与图 7-28 所示。

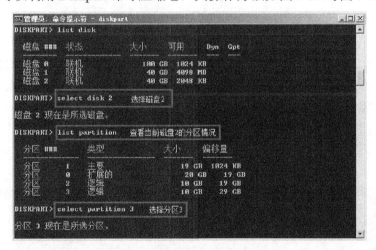

图 7-27　查看磁盘 2 的分区情况

图 7-28　从磁盘 2 的 3 分区压缩 2048MB

通过磁盘管理，可以直观地看到磁盘 1 与磁盘 2 被分别压缩了 4GB 和 2GB 的空间，如图 7-29 所示。

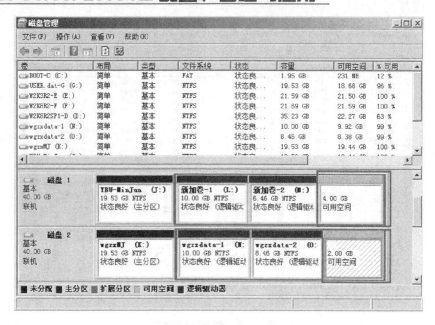

图 7-29　压缩磁盘后的结果

7.2.4　扩展基本卷

扩展基本卷，就是把未分配的空间分配给已经建好的基本卷，以扩大其存储空间。

在如图 7-28 所示的窗口中，磁盘 1 有 4GB 可用的空间，现将该空间分配给"新加卷-1"。

(1) 右击"新加卷-1"，在弹出的快捷菜单中选择"扩展卷"命令。

(2) 在打开的"欢迎使用扩展卷向导"界面中，如图 7-30 所示，单击"下一步"按钮。

(3) 在"选择磁盘"界面中，选择好磁盘并输入欲分配给"新加卷-1"的空间，如图 7-31 所示。

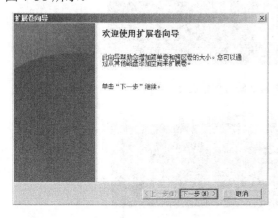

图 7-30　"欢迎使用扩展卷向导"界面

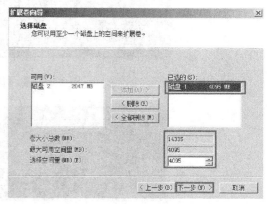

图 7-31　选择磁盘

(4) 在"完成扩展卷向导"界面中，单击"完成"按钮。由于选择的是两个不相邻的卷，也就是跨区卷，在扩展基本卷的时候会弹出如图 7-32 所示的提示，将基本磁盘转换为动态磁盘，单击“是”按钮。如果选择的是两个相邻卷，则不会将基本磁盘转换为动态磁盘。

返回“磁盘管理”窗口，可看到“新加卷-1”的空间已延伸至 14GB，如图 7-33 所示。

注意： 只能扩展 NTFS 格式的卷，FAT 和 FAT32 格式的卷不能被扩展。新增加的空间，必须是紧跟着此基本卷之后的可用空间。

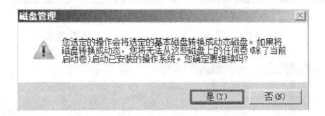

磁盘管理
您选定的操作会将选定的基本磁盘转换成动态磁盘。如果将磁盘转换成动态，您将无法从这些磁盘上的任何卷(除了当前启动卷)启动已安装的操作系统。您确定要继续吗?
是(Y)
否(N)

图 7-32　基本磁盘变为动态磁盘

磁盘管理
文件(F)　操作(A)　查看(V)　帮助(H)
卷　布局　类型　文件系统　状态　容量　可用空间　% 可用
W2K8R2SP1-D (D:)　简单　基本　NTFS　状态良...　35.23 GB　22.27 GB　63 %
wgzxdata-1 (N:)　简单　基本　NTFS　状态良...　10.00 GB　9.92 GB　99 %
wgzxdata-2 (O:)　简单　基本　NTFS　状态良...　8.46 GB　8.38 GB　99 %
wgzxMJ (K:)　简单　基本　NTFS　状态良...　19.53 GB　19.44 GB　100 %
YBU-MinJun (J:)　简单　动态　NTFS　状态良好　19.53 GB　19.44 GB　100 %
深山雅苑WIN8PE...　简单　基本　CDFS　状态良...　1.38 GB　0 MB　0 %
新加卷-1 (L:)　简单　动态　NTFS　状态良好　14.00 GB　13.92 GB　99 %
新加卷-2 (M:)　简单　动态　NTFS　状态良好　6.46 GB　6.38 GB　99 %
磁盘 1
动态
40.00 GB
联机
YBU-MinJun (J:)
19.53 GB NTFS
状态良好
新加卷-1 (L:)
10.00 GB NTFS
状态良好
新加卷-2 (M:)
6.46 GB NTFS
状态良好
新加卷-1 (L:)
4.00 GB NTFS
状态良好
未分配　主分区　扩展分区　可用空间　逻辑驱动器　简单卷

图 7-33　扩展两个不相邻的卷

提示： 对基本磁盘建立分区，特别是操作系统所在磁盘，建议使用第 3 章介绍的方法对磁盘进行分区。在 Windows Server 2008 R2 中使用“磁盘管理”工具管理磁盘分区，主要用于添加新磁盘或使用动态磁盘的情况。

同样，来看看使用 Diskpart 命令是如何实现扩展基本卷的，通过图 7-34 可以学会操作方法。

由于选择的相邻卷进行扩展，通过“磁盘管理”窗口可以直观地看到，如图 7-35 所示，磁盘 2 未被转换成为动态磁盘，“wgzx-data-2”卷扩展了 1GB 的空间。

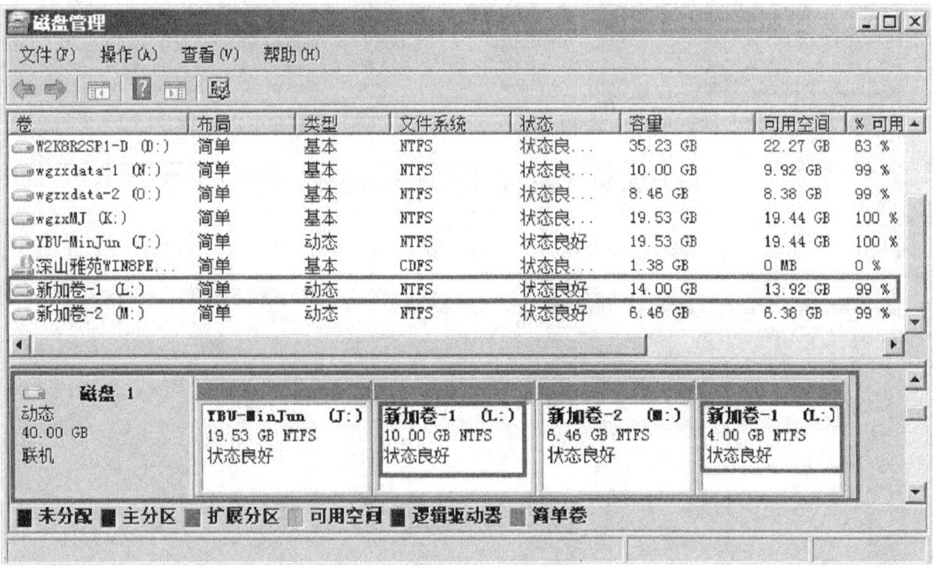

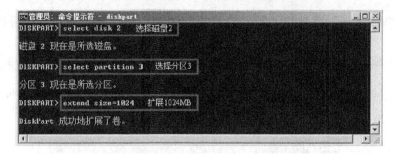

图 7-34　磁盘 2 的分区 3 扩展 1024MB 空间

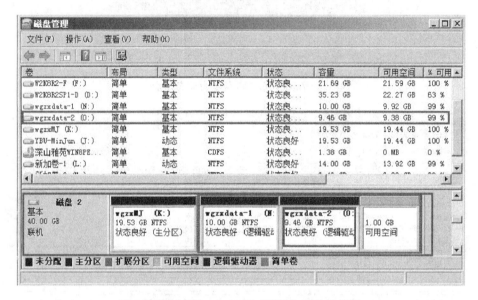

图 7-35　"wgzx-data-2"卷扩展 1GB 的空间

7.3　动态磁盘的管理

使用动态磁盘，可以合并磁盘、随意扩展卷大小和提升磁盘传输速度。动态磁盘支持多种动态卷：简单卷、跨区卷、带区卷、镜像卷和 RAID-5 卷。

7.3.1　将基本磁盘转换为动态磁盘

只有将基本磁盘转换为动态磁盘，才能创建跨区卷、带区卷、镜像卷和 RAID-5 卷。操作步骤如下。

(1) 右击需要转换为动态磁盘的基本磁盘，在弹出的快捷菜单中选择"转换到动态磁盘"命令。

(2) 在打开的"转换为动态磁盘"对话框中，选中需要转换的基本磁盘，可同时选中多个基本磁盘。

　　(3) 在打开的"要转换的磁盘"对话框中，显示了需要转换的基本磁盘的详细信息。单击"转换"按钮，显示基本磁盘转换为动态磁盘的警告信息。

　　将基本磁盘转换为动态磁盘的操作步骤如图 7-36 所示，转换后的磁盘 2 的状态如图 7-37 所示。

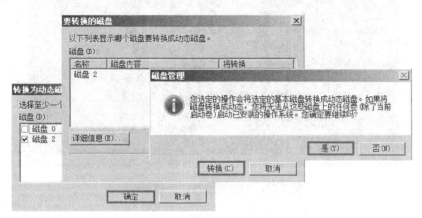

图 7-36　基本磁盘转换为动态磁盘

图 7-37　查看转换的动态磁盘

💡 **注意：** 基本磁盘转换为动态磁盘后，原有的主分区和逻辑分区自动被转换为简单卷；无法将非空的动态磁盘转换回基本磁盘。

🔑 **警告：** 如果一个基本磁盘内安装了多个操作系统(如 Windows Server 2008 R2、Windows 7)，不要将此基本磁盘转换为动态磁盘，否则除了当前系统外，不能启动其他操作系统。

同样，利用 Diskpart 命令把虚拟机上新添加的磁盘转换为动态磁盘的方法如图 7-38 所示。

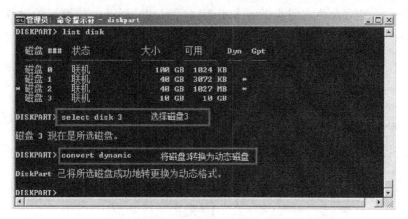

图 7-38　将磁盘 3 转换为动态磁盘

7.3.2　简单卷

简单卷使用的是单个磁盘上的可用空间。它可以是磁盘上的单个区域，也可以由多个连续的区域组成。简单卷可以在同一磁盘内扩展，也可以扩展到其他磁盘。

在动态磁盘上创建简单卷的方法，与在基本磁盘上创建分区一样，此处不再赘述。同样可以对简单卷进行压缩、扩展等操作。

提示：　在动态磁盘上扩展简单卷时，新增加的空间，可以是同一个磁盘内的未分配空间，还可以是另一个或多个磁盘内的未分配空间。

7.3.3　跨区卷

跨区卷是一种由多个物理磁盘空间所组成的动态卷。如果一个简单卷不是系统卷或引导卷，可以将其扩展到其他磁盘以创建跨区卷，或者在动态磁盘上未分配空间创建跨区卷。

若要创建跨区卷，除了启动磁盘外，还需要至少两个动态磁盘。跨区卷最多可以扩展到 32 个动态磁盘。跨区卷不具备容错能力。

跨区卷由多个磁盘(2~32 个磁盘)上的可用空间组成。数据写入跨区卷的顺序是：数据先将第一块磁盘空间写满，然后再写第二块磁盘空间，依此类推，直至最后一块磁盘空间被写满。因此，跨区卷可以将多个磁盘未分配的空间有效地利用起来。

(1) 右击需要创建跨区卷磁盘的未分配空间，在弹出的快捷菜单中选择"新建跨区卷"命令，如图 7-39 所示。

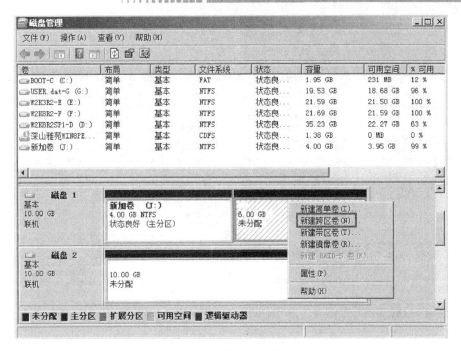

图 7-39 选择新建跨区卷的命令

(2) 在打开的"新建跨区卷"的欢迎界面中，如图 7-40 所示，单击"下一步"按钮。

(3) 在"选择磁盘"界面中，选择用来创建跨区卷的多个磁盘，如图 7-41 所示。在选择磁盘的同时，还可以设置该磁盘上的多少空间添加到这个跨区卷。选中一块磁盘，在"选择空间量"微调框中调整大小，然后单击"下一步"按钮。

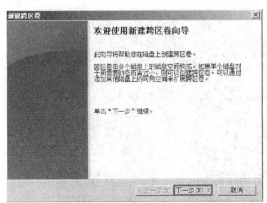

图 7-40 "欢迎使用新建跨区卷向导"界面

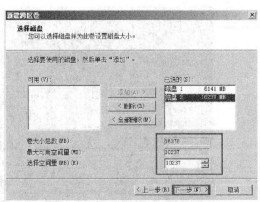

图 7-41 选择创建跨区卷的磁盘

(4) 在"分配驱动器号和路径"界面中，为新建的跨区卷选择驱动器号或 NTFS 文件夹。

(5) 在"卷区格式化"界面中，设置格式化分区的参数。

(6) 在"正在完成新建跨区卷向导"界面中，单击"完成"按钮，开始格式化磁盘分区。等待一段时间，格式化完成，如图 7-42 所示，两个基本磁盘 1 与磁盘 2 变为动态磁盘且成功创建跨区卷。

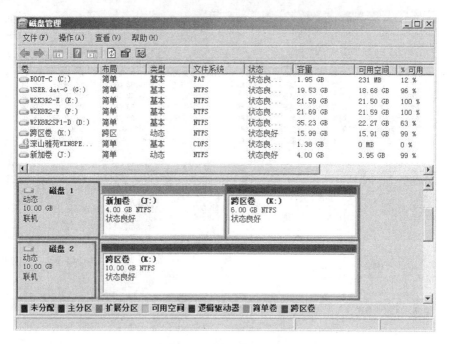

图 7-42　查看新建的跨区卷

💡 **注意：**　跨区卷不能成为镜像卷、带区卷或 RAID-5 卷的成员，也不具备容错能力。

接下来，通过在虚拟机上添加两个 10GB 硬盘，看看如何利用 Diskpart 命令实现跨区卷。查看图 7-43～图 7-45，可以学会用命令行的方法创建跨区卷。

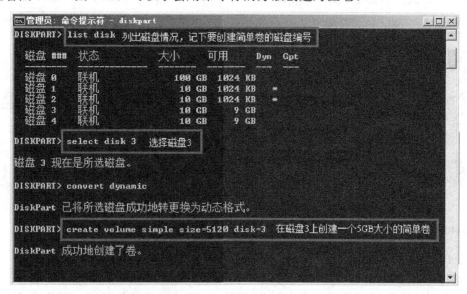

图 7-43　在磁盘 3 上创建一个 5GB 大小的简单卷

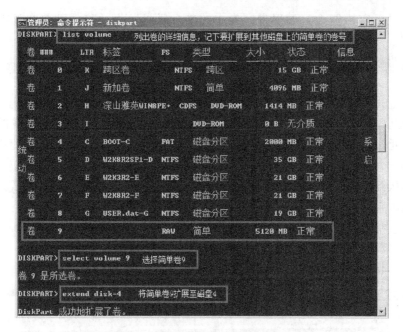

图 7-44 将简单卷 9 扩展至磁盘 4

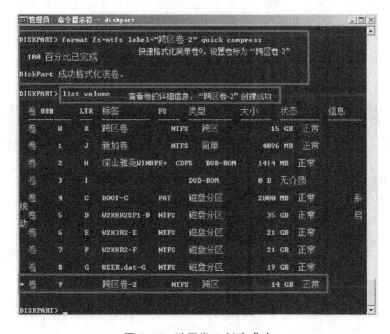

图 7-45 跨区卷-2 创建成功

7.3.4 带区卷

带区卷是一种以带区形式在两个或多个物理磁盘上存储数据的动态卷。带区卷上的数据被均匀地以带区形式跨磁盘交替分配。带区卷是 Windows 的所有可用卷中性能最佳的卷，但其不具备容错能力。如果带区卷中的某个磁盘发生故障，则整个卷中的数据都将丢失。

只能在动态磁盘上创建带区卷而无法扩展带区卷。带区卷最多可以创建在 32 个动态磁盘上。

带区卷是其数据交替存储在多个(2～32 个)物理磁盘上的卷。此类型卷上的数据交替着均匀地分配到各个物理磁盘中。在创建带区卷的同时，每个磁盘都被划分成以 64KB 为单位的存储单元，当数据写入带区卷时，先将第一块磁盘的第一个存储单元写满，再写第二块磁盘的第一个存储单元，第三块磁盘的第一个存储单元……所有磁盘的第一个存储单元写满后，再从第一块磁盘的第二个存储单元，开始依次写入数据。这种方式是所有磁盘在工作，可以提高磁盘的访问效率。带区卷也称为 RAID-0。

创建带区卷的操作步骤如下。

(1) 右击需要创建带区卷的磁盘未分配空间，在弹出的快捷菜单中选择"新建带区卷"命令，如图 7-46 所示。

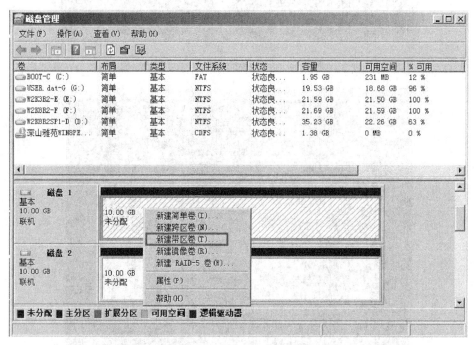

图 7-46　新建带区卷

(2) 在打开的"欢迎使用新建带区卷向导"的欢迎界面中，如图 7-47 所示，单击"下一步"按钮。

(3) 在"选择磁盘"界面中，选择用来创建带区卷的多个磁盘，如图 7-48 所示。在选择磁盘的同时，还可设置该磁盘上多少空间用来添加到这个带区卷。选中一块磁盘，在"选择空间量"微调框中调整大小。

(4) 在"分配驱动器号和路径"界面中，为新建的带区卷选择驱动器号或 NTFS 文件夹。

(5) 在"卷区格式化"界面中，设置格式化分区的参数。

(6) 在"正在完成新建带区卷向导" 界面中，单击"完成"按钮，开始格式化磁盘分区。等待一段时间，格式化完成，如图 7-49 所示，可以看到四个磁盘组成的带区卷 J。

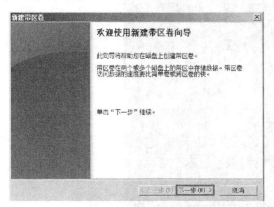

图 7-47 "欢迎使用新建带区卷向导"界面

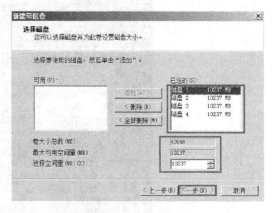

图 7-48 选择创建带区卷的磁盘

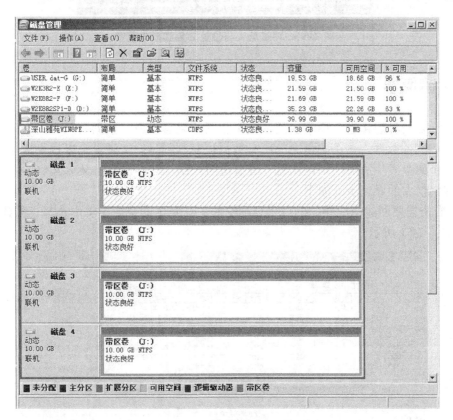

图 7-49 查看新建的带区卷

💡 **注意**： 带区卷的每一个成员，其容量大小是相同的。带区卷不具备容错能力，不能被扩展或收缩。

用命令将磁盘 1 与磁盘 2 创建成的带区卷的方法如图 7-50 所示。创建前，需把两个磁盘转换为动态磁盘。

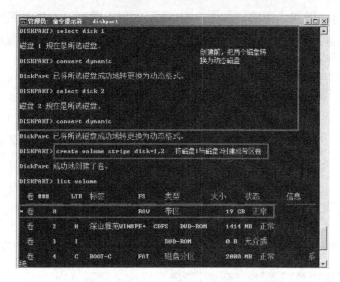

图 7-50 将磁盘 1 与磁盘 2 创建成带区卷

7.3.5 镜像卷

镜像卷是一种容错卷，通常由两块大小相同的磁盘组成，数据写入时，会同时向两块磁盘写入相同的数据。一个磁盘上的所有数据被复制到另一个磁盘上以提供数据冗余。如果其中一个磁盘发生故障，则可从另一磁盘访问数据。这种镜像卷又称 RAID-1。

创建镜像卷的操作步骤如下。

(1) 右击需要创建镜像卷的磁盘未分配空间，在弹出的快捷菜单中选择"新建镜像卷"命令，如图 7-51 所示。

图 7-51 选择新建镜像卷

　　(2) 在打开的"欢迎使用新建镜像卷向导"界面中，如图 7-52 所示，单击"下一步"按钮。

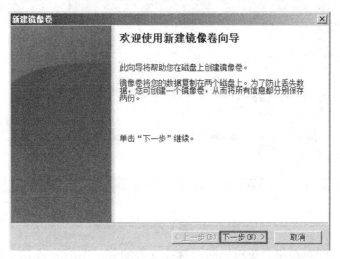

图 7-52　　"欢迎使用新建镜像卷向导"界面

　　(3) 在"选择磁盘"界面中，选择用来创建镜像卷的多个磁盘，如图 7-53 所示。在卷大小总数中，与前面创建的卷不一样，看到的只是一块磁盘的容量。

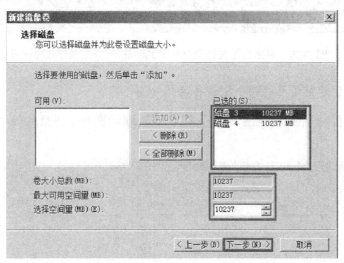

图 7-53　选择创建镜像卷的磁盘

　　(4) 在"分配驱动器号和路径"界面中，为新建的镜像卷选择驱动器号或 NTFS 文件夹。

　　(5) 在"卷区格式化"界面中，设置格式化分区的参数。

　　(6) 在"正在完成新建镜像卷向导"界面中，单击"完成"按钮，开始格式化磁盘分区。等待一段时间，格式化完成，如图 7-54 所示，可看到新建的镜像卷 J。

💡 注意：　镜像卷的磁盘空间使用率只有 50%。镜像卷具备完全的容错能力，不能被扩展或收缩。

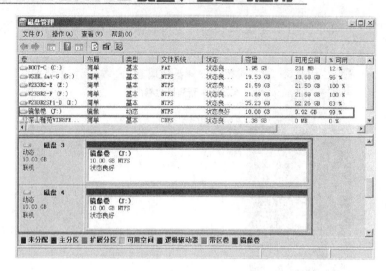

图 7-54　查看新建的镜像卷

同样，利用 Diskpart 命令也可以实现镜像卷的创建，如图 7-55 所示，将磁盘 1 与磁盘 2 的 4096MB 的空间创建成镜像卷。

图 7-55　将磁盘 1 与磁盘 2 的 4096MB 的空间创建成镜像卷

注意：　在创建前需要将两个磁盘转换为动态。

通过"磁盘管理"窗口(见图 7-56)，可以直观地看到两个磁盘的前 4096MB 的空间被创建成为镜像卷。

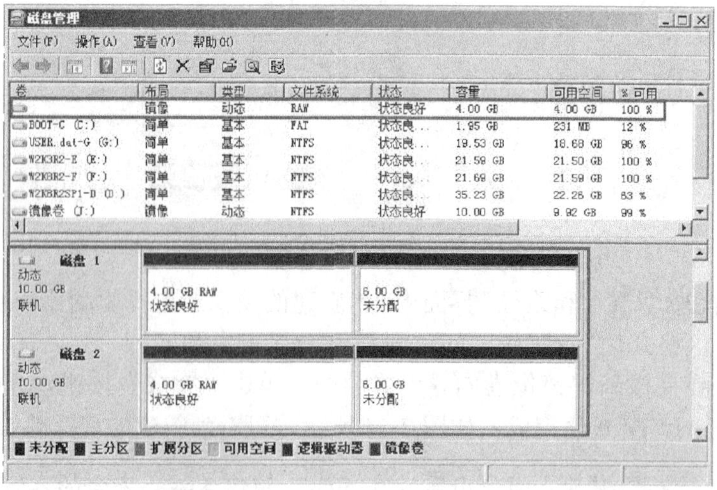

图 7-56　4GB 的镜像卷创建成功

7.3.6　RAID-5 卷

RAID-5 卷是一种容错卷，其数据带状分布于由三个或更多个磁盘组成的磁盘阵列中，奇偶校验(在出现故障后用于重建数据的计算值)也是带状分布于该磁盘阵列。如果一个物理磁盘发生故障，可以使用剩余数据和奇偶校验重建该故障磁盘上的 RAID-5 卷部分。

RAID-5 卷至少需要 3 块以上的动态磁盘才能建立。与带区卷一样，在创建 RAID-5 卷的过程中，数据也被划分为 64KB 的存储单元。以 3 块磁盘为例，数据写入时，首先写入第一块磁盘的第一个存储单元，再写入第二块磁盘的第一个存储单元，第三块磁盘的第一个存储单元用于存储校验数据，该校验数据根据第一块磁盘和第二块磁盘的第一个存储单元的数据生成。之后，第二块磁盘的第二个存储单元用于存储校验数据，第一块磁盘的第三个存储单元用于存储校验数据，依此类推。

RAID-5 卷集成了带区卷和镜像卷的所有优点，即扩大了磁盘容量(其磁盘利用率为 $(n-1)/n$)，又具有容错能力。

创建 RAID-5 卷的操作步骤如下。

(1) 右击需要创建 RAID-5 卷的磁盘未分配空间，在弹出的快捷菜单中选择"新建 RAID-5 卷"命令，如图 7-57 所示。

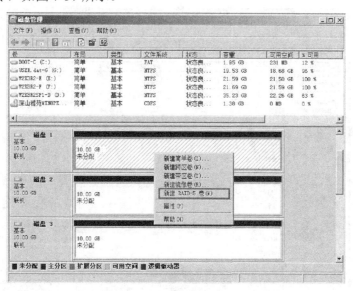

图 7-57　新建 RAID-5 卷

(2) 在打开的"欢迎使用新建 RAID-5 卷向导"界面中，如图 7-58 所示，单击"下一步"按钮。

(3) 在"选择磁盘"界面中，选择用来创建 RAID-5 卷的多个磁盘，如图 7-59 所示。在选择磁盘的同时，还可设置该磁盘上多少空间用来添加到这个 RAID-5 卷中。选中一块磁盘，在"选择空间量"微调框中调整大小。在卷大小总数上只显示两块磁盘的空间，另一块磁盘空间做容错处理。

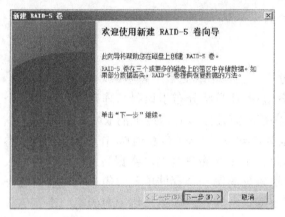 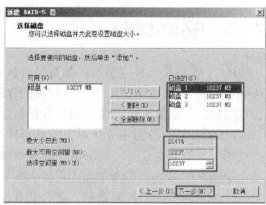

图 7-58　"欢迎使用新建 RAID-5 卷向导"界面　　　　图 7-59　选择创建 RAID-5 卷的磁盘

(4) 在"分配驱动器号和路径"界面中，为新建的 RAID-5 卷选择驱动器号或 NTFS 文件夹。

(5) 在"卷区格式化"界面中，设置格式化分区的参数。

(6) 在"正在完成新建 RAID-5 卷向导"界面中，单击"完成"按钮，开始格式化磁盘分区。等待一段时间，格式化完成，如图 7-60 所示，可以看到新建的 RAID-5 卷 J。

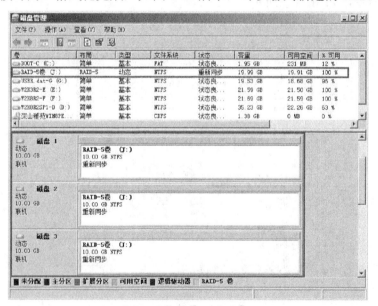

图 7-60　查看新建的 RAID-5 卷

💡 注意：　RAID-5 卷只有在一块磁盘出现故障的情况下，才能提供容错能力。如果同时有多块磁盘有故障，数据将不能恢复。RAID-5 卷不能被扩展或收缩。

同样，利用 Diskpart 命令也可以实现 RAID-5 卷的创建，如图 7-61 所示，将磁盘 4、5、6 的 6144MB 的空间创建成 RAID-5 卷，同时在创建之前，需要将三个磁盘转换为动态磁盘，使用 list volume 命令，可以查看 RAID-5 卷的创建情况。

图 7-61 将磁盘 4、5、6 的 6144MB 的空间创建成 RAID-5 卷

通过"磁盘管理"窗口(见图 7-62)，可以直观地看到三个磁盘的前 6144MB 的空间被创建成为 RAID-5 卷。

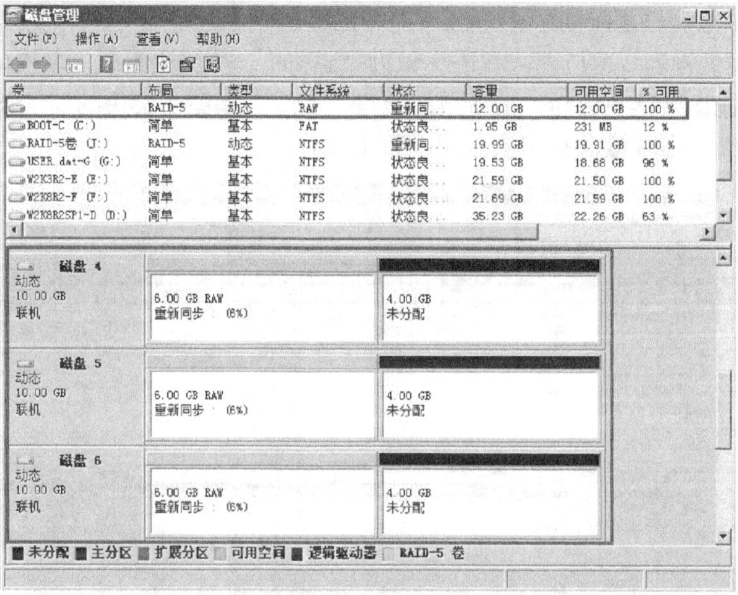

图 7-62 磁盘 4、5、6 的前 6144MB 的空间被创建成 RAID-5 卷

7.4 修复镜像卷与 RAID-5 卷

硬件 RAID 解决方案的速度快、稳定性好，可以有效地提供高水平的磁盘可用性和冗余度，但是居高不下的价格实在让人难以承受。Windows Server 2008 R2 提供了内嵌的软件 RAID 功能，该功能可以实现 RAID-0、RAID-1 和 RAID-5，让数据的存储更加安全、高效。内嵌的软件 RAID 功能不仅实现上非常方便，而且节约资金。RAID-5 卷是数据和奇偶校验间断分布在三个或更多物理磁盘的容错卷。镜像(RAID-1)卷一般由两块相同大小的磁盘组成，数据写入时，会同时向两块磁盘写入相同的数据。

磁盘冗余的目的就在于当磁盘出现故障时，系统能够保存数据的完整性。虽然在 RAID-1 和 RAID-5 中某个磁盘成员的失败不会导致丢失数据，其他成员仍然可以继续运转，但是如果出错不能得到及时恢复，那么磁盘卷将不再拥有冗余的特性。因此，必须及时恢复失败的 RAID-1 和 RAID-5。

7.4.1　修复镜像卷

在"磁盘管理"窗口中，失败卷的状态将显示为"失败的重复"，磁盘之一将显示为"脱机"、"丢失"或"联机(错误)"。可以通过下述操作来恢复镜像卷。

1. 修复磁盘丢失

(1) 镜像卷由磁盘 1 和磁盘 2 组成，现磁盘 2 丢失。

(2) 确保该磁盘已连接到了计算机，并且已经加电。

(3) 在"磁盘管理"窗口中，右击标识为"脱机"、"丢失"或"联机(错误)"的磁盘，然后在弹出的快捷菜单中选择"重新激活磁盘"命令，如图 7-63 所示。此时该磁盘应恢复至"状态良好"，同时镜像卷应该自动重新生成。

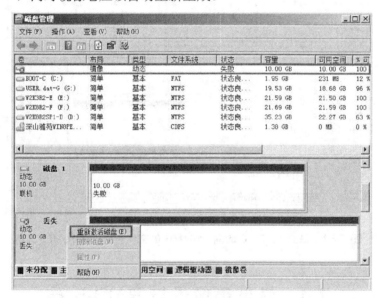

图 7-63　重新激活磁盘

如果磁盘被严重破坏或者不可能修复，在右键快捷菜单中将只能看到"删除"命令，此时 Windows Server 2008 R2 将无法再修复该镜像卷。另外，如果磁盘连续显示"联机(错误)"，则有可能表明该磁盘将要发生故障，应当尽早更换该磁盘。

2. 替换失败磁盘

如果经修复仍未能重新激活镜像磁盘，或者镜像卷的状态没有恢复到"良好"状态，就必须替换失败磁盘，并创建新的镜像卷。

(1) 在失败的卷上右击，并在弹出的快捷菜单中选择"删除镜像"命令，将显示"删除镜像"对话框。从磁盘列表中选中丢失的磁盘，如图 7-64 所示，然后单击"删除镜像"按钮，将显示"磁盘管理"警告框，以提示用户确认。单击"是"按钮，将删除该镜像卷。

提示：　删除丢失的镜像磁盘，不会影响另一个镜像卷中的数据。

(2) 更换新的磁盘，并将磁盘设置为动态磁盘，并删除自动为该磁盘建立的简单卷。

(3) 右击原来的镜像卷，在弹出的快捷菜单中选择"添加镜像"命令，创建新的镜像卷。在打开的"添加镜像"对话框，为镜像卷选中一个磁盘，如图 7-65 所示，然后单击"添加镜像"按钮添加镜像。

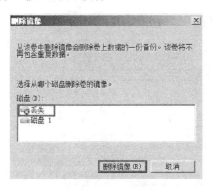

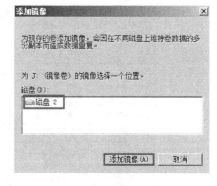

图 7-64　删除镜像　　　　　　　　　　图 7-65　添加镜像

(4) 添加镜像后，系统开始自动同步数据，如图 7-66 所示。

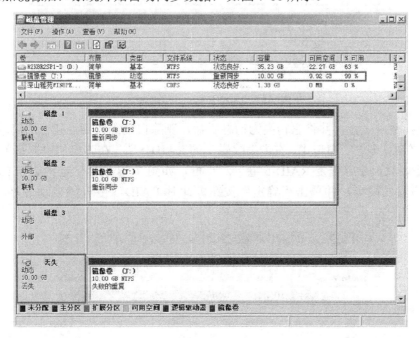

图 7-66　同步数据

(5) 镜像卷修复以后，重新启动"磁盘管理"工具，右击丢失的磁盘，并在弹出的快捷菜单中选择"删除磁盘"命令，将该磁盘删除。

7.4.2　修复 RAID-5 卷

在 RAID-5 卷中，Windows Server 2008 R2 通过给该卷的每个磁盘分区中添加奇偶校验信息来实现容错。如果某个磁盘出现故障，Windows Server 2008 R2 便可以利用其他磁盘上的数据和奇偶校验信息重建发生故障磁盘上的数据。当其中一块磁盘损坏时，可以通过下述操作来恢复 RAID-5 卷。

(1) RAID-5 卷由磁盘 1、磁盘 2 和磁盘 3 组成，现磁盘 3 丢失，如图 7-67 所示。

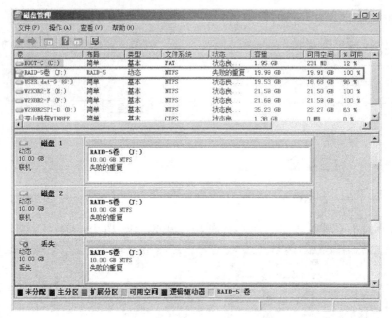

图 7-67　出现故障的 RAID-5 卷

(2) 更换故障磁盘，并将它转换为动态磁盘，删除自动为该磁盘建立的简单卷。

(3) 在"磁盘管理"窗口中，右击失败磁盘的 RAID-5 卷，在弹出的快捷菜单中选择"恢复卷"命令，将显示"修复 RAID-5 卷"对话框，如图 7-68 所示。选中要在 RAID-5 卷中替换失败磁盘的磁盘，并单击"确定"按钮。此时 RAID-5 卷开始自动修复，如图 7-69 所示。

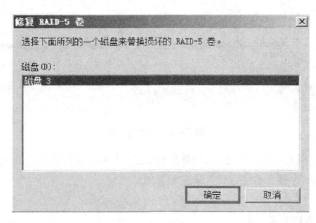

图 7-68　修复 RAID-5 卷

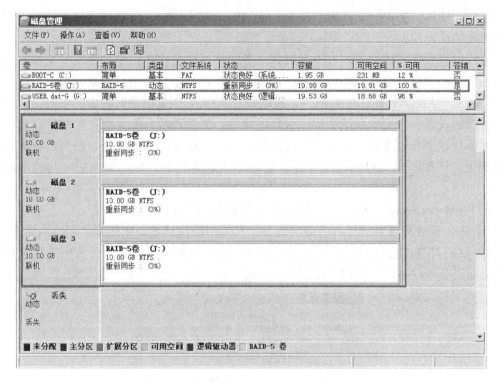

图 7-69　自动修复 RAID-5 卷

(4) RAID-5 卷修复以后，重新启动"磁盘管理"工具，右击丢失的磁盘，并在弹出的快捷菜单中选择"删除磁盘"命令，从系统中删除该磁盘。

上面学习了如何利用磁盘管理及 Diskpart 命令对磁盘进行各类管理操作，读者可以在虚拟机上进行相应操作及命令的测试，待使用熟练后，再在物理机上进行相关操作与应用。

7.5　磁盘整理与错误检查

磁盘在使用一段时间之后，可能存在碎片或出现文件系统错误和坏扇区，这会引起磁盘性能下降，访问速度降低，严重的还会缩短磁盘寿命。因此需要定期对磁盘碎片进行整理，并检查、修复错误。

7.5.1　碎片整理

磁盘碎片整理，就是对计算机磁盘在长期使用过程中产生的碎片和零乱文件重新整理，释放出更多的磁盘空间，可提高计算机的整体性能和运行速度。

磁盘碎片应该称为文件碎片，是因为文件被分散保存到整个磁盘的不同地方，而不是连续地保存在磁盘连续的簇中形成的。磁盘在使用一段时间后，由于反复写入和删除文件，磁盘中的空闲扇区会分散到整个磁盘中不连续的物理位置上，从而使文件不能保存在连续的扇区中。这样，在读写文件时就需要到不同的地方去读取，导致磁头来回移动，因此降低了磁盘的访问速度。

当应用程序所需的物理内存不足时，一般操作系统会在磁盘中产生临时交换文件，用该文件所占用的磁盘空间虚拟成内存。虚拟内存管理程序会对磁盘频繁读写，产生大量的碎片，这是产生磁盘碎片的主要原因。其他如 IE 浏览器浏览信息时生成的临时文件或临时文件目录的设置也会造成系统中形成大量的碎片。文件碎片一般不会在系统中引起问题，但文件碎片过多会使系统在读取文件时来回寻找，引起磁盘性能下降，严重的会缩短磁盘使用期限。因此，定期对磁盘进行碎片整理，降低碎片率，提高磁盘的访问速度是有必要的。

在 Windows Server 2008 R2 中进行碎片整理的过程如下。

(1) 右击需要整理磁盘碎片的分区或卷，在弹出的快捷菜单中选择"属性"命令。

(2) 在打开卷的属性对话框中，切换到"工具"选项卡，单击"碎片整理"选项组里的"立即进行碎片整理"按钮，如图 7-70 所示。

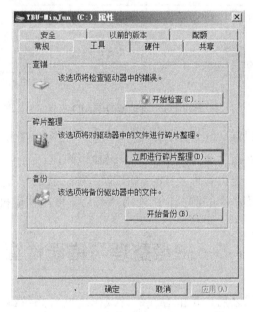

图 7-70　单击"立即进行碎片整理"按钮

(3) 在打开的"磁盘碎片整理程序"对话框(见图 7-71)中，单击"磁盘碎片整理"按钮，开始整理磁盘碎片。

提示：　根据磁盘空间大小，碎片整理程序可能需要几分钟到几个小时才能完成，具体取决于磁盘碎片的大小和程度。在碎片整理过程中，仍然可以使用计算机。

(4) 也可以单击"启用计划"按钮，在弹出的如图 7-72 所示的对话框中，设置"磁盘碎片整理程序的计划配置"。

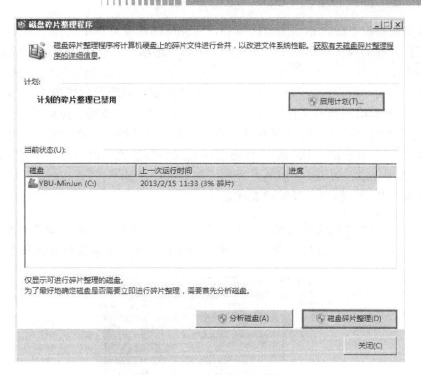

图 7-71　磁盘碎片整理程序

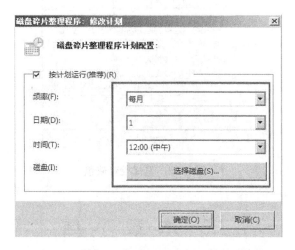

图 7-72　设置"磁盘碎片整理程序的计划配置"

这样，每月对磁盘进行一次碎片整理，有助于提高磁盘的读写速度。

7.5.2　检查磁盘错误

磁盘在使用一段时间后，可能会出现文件系统错误和坏扇区。检查磁盘错误确保磁盘中不存在任何错误，有助于解决某些计算机问题以及改善计算机的性能。

在 Windows Server 2008 R2 中检查磁盘错误的过程如下。

(1) 右击需要检查磁盘错误的分区或卷，在弹出的快捷菜单中选择"属性"命令。

(2) 在打开卷的属性对话框中，切换到"工具"选项卡，单击"查错"选项组里的"开始检查"按钮。

(3) 在打开的"检查磁盘"对话框中，设置检查磁盘的选项，如图 7-73 所示。若要自动修复通过扫描所检测到的文件和文件夹问题，选中"自动修复文件系统错误"复选框。否则，磁盘检查将只报告问题，而不进行修复。若要执行彻底的磁盘检查，选中"扫描并尝试恢复坏扇区"复选框。该扫描操作将尝试查找并修复磁盘自身的物理错误，且可能需要较长时间才能完成。

(4) 单击"开始"按钮，开始检查磁盘。

提示： 该操作可能需要花费几分钟的时间，时间的长短取决于磁盘的大小。为达到最佳效果，在检查错误过程中不要使用计算机完成任何其他任务。

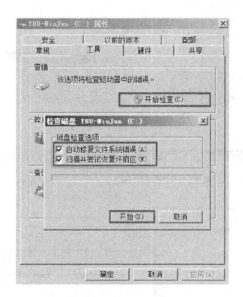

图 7-73　选择检查磁盘

7.6　本 章 小 结

现在使用的存储介质主要是磁盘，从整体的角度上，磁盘接口分为 IDE、SATA、SCSI、SAS 和光纤通道五种。Windows Server 2008 R2 对磁盘有两种分区方法：MBR 和 GPT；磁盘使用方式可以分为两类：基本磁盘和动态磁盘。卷是由一个或多个磁盘上的可用空间组成的存储单元。可以使用一种文件系统对卷进行格式化并为其分配驱动器号。动态磁盘上的卷分为简单卷、跨区卷、镜像卷、带区卷或 RAID-5 卷 5 种。对磁盘的操作，分别介绍了如何利用磁盘管理工具和 Diskpart 命令实现以及在磁盘出现问题时的解决办法。

第8章 远程服务器管理

本章要点：

- 远程管理简介
- 远程桌面功能及角色安装
- 远程桌面连接
- 远程桌面 Web 连接
- Radmin 软件的安装和使用
- IMM 远程管理系统

远程管理是指对异地的计算机及网络设备等进行远程控制的手段。在规划远程管理时，可以实现多种远程管理方式相结合，如软件与硬件相结合。软件方式用于日常的服务器管理，硬件方式用于服务器操作系统出现问题、死机或关机等情况。规划好远程管理，可在任意一台接入 Internet 的计算机上管理所有服务器。本章除了介绍 Windows Server 2008 R2 自带的远程管理功能外，还介绍了基于软件的远程管理 Radmin 程序，以及基于硬件方式的远程管理"IMM 远程管理卡"。

8.1 远程管理简介

所谓远程管理，是指管理人员在异地通过计算机网络异地拨号或双方都接入 Internet 等方式，连通需被控制的计算机，将被控计算机的桌面环境显示到管理人员的计算机上，通过本地计算机对远方计算机进行配置、程序安装与修改等工作。

通过网络上的一台网络设备(主控端 Remote/客户端)远距离控制另一台网络设备(被控端 Host/服务器端)的技术，一般指通过网络控制实现管理远端计算机。当操作者使用主控端计算机控制被控端计算机时，就如同坐在被控端计算机的屏幕前一样，可以启动被控端计算机的应用程序，可以使用或复制被控端计算机的文件资料，甚至可以利用被控端计算机的外部设备(例如打印机)和通信设备(例如调制解调器或者专线等)来进行打印和访问互联网，就像用遥控器遥控电视机的音量、变换频道或者开关电视机一样。不过，受控概念需要明确，那就是主控端计算机只是将键盘和鼠标的指令传送给远程计算机，同时将被控端计算机的屏幕画面通过通信线路回传过来。换句话说，控制被控端计算机进行操作感觉是在主控计算机上进行的，实质却是在远程的计算机中实现的，不论打开文件，还是上网浏览、下载等都是存储在远程的被控端计算机中。各种网络设备上的远程控制也相同，例如使用超级终端对交换机进行远程控制，超级终端程序仅向交换机传送指令，并将结果返回超级终端，所有的操作均由所连接的远程交换机来实现。

计算机中的远程控制技术，始于 DOS 时代，由于当时技术发展有限，网络应用不发达，市场需求率较低，所以远程控制技术没有引起人们的重视。但是，随着网络应用的迅猛发展，计算机的管理及技术支持的需求，远程操作及控制技术越来越引起人们的关注。

远程控制不仅支持 LAN、WAN、拨号方式、互联网方式等网络方式，而且有的远程控制软件还支持通过串口、并口、蓝牙、红外端口来对远程机进行控制(不过，这里说的远程计算机，只能是有限距离范围内的计算机)。传统的远程控制软件一般使用 NETBEUI、NETBIOS、IPX/SPX、TCP/IP 等协议来实现远程控制，随着网络技术的发展，目前很多远程控制软件提供通过 Web 页面以 Java 技术来控制远程计算机，这样可以实现不同操作系统下的远程控制。

管理服务器一定要在服务器端吗？当然不是，特别是 Windows Server 2008 R2 服务器系统与以往服务器系统相比，在远程控制功能上有很大的改善，只要拥有访问服务器的足够权限，就能不受地域限制，对 Windows Server 2008 R2 服务器进行远程管理！

根据我校的网络远程管理经验，通过对网管服务器进行远程管理，就可以实现在全世界的任何区域，通过互联网来监测和管理整个校园网内的网络设备运行状况。

提示：　在使用各种网络远程服务器管理系统的过程中，发现 IBM 的远程管理卡(Integrated Mangement Module，IMM)是十分安全、稳定和优秀的，IMM 能够在被控系统死机、键盘鼠标死锁和系统关机的情况下实现远程管理。另外，Dell 服务器的 iDRAC6 远程管理卡和 HP 服务器的 iLO2 远程管理卡在实现远程管理的功能上也有一定优势。

8.2　远程桌面功能及角色安装

通过远程桌面服务管理器可以查看运行 Windows Server 2008 R2、Windows Server 2008 或 Windows Server 2003 的远程桌面会话主机(RD 会话主机)服务器上的用户、会话和进程的相关信息并对其进行监视；还可以执行某些管理任务，例如，可以断开用户与其远程桌面服务会话的连接或将用户从该会话中注销。

8.2.1　远程桌面功能概述

远程桌面服务(以前是终端服务)是 Windows Server 2008 R2 中的一个服务器角色，它提供的技术可让用户访问在远程桌面会话主机(RD 会话主机)服务器上安装的基于 Windows 的程序，或访问完整的 Windows 桌面。使用远程桌面服务，用户可从公司网络内部或 Internet 访问 RD 会话主机服务器。

使用远程桌面服务能在企业环境中有效地部署和维护软件，可以很容易地从中心位置部署程序。由于将程序安装在 RD 会话主机服务器上，而不是安装在客户端计算机上，所以，更容易升级和维护程序。

当用户访问 RD 会话主机服务器上的程序时，程序会在服务器上运行。每个用户只能看到自己的会话。服务器操作系统透明地管理会话，与任何其他客户端会话无关。另外，可以配置远程桌面服务来使用 Hyper-V，以便将虚拟机分配给用户或在连接时让远程桌面服务动态地将可用虚拟机分配给用户。

如果在 RD 会话主机服务器上(而非在每台设备上)部署程序，则可以带来诸多好处。例如：

- 应用程序部署。可以将基于 Windows 的程序快速部署到整个企业中的计算设备中。在程序经常需要更新、很少使用或难以管理的情况下，远程桌面服务尤其有用。
- 应用程序合并。从 RD 会话主机服务器安装和运行的程序，无须在客户端计算机上进行更新。这也可减少访问程序所需的网络带宽量。
- 远程访问。用户可以从设备(如家庭计算机、展台、低能耗硬件)及非 Windows 的操作系统访问 RD 会话主机服务器上正在运行的程序。
- 分支机构访问。远程桌面服务为那些需要访问中心数据存储的分支机构工作人员提供了更好的程序性能。如数据密集型程序没有针对低速连接进行优化的客户端/服务器协议。若没有高速的广域网连接而是低速的连接，通过远程桌面服务连接运行的数据密集型程序的性能通常会更好。

8.2.2　远程桌面服务角色的组成

1. 远程桌面会话主机

远程桌面会话主机(RD 会话主机，以前是终端服务器)使服务器可以托管基于 Windows 的程序或完整的 Windows 桌面。用户可连接到 RD 会话主机服务器来运行程序、保存文件，以及使用该服务器上的网络资源。

2. RD Web 访问

远程桌面 Web 访问(RD Web 访问，以前是 TS Web 访问)使用户可以通过运行 Windows 7 的计算机上的"开始"菜单或通过 Web 浏览器来访问 RemoteApp 和桌面连接。RemoteApp 和桌面连接向用户提供 RemoteApp 程序和虚拟桌面的自定义视图。

3. 远程桌面授权

远程桌面授权(RD 授权，以前是 TS 授权)管理每台设备或用户与 RD 会话主机服务器连接所需的远程桌面服务客户端访问许可证 (RDS CAL)。使用 RD 授权在远程桌面授权服务器上安装、颁发 RDS CAL 并跟踪其可用性。

4. RD 网关

远程桌面网关(RD 网关，以前是 TS 网关)使授权的远程用户可以从任何连接到 Internet 的设备连接到企业内部网络上的资源。

5. RD 连接代理

远程桌面连接代理(RD 连接代理，以前是 TS 会话 Broker)支持负载平衡 RD 会话主机服务器场中的会话负载平衡和会话重新连接。RD 连接代理还用于通过 RemoteApp 和桌面连接为用户提供对 RemoteApp 程序及虚拟机的访问。

6. 远程桌面虚拟化主机

远程桌面虚拟化主机(RD 虚拟化主机)集成了 Hyper-V 功能来管理虚拟机,并将这些虚拟机作为虚拟桌面提供给用户。可以将唯一的虚拟机分配给组织中的每个用户,或为他们提供对虚拟机池的共享访问。

8.2.3 远程桌面服务角色的安装

(1) 选择"开始"|"管理工具"|"服务器管理器"命令,在"服务器管理器"窗口中单击"添加角色",如图 8-1 所示,在弹出的"添加角色向导"的"开始之前"界面中,单击"下一步"按钮,如图 8-2 所示。

(2) 根据要安装的功能选择"远程桌面服务",然后单击"下一步"按钮,如图 8-3 所示,在查看如图 8-4 所示的远程桌面服务简介后,单击"下一步"按钮。

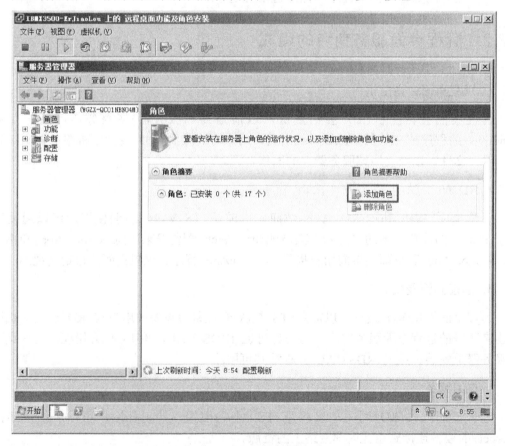

图 8-1 "服务器管理器"窗口

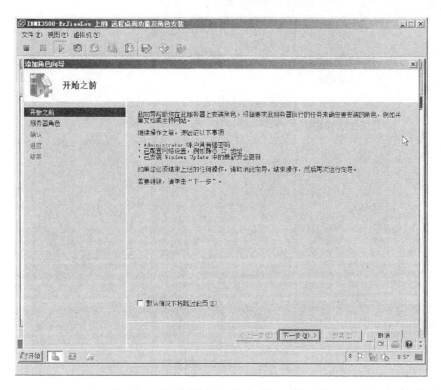

图 8-2 添加角色向导的"开始之前"界面

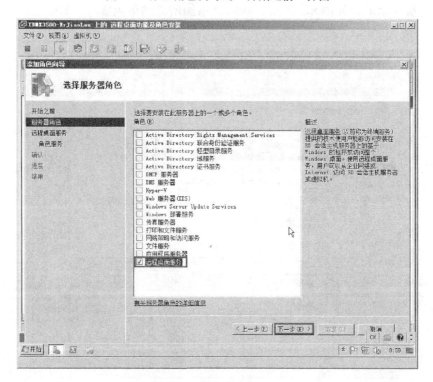

图 8-3 设置选择服务器角色

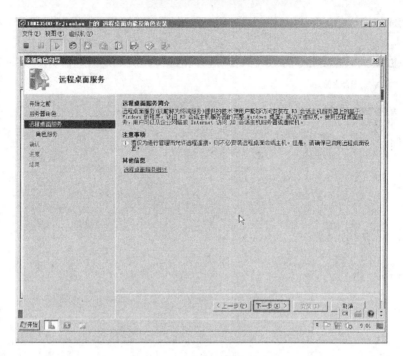

图 8-4　远程桌面服务简介

(3) 选择"远程桌面会话主机"与"远程桌面 Web 访问"，在安装这两项角色时，需添加必需的服务功能，如图 8-5 所示，单击"添加所需的角色服务"按钮后，在图 8-6 中，单击"下一步"按钮。

图 8-5　添加必需的服务功能

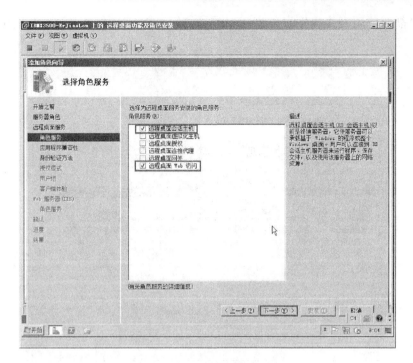

图 8-6　选择需要的角色服务

(4) 在弹出的"卸载并重新安装兼容的应用程序"界面中，单击"下一步"按钮，如图 8-7 所示。

图 8-7　应用程序兼容性提示

(5) 为保证访问远程桌面的安全性，在"指定远程桌面会话主机的身份验证方法"界面中选择"需要使用网络级别身份验证"单选按钮,然后单击"下一步"按钮,如图 8-8 所示。

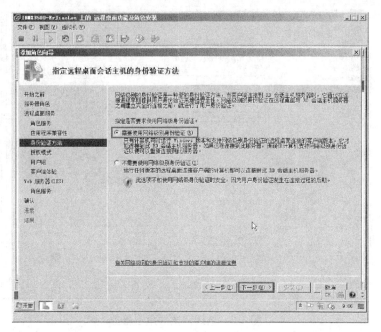

图 8-8　"指定远程桌面会话主机的身份验证方法"界面

(6) 在"指定授权模式"界面中,暂时选中"以后配置"单选按钮,然后单击"下一步"按钮,如图 8-9 所示。

图 8-9　选择指定授权模式

(7) 在"选择允许访问此 RD 会话主机服务的用户组"界面中，可以单击"添加"按钮，选择指定的访问用户，然后单击"下一步"按钮，如图 8-10 所示。

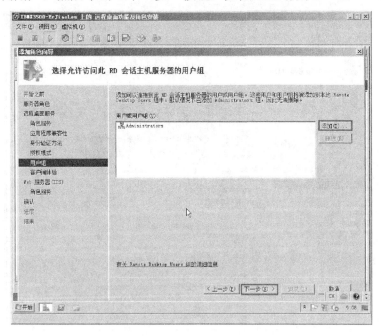

图 8-10 "选择允许访问此 RD 会话主机服务的用户组"界面

(8) 根据应用远程桌面的要求，进行客户端体验的安装，为不影响 RD 会话主机服务性能，此处暂不作选择，然后单击"下一步"按钮，如图 8-11 所示。

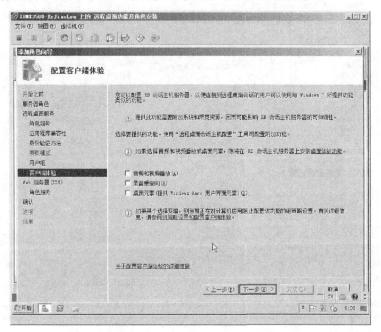

图 8-11 配置客户端体验设置

(9) 接下来安装所需的角色服务"Web 服务器 (IIS)",如图 8-12 所示,单击"下一步"按钮,选择要安装的角色,然后单击"下一步"按钮,如图 8-13 所示。

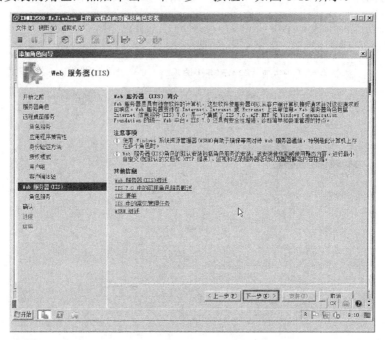

图 8-12　安装所需的角色服务"Web 服务器(IIS)

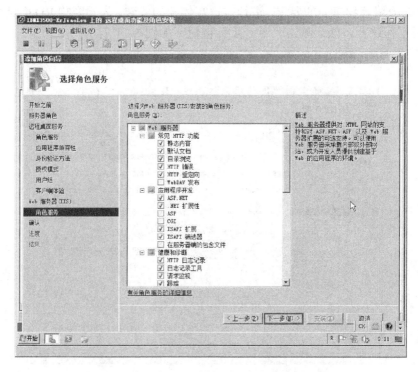

图 8-13　选择为 Web 服务器(IIS)安装的角色服务

(10) 查看"确认安装选择"信息正确后,单击"安装"按钮,如图 8-14 所示,等待如图 8-15 所示的进度完成后,在弹出的"安装结果"界面中,单击"关闭"按钮,重新启动计算机,如图 8-16 所示。

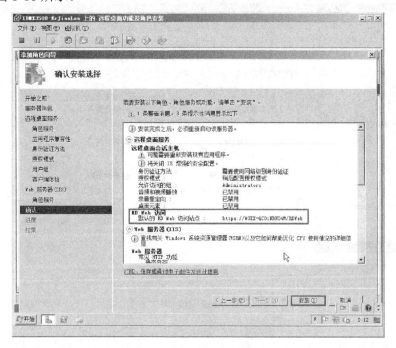

图 8-14　设置确认安装选择

图 8-15　安装进度条

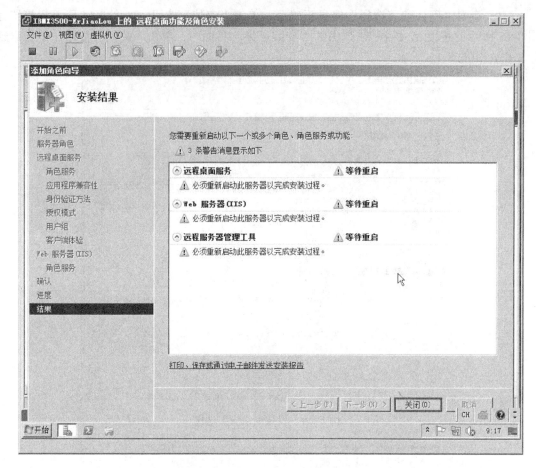

图 8-16　安装完成–等待重新启动

(11) 在弹出的"是否希望立即重新启动？"提示对话框中，单击"是"按钮，如图 8-17 所示，等待计算机启动完成后，在显示的"安装结果"界面(见图 8-18)中单击"关闭"按钮。至此，远程桌面服务安装完成。

由于这里主要讲解远程桌面会话主机与远程桌面 Web 访问，所以在安装角色时只安装了这两项功能，有兴趣的读者可以自己安装其他功能并测试。

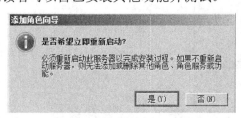

图 8-17　提示对话框

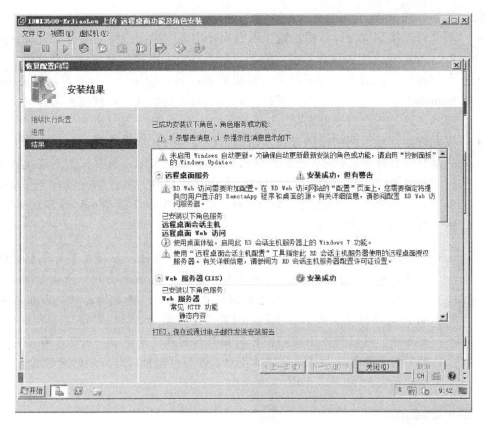

图 8-18　选择安装结果

8.3　远程桌面连接

在第 4 章进行基本系统配置时，关闭了远程桌面功能，若要在下面环节中使用，应先打开此项功能。

Windows Server 2008 R2 系统提供的远程控制方式是"远程桌面连接"，也就是角色安装中的远程桌面会话主机。利用"远程桌面"，可以通过网络对计算机及服务器进行远程管理及控制，除此之外，Windows Server 2008 R2 也支持远程桌面服务网页访问，可以让用户通过浏览器与远程桌面网页连接来控制远程计算机。

8.3.1　远程计算机设置

要启动被控服务器上的远程桌面功能，须以管理员身份登录系统，这样才具有启动 Windows Server 2008 R2"远程桌面"的权限。

依次选择"开始"|"控制面板"|"系统"命令，在打开的"系统"窗口中，单击"远程设置"选项，在"系统属性"对话框的"远程"选项卡中，有三个选项可以控制远程桌

面连接，如图 8-19 所示。

- **不允许连接到这台计算机**：阻止所有人使用远程桌面或终端服务 RemoteApp (TS RemoteApp)连接到该计算机，即不启用远程桌面连接功能，这是默认值。
- **允许运行任意版本远程桌面的计算机连接**：允许使用任意版本的远程桌面或 TS RemoteApp 的人连接到该计算机。如果不知道其他人正在使用的远程桌面连接的版本，这是一个很好的选择。
- **仅允许运行使用网络级别身份验证的远程桌面的计算机连接**：允许使用运行带网络级身份验证(NLA)的远程桌面或 TS RemoteApp 版本计算机的人连接到该计算机。如果知道将要连接到此计算机的人在其计算机上运行 Windows 7 或 Windows Server 2008 R2，这是比较安全的选择。在 Windows 7 或 Windows Server 2008 R2 中，远程桌面使用 NLA。

提示： 网络级身份验证(NLA)是一种新的身份验证方法，在建立所有远程桌面连接之前完成用户身份验证，并出现登录屏幕。这是比较安全的身份验证方法，有助于保护远程计算机避免恶意用户的攻击。查看计算机是否正在运行带 NLA 的远程桌面版本的步骤：打开"远程桌面连接"对话框；单击"远程桌面连接"对话框左上角的图标，在打开的菜单中单击"关于"命令；在打开的"关于远程桌面连接"对话框中，若有"支持网络级别的身份验证"字样，则表示支持 NLA，如图 8-20 所示。

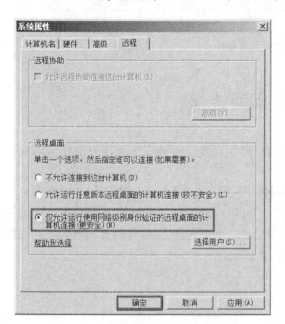

图 8-19　启用远程桌面连接功能

图 8-20　查看是否支持 NLA

启用远程桌面连接功能后，在图 8-19 中，单击"选择用户"按钮，打开如图 8-21 所示的对话框，单击"添加"按钮以指定搜索位置。再依次单击"高级"|"立即查找"按钮，在下面的搜索结果中选中要授权远程桌面连接的用户，再依次单击"确定"按钮返回到"远

程桌面用户"对话框，添加的用户会出现在对话框中的用户列表中。

💡 **注意：**　即使没有添加任何用户，Administrators 组中的所有成员都可以进行远程连接。

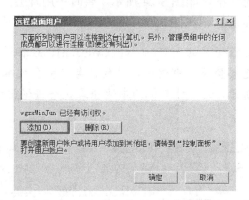

图 8-21　添加远程桌面连接的用户

在连接远程桌面时，配置好 Windows 防火墙中与远程桌面相关的协议，允许该程序的网络访问。

8.3.2　使用"远程桌面连接"程序连接远程桌面

Windows XP、Windows Server 2003、Windows Server 2008 R2 和 Windows 7 的系统中自带"远程桌面连接"程序，可使用该程序连接启用了"远程桌面"功能的计算机。在 Windows Server 2008 R2 中，依次选择"开始"|"所有程序"|"附件"|"远程桌面连接"命令，打开"远程桌面连接"对话框，如图 8-22 所示。在"计算机"文本框中，输入远程计算机的 IP 地址及用户名后，单击"连接"按钮。若单击"选项"按钮，可以对远程桌面连接进行相应的设置，例如"显示"、"本地资源"等。

图 8-22　远程桌面连接

在弹出的 Windows 安全提示对话框中，如图 8-23 所示，输入连接用户的密码后，单击"确定"按钮便可以连接到远程服务器的"远程桌面连接"窗口，在连接过程中，远程桌面会弹出有关证书的对话框，如图 8-24 所示，暂时不用理会，单击"是"按钮，就可以看到远程计算机上的桌面设置、文件和程序等内容，如图 8-25 所示。

注意：　如果用于远程登录的用户(如 wgzxMinJun)已经在远程计算机本地登录或其他远程桌面连接登录，则这个用户的任务环境会被本次连接接管，其他的远程连接将被断开，远程计算机的本地登录状态将退出到用户登录界面(即用户被注销)。

图 8-23　输入用户凭据

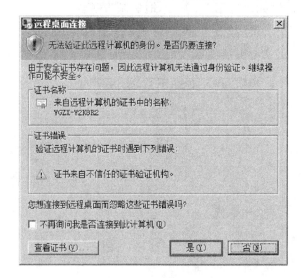

图 8-24　身份验证

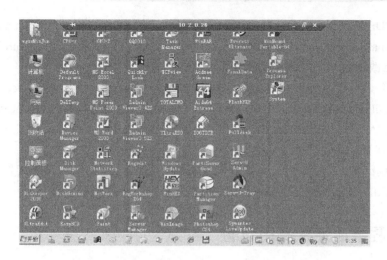

图 8-25 连接到远程服务器的"远程桌面"窗口

在远程桌面连接窗口的顶部有一个蓝底白字的工具条，上面显示所连接的远程计算机的 IP 地址为 10.2.0.26，单击 ![]按钮可隐藏工具条。工具条隐藏后，将鼠标指针移到窗口顶部中间时，会显示工具条，此时单击 ![]按钮，可固定工具条。单击"最小化"按钮或"最大化"按钮，则可最小化远程管理窗口或退出全屏窗口。单击"关闭"按钮，可断开远程桌面连接。

如果注销或结束远程桌面，可在远程桌面连接窗口中单击"开始"按钮，然后按常规的用户注销方式进行注销。当然如果有足够权限，还可选择"重新启动"、"关机"等操作，这样可以重新启动或者关闭远程服务器主机。

若远程登录用户在本地计算机上登录，在远程计算机上会出现如图 8-26 所示的提示信息。

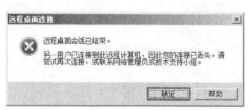

图 8-26 选择远程桌面会话已结束

💡 注意： 在使用时，不要直接关闭远程桌面窗口，否则远程桌面相当于"断开"，仍然占用服务器上的资源，并未注销释放服务器上的资源。

8.3.3 更改远程桌面服务端口

在第 4 章，提到远程桌面连接使用的端口号是 3389。由于该端口经常成为恶意用户攻击的对象，对它进行更改，能确保远程桌面应用的安全。在远程计算机上，打开注册表编辑器，找到 HKEY_LOCAL_MACHINE\SYSTEM\CurrentControlSet\Control\TerminalServer\

WinStations\RDP-Tcp\PortNumber 与 HKEY_LOCAL_MACHINE\SYSTEM\Current ControlSet\Control\TerminalServer\Wds\rdpwd\Tds\tcp\ PortNumber，可以看到 PortNumber 键的值为 3389，在此修改该值为需要的端口即可。

同时将 HKEY_LOCAL_MACHINE\SYSTEM\CurrentControlSet\services\SharedAccess\Defaults\FirewallPolicy\FirewallRules 与 HKEY_LOCAL_MACHINE\SYSTEM\CurrentControlSet\services\SharedAccess\Parameters\FirewallPolicy\FirewallRules 下 RemoteDesktop-In-TCP 值中含有 3389 的字符改为需要的端口。

默认的连接端口被修改后，重新启动计算机。在使用"远程桌面连接"登录远程计算机时，必须在 IP 地址后加上连接端口号，如 10.2.0.50：6280。

8.3.4　远程桌面连接高级设置

在登录之前，单击"远程桌面连接"对话框中的"选项"按钮，将打开更多的配置选项，可对即将登录管理的窗口进行属性设置，如图 8-27 所示。

1．常规设置

在"远程桌面连接"的"常规"选项卡中，可对连接远程计算机、使用的用户名进行设置。设置完成后，单击"另存为"按钮，将这些连接设置保存，以后只要双击这个 RDP 文件，即可自动连接远程计算机。

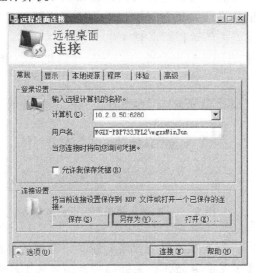

图 8-27　远程桌面连接—常规

2．显示设置

在"远程桌面连接"的"显示"选项卡中，可对远程桌面显示的大小和颜色进行设置，如图 8-28 所示。选中"全屏显示时显示连接栏"复选框，在全屏时将在顶部显示工具条。

图 8-28　远程桌面连接—显示

3. 本地资源设置

在"远程桌面连接"的"本地资源"选项卡中，可对远程计算机的声音输出方式、键盘输入方式，以及可在远程计算机中使用的本地设备和资源进行设置，如图 8-29 所示。

对远程计算机输出的声音，有五种处理方式。

- **在此计算机上播放**：在本地计算机上播放远程计算机程序发出的声音。
- **不要播放**：不播放声音。
- **在远程计算机上播放**：在远程计算机上播放远程计算机的程序发出的声音。
- **从此计算机进行记录**：在本地计算机上录制远程计算机发出的声音。
- **不录制**：不录制远程计算机发出的声音。

对键盘设置时，选择当按下 Windows 组合键时(如 Alt+Tab 键)，是要用来操纵本地计算机、远程计算机，还是只在全屏显示时才用来操纵远程计算机。

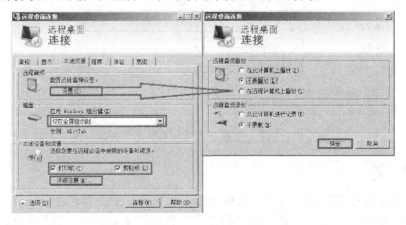

图 8-29　远程桌面连接—本地资源

在"本地设备和资源"选项组中,可选择在远程计算机中使用的本地资源。单击图 8-29 中的"详细信息"按钮,在打开的对话框中可选择更多的本地设备和资源,如图 8-30 所示,可选择智能卡、端口和本地驱动器等。例如,选择 H 盘,在远程计算机的资源管理器中,可看到该盘的驱动器名称,通过它可在远程计算机与本地计算机之间共享资源,如图 8-31 所示。

图 8-30 选择本地设备和资源

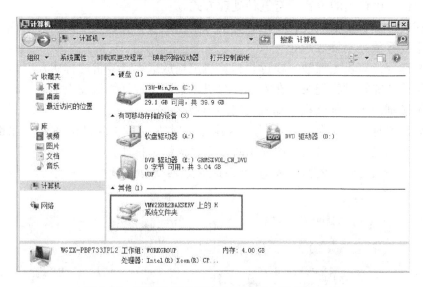

图 8-31 远程计算机与本地计算机之间共享 H 盘

4. 程序设置

在"远程桌面连接"的"程序"选项卡中,可设置用户在登录远程计算机后自动启动指定的程序,如图 8-32 所示。在"程序路径和文件名"文本框中,输入在连接创建后要运行的程序的路径和文件名,例如:"%windir%\system32\notepad.exe",连接远程桌面成功后，运行"记事本"程序。还可以在"在以下文件夹中启动"文本框中，输入程序工作目录的路径。

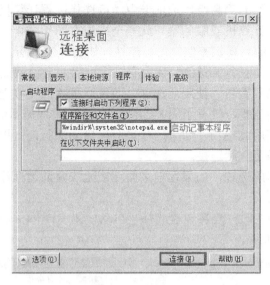

图 8-32　远程桌面连接—程序

注意：　在启用"连接时启动下列程序"功能后，远程桌面连接只会调用启动程序且关闭启动程序时会注销远程桌面连接。

5. 体验设置

在"远程桌面连接"的"体验"选项卡中，可根据本地计算机与远程计算机之间的网络连接速度选择其显示性能，如图 8-33 所示。当连接速度较快时，可选择所有功能。

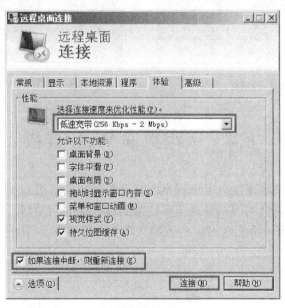

图 8-33　远程桌面连接—体验

6. 高级设置

在"远程桌面连接"的"高级"选项卡中，可选择远程计算机的身份验证方式，验证是否连接到正确的远程计算机或服务器。此安全措施有助于防止连接到非预期的计算机或服务器，以及由此增加的暴露保密信息的可能性。如图 8-34 所示，进行身份验证选项以及远程桌面的网关设置。在服务器身份验证中有三个可用的身份验证选项，功能如下。

- **连接并且不显示警告**：使用此选项，即使远程桌面连接无法验证远程计算机的身份，它仍然会连接，没有了图 8-24 所示的身份验证提示信息。
- **显示警告**：使用此选项，如果远程桌面连接无法验证远程计算机的身份，则发出警告，选择是否继续连接。
- **不连接**：使用此选项，如果远程桌面连接无法验证远程计算机的身份，则会终止建立连接。

在设置远程桌面网关时，连接设置选择"自动检测 RD 网关服务器设置"并单击"确定"按钮，如图 8-35 所示。

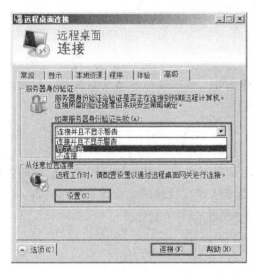

图 8-34　远程桌面连接—高级

图 8-35　RD 远程网关服务器设置

8.4　远程桌面 Web 连接

可以使用网页浏览器连接应用远程桌面技术的远程计算机，这个功能也就是远程桌面网页连接。客户端计算机利用网页浏览器连接到远程桌面网站后，再通过此网站来连接远程计算机。在安装远程桌面角色时已经安装此功能，接下来学习如何使用远程桌面 Web 连接远程计算机。

8.4.1　Web 连接远程计算机

通过 Web 连接远程计算机的操作如下。

(1) 可以通过输入安装时提示的默认的 RD Web 访问站点(参考图 8-14),也可以通过输入 IP 地址进行访问,如图 8-36 所示的警告网站安全证书有问题的窗口,暂时不用理会,选择"继续浏览此网站(不推荐)"。

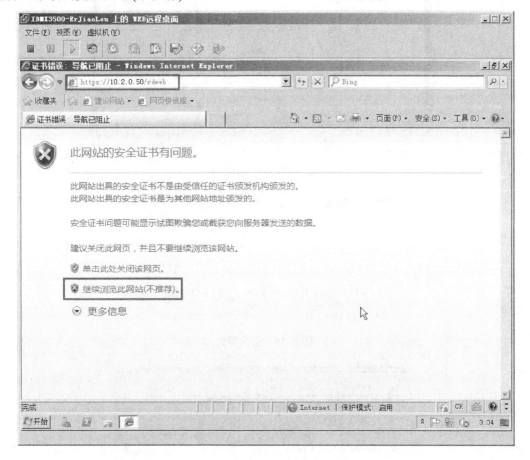

图 8-36　Web 方式连接远程计算机

💡 **注意:**　为避免连接远程桌面 Web 访问网址(如 https://10.2.0.50/rdweb)时被阻止,可以先将 Internet Explorer 增强的安全配置关闭。

(2) 如果出现如图 8-37 所示的窗口,单击出现的警告文字运行加载项,会运行 Microsoft Remote Desktop Services Web Access Control 的 Active 控件。

(3) 在弹出的"安全警告"对话框中,单击"运行"按钮,如图 8-38 所示。

(4) 在图 8-39 中输入有权限连接此网站的帐户与密码后,单击"登录"按钮。

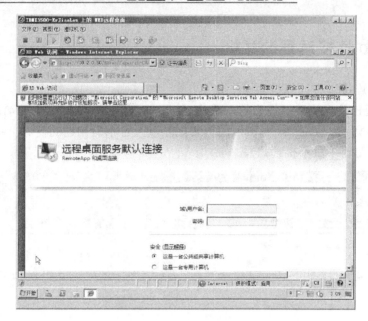

图 8-37　运行加载项

图 8-38　安全警告

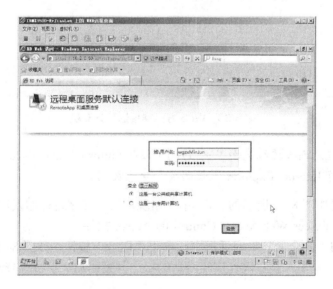

图 8-39　登录 RD Web

(5) 登录成功后，可以选择图 8-40 中的"远程桌面"标签，输入远程计算机的 IP 地址 (或计算机名)，然后单击"连接"按钮。其中"选项"的设置与远程桌面的设置类似，此处不再赘述。

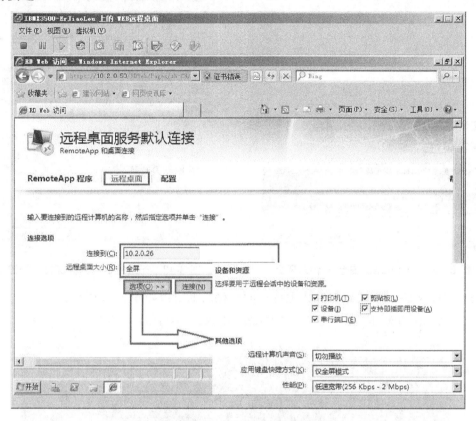

图 8-40　连接远程计算机

(6) 在弹出的如图 8-41 所示的远程桌面连接提示对话框中，直接单击"连接"按钮，在弹出的如图 8-42 所示的输入凭据对话框中输入有权限连接远程计算机的用户帐户及密码。

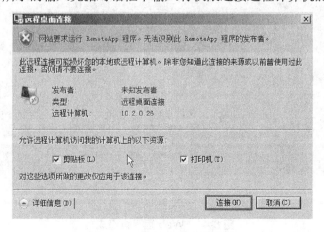

图 8-41　远程桌面连接提示

(7) 连接之后，在弹出的如图 8-43 所示的"无法验证此远程计算机的身份。是否仍要连接？"提示对话框中，单击"是"按钮，忽略证书的错误。

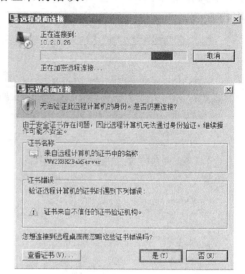

图 8-42　Windows 安全— 输入凭据　　　　图 8-43　无法验证远程计算机身份提示

(8) 通过 Web 页面，成功完成远程桌面连接后的窗口如图 8-44 所示。

图 8-44　Web 远程桌面成功

注意：　在进行远程桌面连接时，若出现如图 8-45 所示的提示，应检查是否打开了"启用网络发现"功能；如果不能启用"网络发现"，应检查服务中是否开启了 Function Discovery Resource Publication、SSDP Discovery 及 UPnP Device Host 三项服务。

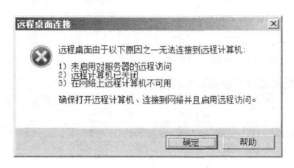

图 8-45　远程桌面连接出错提示

8.4.2　RemoteApp 程序应用

利用 RemoteApp 程序可以让用户通过远程桌面服务远程访问需要的程序，远程访问需要的程序会让终端用户感觉在本地计算机上运行一样。这些远程访问需要的程序称为 RemoteApp 程序。RemoteApp 程序与客户端的桌面集成在一起，而不是在远程桌面会话主机(RD 会话主机)服务器的桌面向用户显示。RemoteApp 程序在终端用户的窗口中运行，并且在任务栏中有自己的条目。如果用户在同一个 RD 会话主机服务器上运行多个 RemoteApp 程序，则 RemoteApp 程序将共享同一个远程桌面服务会话。

用户可以通过多种方式访问 RemoteApp 程序。

- 使用远程桌面 Web 访问(RD Web 访问)。
- 双击已由管理员创建并分发的远程桌面协议 (.rdp) 文件。
- 在桌面或"开始"菜单上，双击由管理员使用 Windows Installer (.msi) 程序包创建并分发的程序图标。
- 运行与 RemoteApp 程序关联的文件。这可以由管理员使用 Windows Installer 程序包进行配置。

.rdp 文件和 Windows Installer 程序包包含运行 RemoteApp 程序所需的设置。在终端用户计算机上打开 RemoteApp 程序之后，可以与正在 RD 会话主机服务器上运行的该 RemoteApp 程序的用户进行交互。

为什么使用 RemoteApp？在许多情况下，RemoteApp 可以降低复杂程度并减少管理开销，包括：

- 分支机构，其本地 IT 支持和网络带宽可能有限。
- 用户需要远程访问程序的情况。
- 部署行业 (LOB) 程序，尤其是自定义 LOB 程序。
- 没有为用户分配计算机的环境，例如"公用办公桌"或"旅馆式办公"工作区。

● 如果部署某个程序的多个版本，尤其是在本地安装多个版本时，可能会造成冲突。

1. 安装需要的 RemoteApp 程序

当客户端没有安装需要应用的程序时，可以通过 RD Web 连接到远程服务器上应用需要的程序，前提是服务器上安装有相应的程序；如果没有安装，可以在服务端预先安装。例如：客户端需要应用 Office 2003 程序，其主要操作步骤如下。

(1) 在服务端，选择"开始"｜"控制面板"｜"程序"命令，选择"在远程桌面服务器上安装应用程序"选项，如图 8-46 所示。

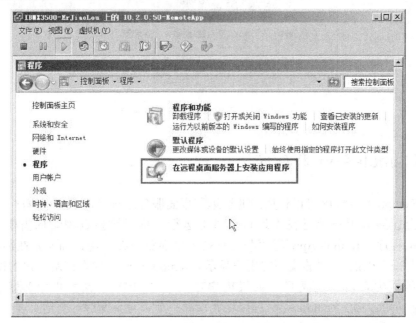

图 8-46　"在远程桌面服务器上安装应用程序"选项

(2) 在弹出的如图 8-47 所示的对话框中，提示插入程序的安装光盘，在虚拟机上加载好光盘镜像后，在图 8-48 中单击"浏览"按钮，找到安装程序 SETUP.EXE，然后单击"下一步"按钮，接下来的操作与传统的安装程序方法相同。

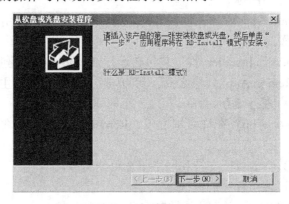

图 8-47　设置从软盘或光盘安装程序

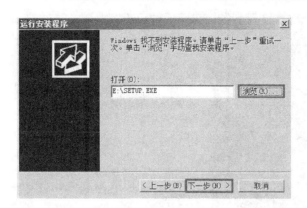

图 8-48　查找安装程序

安装好需要的程序后，就可以通过配置 RemoteApp 程序，让客户端远程应用。

2. 配置 RemoteApp 程序

当用于远程访问需要的 RemoteApp 程序安装完成后(如 Office 2003)，返回到"服务器管理器"，依次单击"角色"｜"远程桌面服务"｜"RemoteApp 管理器"；也可以通过选择"开始"｜"管理工具"｜"远程桌面服务"｜"RemoteApp 管理器"命令，在打开的窗口中单击右侧的"添加 RemoteApp 程序"选项，如图 8-49 所示。

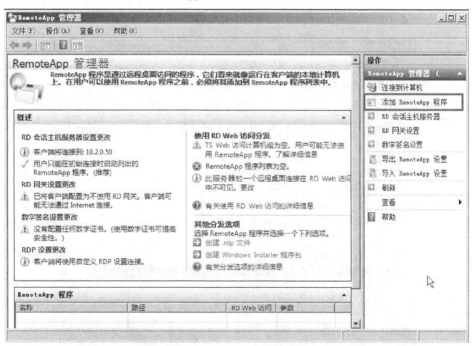

图 8-49　单击"添加 RemoteApp 程序"选项

(1) 在弹出的如图 8-50 所示的"欢迎使用 RemoteApp 向导"界面中单击"下一步"按钮。

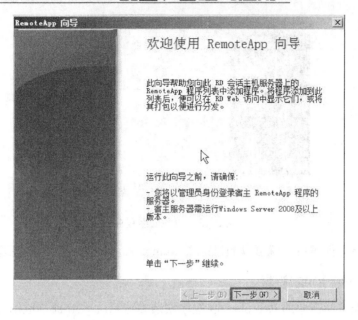

图 8-50 "欢迎使用 RemoteApp 向导"界面

(2) 在"选择要添加到 RemoteApp 程序列表的程序"界面中，在"名称"列表中，选择要添加的程序，只需要在前面打上"√"即可，如图 8-51 所示，然后单击"下一步"按钮。

图 8-51 选择要添加的程序

(3) 在确认"复查设置"后，单击"完成"按钮，如图 8-52 所示。

图 8-52 确认复查设置

(4) 通过查看 RemoteApp 程序列表框，可以看到添加的程序，如图 8-53 所示。

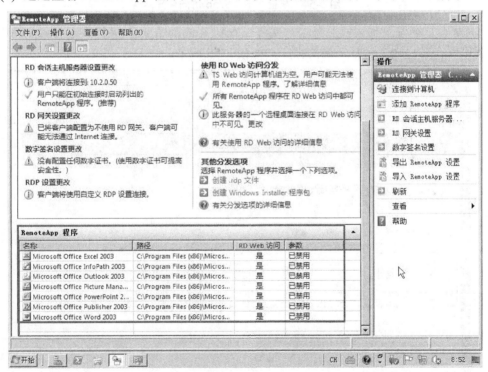

图 8-53 添加 RemoteApp 程序成功

(5) 为了使用方便，可以将这些程序发布到网站中，供用户浏览选用，这种方法操作很简单，只要在"RemoteApp 程序"列表中选择要发布的程序，然后单击右侧的"在 RD Web 访问中显示"选项即可，如图 8-54 所示。

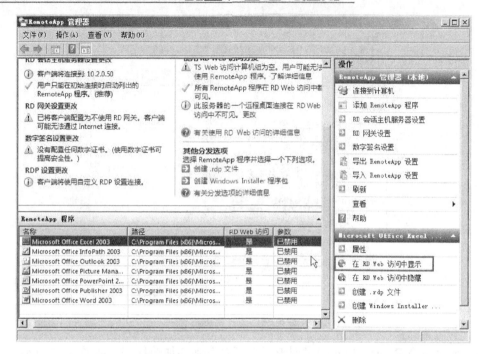

图 8-54　配置在 RD Web 访问中显示

(6) 从客户端登录到远程服务端，就可以看到 RemoteApp 程序标签下有添加的程序，现在就可以在客户端上运行需要的程序，如图 8-55 所示。

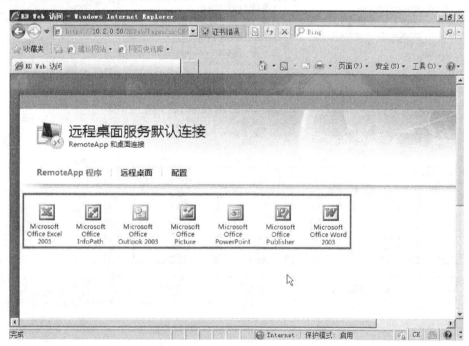

图 8-55　远程桌面 RemoteApp 程序

(7) 在连接相应程序时，在弹出的 RemoteApp 对话框中，选择允许远程计算机访问我的计算机上的驱动器资源，如图 8-56 所示。

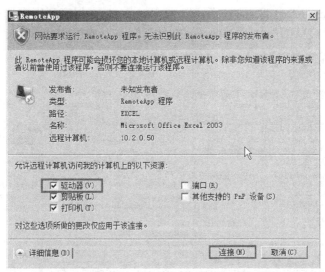

图 8-56 运行远程计算机上的 Excel 2003 程序

(8) 在编辑完相应的文件后，单击保存，就可以看到本地及远程计算机上的磁盘驱动器，可以选择保存在本地计算机还是远程计算机，如图 8-57 所示。

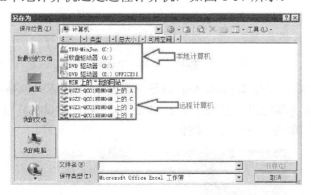

图 8-57 选择保存位置

通过配置 RemoteApp 程序，客户端不用安装就可以使用服务器上的应用程序。

8.4.3 创建 RDP 文件

在前一小节中，已经在 RemoteApp 服务器上发布了 Office 2003 中的 7 个子程序，通过发布在 RemoteApp 中，客户端的用户就可以访问。另外，也可以选择为发布的程序生成 RDP 或 MSI 文件，然后利用 RDP 或 MSI 文件在客户机上完成部署工作。

RDP 文件的使用比较简单。在 RemoteApp 服务器上为应用程序创建了相应的 RDP 文件后，可以通过电子邮件或共享文件夹发布到用户的客户机上。用户只需要双击 RDP 文件，输入身份凭证，就可以连接到远程服务器上执行应用程序了。下面介绍创建 RDP 文件的方法。

(1) 打开"RemoteApp 管理器"窗口，在 RemoteApp 程序列表中选中需要创建 RDP 文件的程序，在右键菜单中选择"创建.rdp 文件"命令，如图 8-58 所示。

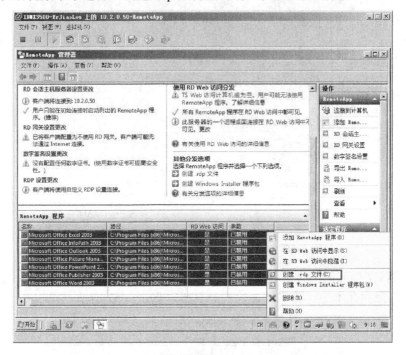

图 8-58   选择"创建.rdp 文件"命令

(2) 在弹出的"欢迎使用 RemoteApp 向导"界面中，如图 8-59 所示，提示需要以管理员身份登录，而且服务器的操作系统需要是 Windows Server 2008 及以上版本。确保应用环境满足上述条件后，单击"下一步"按钮。

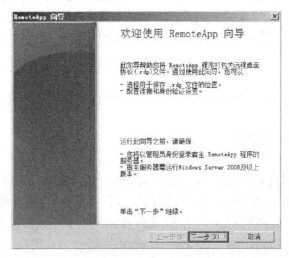

图 8-59   "欢迎使用 RemoteApp 向导"界面

(3) 对生成的 RDP 文件进行参数设置。可以设置 RDP 文件的保存路径，也可以修改 RemoteApp 服务器的服务端口，还可以对 RD 网关进行配置，指定文件签名所使用的证书。通过 RemoteApp 部署设置，已经修改好相应的参数，如图 8-60 所示，然后单击 "下一步" 按钮。

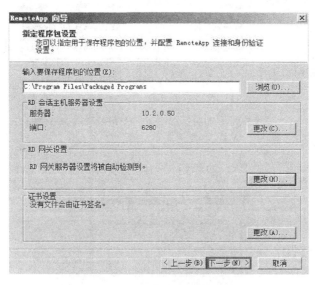

图 8-60　设置 RDP 文件参数

(4) 检查向导中的复查设置信息正确无误后，单击 "完成" 按钮，如图 8-61 所示，就可以在指定目录下生成 RDP 文件了，如图 8-62 所示。

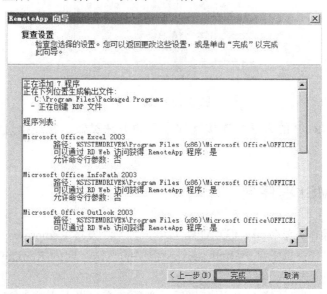

图 8-61　复查设置

(5) 通过共享指定的 C:\Program Files\Packaged Programs 文件夹，如图 8-63 所示，客户端就可以访问服务器端共享的应用程序了。

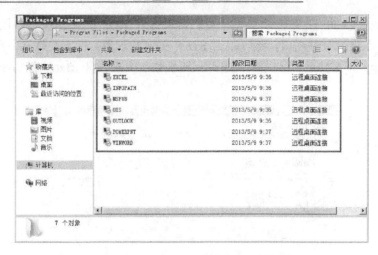

图 8-62　生成.rdp 文件

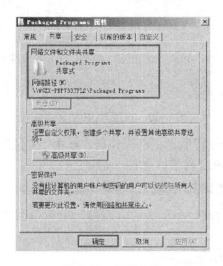

图 8-63　设置共享

(6) 连接应用 RDP 的方法与连接远程桌面的方法类似，在连接过程中需要输入用户凭证。

8.4.4　创建 MSI 程序包

RDP 文件的操作方法简单，但功能略显单一，无法发挥 RemoteApp 的强大功能。因此下面介绍另一种在客户机上部署 RemoteApp 程序的方法，即为 RemoteApp 程序创建 MSI 程序包，进行软件分发。

为 RemoteApp 程序创建 MSI 程序包后，必须在客户机上安装 MSI 程序包。这一点和 RDP 文件不同，用户可直接运行 RDP 文件，不需要安装。MSI 程序包安装后，就像在客户机上安装了一个普通的应用程序，客户机的开始菜单或桌面上会出现被发布的 RemoteApp 程序，同时 RemoteApp 程序还会在客户机上与相关的文件进行关联。

例如，为 RemoteApp 服务器上的 Word 2003 创建 MSI 程序包，在客户机上运行 MSI 程序包后，客户机上的 DOC 文件就自动与 Word 2003 关联。以后只要在客户机运行 DOC 文件，就会自动在远程服务器上启动 Word 2003。另外，MSI 程序包可以通过组策略部署到客户机，这点比 RDP 文件通过共享文件夹或电子邮件进行部署更加方便。

创建 MSI 程序包的操作步骤如下。

(1) 创建 MSI 程序包的方法和创建 RDP 文件很类似。在 RemoteApp 管理器中选中需要的程序，右击并在弹出的快捷菜单中选择"创建 Windows Installer 程序包"命令，如图 8-58 所示。

(2) "欢迎使用 RemoteApp 向导"与"指定程序包设置"的操作方法和创建 RDP 文件相同。

(3) 在"配置分发程序包"界面中，可以设置快捷方式图标的位置及接管客户端扩展方式，具体配置可参见图 8-64，然后单击"下一步"按钮。

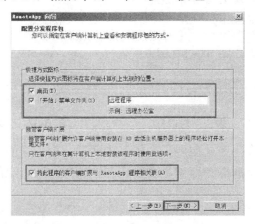

图 8-64   选择配置分发程序包

(4) 检查向导中的复查设置信息正确无误后，单击"完成"按钮，这一步操作与创建 RDP 文件相同。在指定目录下就可以看到生成的安装包，如图 8-65 所示。

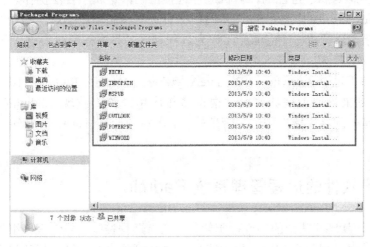

图 8-65   生成安装包

(5) 通过网络共享，可以运行分发的软件，在弹出的"打开文件-安全警告"对话框中，单击"运行"按钮，如图 8-66 所示，经过安装后，客户端计算机的开始菜单与桌面上均会有分发安装的软件的快捷方式，如图 8-67 所示，直接单击它，就可以运行。在运行过程中，应用程序会连接远程服务端，同时也会要求输入用户凭据。

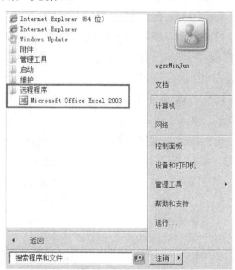

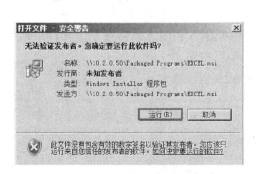

图 8-66　"打开文件-安全警告"对话框　　　　图 8-67　分发成功的远程程序

远程桌面的功能很多，在此主要说明了其中两项，有兴趣的读者可以自己搭建虚拟机平台进行功能测试。在下面的章节中，会介绍其他应用比较广泛的软、硬件远程管理服务器的方法。

8.5　Radmin 软件的安装和使用

用户通过网络对属于自己的计算机进行远程控制，这属于合法操作。然而许多恶意病毒程序，如 Back Orifice 木马、Sub7 木马，可以远程控制不属于自己的计算机，若这些恶意软件的制造者，还试图将他们的产品作为远程管理工具进行商业出售，作为软件使用者，应该坚决杜绝这种行为。

我们曾经使用过 PcAnywhere、RemoteAnywhere、NetOP、Radmin、NetMeeting 等许多合法的远程工具来管理远程计算机。根据多年应用经验，发现 Radmin(早期叫 Remote Administrator)是一款易于操作的远程管理软件，高校的计算机远程管理均统一部署 Radmin 软件。

8.5.1　基于软件的远程管理系统 Radmin

Radmin 是一款屡获殊荣的远程控制软件，它将远程控制、外包服务组件以及网络监控整合到一个系统里，提供目前为止最快速、强健而安全的工具包。帮助我们在远程计算机上工作，如同在远程计算机面前一样。该软件是理想的远程访问解决方案，可以从多个地点访问同一台计算机，并使用高级文件传输、远程关机、Telnet、操作系统集成的 NT 安全性系统支持，以及其他功能。Radmin 在速度、可靠性及安全性方面的表现超过了所有其他远程控制软件！

Radmin 具有以下特点。

(1) 运行速度快。

(2) Radmin 支持被控端以服务的方式运行，支持多个连接和 IP 过滤(即允许特定的 IP 控制远程机器)、个性化的文档互传、远程关机、高分辨率模式、基于 Windows NT 的安全及密码保护以及提供日志文件等。

(3) 在安全性方面，Radmin 支持 Windows NT/2003 用户级安全特性，可以将远程控制的权限授予特定的用户或者用户组，Radmin 将以加密的模式工作，所有的数据(包括屏幕影像、鼠标和键盘的移动)都使用 128 位强加密算法加密；服务器端会将所有操作写进日志文件，以便事后查询。服务器端有 IP 过滤表，对 IP 过滤表以外的控制请求将不予回应。

(4) Radmin 目前支持 TCP/IP 协议，应用十分广泛。

(5) Radmin 主要用于服务器工作正常时的远程管理，在服务器死机或关机状态下，它就无能为力了。

Radmin 的速度快、安全性好、支持 TCP/IP 协议、支持路由重定向等，应用十分广泛。有关软件的最新信息可以参考 http://www.radmin.cn/products/index.php 网站，也可以通过该网站下载试用软件包。

现在，我们主要是使用 Remote Administrator 来管理全校的服务器，这样便可以在任何地方使用一个统一的平台来查看和管理全网的所有服务器及网络设备。图 8-68 为 Radmin 远程管理服务器界面。

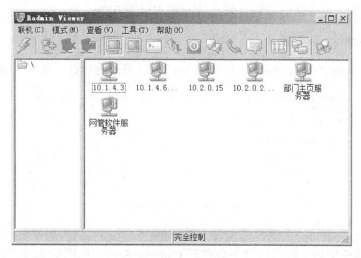

图 8-68　Radmin 软件界面

Radmin 是基于远程控制的软件，这与前面提到的木马是有区别的，首先说说两者的相同点。

● 远程控制和木马都是用一个客户端通过网络来控制服务器端，控制端可以是 Web，也可以是手机，或者计算机，可以说控制端植入哪里，哪里就成为客户端，服务端也同样如此。

- 远程控制和木马都可以进行远程资源管理，比如文件上传、下载、修改。
- 远程控制和木马都可以进行远程屏幕监控、键盘记录、进程管理和窗口查看。

可以说，在远程管理方面，远程控制和木马没有太大区别，两者真正的区别是在以下方面。

- 木马具有破坏性。比如 DDOS 攻击、下载功能、格式化硬盘、肉鸡和代理功能。
- 木马具有隐蔽性。木马最显著的特征就是隐蔽性，也就是服务端是隐藏的，并不在被控者桌面显示，不易被察觉，这样无疑增加了木马的危害性，也为木马窃取用户密码提供了方便之门。

远程控制和木马在功能上非常相似，木马可以理解为具有恶意功能的远程控制软件。另外，用于企业管理的远程控制应该是良性的，服务端是可见的，否则和木马就画上了等号。众所周知，很多具有危害性的操作，比如删除文件、键盘记录等不单单是木马的特权！在国内一家非常有影响力的远程控制软件网站可以看到它们将远程控制分为了"企业远控"和"远程控制"两类，前者就是服务端可见的，不具备危害性，后者则是亦正亦邪，比如灰鸽子等。

注意： Radmin 功能与木马相似，很多杀毒软件会将其查杀，在使用时需要添加允许其通过的防火墙规则。

8.5.2 Radmin 服务器端的安装和配置

Radmin 服务器端安装完成后，常用的配置有以下几项。

1. 安装 Radmin 服务器端

连接 http://www.radmin.cn/download/网站，下载需要的软件，如图 8-69 所示。

图 8-69 下载 Radmin

运行下载的 Radmin 3.5 软件的安装文件 rserv35cn.msi，只需要按常规软件的安装方法操作即可。完成安装后，默认情况下会打开 Radmin Server 的配置选项，如图 8-70 所示。如果没有打开，可在"开始"菜单中依次选择"程序"| Radmin Server 3 | "Radmin 服务器的设置"选项，打开"Radmin Server 器设置"对话框。

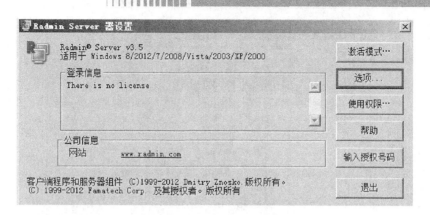

图 8-70 "Radmin Server 器设置"对话框

2. 设置一般选项

在"Radmin Server 器设置"对话框中单击"选项"按钮,可以设置 Radmin 的一般选项,如图 8-71 所示。其中最重要的是"一般选项"和"其它"选项卡中的设置。在"一般选项"中,设置 Radmin 客户端使用的端口,为提高安全性,可将连接端口号设为 10000以上的某个不常见端口(如 53823),切忌使用默认端口 4899。设置记录登录连接历史的日志文件,建议也不要使用默认目录,可以通过"浏览"按钮进行更改。

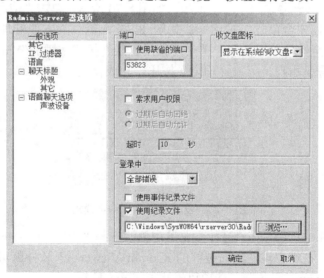

图 8-71 Radmin 的一般选项

3. 设置其他选项

在"其它"选项卡中设置向客户端禁止开放哪些功能,如图 8-72 所示。例如想禁止客户端远程关机,就选中"停止关机"复选框,用户可以根据需求进行相应设置。设置好各种参数后,最后单击"确定"按钮完成设置。

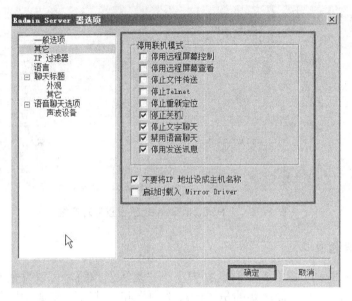

图 8-72　设置向客户端禁止开放的功能

4. 设置许可用户

在"Radmin Server 器设置"对话框中，如图 8-70 所示，单击"使用权限"按钮，打开"Radmin Server 器安全模式"对话框，如图 8-73 所示。为方便管理与安全起见，选中"Windows NT 安全性"单选按钮，单击"使用权限"按钮，添加 Windows 管理用户作为 Radmin 客户端的登录用户。单击"确定"按钮，完成设置。

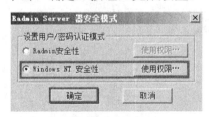

图 8-73　设置用户/密码认证模式

Radmin 配置完成以后，在"开始"菜单中依次选择"程序"| Radmin Server 3 |"启动 Radmin 服务器"，在客户端通过安装好的 Radmin Viewer 3.5 软件就可以登录至这台服务器。选择"停止 Radmin 服务器"选项可停止 Radmin 服务。

💡 注意：　如果系统中已经安装了防火墙，需要在防火墙中对 Radmin 进行专门的设置，允许%windir%\system32\rserver30\rserver3.exe 程序访问网络，客户端才能够登录该服务器。

8.5.3　Radmin Viewer 3.5 客户端的安装和使用

直接运行下载的 rview35cn.msi 安装程序，根据提示，便可以在客户端安装 Radmin

Viewer 3.5，安装好后，运行该程序，如图 8-74 所示。

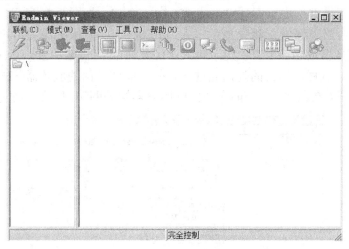

图 8-74　Radmin Viewer 3.5

💡 注意：　如果系统中已经安装了防火墙，需要在防火墙中为 Radmin Viewer 3.5 进行设置，只有允许 Radmin.exe 程序访问网络，才能使用 Radmin Viewer 3.5 连接 Radmin 服务器。

1. 新建连接

在 Radmin Viewer 窗口中单击工具栏中的 ⚡ 图标，在打开的"联机至"对话框中，选择连接类型、输入连接的 IP 地址和端口后，单击"确定"按钮即可建立一个连接，如图 8-75 所示。

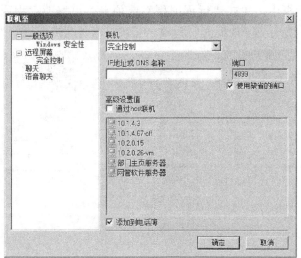

图 8-75　"联机至"界面

通过新建连接，可以实现外网转内网访问，提高服务器的安全性。如服务器 10.2.0.51 只能在局域网内访问，而服务器 125.64.220.99 既可以通过内网访问，也可以通过外网访问，这时，可先建立 125.64.220.99 服务器的连接，在建立 10.2.0.51 的连接时，可选中 "通过 host 联机" 复选框，并选中下面列表中的 125.64.220.99，如图 8-76 所示。这样，在远程登录 10.2.0.51 这台服务器时，将先提示输入 125.64.220.99 服务器的用户名和密码，连接 125.64.220.99 服务器成功后，再次提示输入 10.2.0.51 的用户名和密码，认证成功后，才能连接到 10.2.0.51。这样做的目的是，通过一台外网能够访问的服务器(125.64.220.99)中转，再访问内网服务器(10.2.0.51)，既能实现内网服务器被外网访问，又增加了安全性。

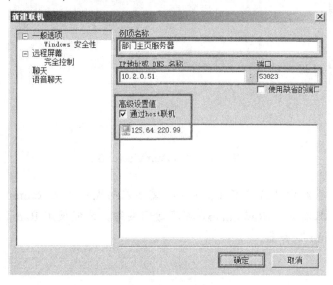

图 8-76　设置新建联机

2. 设置远程屏幕

在 "属性" 对话框中，单击 "远程屏幕" 选项卡，可修改远程连接服务器屏幕时，显示的颜色位数、查看模式与每秒最大刷新数。可以根据网速情况进行配置，如图 8-77 所示。

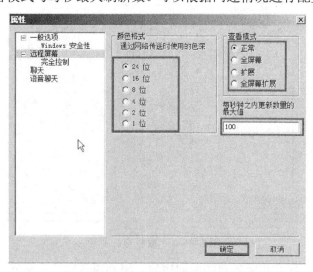

图 8-77　设置远程屏幕

3. 使用已经建立的连接登录远程服务器

连接建立好以后，双击连接名称，输入用户名和密码(如果服务建立了域，输入相关所属域)即可连接远程服务器，如图 8-78 所示。如果使用了中转连接，这里要先输入中转服务器的用户名和密码。

登录之后，就可以远程管理服务器了。使用默认的 F12 键可在远程服务器屏幕与本地计算机屏幕之间进行切换，使用 Ctrl+Alt+F12 组合键，可向远程服务器发送 Ctrl+Alt+Del 命令。在 Radmin Viewer 窗口中选择菜单栏上的 "工具" | "选项" 命令，在打开的 "选项" 对话框的 "远程屏幕选项" 选项卡中，可修改默认的切换键。

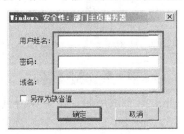

图 8-78　登录窗口

4. 远程计算机与本地计算机之间共享信息

在远程管理窗口的顶部右击，在打开的快捷菜单中，如图 8-79 所示，选择相应选项，可在远程计算机与本地计算机之间实现信息共享。

单击 "设置剪贴簿" 按钮，可将本地计算机剪贴板中的内容复制到远程计算机剪贴板中。

单击 "获取剪贴簿" 按钮，可将远程计算机剪贴板中的内容复制到本地计算机剪贴板中。

通过以上两个命令，可在本地计算机与远程计算机之间共享剪贴板中的内容。

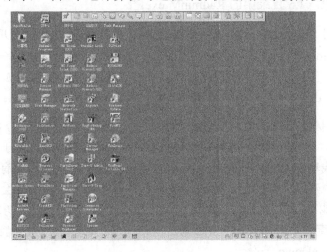

图 8-79　菜单选项

单击 ![]按钮，可以打开"文件传送"窗口，如图 8-80 所示，在图中同时列出了本地计算机与远程计算机的磁盘驱动器，选择相应的文件，在两个窗格之间互相拖动，可相互复制文件，同时还可以修改或删除远程计算机上的文件等。

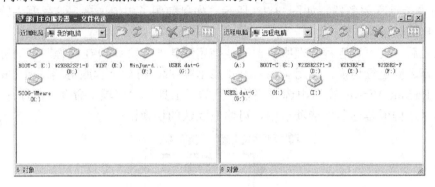

图 8-80　文件传送

在讲解过程中使用的是 Radmin 3.5 试用版，如果觉得其功能强大，可以购买正版软件，方便工作的开展。

8.5.4　自编软件 Radmin 自动登录器 v1.5 的应用

在多年应用 Radmin 软件的过程中，我们总结了使用心得，为了安全高效地使用 Radmin 自动登录和管理多台服务器，故编制此程序——Radmin 自动登录器。新版的功能已经比较完善，基本上可以代替 Radmin Viewer 3.4 与 3.5 进行管理。

1. 软件使用概述

使用 Radmin 自动登录器可方便工作，该软件的功能和使用注意事项说明如下：

(1) 使用前先将 Radmin Viewer 3.4 或 3.5(中文、英文版均可)的 Radmin.exe 文件替换为 Radmin 自动登录器 v1.5 目录中的 RadminM.exe。

💡 注意：　应用 RadminM.exe 程序才会显示工具栏图标；若要应用 RadminM.exe 和 RadminM2.exe(有扫描功能)访问网络，应设置防火墙允许这两个程序通行；若要使用文字聊天、语音聊天、传送信息等连接类型的应用，必须将相应的 8 个 dll 文件复制到 Radmin 自动登录器 v1.5 目录中。

(2) 程序中快捷键操作包括：Insert(新建项目)，Ctrl + e(编辑项目)，Ctrl + c(复制项目)，Delete(删除项目)，F1(显示程序信息)，F3(单项扫描(等待 200ms，用于扫描网速较慢的项目))，F5(扫描在线项目(每项等待 20ms。扫描过程中左下角状态栏会有提示，完成后提示消失。扫描过程中建议不要新建、修改、删除、排序项目，不然可能会出现扫描结果错乱的情况，其他功能可正常使用))，F9(将选中项填为强制代理(主菜单项显示将从[无]变为[有]，打开菜单可查看信息))；Ctrl + -(隐藏窗口到托盘)，Ctrl + =（显示窗口）；支持 Home、End、PageUp、PageDown 等操作。

(3) 登录信息存放在 RadminM.txt 文件中，若没有会自动创建，密码用 RC4 加密，用

户应注意保管。RadminM.txt 是遵循 CSV(DOS)格式的文本文件，所有字段内容中不能包含中文字符、英文逗号(,)、竖线分割符(|)，末尾必须有 1 空行(不然会出现信息混乱)。第一行为登录项目各字段的名称。每行存放一个项目，每个项目包含用 8 个英文逗号分割的 9 个字段。RecordName(项目名称)是关键字段，不要有重名；IP、Port、User、Password 分别是 IP 地址、端口、用户名、密码；Domain 是域名，该字段有内容在登录时便会自动填写；Proxy 是项目的私有代理；AsProxyBy 是私有代理字段，由程序自动处理(只读)；Memory 是备注字段。

(4) 本程序除了支持强制代理外，每个项目都可指定私有代理。Proxy 字段便是存放用作私有代理的项目名称，只能有一个，注意：只能从已有项目中指定私有代理。AsProxyBy 用作私有代理字段，用于存放该项目被其他哪些项目用作私有代理的信息，多个项目间用竖线分割符(|)分割，由程序自动处理(只读)；该字段主要用于当该项目名称被更改时，程序会自动更新将该项目用作私有代理的其他项目的私有代理信息；建议用户不要随意修改 RadminM.txt 中该字段的内容，不然可能会导致程序功能错乱。

(5) 格式符合要求的 RadminM.txt 示范(注意：末尾必须有 1 个空行，不然会出现信息混乱的情况)：

```
RecordName,IP,Port,User,Password,Domain,Proxy,AsProxyBy,Memory
srv2,10.1.0.66,4899,name1,76DS68NK,,,,
...
BlankLine
```

(6) RadminM.txt 可以用记事本、UltraEdit、Excel 等编制。也可将已有 RadminM.txt 导入 Excel 处理，方法是在 Excel 中：①选择"数据"|"导入外部数据"|"导入数据"命令，选择 RadminM.txt 文件；②文本导入向导第 1 步单击"下一步"按钮；③第 2 步必须选中"逗号"分隔符再单击"下一步"按钮；④第 3 步必须将所有 9 列都设置为文本，再单击"完成"按钮即可成功导入。⑤处理完后须保存为 CSV 格式文件，再更名为 RadminM.txt 便可使用。

(7) 一个 RadminM2.exe 可轻松管理 100～200 个项目。若超过 200 项可分组(主要是扫描时的等待时间较长)，每组的 RadminM.txt 存放在不同的目录，单独用一个 RadminM2.exe 来管理。可同时运行多个 RadminM2.exe 管理不同的组，互不干扰。不同的 RadminM2.exe 窗口标题会有不同标号，只是 Ctrl + - 和 Ctrl + = 等窗口快捷键只对第一个 RadminM2.exe 窗口有效。

(8) 下载地址：http://dep.yibinu.cn/wgzxnew/article/html/list9-1.html。

(9) 如果对该程序有可行性建议发邮件至 ybmj@vip.163.com，促进提高软件的使用效率。

(10) 用户可自行斟酌选用该程序，若转载请注明出处，对一切后果，作者不承担任何责任！

2. 软件简介

自动登录器界面简单、操作方便，由标题栏、菜单栏、工具栏与项目视图区四部分组成，如图 8-81 所示。单击工具栏上的 按钮，可以查看服务器的在线状态，通过在线状态可以实时了解服务器的网络连接情况。

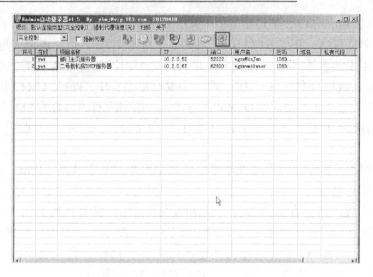

图 8-81   Radmin 自动登录器 v1.5 的界面

如果需要新建项目，可以通过选择"项目"｜"新建项目"命令，在弹出的对话框中输入项目的相应信息，如图 8-82 所示，在项目视图区会即时生成一条新的记录，使用时只需要双击该项目，即可自动登录到指定的服务器，以实现远程管理。

图 8-82   新建项目

Radmin 自动登录器 v1.5 软件的操作应用在此不详细介绍，有兴趣的读者可以下载来使用，在使用过程中应注意登录信息文件 RadminM.txt 的保护。

💡 注意：　在 v1.5 及以前的老版本中，Radmin Server 被控端必须将"使用权限.."(Permissions)设置为"Windows NT 安全性"(Security)，如果设置为"Radmin 安全性"(Security)则不能实现自动登录功能。

8.6 IMM 远程管理系统

8.6.1 IMM 简介

IMM(Integrated Management Module)是新一代的服务器上集成的管理芯片,它把原有的 BMC、RSA-Ⅱ、显卡、远程呈现和远程硬盘等功能整合在一个单一的芯片上。用户可以从世界的任何角落对系统进行远程的管理、监控和排除错误。

IMM 是 IBM 服务器的新一代集成管理模块,该模块独立于服务器系统,可以通过一个单独的 IP 使用浏览器和虚拟端口方式直接启动、停止和管理远程服务器,即使主板、处理器或者内存故障导致主机无法启动,也依然可以远程管理服务器,可以远程直接操作启动画面和服务器工作界面。该管理模块类似于独立的远程管理卡。

IMM 是从硬件级别上实现远程管理功能,远程呈现是需要选配的功能,服务器上可以通过安插一个 Virtual Media Key 轻松实现。用户在 Web 管理界面中就可以看到系统的运行状况,比如当前有多少用户、是否存在故障点、虚拟光通路的状态如何、有什么事件发生、用户 ID 登录状态、电源状态等。

IMM 在所有的平台上通用,微码版本也完全一致。无论是在线还是离线都可以对服务器进行配置,无须专门的驱动。并且 IMM 支持开放的标准 (CIM 和 WS-MAN),可以对报警和命令进行更好的集成。

使用 IE 浏览器登录 IMM 的控制页面,如图 8-83 所示。

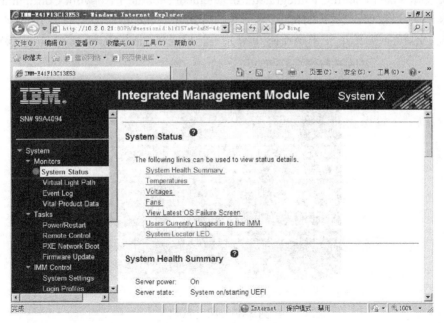

图 8-83 IMM 的控制页面

IMM 管理服务器桌面的图形界面如图 8-84 所示，例如，可以添加光盘镜像，远程对服务器进行系统安装，实现对服务器进行远程管理。

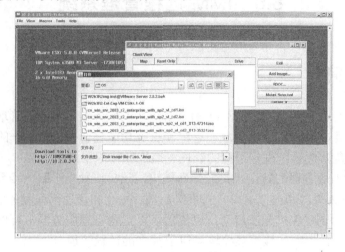

图 8-84　使用 IMM 远程管理服务器

IMM 是 IBM 服务器高端的远程系统管理卡，在选购 IBM 服务器时可以选配此模块。下面简单介绍 IMM 远程管理卡的配置与使用。

8.6.2　配置 IMM 的 IP 地址

首先参照用户手册连接 IMM 硬件卡。连接好后，启动服务器时按 F1 键进入 BIOS 设置，依次选择 System Setting | Integrated Management Module | Network Configuration 选项，打开图 8-85 所示窗口。选择 DHCP Control 的方式为 Static IP，使用静态 IP 地址，在下面依次输入 IMM 的 IP 地址、子网掩码和网关。然后选择 Save Network Settings 保存设置。

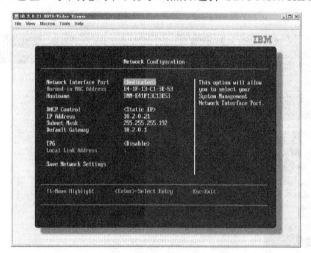

图 8-85　配置 IMM

配置完成后，使用 Ping 命令检测 IMM 是否连通。

检查好连通性后，在其他计算机上通过 IE 浏览器输入 http://10.2.0.21，打开登录窗口，输入用户名和密码，就可以看到 IMM 的控制主页，如图 8-83 所示。

💡 **注意：** IMM 管理端口默认 IP：192.168.70.125

　　　　　用户名：USERID　　　　　密码：PASSW0RD

8.6.3　使用 IMM

IMM 在同类的网络远程服务器管理系统中是比较安全稳定和优秀的，IMM 在被控系统死机、键盘鼠标死锁和系统关机时都能够实现远程管理。IMM 支持远程开关机及重启服务器，还可以远程安装操作系统和各种软件。IMM 远程控制不受服务器状态的影响，即使在服务器死机、关闭或服务器断电(IMM 卡不能中断连接)时都能远程管理，其他类型硬件的远程管理相比 IMM 功能较弱。

1. IMM 系统的两种重启方式

IMM 系统有两种重启方式：

(1) 如果 IMM 系统中某些功能有问题，可以通过 IE 登录 IMM 系统远程重启，如图 8-86 所示。

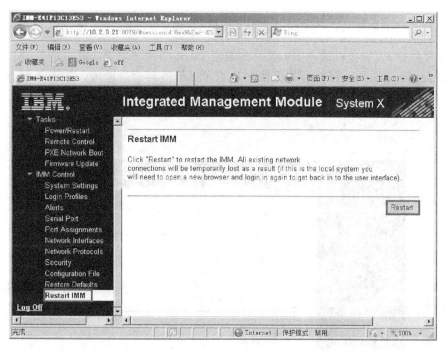

图 8-86　重启 IMM

(2) 如果 IMM 锁死，需到机房将服务器的电源物理断开，过几分钟后再接通物理电源，不用进行任何操作，IMM 远程管理卡又能继续正常工作。

2. 设置 IMM 的端口及 IP 地址

依次选择导航条中的 IMM Control | Port Assignments 选项，在打开的页面中，可修改 IMM 提供服务的端口，如图 8-87 所示。

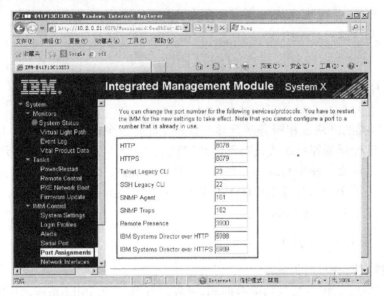

图 8-87　修改 IMM 端口

技巧：　为安全起见，不要使用默认的 HTTP 端口，可设为其他端口，如 8078。

启动时，按 F1 键可以进入 BIOS 界面设置 IMM 的管理地址，通过选择 IMM Control | Network Interfaces 选项，在打开的页面中，也可以修改其管理地址，如图 8-88 所示。

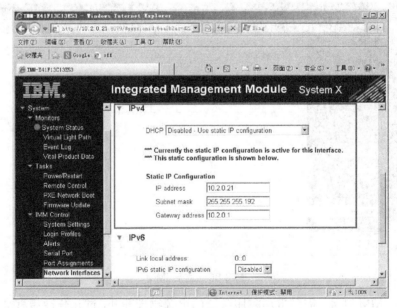

图 8-88　修改 IMM 地址

3. 通过 IMM 远程控制服务器的开机与关机

设置完成后，就可以通过 IMM 来管理服务器了。依次选择导航条中的 Tasks | Power/Restart 选项，打开如图 8-89 所示的页面，可以远程控制服务器的开机与关机。

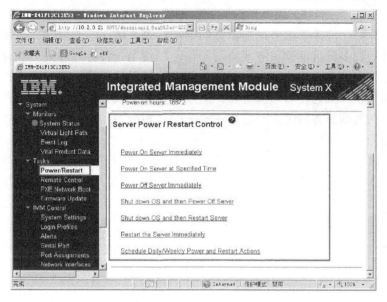

图 8-89　Power/Restart

4. 通过 IMM 远程登录服务器的图形桌面

依次选择导航条中的 Tasks | Remote Control 选项，在打开的页面中，选择登录服务器的模式(单用户还是多用户模式)，就可以远程登录服务器了，如图 8-90 所示。

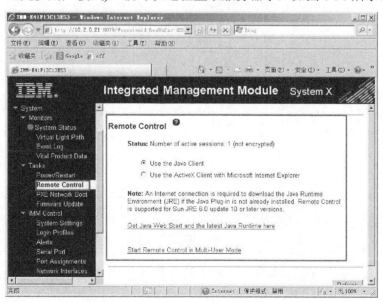

图 8-90　远程控制

IMM 的功能还有很多，在此我们就不一一说明了，读者可以在使用过程中逐步了解。

8.7　本章小结

　　本章主要介绍了应用于服务器上常见的远程管理系统。综上所述，在规划服务器远程管理时，最好规划多种远程管理方式协同工作，以便当一种管理方式失效时，能及时使用另一种管理方式来管理。建议同时规划基于硬件和基于软件的远程管理方式，在服务器正常运行时，使用软件来远程管理服务器；当服务器死机或关机时，使用硬件来远程开机或重启服务器。在选购服务器时，一定要注意选配其相应的远程管理卡，使服务器的维护与管理变得更加轻松。

第9章　IIS 网站架设与管理

本章要点：

- 了解和安装 IIS 7.5
- 设置与管理 Web 服务
- 管理应用程序与虚拟目录
- 管理应用程序池
- 建立服务器安全机制
- 设置 FTP 服务

本章将简单介绍使用 IIS 7.5 架设 Web 服务器及 FTP 服务器的过程。IIS 7.5 在 Windows Server 2008 R2 中加入了更多的安全方面的设计，用户可以通过微软的.Net 语言来运行服务器端的应用程序。除此之外，通过 IIS 7.5 新特性来创建模块将会减少代码在系统中的运行次数，可以将受到恶意用户脚本攻击的可能性降至最低。

9.1　认识 IIS

IIS(Internet Information Server，互联网信息服务)是一种 Web(网页)服务组件，其中包括 Web 服务器、FTP 服务器、NNTP 服务器和 SMTP 服务器，分别用于网页浏览、文件传输、新闻服务和邮件发送等方面，它的应用使在网络(包括互联网和局域网)上发布信息变得非常容易。

9.1.1　IIS 概述

IIS 是由微软公司提供的基于运行 Microsoft Windows 操作系统的互联网基本服务，最初是 Windows NT 版本的可选包，随后内置在 Windows 2000、Windows XP Professional、Windows Server 2003 和 Windows Server 2008 R2 中一起发行。

IIS 支持 HTTP(Hypertext Transfer Protocol，超文本传输协议)、FTP(File Transfer Protocol，文件传输协议)以及 SMTP(Simple Mail Transfer Protocol，简单邮件传输协议)。通过使用 CGI 和 ISAPI，IIS 可以得到高度的扩展。IIS 提供的万维网(World Wide Web，WWW)服务是 Internet 上最常见的服务，用于组建网站；FTP 服务主要用来提供文件的上传和下载；网络新闻传输协议(Network News Transport Protocol，NNTP)服务类似于电子布告栏系统(Bulletin Board System，BBS)，允许客户端从 NNTP 服务器下载新闻；SMTP 服务主要是用于为客户端提供邮件的中继服务。

IIS 和 Windows NT Server 是紧密结合在一起的，用户能够利用 Windows NT Server 和

NTFS(New Technology File System，新技术文件系统)内置的安全特性，建立强大、灵活而安全的 Internet 和 Intranet 站点。

IIS 支持与语言无关的脚本编写和组件，通过 IIS，开发人员可以开发新一代动态的、富有魅力的 Web 站点。IIS 不需要开发人员学习新的脚本语言或者编译应用程序，IIS 完全支持 VBScript、JScript 开发软件以及 Java，它也支持 CGI 和 WinCGI，以及 ISAPI 扩展和过滤器。

IIS 的设计目的是建立一套集成的服务器服务，用以支持 HTTP、FTP 和 SMTP。

IIS 的相融性极高，同时系统资源的消耗也最少，IIS 的安装、管理和配置都相当简单，这是因为 IIS 与 Windows NT Server 网络操作系统紧密地集成在一起。另外，IIS 还使用与 Windows NT Server 相同的 SAM(Security Accounts Manager，安全性帐号管理器)管理机制，对于管理员来说，IIS 还可使用如 Performance Monitor 和 SNMP(Simple Network Management Protocol，简单网络管理协议)等管理工具来监控网络的运行状态。

IIS 支持信息服务器应用程序设计接口——ISAPI(Internet Server Application Programming Interface)，使用 ISAPI 可以扩展服务器功能，而使用 ISAPI 过滤器可以预先处理和事后处理存储在 IIS 上的数据。用于 32 位 Windows 应用程序的 Internet 扩展可以把 HTTP、FTP 和 SMTP 协议置于容易使用且任务集中的界面中，这些界面将 Internet 应用程序的使用大大简化，IIS 也支持 MIME(Multipurpose Internet Mail Extensions，多用途 Internet 邮件扩展)，它可以为 Internet 应用程序的访问提供一个简单的注册项。

IIS 的一个重要特性是支持 ASP。IIS 3.0 版本以后引入了 ASP，可以很容易地发布动态内容和开发基于 Web 的应用程序。对于诸如 VBScript、JScript 开发软件，或者由 Visual Basic、Java、Visual C++开发系统，以及现有的 CGI 和 WinCGI 脚本开发的应用程序，IIS 都提供了强大的本地支持。

IIS 的组成元件是以服务程序的形式在后台执行的，客户端利用 TCP/IP 协议连接上 IIS，TCP/IP 协议由以下比较重要的四层所组成。

(1) 链路层：作为 Windows NT 操作系统和网卡以及网络驱动程序之间的接口。

(2) 网络层：负责控制资料包在网络上的移动，IP(Internet Protocol)即位于这一层。

(3) 传输层：负责用户端到服务器之间的信息的移动，TCP(Transmission Control Protocol)即位于此层。

(4) 应用层：管理较低层和应用程序之间的连接端口，Socket 即位于此层。

9.1.2 IIS 7.5 功能介绍

通过 Windows Server 2008 R2 中的 Web 服务器(IIS)角色，可以与 Internet、Intranet 或 Extranet 上的用户共享信息。Windows Server 2008 R2 提供了 IIS 7.5，是一个集成了 IIS、ASP.NET、Windows Communication Foundation 的统一网络平台。

IIS 7.5 是 Windows 7 和 Windows Server 2008 R2 中的 Web 服务器角色。在 IIS 7.5 中 Web 服务器经过重新设计，能够满足特定需求。模块是服务器用于处理请求的独特功能。例如，IIS 7.5 使用身份验证模块对客户端进行身份验证，并使用缓存模块来管理缓存活动。

Windows Server 2008 R2 中的 IIS 7.5 加入了更多的安全方面的设计，如在 Server Core

模式下可以运行 ASP.Net 应用。Server Core 是 Windows 2008 中引入的一个最小限度的系统安装选项，只包括安全、TCP/IP、文件系统、RPC 等服务器核心子系统。在 Server Core 我们可以安装所需的服务器角色和特征，并且仅有非常少的 GUI，这样可以减少攻击面，系统更加安全精简，但 Windows Server 2008 中的 Server Core 对 Web 服务的支持有限，并不支持 ASP.Net。

如此多的新特性，让我们对 Windows Server 2008 R2 中的 IIS 7.5 充满了渴望，下面就一起看看 Windows Server 2008 R2 中 Web 服务器角色 IIS 7.5 的新增功能。

1. 集成扩展

IIS 7.5 建立在 IIS 7 的可扩展和模块化体系结构的基础上，不仅仍然提供可扩展性和自定义功能，而且集成和增强了已有的扩展功能。

1) WebDAV 和 FTP

WebDAV 是超文本传输协议 (HTTP) 的一组扩展，为网络上计算机之间的编辑和文件管理提供了标准，利用这个协议用户可以通过 Web 进行远程的基本文件操作，如复制、移动、删除等。在 IIS 7.0 中，WebDAV 是独立的扩展模块，需要单独下载，而 IIS 7.5 中集成了 WebDAV。

Windows Server 2008 R2 中的 FTP 发布服务已集成到服务器操作系统。

通过加入的新功能，使网站的发布比以往更可靠和更安全，大大增强了 IIS 7 中提供的 WebDAV 和 FTP 功能。新的 FTP 和 WebDAV 模块还为 Web 服务器管理员提供了更多用于身份验证、审核和日志记录的选项。

2) 请求筛选

请求筛选模块(以前是 IIS 7 的扩展)可以限制或阻止特定的 HTTP 请求，从而有助于防止可能有害的请求到达服务器。

3) Administration Pack 模块

Windows Server 2008 R2 中集成 IIS Administration Pack，可以让管理可视化而且更加集中，界面更加友好。IIS Administration Pack 提供了一些非常实用的管理功能，如数据库管理器，可以在 IIS 管理器中进行 SQL Server 管理；配置编辑器，在 GUI 下可视化的编辑脚本，让管理任务自动化；此外还可以提供 IIS 报告和请求筛选器，进行 HTTP 筛选和 URL 重写等。

2. 管理增强

IIS 7.5 的分布式委派管理体系结构与 IIS 7 相同，但是 IIS 7.5 还提供了新的管理工具。

1) 最佳做法分析器

最佳做法分析器(BPA)是一种管理工具，使用服务器管理器和 Windows PowerShell 可以访问这种工具。通过扫描 IIS 7.5 Web 服务器并在发现潜在的配置问题时进行报告，BPA 可以帮助管理员减少违背最佳做法的情况。

2) 用于 Windows PowerShell 的 IIS 模块

用于 Windows PowerShell 的 IIS 模块是一个 Windows PowerShell 管理单元，该管理

单元可以执行 IIS 7 管理任务，还可以管理 IIS 配置和运行时数据。此外，一批面向任务的 cmdlet 可以提供管理网站、Web 应用程序和 Web 服务器的简单方法。

3) 配置日志记录和跟踪

配置日志记录和跟踪可以审核对 IIS 配置的访问权限，可以启用事件查看器中可用的任何新日志来跟踪成功或失败的修改。

3. 应用程序承载增强

IIS 7.5 是一种灵活和可管理的平台，适用于许多类型的 Web 应用程序(如 ASP.NET 和 PHP)，可以提供多种新功能，有助于提高安全性和改进诊断。

1) 服务强化

由于是以提高了安全性和可靠性的 IIS 7 应用程序池隔离模式为基础构建而成的，因此每个 IIS 7.5 应用程序池现在都以唯一、权限较低的身份运行每个进程。

2) 托管服务帐户

IIS 7.5 以服务标识的方式支持由主机管理密码的域帐户，这表示服务器管理员不必再担心应用程序池的密码会到期。

3) 可承载 Web 核心

应用程序可以使用或承载核心 IIS Web 引擎组件。这使 IIS 7 组件可以直接在应用程序中为 HTTP 请求提供服务，这很适合为自定义应用程序或调试应用程序启用基本 Web 服务器功能。

4) 用于 FastCGI 的失败请求跟踪

在 IIS 7.5 中，使用 FastCGI 模块的 PHP 开发人员可以在其应用程序中实现 IIS 跟踪调用，然后，开发人员即可通过使用 IIS 失败请求跟踪在开发过程中调试代码，从而排除应用程序错误。

4. 增强了服务器核心上的 .NET 支持

Windows Server 2008 R2 的服务器核心安装选项支持 .NET Framework 2.0、3.0、3.5.1 和 4.0，这表示可以承载 ASP.NET 应用程序，可以在 IIS 管理器中执行远程管理任务，还可以在本地运行用于 Windows PowerShell 的 IIS 模块中包含的 cmdlet。

5. 完全模块化的 IIS 7.5

在 IIS 以前的版本中，所有的功能都是内置式的，IIS 7.5 则由 40 多个独立的模块组成，其中只有一半的模块是默认设置，并且管理员可以选择安装或移除任何模块。这种模块化的设计方法可以使管理者只安装他们所需要的选项，因而减少了需要进行管理及更新的内容并节省了时间。Web 服务器完全可以按照用户的运行需要来安装相应的功能模块。可能存在安全隐患和不需要的模块将不会再加载到内存中，程序的受攻击面减小了，同时性能方面也得到了增强。

6. 通过文本文件配置的 IIS 7.5

IIS 7.5 的另一大特性就是管理工具使用了新的分布式 web.config 配置系统。IIS 7.5 不再拥有单一的 metabase 配置储存，而将使用 ASP.NET 支持的同样的 web.config 文件模型，这样就允许用户把配置 Web 应用的内容一起存储和部署，无论有多少站点，用户都可以通过 web.config 文件直接配置，这样当公司需要挂接大量的网站时，可能只需要很短的时间，因为管理员只需要复制之前做好的任意一个站点的 web.config 文件，然后把设置和 Web 应用一起传送到远程服务器上就可以了，没必要再写管理脚本来定制配置。

同时管理工具支持"委派管理(delegated administration)"，用户可以将一些可以确定的 web.config 文件通过委派的方式，委派给企业中的其他员工，当然在这种情形下，管理工具里显示的只是客户自己网站的设置，而不是整个机器的设置，这样 IIS 管理员就不用为站点的每一个微小变化而费心。版本控制同样简单，用户只需要在组织中保留不同版本的文本文件，然后在必要的时候恢复它们就可以了。

7. IIS 7.5 安全方面的增强

安全问题永远是微软被攻击的重中之重，其实并非微软对安全漠不关心，实在是因为微软这艘巨型战舰过于庞大，难免百密一疏，好在微软积极地响应着每一个安全方面的意见与建议。IIS 的安全问题主要集中在有关.NET 程序的有效管理以及权限管理方面。而 IIS 7.5 正是针对 IIS 服务器的安全问题做了相应的增强。

IIS 7.5 和 ASP.NET 管理设置集成到了单个管理工具里。这样，用户就可以在一个地方查看和设置认证及授权规则，而不是像以前那样要通过多个不同的对话框来完成。这给管理人员提供了一个更加一致和清晰的用户界面，以及 Web 平台上统一的管理体验。

在 IIS 7.5 中，.NET 应用程序直接通过 IIS 代码运行而不再发送到 Internet Server API 扩展上，这样就减少了可能存在的风险，并且提升了性能，同时管理工具内置对 ASP.NET 3.0 的成员和角色管理系统提供管理界面的支持。这意味着用户可以在管理工具中，创建和管理角色和用户，以及给用户指定角色。

8. IIS 7.5 的 Windows PowerShell 管理环境

Windows PowerShell 是一个特为系统管理员设计的 Windows 命令行 Shell。在这个 Shell 中包括一个交互提示和一个可以独立或者联合使用的脚本环境。对于热爱脚本管理的 IT 管理员，Windows PowerShell 必将让他们爱不释手。而对于 IIS 服务器，Windows PowerShell 同样可以提供全面的管理功能。

虽然 PowerShell 也可以管理运行在 Windows Server 2003 上的 IIS 6.0，但是 IIS 7.5 突显了 PowerShell 命令行管理方式的优势，它包括新的 APPCMD 功能。APPCMD 通过标准的命令行界面来创建和配置站点，这样的命令行工具的应用场景也非常常见，当用户的环境中用到例如脚本管理的时候，APPCMD 就将发挥极大的优势。

9. ASP.NET 和 IIS 7.5 的集成

Windows Server 2008 R2 是一个集 IIS 7.5、ASP.NET、Windows Communication Foundation 以及微软 Windows SharePoint Services 于一身的平台。IIS 7.5 是对现有的 IIS Web 服务器的重大改进，并在集成网络平台技术方面发挥着重要作用。IIS 7.5 的主要特征包括更加有效的管理工具，提高的安全性能以及减少的支持费用。这些特征使集成式的平台能够为网络解决方案提供集中式的、连贯性的开发与管理模型。

在早期的 IIS 版本中，开发人员需要编写 ISAPI 扩展(或)过滤器来扩展服务器的功能。除了写起来非常痛苦外，ISAPI 在如何接入服务器以及允许开发人员定制方面的能力也非常有限。例如，无法在 ISAPI 扩展中实现 URL 重写代码(注：ASP.NET 是以 ISAPI 扩展的方式实现的)。假如把运行时间长的代码编写成 ISAPI 过滤器，则结果是占用 Web 服务器的 I/O 线程(这就是不让托管代码在请求的过滤器执行阶段运行的原因)。

在 IIS 7.5 中对核心 IIS 处理引擎做的一个重大的架构级变动是通过一个新的模块化的请求管道架构来促成极其丰富的扩展性。如可以通过 Web 服务器注册一个 HTTP 扩展性模块(HTTP Extensibility Module)，对任意一个 HTTP 请求编写代码，利用扩展性模块使用 C++ 代码或.NET 托管代码来编写(也可以使用现有的 ASP.NET System.Web.IHttpModule 接口来实现)。

IIS 7.5 中所有"内置"的功能(如认证、授权、静态文件、目录清单支持、经典的 ASP 和记录日志等)，现在都是使用公开的模块化的管道 API 来实现的。这意味着用户可以除去 IIS 7.5 "内置"功能中任意一个，而以自己的实现来替换/扩展这些功能。

总而言之，IIS 7.5 将为 Web 管理员以及 Web 爱好者提供更加丰富、更加易用的管理工具。在 IIS 7.5 中，无论是管理方面还是安全方面都得到了全新的设计，而从用户群的角度来讲，利用 IIS 7.5，个人用户可以更快、更简便地建立自己的站点，而企业用户则可以更加全面、更加安全地维护和管理自己的 Web 环境。

9.2 安装 IIS 7.5

默认情况下，在 Windows Server 2008 R2 操作系统中，IIS 7.5 不会被默认安装。可以使用服务器管理器中的"添加角色"向导来安装 IIS。

安装 IIS 7.5 的步骤如下。

(1) 依次选择"开始"|"管理工具"|"服务器管理器"命令，打开"服务器管理器"窗口。

(2) 单击"服务器管理器"窗口左侧的"角色"选项，再单击右侧的"添加角色"选项，如图 9-1 所示。

图 9-1 角色管理

(3) 在打开的"添加角色向导—开始之前"对话框中，直接单击"下一步"按钮。

(4) 在图 9-2 中，选中"Web 服务器(IIS)"复选框，会弹出如图 9-3 所示的对话框。在这里，必须单击"添加必需的功能"按钮，否则不能安装 IIS。

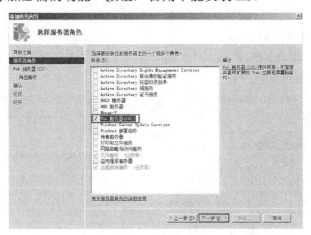

图 9-2　添加角色向导

图 9-3　单击"添加必需的功能"按钮

(5) 在"添加角色向导—Web 服务器(IIS)"对话框中，查看 IIS 的简介，单击"下一步"按钮。

(6) 在"添加角色向导—选择角色服务"对话框中，选择需要使用的角色服务后，如图 9-4 所示，单击"下一步"按钮。

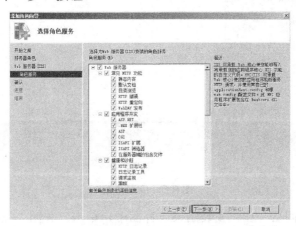

图 9-4　设置选择角色服务

提示： 如果是初学者，建议选择全部角色。在实际的网络服务器架设时，只选择需要的角色，可以增强安全性。

(7) 在"添加角色向导—确认安装选择"对话框中，查看选择的角色是否恰当之后，单击"安装"按钮，如图 9-5 所示。

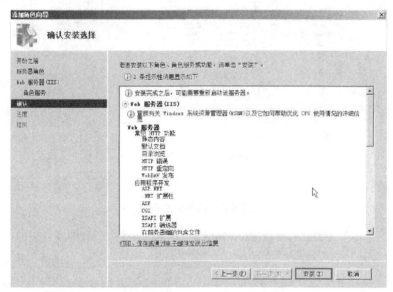

图 9-5　确认安装选择

(8) 在"添加角色向导—安装进度"对话框中等待安装，如图 9-6 所示。

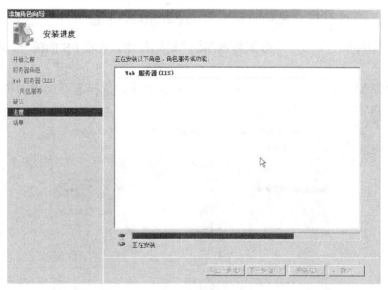

图 9-6　安装进度

(9) 等待一段时间后，在"安装结果"界面中，单击"关闭"按钮，确认安装结果，如图 9-7 所示。

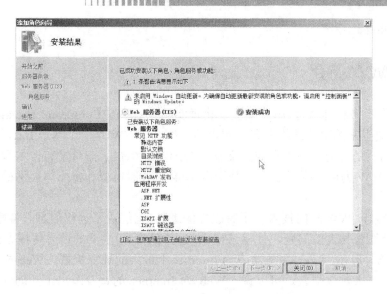

图 9-7　安装结果

安装成功后，在"服务器管理器"窗口的"角色"选项中，可以看到增加了"Web 服务器(IIS)"选项，如图 9-8 所示，这说明 IIS 7.5 已经成功安装，然后就可以利用 IIS 来提供 Web、FTP 和 SMTP 服务了。

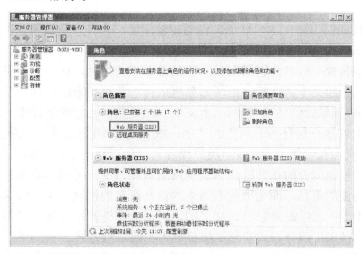

图 9-8　查看添加的角色

9.3　设置与管理 Web 服务

万维网(亦称作网络、WWW、3W、Web 或 World Wide Web)，是一个资料空间。在这个空间中有用的事物，称之为"资源"，并且由一个全域"统一资源标识符"(URL)标识。这些资源通过超文本传输协议(Hypertext Transfer Protocol)传送给使用者，而后者通过单击链接来获得资源。从另一个观点来看，万维网是一个通过网络存取的互联超文件(interlinked hypertext document)系统。

9.3.1 WWW 简介

WWW 是于 1989 年 3 月，由欧洲量子物理实验室 CERN(European Laboratory for Particle Physics)所发展出来的主从结构分布式超媒体系统。WWW 是一个基于 Internet 的、全球连接的、分布的、动态的、多平台的、交互式图形的、综合了信息发布技术和超文本技术的信息系统。WWW 为用户提供了一个基于浏览器/服务器模型和多媒体技术的友好的图形化信息查询界面。

到了 1993 年，WWW 的技术有了突破性的进展，它解决了远程信息服务中的文字显示、数据连接以及图像传递的问题，使得该技术成为网络上最主要的信息传播方式。WWW 有时也称作 Web。现在，Web 服务器成为 Internet 上最大的计算机群，Web 文档之多、链接的网络之广，令人难以想象。可以说，Web 为 Internet 的普及迈出了开创性的一步，是近年来 Internet 上取得的最激动人心的成就。

通过万维网，人们只要通过使用简单的方法，就可以迅速方便地取得丰富的信息资料。由于用户在通过 Web 浏览器访问信息资源的过程中，无须去关心一些技术性的细节，而且界面非常友好，因而 Web 浏览器自推出以来受到了热烈的欢迎，走红全球，并迅速得到了爆炸性的发展。

WWW 不仅能够传输文本、目录，也能传输图像、声音和动画等多种其他信息。由于 WWW 把信息组织成分布式的超文本，因此对信息的浏览和查询变得非常简单和方便。一个超文本文件中包含了许多分别指向另一些信息节点的指针，这些包含指针的地方通常称为"链接"。一个超文本链接指针由两部分组成：一是被指向的目标，它可以是同一文件的另一部分，也可以是世界另一端的一个文件；二是指向目标的链接指针。超文本链接指针表现在屏幕上就是一些有别于基色的文字，或者是整个图像(或部分图像)，将鼠标放在"链接"上时，鼠标指针将变为手形，用户很容易就能识别出来。只要用鼠标单击这些"链接"，就能立即根据内含的指针链接到其他网络资源。用户可以不断地选择"链接"，从而不断地转换阅读的信息，而无须关心阅读的信息所在的位置，也不用具备太多的计算机专业知识。由于人的思维是跳跃的、交叉的，而每一个链接指针代表了不同的思维跳跃，因此使用超文本技术组织分布式信息更加符合人类的思维方式。

WWW 采用客户机/服务器(Client/Server)模式进行工作。所谓客户机/服务器模式，即用户使用被称为"客户程序"的软件，向服务器(运行有相应的"服务程序")提出请求，服务器对用户的请求做出回答后，通过客户程序告诉用户。因此，在 WWW 工作过程中，用户所使用的本地计算机是运行 WWW 客户程序的客户机，通过 Internet 访问分布在世界各地的 WWW 服务器。

客户端软件通常称为 WWW 浏览器(Browser)，简称浏览器。浏览器软件的种类繁多，目前常见的有 IE(Internet Explorer)、Netscape Navigator 等，其中 IE 是全球使用最广泛的一种。而运行 Web 服务器(Web Server)软件，并且有超文本和超媒体驻留其上的计算机就称为 WWW 服务器或 Web 服务器，它是 WWW 的核心部件。

浏览器和服务器之间通过超文本传输协议(HyperText Transfer Protocol，HTTP)进行通

信和对话，该协议建立在 TCP 连接之上，默认端口为 80。用户通过浏览器建立与 WWW
服务器的连接，交互地浏览和查询信息。其工作过程如图 9-9 所示，浏览器首先向 WWW
服务器发出 HTTP 请求，WWW 服务器作出 HTTP 应答并返回给浏览器，然后浏览器装载
超文本页面，并解释 HTML，从而显示给用户。

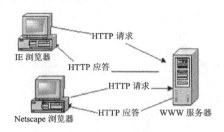

图 9-9　WWW/HTTP 请求−响应模式

WWW 的一个重要特点是采用了统一资源定位符(Uniform Resource Locator，URL)。
URL 是一种用来唯一标识网络信息资源的位置和存取方式的机制，通过这种定位就可以对
资源进行存取、更新、替换和查找等各种操作，并可在浏览器上实现 WWW、E-mail、FTP、
新闻组等多种服务。

9.3.2　创建 Web 站点

"Internet 信息服务(IIS)管理器"为管理员提供了一个用户界面(UI)，通过执行以下操
作，即可创建一个 Web 网站。

(1) 依次选择"开始"|"程序"|"管理工具"|"Internet 信息服务(IIS)管理器"命令，
或在"运行"对话框中运行命令：inetmgr，启动"Internet 信息服务(IIS)管理器"，如图 9-10
所示。

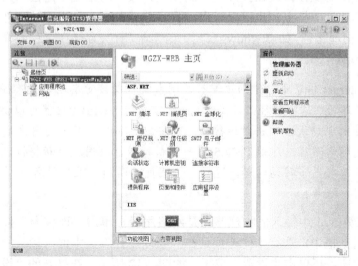

图 9-10　设置 Internet 信息服务(IIS)管理器

(2) 右击 IIS 服务器(WGZX-WEB)，在弹出的快捷菜单中选择"添加网站"命令，打开"添加网站"对话框，如图 9-11 所示。

图 9-11　选择添加网站

(3) 输入网站名称。在"添加网站"对话框的"网站名称"文本框中，为网站输入一个方便记忆的名称，用于区分本机的各个网站。这个名称应该是易于为管理员接受的，如 ybuwgzx(宜宾学院网管中心)。

(4) 设置应用程序池。在"应用程序池"文本框中，将显示网站选定的应用程序池。输入网站名称时，将使用与网站相同的名称(最多 64 个字符)来创建新的应用程序池。默认情况下，会将该应用程序池配置为使用.NET Framework 2.0 和集成的管道模式。可以稍后编辑此应用程序池的设置或为网站选择另一个应用程序池。单击"选择"按钮，在打开的"选择应用程序池"对话框中，可以选择将在其中运行该网站的应用程序池。

(5) 设置 Web 网站的文件物理路径。在"物理路径"文本框中，输入网站文件夹的物理路径，或者单击浏览按钮，在打开的"浏览文件夹"对话框中定位网站文件夹。网站文件夹既可以在本地计算机上，也可以来自远程目录或共享。如果网站文件夹存储在本地计算机上，则输入物理路径，如 J:\ybuwgzx。如果网站文件夹存储在远程共享上，则输入 UNC 路径，如\\10.0.0.3\Web。

> 💡 注意：　Internet 信息服务(IIS)管理器控制台既可以接受本地文件路径，也可以接受网络路径，这些路径必须是 Internet 信息服务(IIS)管理器可以访问到的，否则将会出现错误。单击"连接为..."按钮，可以让不同的用户帐号只能进入特定的网络路径。这是 IIS 7.5 的一个新特性，利用这个新特性，IIS 7.5 可以从远程路径发布网站内容，这样，管理员可以用"服务器名\用户名"的形式规范用户帐号。

(6) 如果在第(5)步中输入的物理路径是网络路径，单击"连接为"按钮，然后在打开的"连接为"对话框中，选择如何连接到在"物理路径"文本框中输入的路径。选中"特定用户"单选按钮，再单击"设置"按钮，如图 9-12 所示，在打开的"设置凭据"对话框中，输入用户名和密码。默认情况下，"应用程序用户(通过身份验证)"单选按钮处于选中状态。如果未提供凭据(即选择默认的"应用程序用户(通过身份验证)")，则 Web 服务器将使用传递身份验证，这意味着通过使用应用程序用户的标识可以访问内容，通过使用应用程序池的标识可以访问配置文件。

注意：　在"设置凭据"对话框中输入的用户，必须在本地计算机中存在，同时又能连接到远程计算机。

图 9-12　应用程序身份验证

设置好连接到物理路径的凭据后，单击"测试设置"按钮，在打开的"测试连接"对话框中，可以查看测试结果列表以评估路径设置是否有效，如图 9-13 所示。

图 9-13　测试连接

(7) 选择网站协议。在"类型"下拉列表框中为网站选择所需要的协议。如果希望网站具有 HTTP 绑定，应选择 HTTP；如果希望网站具有安全套接字层(SSL)绑定，应选择HTTPS。

HTTPS(Hypertext Transfer Protocol over Secure Socket Layer)，是以安全为目标的 HTTP通道，简单讲是 HTTP 的安全版。HTTP 下加入 SSL 层，HTTPS 的安全基础是 SSL，因此加密的详细内容就需要 SSL。它是一个 URI scheme(抽象标识符体系)，句法类同 HTTP:URL体系，用于安全的 HTTP 数据传输。HTTPS:URL 表明它使用了 HTTPS，但 HTTPS 存在不同于 HTTP 的默认端口及一个加密/身份验证层(在 HTTP 与 TCP 之间)。这个系统最初由网景公司研发，提供了身份验证与加密通信方法，现在已被广泛用于万维网上安全敏感的通信，例如交易支付方面。

HTTPS 和 HTTP 的区别主要有四点。

● HTTPS 协议需要到 CA 申请证书，一般免费证书很少，需要交费。

● HTTP 是超文本传输协议，信息是明文传输，HTTPS 则是具有安全性的 SSL 加密传输协议。

● HTTP 和 HTTPS 使用的是完全不同的连接方式，用的端口也不一样，前者是 80，后者是 443。

● HTTP 的连接很简单，是无状态的，HTTPS 协议是由 SSL+HTTP 协议构建的可进行加密传输、身份认证的网络协议，要比 HTTP 协议安全。

(8) 设置网站 IP 地址。在"IP 地址"下拉列表框中选择 IP 地址或输入 IP 地址后，用户可以使用该 IP 地址来访问此网站，Web 网站的域名最终将被解析为这个 IP 地址。如果在 IP 地址下拉列表框中选中"全部未分配"选项，则该网站将通过为它指定的端口和可选主机名来响应对所有 IP 地址的请求，除非服务器上的另一个网站也绑定到这一端口，并使用特定的 IP 地址。

例如，默认网站绑定的"IP 地址"指定为"全部未分配"，"端口"指定为 80，没有主机名。如果服务器有另一个网站(名为 Contoso)，使用 IP 地址为 172.30.189.179、端口为 80 并且没有主机名的绑定，则 Contoso 将在端口 80 上接收对 IP 地址 172.30.189.179 的所有 HTTP 请求，而默认网站将继续在端口 80 上接收对除 172.30.189.179 以外的任何 IP 地址的 HTTP 请求。

(9) 设定网站端口号。如果在"类型"下拉列表框中选择 HTTP，则默认端口为 80；如果在下拉列表框中选择 HTTPS，则默认端口为 443。如果指定一个不同于默认端口的端口(如 8080)，则客户端必须在发送给服务器的请求中指定端口(如 http://10.2.0.52:8080)，否则它们将无法连接到网站。

> **提示：** 如果新添加的网站使用了默认端口 80，并且没有指定主机名时，则必须将默认网站 Default Web Site 停止，否则新添加的网站将不能正常启动。在 Internet 信息服务(IIS)管理器窗口中选中默认网站，在右侧窗格中单击"停止"选项即可。

(10) 设置主机名。如果要将一个或多个主机名(也称为"域名")分配给使用单一 IP 地址的一台计算机，则要输入主机名。如果指定了主机名，则客户端必须使用主机名(而不是 IP 地址)来访问网站。

> **提示：** 如果要在 Internet 上访问新添加的网站，应在主机名下的文本框中输入网站的域名，如 nm.yibinu.cn。如果新添加的网站有多个域名，比如 nm1.yibinu.cn 和 nm2.yibinu.cn，则必须为每个主机名创建与网站域名单独的绑定。

(11) 启动网站。如果无须对站点做任何更改，并且希望网站立即可用，应选中"立即启动网站"复选框，然后单击"确定"按钮。图 9-14 为添加一个新网站的实例。

图 9-14　添加新网站的实例

现在，只要正确地配置了 DNS，就可以使用网站域名(如 nm.yibinu.cn)浏览这个网站了。在 IIS 管理器中，可查看添加的网站，如图 9-15 所示。

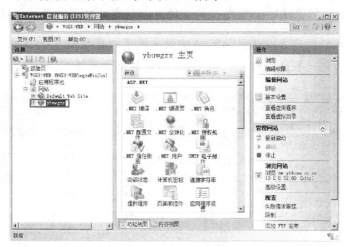

图 9-15　查看添加的网站

9.3.3　设置默认文档

使用"默认文档"功能页可配置默认文档的列表。如果用户访问你的网站或应用程序，但没有指定文档名(例如，请求 http://nm.yibinu.cn/而不是 http://nm.yibinu.cn/Default.htm)，则可以配置 IIS 提供一个默认文档，如 Default.htm。IIS 将返回与目录中的文件名匹配的列表中的第一个默认文档。如果没有匹配第一个默认文档，将依次匹配第二默认文档、第三个默认文档……

💡 **注意：** 要提高性能，应确保磁盘上存在列表中的第一个默认文档，并且此文档是列表中的第一个文件名。

在 IIS 管理器左侧的窗格中选中一个网站或目录，在中间的窗格中双击"默认文档"选项，打开"默认文档"配置页，如图 9-16 所示。在这里可以看到一些系统默认且常用的默认文档，单击右侧窗格中的"添加"选项，打开"添加默认文档"对话框，可以在此对话框中将文件名添加到默认文档列表中。

在默认文档列表中，可以看到新添加的默认文档的"条目类型"为"本地"，而 IIS 自动添加的默认文档为"继承"。所有的默认文档，都会被该网站的虚拟目录和子目录继承。可单独设置虚拟目录或子目录的默认文档。

选中一个默认文档，在右侧窗格中，单击"删除"选项，将删除从默认文档列表中选中的项目；单击"上移"选项，可以在列表中将选定项目向上移动；单击"下移"选项，可以在列表中将选定项目向下移动。

在右侧窗格中，单击"恢复父项"选项，可以恢复父配置中的继承设置，删除本地设置。

在右侧窗格中，单击"禁用"选项，将禁用"默认文档"功能。如果禁用默认文档，并且用户访问网站或应用程序时没有指定文档名，则客户端浏览器将收到 403 禁止访问错误，因为 Web 服务器无法确定要提供的文件，并且客户端无法查看目录的内容。

💡 注意：   如果禁用了"默认文档"功能但启用了"目录浏览"功能，则客户端浏览器
         将收到一个目录列表，而不是 403 禁止访问错误。

图 9-16   设置默认文档

9.3.4   HTTP 重定向

在架设网站时，有时需要使用 HTTP 重定向功能。使用"HTTP 重定向"配置页可以启用重定向并配置将传入的请求重定向到新目标的方式。

选中一个网站或目录，在中间的窗格中双击"HTTP 重定向"选项，打开"HTTP 重定向"配置页，如图 9-17 所示。

选中"将请求重定向到此目标"复选框，启用重定向，并在文件框中指定请求的重定向目标 URL，如 http://www.yibinu.cn。在重定向行为中有两个选项，说明如下。

1. 将所有请求重定向到确切的目标(而不是相对于目标)

如果要将客户端重定向到"将请求重定向到此目标"文本框中所指定的确切 URL，请选择此选项。例如，如果将重定向目标配置为 http://www.yibinu.cn，且传入的请求为 http://10.0.0.1/marketing/default.asp 或 http://10.0.0.1/，则 IIS 都会将该请求重定向到 http://www.yibinu.cn。

如果未选定此选项，则目标是与"将请求重定向到此目标"中所指定的值相对的一个目标。例如，如果将重定向目标配置为 http://www.yibinu.cn，且传入的请求为 http://10.0.0.1/marketing/default.asp,则 IIS 会将该请求重定向到 http://www.yibinu.cn/marketing/default.asp，而不是 http://www.yibinu.cn。

2. 仅将请求重定向到此目录(非子目录)中的内容

例如，如果"将请求重定向到此目标"文本框设置为 J:\ybuwgzx，则选中此项后，客户端只重定向到"将请求重定向到此目标"文本框中所指定的目录 J:\ybuwgzx 中的内容。

如果未选定此选项，则会将请求重定向到"将请求重定向到此目标"文本框中的位置以及该位置下的任何子目录。

3. 状态代码

选择以下选项之一以指定发送给客户端的重定向状态代码。

- 已找到(302)：通知 Web 客户端将新请求发布到该位置。这是默认选项。
- 永久(301)：通知 Web 客户端请求的资源的位置已发生永久性更改。
- 临时(307)：防止 Web 浏览器在发出 HTTP POST 请求时丢失数据。

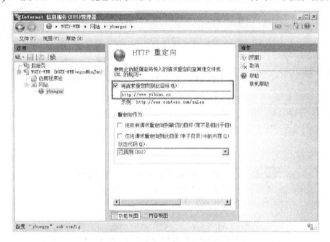

图 9-17　HTTP 重定向

9.3.5　设置授权规则

选中添加的网站，在中间的窗格中双击".NET 授权规则"选项，打开".NET 授权规则"配置页面，如图 9-18 所示，在此可设置访问该网站的用户。

单击右侧窗格中的"添加允许规则"选项，打开如图 9-19 所示对话框，在此可根据网站管理情况，添加允许访问该网站的规则，有 5 个选项。

- **所有用户**：选择此选项可以为匿名用户和经过身份验证的用户管理内容访问权限。默认情况下，这是为"所有用户"配置的允许规则。
- **所有匿名用户**：选择此选项可以为没有经过身份验证的用户管理内容访问权限。
- **指定的角色或用户组**：选择此选项可以为特定的 Microsoft Windows 角色或用户组管理内容访问权限。
- **指定的用户**：选择此选项可以为特定用户帐户管理内容访问权限。
- **将此规则应用于特定谓词**：指定适用于 GET 或 POST 之类的特定 HTTP 谓词的规则。

单击右侧窗格中的"添加拒绝规则"选项，在打开的对话框中，可添加拒绝访问该网站的规则。

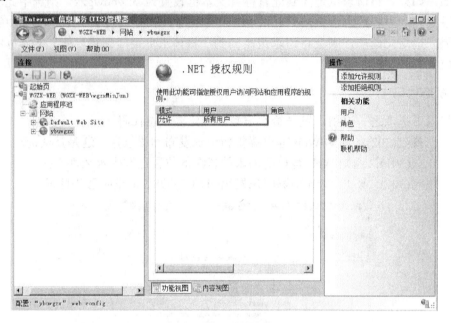

图 9-18　授权规则

图 9-19　设置添加允许授权规则

9.3.6　配置 ASP

IIS 7.5 为 ASP 应用程序提供了默认设置，但可以根据需要更改这些设置。例如，可能要在测试服务器上启用客户端调试，以便在测试通过期间帮助排除问题。

选中一个网站，在中间的窗格中双击 ASP 选项，打开 ASP 配置页面，如图 9-20 所示，在此可以设置 ASP 的各种参数。最常用的是启用父路径。父路径是指定 ASP 页是否允许相对于当前目录的路径(使用"..\"表示法)，即当前目录之上的路径，将"启用父路径"后面的值更改为 True 即可。

图 9-20　启用父路径

如需打开 ASP 调试，还需要将"调试属性"中的"启用服务器端调试"和"启用客户端调试"的值更改为 True。

图 9-21　设置调试属性

设置完成后，在"操作"窗格中单击"应用"选项。

注意：　在安装 IIS 角色的过程中，在选择 IIS 安装的角色服务时，一定要选中 Asp 角色，才能应用上述的设置。

9.3.7　备份与还原 IIS 配置

在服务器正常运行一段时间后，所有配置也趋于稳定。如果此时进行备份工作，以后服务出现问题时进行还原，只需少许配置或不作配置，就可以快速实现还原操作。当服务器出现问题并重装系统后，可通过备份的 IIS 设置，还原 IIS。

在 IIS 7.5 中，可以使用 appcmd 命令，备份与还原 IIS 配置。命令如图 9-22 所示：

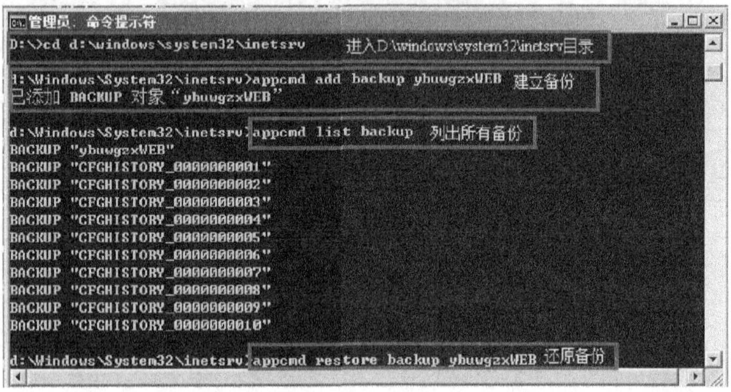

图 9-22　appcmd 命令备份与还原 IIS 配置

生成的备份文件在 D:\Windows\System32\inetsrv\backup 目录中，可手动将备份文件复制到其他地方。

可以通过设置共享的配置，如图 9-23 所示，导出网站的配置，以供日后有需要时使用。其导出方法为双击"共享的配置"，在弹出的"共享配置"窗口中的右侧"操作"窗格中选择"导出配置"命令，在"导出配置"对话框中确定配置的位置及为配置设置加密密钥，以保证配置安全，如图 9-24 所示。

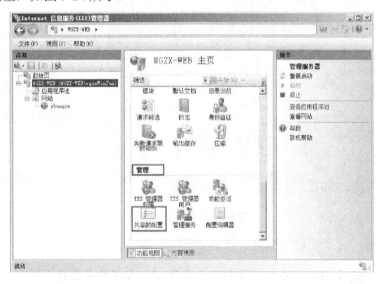

图 9-23　选择共享的配置

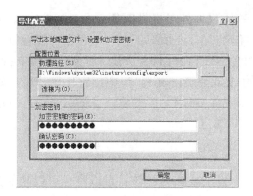

图 9-24 导出配置

9.4 管理应用程序与虚拟目录

IIS 7.5 继续使用了网站、应用程序以及虚拟目录的概念，但是与 IIS 6.0 相比，IIS 7.5 赋予了这些概念更多的内涵。在 IIS 7.5 的架构中，由这些概念构成的对象组成了层次结构。网站是根对象，由应用程序组成，应用程序包括虚拟目录。每个网站至少包括一个应用程序，称之为根应用程序，并且用 "/" 表示这个应用程序。每个应用程序至少包括一个虚拟目录，称之为根虚拟目录，同样用 "/" 表示。IIS 7.5 使用了应用程序对象的概念，并将其功能进行了扩展，使之能够应用于 IIS 和 IIS 扩展技术，如 ASP.NET。

9.4.1 网站、应用程序和虚拟目录的区别

在 IIS 7.5 中，可以创建网站、应用程序和虚拟目录，以便与 Internet、Intranet 或 Extranet 上的用户共享信息。网站、应用程序和虚拟目录以一种分层结构的关系协同进行工作，用作寄存联机内容的基础构建块。

简而言之，网站包含一个或多个应用程序，应用程序包含一个或多个虚拟目录，虚拟目录则映射到 Web 服务器或远程计算机上的物理目录。

1. 网站

网站是根对象。网站是应用程序和虚拟目录的容器，提供了与应用程序唯一的绑定，网站可以通过这个绑定访问应用程序。一个绑定包括两个属性：绑定协议和绑定信息。绑定协议确定了服务器和客户端交换数据时使用的协议，如 HTTP 协议和 HTTPS 协议。绑定信息确定了客户如何访问服务器，包括 IP 地址、端口编号，以及主机头等信息。针对同一个网站，可以使用多个绑定协议，例如，网站可以使用 HTTP 协议提供标准内容的服务，同时可以使用 HTTPS 协议来处理登录页面。

2. 应用程序

在 IIS 7.5 中，应用程序是由一些文件和文件夹组成的集合，这些文件和文件夹可以通

过诸如 HTTP 或 HTTPS 等协议为外界提供服务。在 IIS 7.5 中，每个网站至少包括一个应用程序，即根应用程序，但是在必要情况下，一个网站可以包括多个应用程序。IIS 7.5 中的应用程序不仅支持 HTTP 协议和 HTTPS 协议，而且还可以支持其他协议。为了支持某个协议，必须在配置文件的<listenerAdapters>节中指定用于侦听的适配器，同时，必须在配置文件的<enabledProtocols>节中启用对应的协议。举例来说，可以将 FTP 协议添加到应用程序中，从而生成一个 FTP 绑定。

3. 虚拟目录

虚拟目录是这样的一个目录或路径：该目录或路径可以映射为本地或远程服务器中文件的物理位置。虚拟目录可以使用本地文件夹、UNC 路径、映射驱动器，还可以使用分布式文件系统共享。与网站一样，应用程序也至少拥有一个根虚拟目录，当然，还可以拥有多个虚拟目录。如果应用程序需要访问某些文件，但是又不希望将这些文件添加到保存应用程序的物理文件夹结构中，那么就可以使用虚拟目录。

利用虚拟目录，可以令客户通过 FTP 将图像上传到网站，而不需要为客户指派访问网站代码库的权限。客户上传图像时，保存图像的物理目录是与网站文件的保存目录隔离开的，单独保存在一个目录结构中，同时，利用虚拟目录，网站又可以访问这些图像文件。这样就可以维护一个服务级别协议(Service Level Agreement，SLA)，同时，在任何时刻，客户都可以将图像上传到网站。

9.4.2 创建虚拟目录

一般说来，站点的内容都应当在一个单独的目录结构内，这样可以防止引起访问请求混乱的问题。特殊情况下，网络管理人员可能因为某种需要而使用除实际站点目录(即主目录)以外的其他目录，或者使用其他计算机上的目录，来让 Internet 用户作为站点访问。这时，可以使用虚拟目录，即将想使用的目录设为虚拟目录让用户访问。

处理虚拟目录时，IIS 把它作为主目录的一个子目录来对待；而对于 Internet 上的用户来说，访问时虚拟目录与站点中其他任何目录之间是没有区别的。设置虚拟目录时必须指定它的位置，虚拟目录可以存在于本地服务器上，也可以存在于远程服务器上。多数情况下虚拟目录都存在于远程服务器上，此时，用户访问这一虚拟目录时，IIS 服务器将充当一个代理的角色，它将通过与远程计算机联系并检索用户所请求的文件来实现信息服务支持。有时从网站的安全方面考虑，也需要建立多个虚拟目录。

为一个网站创建虚拟目录的步骤如下。

在 IIS 管理器窗口的左侧窗格中，右击需要创建虚拟目录的网站或应用程序，在快捷菜单中选择"添加虚拟目录"命令，打开"添加虚拟目录"对话框，如图 9-25 所示。

在"别名"文本框中，输入虚拟目录的名称，客户端可以使用该名称通过 Web 浏览器访问内容。例如，如果网站地址为 http://nm.yibinu.cn/并且为该网站创建了一个名为 work 的虚拟目录，则用户可以通过输入 http://nm.yibinu.cn/work 从浏览器中访问该虚拟目录的内容。

设置好虚拟目录的物理路径及用户凭据后，单击"确定"按钮，虚拟目录添加完成。

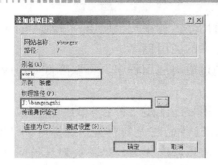

图 9-25　添加虚拟目录

提示：　虚拟目录不出现在网站的目录列表中。要访问虚拟目录，用户必须知道虚拟
目录的别名。

9.4.3　创建应用程序

在 IIS 管理器的左侧窗格中右击需要添加应用程序的网站，在快捷菜单中选择"添加
应用程序"命令，打开"添加应用程序"对话框，如图 9-26 所示。在此，可输入应用程序
的别名和物理路径，同时也可为其选择单独的应用程序池。

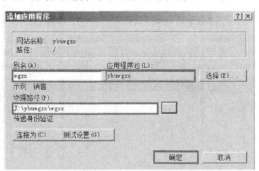

图 9-26　添加应用程序

9.5　管理应用程序池

应用程序池是一个或一组 URL，它们由一个或一组工作进程提供服务。应用程序池为
它们包含的应用程序设置了边界，这意味着在给定应用程序池外部运行的任何应用程序均
不能影响该应用程序池中的应用程序。应用程序池的作用是让一个应用程序或一组应用程
序与其他应用程序池中的一个或多个应用程序分开运行。

应用程序池具有下列优点。

- 改进的服务器和应用程序性能。对于占用大量资源的应用程序，可以给它们分配
单独的应用程序池，以免影响其他应用程序的性能。

- 改进的应用程序可用性。如果一个应用程序池中的应用程序发生故障，将不会影响其他应用程序池中的应用程序。
- 改进的安全性。通过隔离应用程序，可以降低一个应用程序访问其他应用程序资源的概率。

为每个网站新建一个应用程序池是一种合理的部署方式，特别是如果需要在一台服务器中运行多个 Web 网站时，这种做法尤其有益。这样可以确保每个 Web 应用程序仅在自己的进程中运行，如果一个应用程序失效，也不会对其他网站造成影响。如果在创建网站时没有选择创建一个新的应用程序池，或者在创建网站时使用其他手段导入了一个网站，那么可能需要手动创建一个应用程序池。

9.5.1 添加应用程序池

在 IIS 管理器的左侧窗格中单击"应用程序池"选项，打开"应用程序池"配置页面，如图 9-27 所示，在这里可以查看和管理应用程序池。

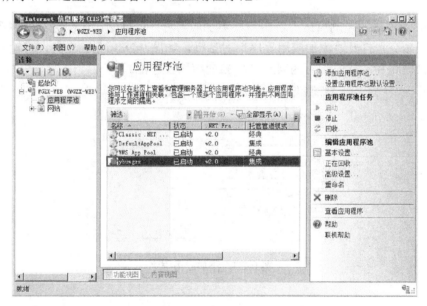

图 9-27　应用程序池

添加应用程序池的步骤如下。

(1) 在图 9-27 中，单击"操作"窗格中的"添加应用程序池"选项，打开"添加应用程序池"对话框，如图 9-28 所示。

(2) 在"名称"文本框中输入应用程序池的名称，如 zhaoshengwang。

(3) 在.NET Framework 下拉列表框中，选择将由此应用程序池加载的.NET Framework 的版本。如果不包含托管代码，可选中"无托管代码"选项。

💡 注意：　一个应用程序池只能加载一个版本的.NET Framework；应用程序池中的所有应用程序必须使用同一个版本。

(4) 在"托管管道模式"下拉列表框中，指定 IIS 如何处理对托管内容的请求。

● **集成**：IIS 使用集成的 IIS 和 ASP.NET 请求处理管道来处理对托管内容的请求。

● **经典**：IIS 使用独立的 IIS 和 ASP.NET 请求处理管道来处理对托管内容的请求。
只有在应用程序池中的应用程序无法在"集成"模式下运行时才使用此模式。

图 9-28　添加应用程序池

9.5.2　查看应用程序池中的应用程序

在图 9-27 中，选中一个应用程序池，单击"操作"窗格中的"查看应用程序"选项，在打开的页面中，可查看该应用程序池包含的应用程序，如图 9-29 所示。

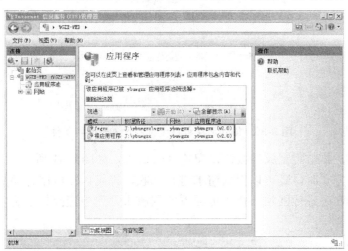

图 9-29　查看应用程序池中的应用程序

9.5.3　回收应用程序池

可以将 IIS 配置为定期重新启动应用程序池中的工作进程，以恢复宝贵的系统资源，并更好地管理故障工作进程。

在图 9-27 中，选中一个应用程序池，单击"操作"窗格中的"正在回收"选项，打开"编辑应用程序池回收设置—回收条件"对话框，如图 9-30 所示，在此可设置自动回收时间间隔或自动回收次数等。各选项说明如下。

- **固定时间间隔(分钟)**：指定 IIS 回收工作进程的频率，以时间间隔(分钟)的形式来表示。
- **固定请求数量**：指定 IIS 在请求数量达到多少之后回收工作进程。
- **特定时间(s)**：指定 IIS 在 24 小时内的哪些时间回收工作进程。例如，要在凌晨 4:30 和下午 4:30 回收工作进程，输入 4:30 AM, 4:30 PM。所指定的时间使用 Web 服务器上的本地时间。
- **虚拟内存使用情况(KB)**：指定工作进程最多可以使用系统多少公用虚拟内存量 (KB)，超过该值后，将回收工作进程。如果注意到服务器上使用的虚拟内存持续增加，可以选择此选项。输入过高的值会显著降低系统的性能。首先应当将虚拟内存阈值设置为小于可用虚拟内存的 70%，然后在必要时对该设置进行调整。
- **专用内存使用情况(KB)**：指定工作进程最多可使用多少专门分配的系统物理内存 (KB)，超过该值后，将回收工作进程。如果应用程序出现内存泄漏情况，则可以选择此选项。输入过高的值会显著降低系统的性能。首先应当将该值设置为小于服务器上可用物理内存的 60%，然后在必要时对该设置进行调整。

图 9-30　编辑应用程序池回收设置—回收条件

设置完成后，单击"完成"按钮，配置回收日志，如图 9-31 所示。

在设置回收方式时，既可以根据请求进行回收，也可以在应用程序池发现某个 ISAPI 应用程序发生异常时进行回收。在"可配置的回收事件"中选择相应选项，可以启用日志记录上述情况。

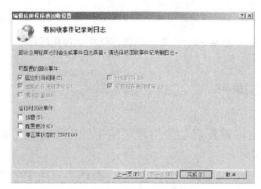

图 9-31　编辑应用程序池回收设置—将回收事件记录到日志

9.6　建立服务器安全机制

IIS 7.5 新增了一系列的安全功能。Windows 内置组 IIS_IUSRS 代替了本地组 IIS_WPG，新增的内置帐户 IUSRS 代替了 IIS 6.0 中的本地 IUSR_MachineName 匿名帐户。但是，IUSR_MachineName 帐户将继续用于 FTP。IIs7.5 还可以将 IP 限制列表配置为拒绝单台计算机、一组计算机、域或所有 IP 地址和未列出的项访问内容，它除了提供 IIS 6.0 中的授予/拒绝支持外，还为 IP 限制规则的继承和合并提供支持。

9.6.1　指定 Web 目录管理员

为了确保网站目录的安全性，需要对目录权限进行配置。

在 IIS 管理器中，右击一个网站，在快捷菜单中选择"编辑权限"命令，打开网站所在目录的"属性"对话框。在"安全"选项卡中，网站目录权限设置与文件夹权限分配一样，可以从列表中删除不需要访问的用户，并添加需要访问权限的管理员和分配相应权限，如图 9-32 所示。

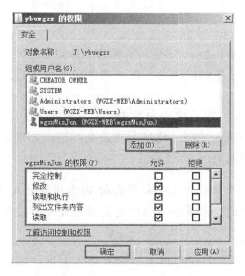

图 9-32　网站目录权限设置

9.6.2　身份验证

身份验证有助于确认请求访问站点或应用程序的客户端的标识。默认情况下，IIS 7.5 支持匿名身份验证和集成 Windows 身份验证。利用身份验证机制，可以确定哪些用户可以访问 Web 应用程序，从而为这些用户提供对 Web 网站的访问权限。一般的身份验证请求需要输入用户名和密码来完成验证，此外，也可以使用诸如访问令牌等进行身份验证。

1) AD 客户证书身份验证

AD 客户证书身份验证允许使用 Active Directory 目录服务功能将用户映射至客户证书，以便进行身份验证。将用户映射至客户证书可以自动验证用户的身份，而无须使用基本、摘要式或集成 Windows 身份验证等其他身份验证方法。

2) 匿名身份验证

匿名身份验证允许任何用户访问任何公共内容，而不要求提供用户名和密码。默认情况下，匿名身份验证在 IIS 7.5 中处于启用状态。启用匿名身份验证后，可以更改 IIS 用于匿名访问站点和应用程序的帐户。

💡 **注意：** 如果希望访问网站的所有客户端都可以查看网站内容，使用匿名身份验证。

3) ASP.NET 模拟

ASP.NET 模拟允许在默认 ASP.NET 帐户以外的上下文中运行 ASP.NET 应用程序。可以将模拟与其他 IIS 身份验证方法结合使用或设置任意用户帐户。

4) 基本身份验证

基本身份验证要求用户提供有效的用户名和密码才能访问内容。

💡 **注意：** 基本身份验证在网络上传输弱加密的密码。只有当知道客户端与服务器之间的连接是安全连接时，才能使用基本身份验证。

5) 摘要式身份验证

摘要式身份验证使用 Windows 域控制器对请求访问服务器上的内容的用户进行身份验证。当需要比基本身份验证更高的安全性时，应考虑使用摘要式身份验证。

6) Forms 身份验证

Forms 身份验证使用客户端重定向来将未经过身份验证的用户重定向至一个 HTML 表单，用户可以在该表单中输入凭据，通常是用户名和密码。确认凭据有效后，系统会将用户重定向至他们最初请求的页面。

📑 **提示：** 由于 Forms 身份验证以明文形式向 Web 服务器发送用户名和密码，因此应当对应用程序的登录页和其他所有页使用安全套接字层(SSL)加密。

7) Windows 身份验证

Windows 身份验证使用 NTLM 或 Kerberos 协议对客户端进行身份验证。Windows 身份验证最适用于 Intranet 环境。Windows 身份验证不适合在 Internet 上使用，因为该环境不需要用户凭据，也不对用户凭据进行加密。

如果某些内容只应由选定用户查看，则必须配置相应的 NTFS 权限以防止匿名用户访问这些内容。如果只允许注册用户查看选定的内容，可以为这些内容配置一种要求提供用户名和密码的身份验证方法，如基本身份验证或摘要式身份验证。

配置匿名身份验证时，可以考虑为所有匿名用户帐户创建一个组。根据该组成员身份，拒绝授予对资源的访问权限。拒绝授予匿名用户对 Windows 目录和子目录中所有可执行文件的执行权限。

配置匿名身份验证的步骤如下。

(1) 在 IIS 管理器中，在左侧空格中双击需要配置匿名身份验证的网站。

(2) 在中间的空格中，双击"身份验证"选项。

(3) 在打开的"身份验证"配置页面上，选中"匿名身份验证"选项，如图 9-33 所示。

图 9-33　身份验证选择框

提示：　如果匿名身份验证默认没有启用，右键单击匿名身份验证，在弹出的快捷菜单中选择"启用"命令，启用匿名身份验证。

(4) 右击匿名身份验证，在弹出的快捷菜单中选择"编辑"命令，打开"编辑匿名身份验证凭据"对话框，如图 9-34 所示。

● **特定用户**：单击"设置"按钮，在打开的"设置凭据"对话框中，输入用于访问网站或应用程序的特定帐户名，如图 9-35 所示。默认情况下，IIS 7.5 使用 IUSR 作为用户名进行匿名访问。此用户名是在安装 IIS 7.5 时创建的。

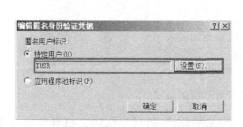

图 9-34　编辑匿名身份验证凭据

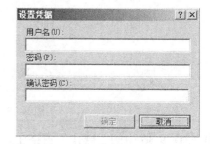

图 9-35　设置凭据对话框

● **应用程序池标识**：选中"应用程序池标识"单选按钮可以允许 IIS 进程使用当前在应用程序池的属性页上指定的帐户运行。默认情况下，这是"网络服务"帐户。

(5) 设置完成后，单击"确定"按钮，关闭"编辑匿名身份验证凭据"对话框。

IIS 7.5 支持基于质询和登录重定向两种身份验证方法。基于质询的身份验证方法(例如集成 Windows 身份验证)要求客户端正确响应服务器发出的质询。基于登录重定向的身份验证方法(例如 Form 身份验证)依靠登录页重定向来确定用户的标识。我们不能同时使用基于质询的身份验证方法和基于登录重定向的身份验证方法。

9.6.3 访问控制

在 IIS 7.5 中，默认情况下所有的计算机和域都可以访问站点。若要增强安全性，可使用"IP 地址和域限制"功能，为特定 IP 地址、IP 地址范围或域名定义和管理允许或拒绝访问内容的规则，以此来限制对站点的访问。

💡 **注意：** IP 地址限制只适用于 IPv4 与 IPv6 地址。在安装"Web 服务器"角色时，必须选中"安全性"下的"IP 和域限制"选项，才能使用"IP 地址和域限制"功能。

配置"IP 地址和域限制"的步骤如下。

(1) 在"IIS 管理器"中，在左侧窗格中双击需要配置"IP 地址和域限制"的网站。

(2) 在中间的窗格中，双击"IP 地址和域限制"选项，打开"IP 地址和域限制"配置页面，如图 9-36 所示。

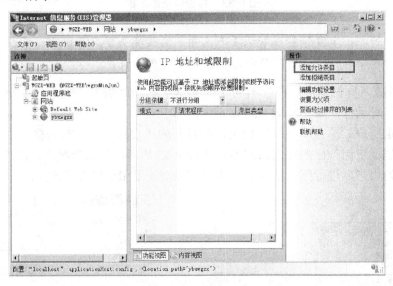

图 9-36　IP 地址和域限制

(3) 在图 9-36 中的"操作"窗格中，单击"添加允许条目"选项，打开如图 9-37 所示的对话框，输入特定的 IP 地址或 IP 地址段。

💡 **注意：** 若要添加域名，必须先启用域名限制，方法是在"操作"窗格中单击"编辑功能设置"选项，在打开的"编辑 IP 和域限制设置"对话框中选中"启用域名限制"复选框，如图 9-38 所示。启用域名限制后，再次添加允许限制规则时，在"添加允许限制规则"对话框中，可以看到"域名"选项，如图 9-37 所示。

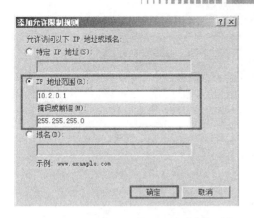

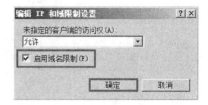

图 9-37　设置添加允许限制规则　　　　图 9-38　编辑 IP 和域限制设置

如果"启用域名限制"功能，将要求 DNS 反向查找每一个连接，这是一个代价很高的操作，将会加重服务器负担，开启此项功能时请慎重考虑。

关于基于 IP 地址或域名拒绝访问的实现方法与基于 IP 地址或域名允许访问实现方法类似，只是在"操作"窗格中，单击"添加拒绝条目"选项。此处不再赘述。

9.7　设置 FTP 服务

为方便与服务器之间进行文件传输，大多数管理员会选择启用 FTP 服务，为客户端提供远程文件共享功能。当服务器中存在网站时，我们可以通过 FTP 远程管理网站文件。

FTP 是 File Transfer Protocol(文件传输协议)的英文简称，而中文简称为"文传协议"，用于 Internet 上控制文件的双向传输。同时，它也是一个应用程序。用户可以通过它把自己的计算机与世界各地所有运行 FTP 协议的服务器相连，访问服务器上的共享信息。FTP 的主要作用就是让用户连接到一个远程计算机上(这些计算机上运行着 FTP 服务器程序)查看远程计算机有哪些文件，然后把文件从远程计算机上复制到本地计算机，或把本地计算机的文件传送到远程计算机，实现资源共享。

9.7.1　添加 FTP 站点

Windows Server 2008 R2 是微软新一代服务器操作系统，如果要使用 FTP 服务，需要进行 FTP 站点的添加工作，单击服务器，在右键菜单中选择"添加 FTP 站点"命令，如图 9-39 所示，添加 FTP 站点的步骤如下：

(1) 在弹出的"添加 FTP 站点—站点信息"对话框中，输入 FTP 站点名称及站点所在的目录，如图 9-40 所示，然后单击"下一步"按钮。

(2) 在"绑定和 SSL 设置"界面中，设置好 FTP 站点的 IP 地址、端口(默认是 21，为提高安全性，更改为 2121)、虚拟主机名及 SSL，如图 9-41 所示，然后单击"下一步"按钮。

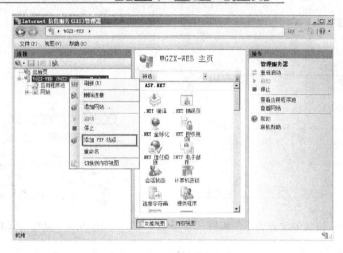

图 9-39　添加 FTP 站点

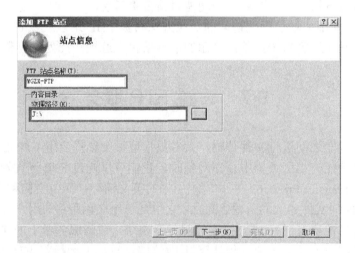

图 9-40　站点信息

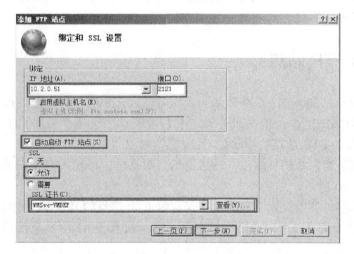

图 9-41　绑定和 SSL 设置

- **IP 地址**：从下拉列表框中指定一个 IP 地址或输入用于访问该站点的 IP 地址。如果没有分配特定的 IP 地址，那么此站点将响应分配给该计算机但没有分配给其他站点的所有 IP 地址。

- **端口**：输入 FTP 服务运行的 TCP 端口。默认端口是 21。可以将端口更改为任何唯一的 TCP 端口号，但是客户端需要设置才能请求该端口号，否则其请求不能连接到服务器。

(3) 根据要求，设置好身份验证、授权及权限，如图 9-42 所示，然后单击"完成"按钮，FTP 站点就添加成功了。在 IE 浏览器上输入 FTP 站点的 IP 地址及端口号，就可以访问到它，如图 9-43 所示，通过 Windows 资源管理器访问 FTP 站点，就可以实现资源共享。

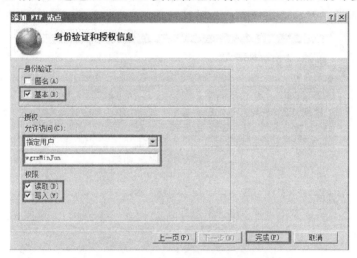

图 9-42　设置身份验证和授权信息

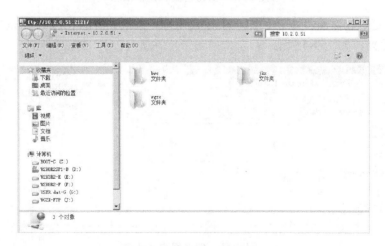

图 9-43　访问 FTP 站点

提示：　若要在 Windows 资源管理器中查看 FTP 站点，可以单击浏览器上的"页面"命令按钮，然后选择"在 Windows 资源管理器中打开 FTP 站点"命令。

9.7.2　创建用户隔离 FTP 站点

如果要针对不同用户使用 FTP 站点，用户之间就需要进行隔离，以提高文件服务器的安全性。所谓隔离就是把用户隔离在自己的文件夹里也就是主目录内，无权查看和修改其他用户的目录和文件。这样做可以提高文件服务器的安全性。下面就来实际创建用户隔离 FTP 站点。

(1) 创建用户隔离 FTP 站点的前两步操作方法与添加 FTP 站点方法相同，在第三步的，"身份验证和授权信息"界面中，在"允许访问"下拉列表框中选择"所有用户"，其他选项如图 9-44 所示，然后单击"完成"按钮。

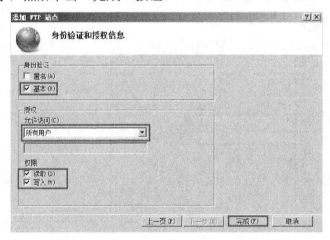

图 9-44　身份验证和授权信息

(2) 在指定的物理路径下，创建一个 LocalUser 目录并针对相应的 Windows 用户创建好对应的文件夹，如图 9-45 所示。

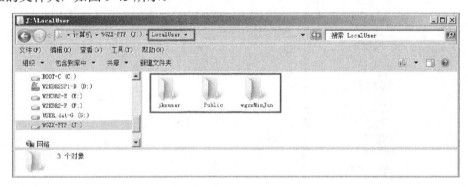

图 9-45　创建用户文件夹

💡 注意：　用户的主目录文件夹必须和用户的登录名一一对应，匿名访问文件夹必须是 Public，否则无效。匿名访问文件夹就是站点配置允许匿名访问的情况下，匿名用户所登录到的文件夹，该文件夹里的内容对匿名用户是开放的。

(3) 选择创建的 FTP(如 WGZX-FTP)站点，在"WGZX-FTP 主页"窗格中双击"FTP
用户隔离"图标，选择"隔离用户"下的"用户名目录(禁用全局虚拟目录)"单选按钮，
然后在"操作"窗格中单击"应用"选项，如图 9-46 所示，就可以实现 FTP 用户隔离。

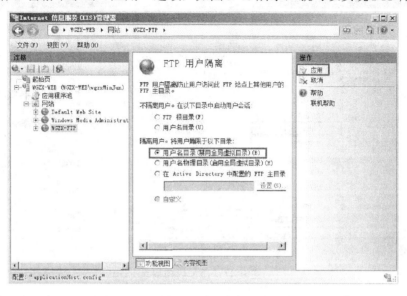

图 9-46　FTP 用户隔离

- **用户名目录(禁用全局虚拟目录)**：指定 FTP 用户会话隔离到与 FTP 用户帐户同
  名的物理或虚拟目录中。用户只能看见其自身的 FTP 根位置，并因受限而无法
  沿目录树再向上导航。
- **用户名物理目录(启用全局虚拟目录)**：指定 FTP 用户会话隔离到与 FTP 用户帐
  户同名的物理目录中。用户只能看见其自身的 FTP 根位置，并因受限而无法沿
  目录树再向上导航。
- **在 Active Directory 中配置的 FTP 主目录**：指定 FTP 用户会话隔离到在 Active
  Directory 帐户设置中为每个 FTP 用户配置的主目录中。

(4) 通过创建好的 Windows 用户，就可以成功登录用户名指定的目录。

9.7.3　创建 FTP 虚拟目录

FTP 站点中的数据一般都保存在主目录中，然而主目录所在的磁盘空间有限，不能满
足日益增加的数据存储要求。通过创建 FTP 站点虚拟目录可以解决这个问题。

FTP 虚拟目录可以作为 FTP 站点主目录下的子目录来使用，尽管这些虚拟目录并不是
主目录真正意义上的子目录。究其实质，虚拟目录是在 FTP 站点的根目录下创建一个子目
录，然后将这个子目录指向本地磁盘中的任意目录或网络中的共享文件夹。创建虚拟目录
的步骤如下。

(1) 右击上面创建的 WGZX-FTP 站点，在快捷菜单中选择"添加虚拟目录"命令，如
图 9-47 所示。

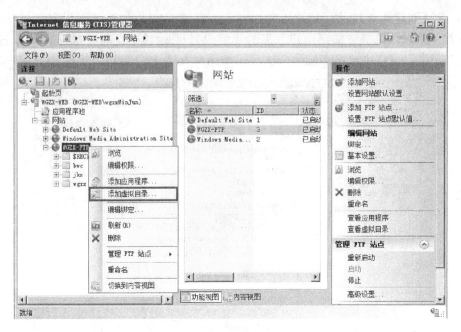

图 9-47　添加虚拟目录

　　(2) 在"添加虚拟目录"对话框中，如图 9-48 所示，设置虚拟目录的别名及物理路径。别名是为了区分不同的虚拟目录，在客户端访问该虚拟目录时，必须输入该别名。虚拟目录的物理路径可以是本地的，也可以是远程计算机上的。如果使用远程路径，必须输入目录的 UNC 路径。单击"连接为"按钮可指定虚拟目录的用户登录凭据，如这里指定"jkxuser"作为连接用户；通过单击"测试设置"按钮，可以查看连接用户的有效性(见图 9-49)，单击"确定"按钮，完成虚拟目录的创建工作。

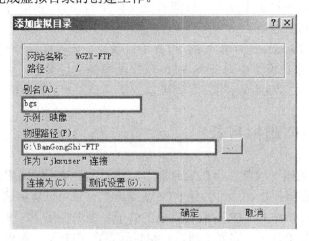

图 9-48　设置虚拟目录

　　💡 注意：　jkxuser 用户是事先在 Windows 本地用户中建立的一个密码不为空的用户，用于访问虚拟目录。

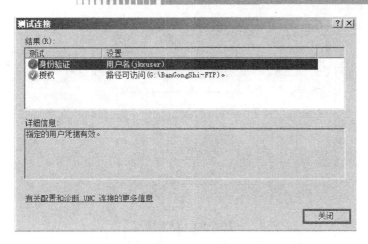

图 9-49　测试连接

注意：　在客户端访问虚拟目录时，必须手动输入虚拟目录的名称，如 ftp://10.2.0.51/bgs。直接在 ftp://10.2.0.51 根目录下看不到虚拟目录。

9.7.4　配置 FTP 站点

通过选择创建好的 FTP 站点，在相应的 FTP 站点窗格中，如图 9-50 所示，可以配置其对应选项。

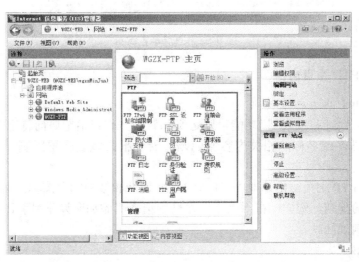

图 9-50　设置 WGZX-FTP 主页

1. "操作"窗格

1）绑定选项

在"操作"窗格中，选择"绑定"选项，单击"编辑"按钮，可以更改 FTP 站点的 IP 地址及端口等，如图 9-51 所示。

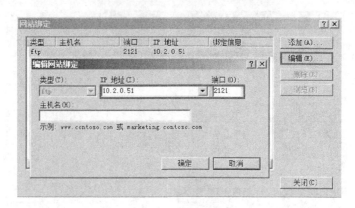

图 9-51 网站绑定

2) "基本设置"选项

在"操作"窗格中，选择"基本设置"选项，可以更改 FTP 站点的名称、应用程序池及物理路径等，如图 9-52 所示。

图 9-52 更改基本设置

2. WGZX-FTP 主页窗格

1) FTP IPv4 地址和域限制

使用"IPv4 地址和域限制"功能可以定义和管理允许或拒绝访问特定 IPv4 地址、IPv4 地址范围或者域名或名称的相关内容的规则。若要根据域名配置限制，必须先启用域名限制。

在 WGZX-FTP 主页窗格，双击"FTP IPv4 地址和域限制"图标，可以在"操作"窗格中添加相应的规则。例如，在"操作"窗格中选择"添加允许条目"，在弹出的图 9-53 中添加允许限制规则。

2) FTP SSL 设置

使用"FTP SSL 设置"功能，可以管理 FTP 服务器与客户端之间的控制通道和数据通道传输的加密。

在 WGZX-FTP 主页窗格，双击"FTP SSL 设置"图标，配置 SSL，如图 9-54 所示。为提高 FTP 站点的安全，可选中"将 128 位加密用于 SSL 连接"复选框，配置完成后，在"操作"窗格单击"应用"选项。

图 9-53　设置添加允许限制规则

图 9-54　FTP SSL 设置

"SSL 证书"对特定的 FTP 站点或 FTP 服务器启用 SSL，可保证远程计算机的安全，如现 SSL 证书是 WMSvc-VMDEP。若要禁用 SSL，可以在"SSL 证书"下拉列表中选择"未选定"选项。

- **允许 SSL 连接**：如果选择 SSL 证书，则允许对控制通道和数据通道进行数据加密。
- **需要 SSL 连接**：如果选择 SSL 证书，则要求对控制通道和数据通道进行数据加密。由于必须传输额外的加密数据，因此 SSL 会要求额外的处理器时间，并会降低数据传输的速度。
- **自定义**：如果选择 SSL 证书，将自定义对控制通道和数据通道各自的数据加密要求。选择"自定义"选项将激活"高级"按钮；单击"高级"按钮将显示"高级 SSL 策略"对话框。
- **将 128 位加密用于 SSL 连接**：此设置将要求使用更强大的加密算法。可以使用 128 位 SSL 在 Intranet 或 Internet 环境中帮助保护 FTP 服务器与客户端之间传输的安全性。与 40 位版本相比，128 位 SSL 会要求更多的处理器时间，并会减慢数据传输的速度。这是因为 128 位 SSL 会传输额外加密数据以提供更加强大的加密功能。因此，在要求 128 位 SSL 之前，应该确保数据传输需要更加强大的加密功能。

3) FTP 请求筛选

在 FTP 请求筛选中通过配置特定的文件扩展名，管理员可以自定义 FTP 服务允许或拒绝的特定的文件扩展名，使用此操作可增强服务器的安全性。例如，如果拒绝对 *.EXE 和 *.COM 文件的访问，则可以阻止 Internet 客户端将可执行文件上载到服务器。

在 WGZX-FTP 主页窗格，双击"FTP 请求筛选"图标，选择"文件扩展名"，如图 9-55 所示，在"操作"窗格中，单击"拒绝文件扩展名"选项并输入拒绝的扩展名。

图 9-55　FTP 请求筛选

4) FTP 消息

通过设置 FTP 消息，可以提高 FTP 站点的友好性，在 WGZX-FTP 主页窗格，双击"FTP 消息"图标，设置好相关的信息，如图 9-56 所示。在"操作"窗格中，单击"应用"选项。

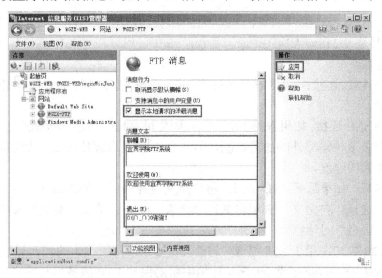

图 9-56　FTP 消息

通过 IE 浏览器访问 FTP 站点，可以查看到设置的 FTP 消息，如图 9-57 所示。

图 9-57　登录 FTP 站点

有关 FTP 的设置还有很多，有兴趣的读者可以参考相关资料，在此就不再一一讲述了。

Windows Server 2008 R2 提供的 FTP 站点服务，比较以前的版本在功能及安全性能上有一定的提升，但作为专业的 FTP 工具软件，经常选择 Serv-U。有兴趣的读者可以自行下载使用。

9.8　本 章 小 结

IIS 7.5 在 Windows Server 2008 R2 中加入了更多安全方面的设计，用户可以通过微软的.Net 语言来运行服务器端的应用程序。除此之外，通过 IIS 7.5 的新特性来创建模块可以减少代码在系统中的运行次数，将遭受黑客脚本攻击的可能性降至最低。另外，通过 FTP用户隔离功能，可以提高 FTP 服务器的安全性。

第 10 章　DNS 服务器配置与管理

本章要点:

- 认识 DNS
- 安装 DNS
- 认识 DNS 区域
- 设置 DNS 服务器
- 测试 DNS
- 使用 WinMyDNS 搭建 DNS 服务器

在网络上，通常使用 IP 地址来区分计算机，但是记忆 IP 地址并不容易，因此，必须为这些计算机定义一个既有意义，又容易记忆的名称，这个名称就是域名。DNS 是一种将域名转换成 IP 地址的技术和服务。本章以宜宾学院的域名 yibinu.cn 为例，介绍域名的配置与管理过程。Windows Server 2008 R2 中自带的 DNS 服务能满足小型网络的部署，对于大型网络，需要用到第三方 DNS 工具，如智能 DNS 解析工具。

10.1　认识 DNS

DNS(Domain Name System)是域名系统的缩写，它允许用户使用分级的、友好的名字方便地定位网络中的计算机和其他资源。为了让连接到 Internet 的计算机有一个方便记忆的名称，必须制订名称规范，设立专门的机构来管理这些域名，并且架设服务器提供解析功能。

10.1.1　认识域名

Internet 是一个由无数台计算机连接组成的虚拟世界，为了定位每台连接到 Internet 的计算机地址，IANA(The Internet Assigned Numbers Authority，互联网数字分配机构)会为其分配一个唯一的 IP 地址。

随着网络主机数量的不断增加，要记住这些 IP 地址，显然十分困难，因此必须将这些 IP 地址转换成一个方便记忆的域名，然后再通过域名转换机制，将其转译成 IP 地址。例如，用户想使用友好名字 www.163.com，而不是 IP 地址 221.236.29.82。在 Internet 上使用的由 RFC 1034 和 1035 定义的域名系统(DNS)提供了一种标准的命名约定，以定位基于 IP 的计算机。

INTERNIC 是一个提供 Internet 主机名称申请和注册的专业机构，在全世界的不同地区都有对应的信息中心注册网际域名，例如中国的 CNNIC。

在 Internet 上实现 DNS 之前，由名为 Host 的文件来支持用名字定位网络中的资源。网络管理员把名字和 IP 地址输入 Host 文件，然后计算机就用该文件进行名字解析。

Host 文件和 DNS 都使用名字空间。名字空间是一个分组，其中的名字符号性地代表了其他类型信息，比如 IP 地址等，而且还制定了特殊的规则，决定如何创建和使用名字。某些名字空间，比如 DNS，是层次结构的，提供了把名字空间划分成子空间的规则，以便分布和代表名字空间的各个部分。其他名字空间，如 Host 名字空间就不能进行划分，必须作为一个整体来存储。

随着 Internet 上计算机数量和用户的增长，更新和分布 Host 文件的任务将变得无法进行管理。

DNS 是一个用分布式数据库取代 Host 文件并实现层次化的命名系统。这种命名系统能适应 Internet 的增长，并能在 Internet 和专用的基于 TCP/IP 的网络中创建唯一的名字。

DNS 命名系统是一个层次的逻辑树结构，称为域名空间。各机构可以用它自己的域名空间创建 Internet 上不可见的专用网络。图 10-1 显示了 Internet 域名空间的一部分，DNS 树的每个结点代表一个 DNS 名字。

DNS 根域下面是顶级域，也由 Internet 名字授权机构管理。共有三种类型的顶级域：

- 组织域。采用 3 个字符的代号，表示 DNS 域中所包含的组织的主要功能或活动。组织域一般只用于本国境内的组织，本国的大部分组织都包含在这些组织域的某一个之中。常用的组织域有 com(商业组织)、edu(教育机构)、gov(政府机构)、int(国际组织)、mil(军队)、net(网络组织)和 org(非商业组织)等。
- 地理域。采用 2 个字符的国家/地区代号，由国际标准化组织(ISO)确定，如 cn(中国)、us(美国)和 ca(加拿大)等。
- 反向域。这是一个特殊域，名字为 in-addr.arpa，用于将 IP 地址映射到名字(称为反向查找)。

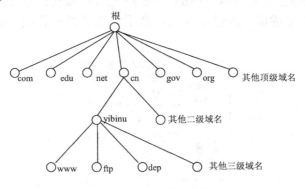

图 10-1　域名结构

在顶级域以下，Internet 名字授权机构把域授权给连到 Internet 的各种组织。当一个组织(如宜宾学院)获得了 Internet 名字授权机构对域名空间某一部分的授权后，该组织就负责命名所分配的域及其子域中的计算机和网络设备。这些组织使用 DNS 服务器管理它们那部分名字空间中主机设备的名字到 IP 地址与 IP 地址到名字的映射信息。如宜宾学院只负责二级域名 yibinu.cn 下的三级域名的管理。

10.1.2　DNS 的工作原理

DNS 分为客户端和服务器端，客户端扮演发问的角色，也就是向服务器询问一个域名，而服务器必须要回答此域名对应的 IP 地址。而本地的 DNS 首先会查找自己的资料库。如果自己的资料库没有，则会往该 DNS 上所设置的上级 DNS 询问，依此得到答案之后，将收到的答案保存起来，并回答客户。

在每一个域名服务器中都有一个快取缓存区(Cache)，这个快取缓存区的主要目的是记录该名称服务器查询出来的名称及相对应的 IP 地址，这样，当下一次还有另外的客户端到服务器上查询相同的名称时，服务器就不用进行二次寻找，而直接可以从缓存区中找到该名称记录资料，传回给客户端，加速客户端对名称查询的速度。

举例说明，假设要查询的域名为 www.yibinu.cn，从此域名中可知主机在中国 cn，而且要查找的组织名称为 yibinu.cn 下的 www 主机，以下为名称解析过程的具体步骤。

(1) 在 DNS 的客户端发送一条查询 DNS 的指令给本机首选 DNS 服务器，查询 www.yibinu.cn 的 IP 地址。

(2) 首选 DNS 服务器先行查询本机区域，如果没有发现与请求的域名相一致的区域，就向根域名服务器发送反复查询 www.yibinu.cn 的请求。

(3) 根域名服务器有 www.yibinu.cn 域名的顶级域名 cn 的授权，向首选 DNS 回复在 cn 顶级域中某个域名服务器的 IP 地址。

(4) 首选 DNS 服务器发送反复查询 www.yibinu.cn 的请求，给 cn 域名服务器。

(5) cn 域名服务器向首选 DNS 回复 yibinu.cn 域名服务器的 IP 地址。

(6) 首选 DNS 服务器发送反复查询 www.yibinu.cn 的请求，给 yibinu.cn 域名服务器。

(7) yibinu.cn 域名服务器向首选 DNS 回复 www.yibinu.cn 域名的 IP 地址。

(8) 首选 DNS 服务器返回 www.yibinu.cn 的 IP 地址给最初请求 DNS 解析的客户端。

在 Internet 中，域名的解析过程如图 10-2 所示，该过程为正向查询，即由域名查找 IP 地址。

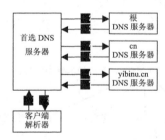

图 10-2　域名的解析过程

反向查询，即根据 IP 地址查找域名。DNS 服务器有两个区域，即"正向查找区域"和"反向查找区域"，正向查找区域就是通常所说的域名解析，反向查找区域即是这里所说的 IP 反向解析，它的作用就是通过查询 IP 地址的 PTR 记录来得到该 IP 地址指向的域名，当然，要成功得到域名就必须要有该 IP 地址的 PTR 记录。记录有 A 记录和 PTR 记录，A 记录解析名字到地址，而 PTR 记录解析地址到名字。

10.2　安装 DNS

在 Windows Server 2008 R2 中，DNS 服务没有随系统一起安装，必须手动安装 DNS 服务。DNS 服务的安装与其他网络服务的安装一样，可在"服务器管理器"窗口中添加。安装 DNS 服务的步骤如下：

(1) 打开"服务器管理器"窗口，单击左侧的"角色"选项，再单击"添加角色"选项。

(2) 在打开的"添加角色向导—开始之前"对话框中，单击"下一步"按钮。

(3) 在打开的"添加角色向导—选择服务器角色"对话框中，在"角色"列表中选中"DNS 服务器"复选框，如图 10-3 所示。

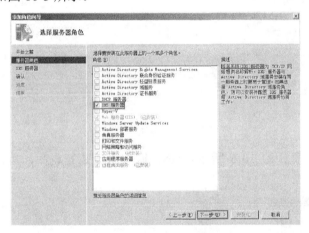

图 10-3　选择 DNS 服务器

(4) 在"添加角色向导—DNS 服务器"对话框中，查看 DNS 服务器简介和注意事项后，单击"下一步"按钮，如图 10-4 所示。

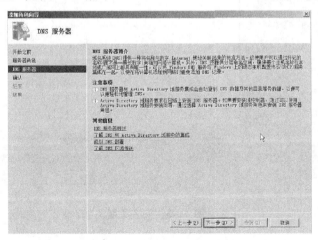

图 10-4　DNS 服务器简介

(5) 在"添加角色向导—确认安装选择"对话框中，单击"安装"按钮即可开始安装
DNS 服务器，如图 10-5 所示。

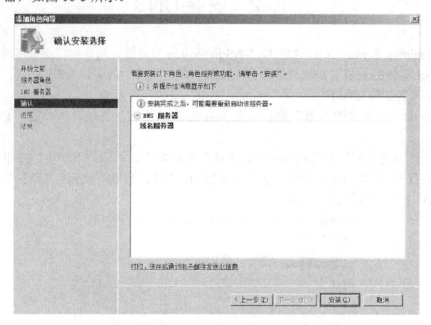

图 10-5　确认安装选择

(6) 等待安装进度如图 10-6 所示，DNS 服务器安装完成后，单击"关闭"按钮，如
图 10-7 所示。

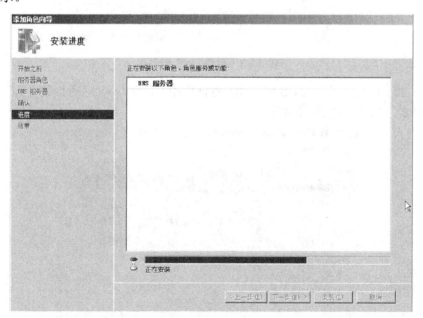

图 10-6　安装进度

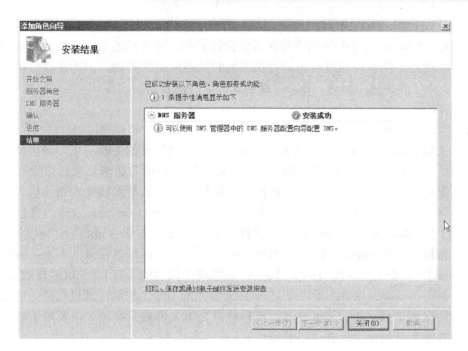

图 10-7　安装 DNS 服务器完成

安装完成后，Windows Server 2008 R2 会自动启动 DNS 服务。

10.3　认识 DNS 区域

为了便于根据实际情况分散 DNS 名称管理工作的负荷，可以将 DNS 名称空间划分为区域(zone)来进行管理。DNS 区域是 DNS 服务器的管辖范围，是由 DNS 名称空间中的树状结构的一部分或由具有上下隶属关系的紧密相邻的多个子域组成的一个管理单位。因此，DNS 名称服务器是通过区域来管理名称空间的，而并非以域为单位来管理名称空间，但区域的名称与其管理的 DNS 名称空间的域的名称是一一对应的。

一台 DNS 服务器可以管理一个或多个区域，而一个区域也可以由多台 DNS 服务器管理。在 DNS 服务器中必须先建立区域，然后再根据需要在区域中建立子域以及在区域或子域中添加资源记录，才能完成解析工作。所以在了解如何设置 DNS 服务器之前，应先来认识 DNS 区域和资源记录。

10.3.1　DNS 区域类型

在部署一台 DNS 服务器时，必须先考虑 DNS 区域类型，从而决定 DNS 服务器的类型。DNS 区域分为两大类：正向查找区域和反向查找区域。

- **正向查找区域**：用于域名到 IP 地址的映射，当 DNS 客户端请求解析某个域名时，DNS 服务器在正向查找区域中进行查找，并返回给 DNS 客户端对应的 IP 地址。

- **反向查找区域**：用于 IP 地址到域名的映射，当 DNS 客户端请求解析某个 IP 地址时，DNS 服务器在反向查找区域中进行查找，并返回给 DNS 客户端对应的域名。

反向查询并不能直接通过对正向查找区域的数据库进行查询，因为这样做将耗费很多系统资源，为了解决这个问题，必须重新创建一个反向查询对应区域，然后根据主机 ID 进行记录保存。

每一类区域又分为三种区域类型：主要区域、辅助区域和存根区域。

- **主要区域(Primary)**：包含相应 DNS 域名空间所有的资源记录，是区域中包含的所有 DNS 域的权威 DNS 服务器。可以对区域中所有资源记录进行读写，即 DNS 服务器可以修改此区域中的数据，默认情况下区域数据以文本文件格式存放。将区域存储在文件中时，主要区域文件默认命名为 zone_name.dns，且位于服务器上的 %windir%\System32\Dns 文件夹中。DNS 主要服务器必须创建主要区域。

- **辅助区域(Secondary)**：主要区域的备份，从主要区域直接复制而来；同样包含相应 DNS 命名空间所有的资源记录，是区域中包含的所有 DNS 域的权威 DNS 服务器；和主要区域的不同之处是，DNS 服务器不能对辅助区域进行任何修改，即辅助区域是只读的。辅助区域数据只能以文本文件格式存放，主要用于协助维持服务器负载的平衡，并提供容错性。

- **存根区域(Stub)**：存根区域只包含用于分辨主要区域权威 DNS 服务器的记录，其有三种记录类型：名称服务器(NS)、开始授权机构(SOA)及主机地址(A)。名称服务器(Name Server，NS)是 DNS 域标识 DNS 名称的服务器，该资源记录出现在所有 DNS 区域中。开始授权机构（Start of Authority)是记录 DNS 名称服务器是 DNS 域中数据表的信息来源，该服务器是主机名称的管理者，是 DNS 数据库文件中的第一条记录。主机地址(Address，A)是记录主机名对应到 DNS 区域中的一个 IP 地址。

当 DNS 客户端发起解析请求时，对于属于所管理的主要区域和辅助区域的解析，DNS 服务器向 DNS 客户端执行权威答复。而对于所管理的存根区域的解析，如果客户端发起递归查询，则 DNS 服务器会使用该存根区域中的资源记录来解析查询。DNS 服务器向存根区域的 NS 资源记录中指定的权威 DNS 服务器发送迭代查询，与使用其缓存中的 NS 资源记录一样；如果 DNS 服务器找不到其存根区域中的权威 DNS 服务器，那么 DNS 服务器会尝试使用 DNS 根提示信息进行标准递归查询。如果客户端发起迭代查询，DNS 服务器会返回一个包含存根区域中指定服务器的参考信息，而不再进行其他操作。

如果存根区域的权威 DNS 服务器对本地 DNS 服务器发起的解析请求进行答复，本地 DNS 服务器会将接收到的资源记录存储在自己的缓存中，而不是将这些资源记录存储在存根区域中，唯一的例外是返回的黏附的主机记录会存储在存根区域中。存储在缓存中的资源记录按照每个资源记录中的生存时间(TTL)的值进行缓存；而存放在存根区域中的 SOA、NS 和黏附主机地址(A)资源记录按照 SOA 记录中指定的过期间隔过期(该过期间隔是在创建存根区域期间创建的，在从原始主要区域复制时更新)。

当某个 DNS 服务器(父 DNS 服务器)向另外一个 DNS 服务器做子区域委派时，如果子区域中添加了新的权威 DNS 服务器，父 DNS 服务器是不会知道的，除非在父 DNS 服务器上手动添加。存根区域主要用于解决这个问题，可以在父 DNS 服务器上为委派的子区域做一个存根区域,从而可以从委派的子区域自动获取权威 DNS 服务器的更新而不需要额外的手动操作。

10.3.2　DNS 服务器类型

根据管理的 DNS 区域的不同,DNS 服务器也具有不同的类型。一台 DNS 服务器可以同时管理多个区域,因此也可以同时属于多种 DNS 服务器类型。

1. 主要 DNS 服务器

当 DNS 服务器管理主要区域时,它被称为主要 DNS 服务器。主要 DNS 服务器是主要区域的集中更新源,可以部署两种模式的主要区域。

* **标准主要区域**:标准主要区域的区域数据存放在本地文件中,只有主要 DNS 服务器可以管理此 DNS 区域(单点更新)。这意味如果当主要 DNS 服务器出现故障时,此主要区域不能再进行修改;但是,位于辅助服务器上的 DNS 服务器还可以答复 DNS 客户端的解析请求。标准主要区域只支持非安全的动态更新。
* **活动目录集成主要区域**:活动目录集成主要区域仅当在域控制器上部署 DNS 服务器时有效,此时,区域数据存放在活动目录中并且随着活动目录数据的复制而复制。默认情况下,每一个运行在域控制器上的 DNS 服务器都将成为主要 DNS 服务器,并且可以修改 DNS 区域中的数据(多点更新),这样就避免了标准主要区域出现单点故障。活动目录集成主要区域支持安全的动态更新。

2. 辅助 DNS 服务器

在 DNS 服务器设计中,针对每一个区域,总是建议至少使用两台 DNS 服务器来进行管理。其中一台作为主要 DNS 服务器,而另外一台作为辅助 DNS 服务器。

当 DNS 服务器管理辅助区域时,它将成为辅助 DNS 服务器。使用辅助 DNS 服务器的好处在于可以实现负载均衡和避免单点故障。用于获取区域数据的源 DNS 服务器称为主服务器,主服务器可以由主要 DNS 服务器或者其他辅助 DNS 服务器来担任;当创建辅助区域时,将要求指定主服务器。在辅助 DNS 服务器和主服务器之间存在区域复制,用于从主服务器更新区域数据。

💡 **注意**:　*上述的辅助 DNS 服务器是根据区域类型的不同而得出的概念,而在配置 DNS 客户端使用的 DNS 服务器时,管理辅助区域的 DNS 服务器可以配置为 DNS 客户端的首选 DNS 服务器,而管理主要区域的 DNS 服务器也可以配置为 DNS 客户端的备用 DNS 服务器。*

3. 存根 DNS 服务器

管理存根区域的 DNS 服务器称为存根 DNS 服务器。一般情况下,不需要单独部署存根 DNS 服务器,而是和其他 DNS 服务器类型合用。在存根 DNS 服务器和主服务器之间同样存在着区域复制。

4. 缓存 DNS 服务器

缓存 DNS 服务器既没有管理任何区域的 DNS 服务器，也不会产生区域复制，它只能缓存 DNS 名字并且使用缓存的信息来答复 DNS 客户端的解析请求。当刚安装好 DNS 服务器时，它就是一个缓存 DNS 服务器。缓存 DNS 服务器可以通过缓存减少 DNS 客户端访问外部 DNS 服务器的网络流量，并且可以降低 DNS 客户端解析域名的时间，因此在网络中应用广泛。例如一个常见的中小型企业网络接入 Internet 的环境，并没有在内部网络中使用域名，所以没有架设 DNS 服务器，客户通过配置使用 ISP 的 DNS 服务器来解析 Internet 域名。此时就可以部署一台缓存 DNS 服务器，配置将所有其他 DNS 域转发到 ISP 的 DNS 服务器，然后配置客户使用此缓存 DNS 服务器，从而减少解析客户端请求所需要的时间和客户访问外部 DNS 服务的网络流量。

10.3.3 资源记录

创建区域后，必须向区域中添加更多的资源记录。添加的最常见的资源记录如下：

(1) **SOA，开始授权记录**。用于记录该区域的版本号，判断主要服务器和辅助服务器是否进行复制。

(2) **NS，名称服务器记录**。用于定义网络中其他的 DNS 域名服务器。

(3) **A，主机记录**。用于将域名系统(DNS)域名映射到计算机使用的 IP 地址。

(4) **CNAME，别名记录**。用于将别名 DNS 域名映射到另一个主名称或规范名称。

(5) **MX，邮件交换器记录**。用于将 DNS 域名映射到交换或转发邮件的计算机的名称。

(6) **PTR，指针记录**。用于映射基于某台计算机的 IP 地址的反向 DNS 域名，该 IP 地址指向该计算机的正向 DNS 域名。

(7) **SRV，服务位置记录**。用于将 DNS 域名映射到提供特定服务类型的一系列指定 DNS 主机计算机(例如 Active Directory 域控制器)。

常见的资源记录为 A 记录，管理员可为网络上的所有主机，在 DNS 上增加对应的记录。对于需要反向查询的主机，可以在 DNS 上创建 PTR 记录。

10.4 设置 DNS 服务器

在"服务器管理器"中添加好 DNS 服务之后，就可以架设 DNS 服务器了。创建好 DNS 的正向查找区域或反向查找区域，即可为客户端提供 DNS 服务。本节以宜宾学院的二级域名 yibinu.cn 为例，在内网服务器 10.2.0.51 上介绍域名的创建与管理过程。在申请 yibinu.cn 域名时，指向的 IP 地址为 125.64.220.20，因此，如果需要让网络上的所有人都能访问自定义的三级域名，必须在 IP 地址为 125.64.220.20 的服务器上架设 DNS 服务。

10.4.1　创建正向查找区域和记录

依次选择"开始"|"程序"|"管理工具"| DNS 命令，或直接在"运行"对话框中输入 dnsmgmt.msc 命令，打开 DNS 管理控制台。

1. 创建正向查找区域

创建正向查找区域的步骤如下：

(1) 在 DNS 管理控制台中，依次选择左侧的 DNS | WGZX-WEBDEP(服务器名称) |"正向查找区域"选项，并右击"正向查找区域"，在快捷菜单中选择"新建区域"命令，如图 10-8 所示。

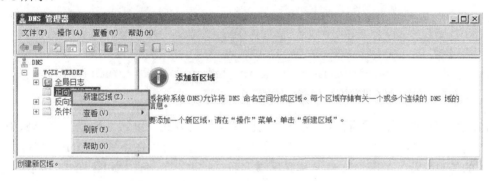

图 10-8　选择"新建区域"命令

(2) 在"欢迎使用新建区域向导"界面中，直接单击"下一步"按钮。

(3) 在"区域类型"界面中，选择新建区域的类型。Windows Server 2008 R2 支持三种区域类型：主要区域、辅助区域和存根区域。此处选中"主要区域"单选按钮，如图 10-9 所示，创建一台主要 DNS 服务器。

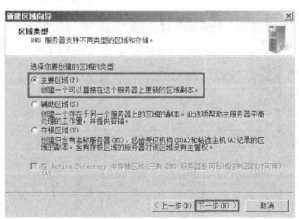

图 10-9　选择区域类型

(4) 在"区域名称"界面中，输入企业申请的域名，如宜宾学院申请的域名：yibinu.cn，如图 10-10 所示。

提示： 输入的区域名称可以是企业所申请的二级域名的子域名，如 dep.yibinu.cn(部门网站)。如果正向查找区域的区域名称为 dep.yibinu.cn，则每台主机的名称都会加上此后缀，如网管中心的 DNS 域名为 wgzx.dep.yibinu.cn。

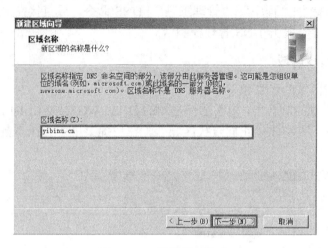

图 10-10　设置区域名称

(5) 在"区域文件"界面中，选择使用区域文件的方式。区域文件是一个 ASCII 文本文件，用于保存 DNS 区域名称的信息及主机记录，这样可以在不同的 DNS 服务器之间复制区域的信息。默认的区域文件名称是区域名称，扩展名为.dns，如图 10-11 所示。区域文件默认情况下保存在%windir%\System32\Dns 文件夹中。可保持默认值不变，单击"下一步"按钮。

提示： 如果选中"使用此现存文件"单选按钮，则可实现在 DNS 服务器之间复制区域信息。如果对区域文件做了备份，当服务器出现故障时，也可使用此选项来恢复。

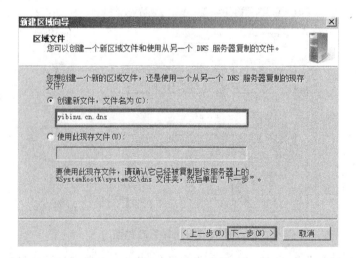

图 10-11　设置区域文件

　　(6) 在"动态更新"界面中，选择是否允许动态更新，如图 10-12 所示。虽然 DNS 区域支持动态更新，可以让网络中的计算机将其资源记录自动在 DNS 服务器中更新，但是，不受信任的来源也可以自动更新，带来了安全隐患。

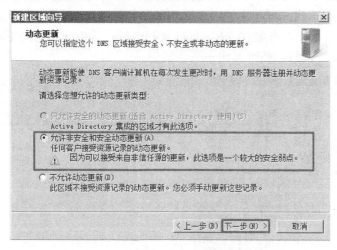

图 10-12　设置动态更新

　　(7) 在"正在完成新建区域向导"界面中，如图 10-13 所示，单击"完成"按钮，即可完成创建正向查找区域。

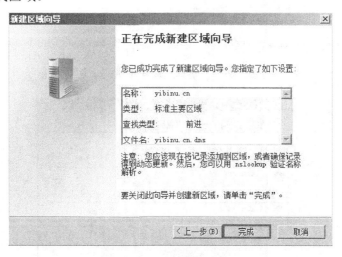

图 10-13　完成新建区域

　　添加完成正向查找区域后，返回 DNS 管理控制台，可看到添加的区域。

2. 添加资源记录

　　新建 DNS 区域之后，可在该区域中添加记录，通常是添加主机记录。每条资源记录都是 DNS 服务器执行查询的依据。例如，如果创建了名称为 www，IP 地址为 125.64.220.42 的主机记录，当 DNS 客户端查询域名 www.yibinu.cn 时，DNS 服务器会根据正向查找区域 yibinu.cn 的资源记录，将查询结果 125.64.220.42 返回给 DNS 客户端。

（1）右击添加的正向查找区域 yibinu.cn，在快捷菜单中选择"新建主机"命令，如图 10-14 所示。

（2）在"新建主机"对话框中，指定计算机的名称和 IP 地址。如果 IP 地址所在的网络 ID 已经创建了反向查找区域，选中"创建相关的指针(PTR)记录"复选框，则可创建关联的 PTR 指针记录；如果没有创建 DNS 反向查找区域，选中此项时会提示错误。设置完成后单击"添加主机"按钮，即可添加一条主机记录。

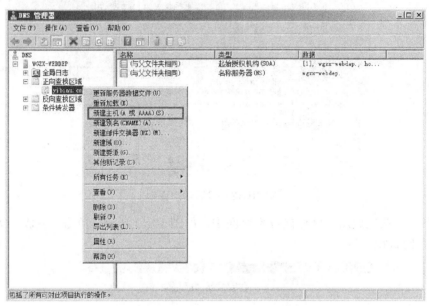

图 10-14　选择"新建主机"命令

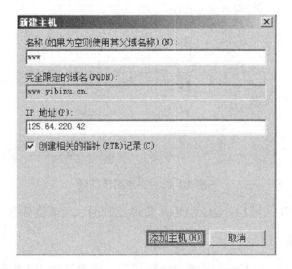

图 10-15　新建主机

按照上面的方法，将所有主机都添加进来，如图 10-16 所示。

图 10-16　查看添加的记录

10.4.2　创建反向查找区域和记录

依次选项"开始"|"所有程序"|"管理工具"| DNS 命令，或直接在"运行"对话框中输入 dnsmgmt.msc 命令，打开 DNS 管理控制台。

1. 创建反向查找区域

创建反向查找区域的步骤如下。

(1) 在 DNS 管理控制台中，依次选择左侧的 DNS | WEBDEP(服务器名称)|"反向查找区域"选项，并右击"反向查找区域"，在快捷菜单中选择"新建区域"命令。

(2) 在"欢迎使用新建区域向导"界面中，直接单击"下一步"按钮。

(3) 在"区域类型"界面中，选择新建区域的类型，反向查找区域同样支持三种区域类型：主要区域、辅助区域和存根区域。此处选中"主要区域"单选按钮，如图 10-17 所示。

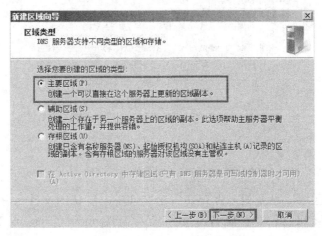

图 10-17　选择区域类型

(4) 在"反向查找区域名称"界面中，选择是为 IPv4 还是 IPv6 创建反向区域。此时根据网络情况进行选择，如图 10-18 所示。

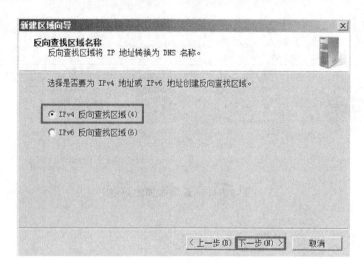

图 10-18　选择 IP 地址类型

(5) 在图 10-19 中，选中"网络 ID"单选按钮，在文本框中输入需要反向查找网络的网络号。在"反向查找区域名称"界面中的文本框中，显示了区域文件名。

提示：　IP 地址分为网络号和主机号。网络号是标识计算机所处的网络 ID，主机号则表示该计算机在网络中的具体位置。例如 IP 地址为 125.64.220.20，子网掩码为 255.255.255.0，则网络号为 125.64.220.0，主机号为 20。

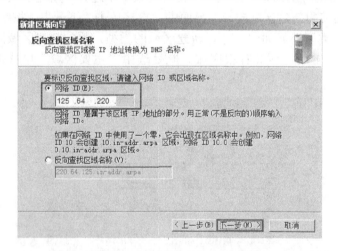

图 10-19　反向查找区域名称

(6) 反向查找区域信息及记录保存在一个文件中，默认的文件名称是网络标识符的倒叙形式，再加上 in-addr.arpa，扩展名为.dns，保存在%windir%\System32\Dns 文件夹中。可保持默认值不变，单击"下一步"按钮。

提示：　如果选择"使用此现存文件"单选按钮，则可实现在 DNS 服务器之间复制区域信息。如果对区域文件做了备份，当服务器出现故障时，也可使用此选项来恢复。

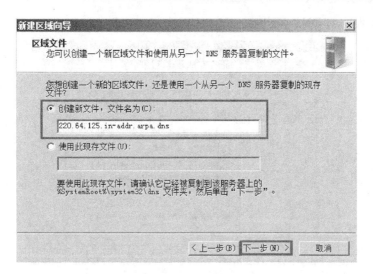

图 10-20　区域文件

(7) 在"动态更新"界面中，选择是否允许动态更新，如图 10-21 所示。

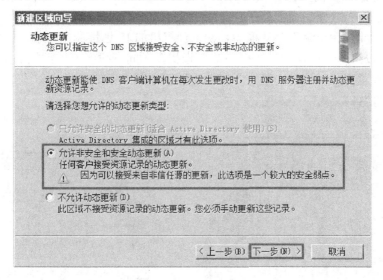

图 10-21　动态更新

(8) 在"正在完成新建区域向导"界面中，单击"完成"按钮，如图 10-22 所示，即可创建完成反向查找区域。

反向查找区域添加完成后，返回 DNS 管理控制台，可看到添加的反向区域。

2. 添加资源记录

新建 DNS 反向查找区域之后，可以在该区域中添加记录，通常是添加 PTR 指针记录。每条资源记录都是 DNS 服务器执行查询的依据。例如，如果创建了主机 IP 地址为 125.64.220.42，主机名为 www.yibinu.cn 的 PTR 记录，当 DNS 客户端查询 125.64.220.42 所对应的域名时，DNS 服务器会根据反向查找区域 125.64.220.42 的资源记录，将查询结果

www.yibinu.cn 返回给 DNS 客户端。

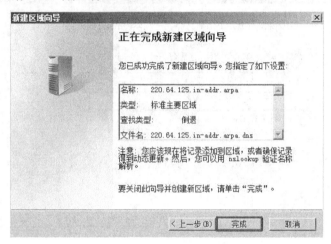

图 10-22　创建反向查找区域完成

(1) 右击添加的反向查找区域 220.64.125.in-addr.arpa，在快捷菜单中选择"新建指针 (PTR)"命令。

(2) 在"新建资源记录"对话框中，输入计算机的 IP 地址和主机名，如图 10-23 所示。单击"浏览"按钮，在打开的对话框中，可查找在正向查找区域中添加的主机记录，如图 10-24 所示。设置完成后单击"确定"按钮，即可添加一条 PTR 记录。

图 10-23　新建主机

图 10-24　浏览主机记录

按照上面的方法，将所有 PTR 指针添加进来。如果在创建正向查找区域的主机记录时，选中了"创建相关的指针(PTR)记录"复选框，在反向查找区域，可看到自动添加的 PTR 记录，如图 10-25 所示。

 提示：　如果选中了"创建相关的指针(PTR)记录"复选框后，在反向查找区域，没有看到自动添加的 PTR 记录，可单击工具栏上的"刷新"按钮，刷新显示数据。

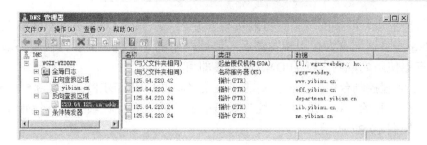

图 10-25　查看添加的记录

除常用的主机记录和 PTR 记录外，还有别名、邮件交换器等其他类型的资源记录。例如可为名称比较复杂的主机定义一个简单的别名。在图 10-26 中，为 department.yibinu.cn 创建了一个别名 dep.yibinu.cn。在地址栏中输入 department.yibinu.cn 和 dep.yibinu.cn 将返回相同的信息。

图 10-26　新建别名

10.4.3　设置 DNS 转发器

局域网络中的 DNS 服务器只能解析本地域中添加的主机，而无法解析未知的域名。因此，若欲实现对 Internet 中所有域名的解析，就必须将本地无法解析的域名转发给其他域名服务器。被转发的域名服务器通常应当是 ISP 提供的域名服务器。

一般情况下，当 DNS 服务器在收到 DNS 客户端的查询请求后，它将在所管辖区域的数据库中寻找是否有该客户端的数据。如果该 DNS 服务器的区域数据库中没有该客户端的数据(即在 DNS 服务器所管辖的区域数据库中并没有该 DNS 客户端所查询的主机名)时，该 DNS 服务器需转向其他的 DNS 服务器进行查询。

在实际应用中，以上这种现象经常发生。例如，当网络中的某台主机要与位于本网络外的主机通信时，就需要向外界的 DNS 服务器进行查询，并由其提供相应的数据。但为了安全起见，一般不希望内部所有的 DNS 服务器都直接与外界的 DNS 服务器建立联系，而是只让一台 DNS 服务器与外界建立直接联系，网络内的其他 DNS 服务器则通过这一台 DNS

服务器来与外界进行间接的联系。将直接与外界建立联系的 DNS 服务器便称之为转发器。

　　将 DNS 服务器配置为使用转发器后，局域网中的计算机不需要再使用外部的 DNS 服务器，而直接使用局域网内部的 DNS 服务器即可。

　　在 DNS 管理控制台中，右击左侧的服务器名称(如 WEBDEP)，在名称框中双击"转发器"命令。在打开的"WEBDEP 属性"对话框的"转发器"选项卡中，编辑 DNS 服务器的转发器，如图 10-27 所示。

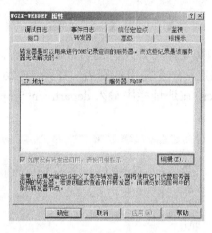

图 10-27　　"转发器"选项卡

　　单击"编辑"按钮，在打开的"编辑转发器"对话框中，在"单击此处添加 IP 地址或 DNS 名称"文本框中输入外部 DNS 服务器的 IP 地址或 DNS 名称，输入完成之后，按 Enter 键，可继续添加其他外部 DNS 服务器，并且自动验证已添加的 DNS 服务器，如图 10-28 所示。如果输入的 DNS 无效时，将显示"无法解析"等提示信息。添加完成后，单击"确定"按钮即可。

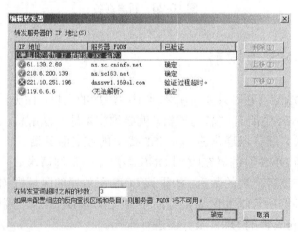

图 10-28　　"编辑转发器"对话框

　　技巧：　在网络有多个出口的情况下，在编辑转发器时，可将多个 ISP 提供的 DNS 服务器地址都添加进去，即使某个 DNS 出现问题，还可以使用其他的 DNS 进行查询。如宜宾学院有三个网络出口：中国电信、中国联通和教育网，可把这三个网络对应的 DNS 服务器都添加进去。

10.4.4　配置 DNS 客户端

客户端要解析 Internet 或内部网络的主机名称，必须设置 DNS 服务器。如果企业有 DNS 服务器，可以将其设置为内部客户端的首选 DNS 服务器，否则设置为 ISP 提供的 DNS 服务器地址。

DNS 客户端的配置方法如图 10-29 所示，在"首选 DNS 服务器"文本框中，输入企业内部的 DNS 服务器 IP 地址，如 10.2.0.51。

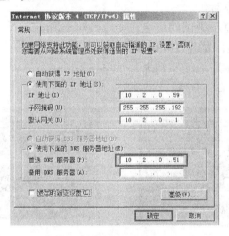

图 10-29　设置客户端 DNS

提示：　如果需要让 Internet 上的其他计算机也能访问我们自定义的域名，如 www.yibinu.cn 和 lib.yibinu.cn 等，可在申请 yibinu.cn 时指定的服务器(如 125.64.220.20)上创建 DNS 服务器，在客户端的"DNS 服务器"列表中可不输入 125.64.220.20，而直接输入 ISP 提供的 DNS，这样也可访问 www.yibinu.cn 和 lib.yibinu.cn 等。如果创建自定义的域名，如 kkkk.cn，则在客户端的"DNS 服务器"列表中必须输入内部 DNS 服务器的 IP 地址。

10.5　测试 DNS

DNS 服务器设置完成之后，管理员可测试 DNS 服务器是否可以正常工作。测试方法包括正向查询测试、反向查询测试和外部域名查询测试。测试 DNS 一般使用 nslookup 命令。验证 DNS 服务器是否有效，通常在 DNS 客户端进行。

nslookup(域名查询)是一个用于查询 Internet 域名信息或诊断 DNS 服务器问题的工具。nslookup 命令支持两种模式。

● 交互模式：输入 nslookup 命令后，再输入需要查询的信息。

● 非交互模式：需要输入完整的命令，如 nslookup www.yibinu.cn。

本节以交互模式，介绍使用 nslookup 测试 DNS 的方法。

10.5.1　测试正向查询

nslookup 最简单的用法就是查询域名对应的 IP 地址，包括 A 记录和 CNAME 记录，如果查到的是 CNAME 记录还会返回别名记录的设置情况。

在命令行窗口中，输入 nslookup 命令，并按 Enter 键，显示默认的 DNS 服务器地址。如果显示的 DNS 地址不是需要测试的 DNS 服务器，可使用 server IP 命令(如 server 10.2.0.51)，指定 DNS 服务器。

在 ">" 提示符下，输入测试的域名，如 www.yibinu.cn，如果正常，将显示该域名对应的 IP 地址 125.64.220.42，如图 10-30 所示。

在 ">" 提示符下，输入测试的别名，如 dep.yibinu.cn，如果正常，将显示该域名对应的名称和 IP 地址，如图 10-31 所示。

图 10-30　测试正向查询　　　　　　　　　图 10-31　测试别名

在 ">" 提示符下，输入测试的外部域名，如 www.baidu.com，如果正常，将显示该域名对应的名称和 IP 地址，如图 10-32 所示。

若出现如图 10-33 所示的错误，则要检查域名是否配置正确。

图 10-32　测试外部域名　　　　　　　　　图 10-33　提示错误

10.5.2　测试反向查询

反向查询的应用并不多，一般用于测试 DNS 服务器能否正确地提供域名解析功能。

在命令提示符窗口中，输入 nslookup 命令，并按 Enter 键，显示默认的 DNS 服务器地址。如果显示的 DNS 地址不是需要测试的 DNS 服务器，可使用 server IP 命令(如 server 10.2.0.51)，指定 DNS 服务器。

在 ">" 提示符下，输入测试的 IP 地址，如 125.64.220.42，如果正常，将显示该 IP 地址对应的域名 off.yibinu.cn，如图 10-34 所示。

如果出现如图 10-35 所示的错误，则 DNS 提示找不到相应信息。

图 10-34　测试反向查询

图 10-35　提示错误

使用 nslookup 命令可查询 DNS 服务器上的记录，例如使用 ls 命令，可以列出所有主机记录(A)。ls 的语法是：

```
ls [opt] domain [> file]
```

opt 可以使用的参数如下。

- -a：列出区域中所有主机的别名，同-t CNAME。
- -t type：列出指定类型的记录，如 A、CNAME 及 NS 等。
- -d：列出所有记录。

在 ">" 提示符下，输入 ls –t A yibinu.cn 的执行结果如图 10-36 所示。

如果执行 ls –t A yibinu.cn 提示无法列出域，则必须在 DNS 服务器上右击 yibinu.cn 域，在快捷菜单中选择 "属性" 命令，在打开的 "yibinu.cn 属性" 对话框的 "区域传送" 选项卡中，选中 "允许区域传送" 复选框和 "只允许到下列服务器" 单选按钮，再单击 "编辑" 按钮，添加客户端计算机的 IP 地址，如图 10-37 所示。

图 10-36　查看 yibinu.cn 域的所有 A 记录

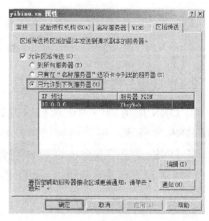

图 10-37　"区域传送" 选项卡

10.5.3 DNS 的故障排除

DNS 服务器安装之后，由于某些错误会导致不能启动服务或域名解析功能。下面是 DNS 经常出现的故障及解决方法。

1. DNS 服务不能正常启动

DNS 服务不能正常启动，主要是遗失了 DNS 服务所需要的文件，或是错误地修改了有关的配置信息。解决的方法如下：

(1) 在%windir%\System32\Dns 文件夹中将域对应的区域文件复制出来，删除并重新安装 DNS 服务，再将区域文件复制到%windir%\System32\Dns 目录中。

(2) 在 DNS 服务器上添加正向查询区域，创建"主要区域"，区域名称为备份的区域名称，并选中"使用此现存文件"单选按钮，如图 10-38 所示。

(3) 完成新建区域设置以后，可在该区域中看到以前创建的所有记录。这种方法也可用于 DNS 服务器的备份与还原。

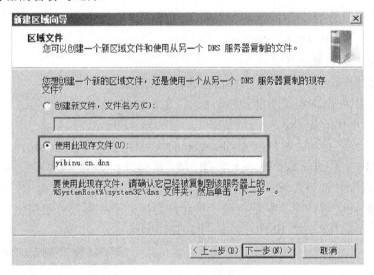

图 10-38 使用现存文件

2. DNS 服务器返回错误的结果

当 DNS 服务器中的记录被修改之后，DNS 服务器还没有替换缓存的内容，如果这时测试 DNS 服务器，可能返回给客户端的仍是旧的名称。解决方法是：

在 DNS 管理控制台的左侧，右击服务器名称(如 WGZX-WEBDEP)，在快捷菜单中选择"清除缓存"命令，即可清除 DNS 服务器缓存的内容，如图 10-39 所示。

3. 客户端获得错误的结果

DNS 服务器中的记录被修改之后，因客户端的 DNS 解析缓存有该记录，客户端将返回错误的名称。解决方法是：

在命令提示符窗口中，输入 ipconfig /flushdns 命令，即可清除 DNS 客户端的 DNS 缓存。

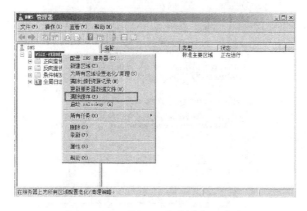

图 10-39　选择"清除缓存"命令

4. DNS 服务器不能进行名称解析

首先判断 DNS 服务器和 DNS 服务是否正常启动。如果 DNS 服务器和 DNS 服务都正常，重新启动 DNS 服务或 DNS 服务器，有时就能解决问题。还要注意服务器上安装的防火墙，是否阻止 DNS 数据通行。

5. 查看 DNS 日志

当 DNS 服务器出现故障时，有时可以在 DNS 日志里找到信息，管理员也应该经常查看 DNS 服务器日志。

在 DNS 管理控制台中，依次选择 DNS | WGZX-WEBDEP | "全局日志" | "DNS 事件"选项，在右侧窗格中就会列出所有 DNS 事件，如图 10-40 所示，在这里可以看到有些出错信息。

图 10-40　查看 DNS 日志

双击一条 DNS 信息，可查看该信息的详细信息。如果查看一条错误信息，将提示该错误的解决方法，如图 10-41 所示。

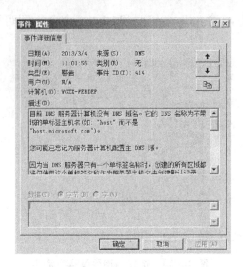

图 10-41　查看事件属性

10.6　使用 WinMyDns 搭建 DNS 服务器

现在的校园网和企业网中，往往有多个 Internet 出口，比如教育网、中国电信、中国联通等，如何通过这些接口解决南北互联问题？本节主要讲述多线 DNS 在校园网中的应用。

随着原中国电信集团按南北地域分家，新的中国电信和中国联通集团随即成立，互联网的骨干网也被一分为二，北有联通、南有电信。至此，细心的网民会发现，有些经常访问的网站速度一下子慢了下来，有时候还有访问不到的情况出现。例如北方地区的网络用户访问中国联通的服务器会非常快，而访问中国电信的服务器时，感觉非常慢。据分析，产生这个问题的根本原因是中国电信分家之后，中国电信与中国联通之间的互联存在问题。

中国电信和中国联通都有大量的用户，而两大网络运营商之间的连接带宽有限，虽然他们每年都在增加互联带宽，但还是远远跟不上互联网发展的速度，因此也就形成了南北两地用户的互联互通瓶颈，通常中国电信用户访问电信线路网站的速度是非常快的(Ping 数据在几十毫秒之间，并且掉包很少)；而跨网之间的访问速度则非常慢(Ping 数据在 200 毫秒以上，并且有大量掉包)，这样就导致网站运营者的站点无论放在中国电信机房还是中国联通机房，都会丢失另一半潜在的客户。

本节将以宜宾学院网站为例，介绍如何利用多线 DNS 在校园网中解决南北互联问题。

为了满足师生教学科研的需要，该校的 Internet 出口目前已经增加为 3 个，教育网10MB、中国电信 200MB、中国联通 100MB。为了让中国电信、中国联通等的用户能够正常访问宜宾学院的网站，就必须在中国电信、中国联通等的网络中部署和规划网站。为了解决这个问题，最初部署 3 台服务器分别放在教育网、中国电信、中国联通的网络中提供网站的 IIS 服务；改进后使用 VMware 提供网站的 IIS 服务，但网站文件的数据同步都需要人工完成，使学校的对外宣传受到限制。以上方式在占用大量的服务器资源和网络资源的同时，也增加了数量众多的重复操作和后期维护工作。因此，采用 WinMyDns 搭建 DNS

服务器的方法来解决上述问题。

10.6.1　DNS 的原始规划

在部署多线 DNS 以前，DNS 服务采用 Windows Server 2008 R2 自带的 DNS 服务来实现。在正向查找区域的记录里，对域名 www.yibinu.cn 的解析只有一条：125.64.125.42，无论是从中国电信还是中国联通来访问，解析的 IP 只有一个 125.64.125.42。该校为解决南北互联问题，采取在电信网站主页上存放其他网段的链接的方法。将默认链路优先放在中国电信网络上，让用户先访问这个网站，根据用户的网络链路情况，再单击相关的中国联通或教育网的链接，速度就会变快。但这样会存在一个问题，如果是非中国电信链路的用户就不能正常访问学校网站，也就不能打开里面的中国联通、教育网的链接，除非是先知晓学校其他网络链路的 IP 地址。原始的 DNS 规划存在以下缺点。

- **文件传输速度慢**：使用中国电信链路的用户上传/下载文件到中国联通服务器，只有几 KB，甚至 0.1KB，而与中国电信服务器之间的文件上传/下载速度可以高达 128KB 以上。
- **Ping 延时**：一般电信服务器之间 Ping 的延时是在 40 毫秒以内(同省网内会更快捷，例如佛山 Ping 广州服务器在十几毫秒)；而中国电信与中国联通之间 Ping 延时为 200 毫秒左右，并且掉包率在 20%以上，这实际就是电信联通互相访问慢的根源。
- **电信联通线路不稳定**：一般上网高峰时段(下午和晚上)互联互通瓶颈非常严重，而在凌晨和上午这个时间段，上网人数比较少，不会表现那么严重。

10.6.2　解决方案规划

因为南北互访对网站建设者和访问者都存在诸多不便，因此需要采用一定技术手段来解决。中小型网站解决南北互访的最佳方案现在常用的是以下 3 种。

1. 中国电信、中国联通镜像

一个网站租用两个服务器，分别放在中国电信机房和中国联通机房，然后让中国电信用户访问电信站点，中国联通用户访问联通站点，让用户获得最佳的网络速度。

2. CDN 网站加速服务

在中国电信和中国联通网络机房内，分别放一个缓存服务器，用户实际访问缓存服务器，缓存服务器从原网站服务器读取内容，并将已读取的内容缓存到本地。

3. 双线或多线主机服务

双线服务器实际是一台有电信和联通两条线路接入的服务器，通过对用户 IP 地址的智能解析，实现电信用户访问电信线路，联通用户访问联通线路，以实现双线快速访问的目的。根据不同的机房接入方式，双线服务接入有分单 IP 接入、单网卡双 IP 接入和双网卡双 IP 三种接入方式，其中最好的是双网卡双 IP 接入，分别提供一个电信 IP 和联通 IP。

根据校园网络互联情况，可采取第三种方式，即多网卡多 IP 服务方式。多线就是在一台服务器上有多张网卡，每个网卡连接不同的网络。

10.6.3 使用 WinMyDns 部署 DNS 服务器

通过了解网络上的评价并比较，最终选择 WinMyDns 来布置新的 DNS。多线 DNS 策略解析能很好地解决上面所述的问题。DNS 策略解析最基本的功能是可以智能地判断访问网站的用户，然后根据不同的访问者把域名分别解析成不同的 IP 地址。如访问者是联通用户，DNS 策略解析服务器会把域名对应的联通 IP 地址解析给这个访问者。如果用户是电信用户，DNS 策略解析服务器会把域名对应的电信 IP 地址解析给这个访问者。如果用户是教育网用户，DNS 策略解析服务器会把域名对应的教育网 IP 地址解析给这个访问者。

在服务器上使用 WinMyDns 部署 DNS 的过程如下。

1. 在服务器上安装 WinMyDns

在网上下载 WinMyDns 安装包，将其正确地安装在服务器上，并将原来使用的系统自带的 DNS 服务停止。

2. 获取教育网、联通和内网的 IP 地址表

当一个网络连接了多个 Internet 出口时，一般可以向运营商索取其网络所覆盖的 IP 范围列表，也可以到网络上搜索相关资料。

这方面中国教育和科研计算机网做得比较好，可以在该网站下载，并且不断提供更新。教育网的 IP 范围列表可以在 https://www.nic.edu.cn/member/cindex.html 页面的 "CERNET 最新 IP 网络地址统计[聚类结果]" 中找到，只需下载文件 https://www.nic.edu.cn/RS/ipstat/cernet-ipv4.txt。但是，必须使用教育网才能够正常下载，使用其他网络无法正常访问。在 2011 年 3 月 18 日的 Cernet-ipv4.txt 中共有 73 条 IP 地址段。

联通的 IP 范围列表可以在网络上搜到，由于联通没有及时更新数据，使网络上查询到的 IP 范围与运营商提供给的不一样，最后选择使用的是运营商提供的数据。2009 年 9 月联通提供的 IP 地址表共有 200 多条 IP 地址段。

3. 配置 WinMyDns

(1) 打开 WinMyDns 的网站管理页面，输入用户名和密码登录后，在 "DNS 管理" 页面，添加域名 yibinu.cn，如图 10-42 所示。

(2) 单击导航栏的 "网络组管理" 选项，在打开的 "网络组管理" 页面中，添加网络组。根据宜宾学院的实际情况，分为四个网络组：电信解析、联通解析、教育网解析和内网解析，如图 10-43 所示。

(3) 单击导航栏的 "IP 分配表" 选项，在打开的 "批量添加 IP 分配表" 页面中，单击 "添加 IP 分配表" 选项，可批量更新 IP 分配表中的数据，如图 10-44 所示。

在这里，把前面得到的各网段最新 IP 地址，分别添加到对应的表中，如："电信解析" IP 表中加入电信最新 IP 网段，"联通解析" IP 表中加入联通最新 IP 网段，"教育网解析" IP 表中加入教育网最新 IP 网段。注意子网掩码的转换，网上下载的 IP 段有的是点分十进

制形式(如 255.255.255.0)，这里需要用掩码位数表示。所有 IP 段添加完成后，如图 10-45 所示。

图 10-42　添加域名

图 10-43　网络组管理

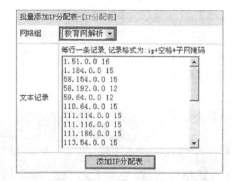

图 10-44　批量添加 IP 分配表

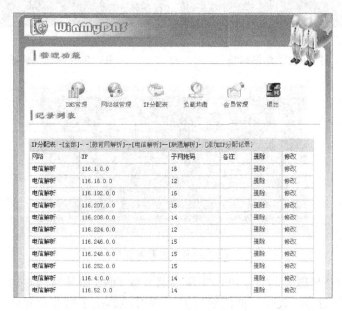

图 10-45　查看所有 IP 分配表

(4) 添加域名后，单击后面的"解析"选项，进入"DNS 解析"页面，进行域名配置。在这里，可为同一个主机名，添加四个属于不同的解析组的记录，如图 10-46 所示。

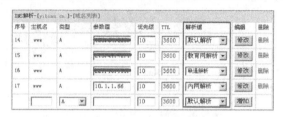

图 10-46 域名配置

💡 注意： 根据不同网络的 IP 值，后面要选择相应的解析组。

10.6.4 测试多线 DNS

在实现网站服务器的多线 DNS 规划后，可以用 nslookup 命令测试 DNS 解析是否正确。在测试时，分别用电信、联通、教育网的 DNS 来解析 www.yibinu.cn 这个域名，实践证明解析正确，图 10-47 是电信解析，图 10-48 是联通解析，图 10-49 是教育网解析。

图 10-47 电信解析   图 10-48 联通解析

图 10-49 教育网解析

通过以上对 DNS 服务部署，可以实现通过一台 DNS 服务器同时为一个域名提供多网段解析，根据访问者来源提供不同的解析 IP，很好地解决了南北差异问题，并节约了服务器资源和网络资源，减少了重复操作和后期维护工作，大大提高了工作效率和资源利用率。

现在，通过多线 DNS 部署，我校的主页服务器中的各项服务已经正常运行了四年多时间，有兴趣的读者可参见 http://www.yibinu.cn/。

10.7 本 章 小 结

DNS 是域名系统(Domain Name System)的缩写，允许用户使用层次的、友好的名字很方便地定位 IP 网络中的计算机和其他资源。为了让连接到 Internet 的计算机有一个方便记忆的名称，必须制订名称规范，设立专门的机构来管理这些域名，并且架设服务器提供解析功能。

DNS 分为客户端和服务器端，客户端扮演发问的角色，也就是向服务器询问一个域名，而服务器必须要回答此域名的真正 IP 地址。而当地的 DNS 会先查自己的资料库。如果自己的资料库没有，则会向该 DNS 上所设置的上级 DNS 询问，得到答案之后，将收到的答案存起来，并回答客户。

在部署一台 DNS 服务器时，必须预先考虑 DNS 区域类型，从而决定 DNS 服务器类型。DNS 区域分为两大类：正向查找区域和反向查找区域，而每一类区域又分为三种区域类型：主要区域、辅助区域和存根区域。

常见的资源记录为 A 记录，管理员可为网络上的所有主机，在 DNS 上面增加对应的记录。对于需要反向查询的主机，可以在 DNS 上面创建 PTR 记录。

Windows Server 2008 R2 自带的 DNS 服务在网络有多个出口的情况下，不能解决出口之间互联的问题。这时需要部署智能 DNS。通过在网络上的评价与比较，最终选择 WinMyDns 来布置新的 DNS。多线 DNS 策略解析能很好地解决出口互联的问题。DNS 策略解析最基本的功能是可以智能地判断访问网站的用户，然后根据不同的访问者把域名分别解析成不同的 IP 地址。如访问者是联通用户，DNS 策略解析服务器会把你的域名对应的联通 IP 地址解析给这个访问者。如果用户是电信用户，DNS 策略解析服务器会把域名对应的电信 IP 地址解析给这个访问者。如果用户是教育网用户，DNS 策略解析服务器会把域名对应的教育网 IP 地址解析给这个访问者。

第 11 章　DHCP 服务器配置与管理

本章要点：

- DHCP 服务器概述
- 应用 DHCP 服务器
- 配置 DHCP 服务器的安全性
- 配置 DHCP 中断

在配置网络中计算机的 IP 地址时，有两种方式：一种是手动设置，一种是自动获取。这里的自动获取便是在 DHCP 服务器上自动获取本机的 IP 地址信息，前提是必须架设 DHCP 服务器，或接入有 DHCP 功能的路由器、Modem 等。对于企业网络或校园网络这种大型网络，如果手动设置 IP 地址，是一件非常庞大的工作，且由于用户的不经意更改，经常出现 IP 地址冲突等问题，为解决这个问题，就必须使用一台服务器来架设 DHCP 服务。不过手动设置 IP 地址，对于实名制上网也有好处，所以经常在一个大的网络中，手动设置 IP 地址和自动获取 IP 地址的方法共存。如宜宾学院，学生区采用 DHCP 的方式，办公区和家属区则采用手动设置 IP 地址的方法。本章主要介绍宜宾学院的 DHCP 服务器的配置与管理方法。

11.1　DHCP 服务器概述

动态主机配置协议(Dynamic Host Configure Protocol，DHCP)是一种 IP 标准，旨在通过服务器集中管理网络上使用的 IP 地址和其他相关配置详细信息，以减少管理地址配置的复杂性。DHCP 服务允许服务器计算机充当 DHCP 服务器并配置网络上启用了 DHCP 的客户端计算机。这种网络服务有利于对校园网络中的客户机 IP 地址进行有效管理，而不需要逐个手动指定 IP 地址。

11.1.1　DHCP 简介

两台连接到 Internet 上的计算机相互之间通信，必须有各自的 IP 地址，但由于现在的 IP 地址资源有限，宽带接入运营商不能做到给每个宽带用户都分配一个固定的 IP 地址，所以需要采用 DHCP 方式对上网的用户进行临时的地址分配。也就是说，当计算机连接到 Internet 时，DHCP 服务器就从地址池里临时分配一个 IP 地址给用户。用户每次上网分配的 IP 地址可能会不一样，这与当时 IP 地址资源有关。下线时，DHCP 服务器会回收这个地址并分配给接入网络的其他计算机用户。通过 DHCP 服务可以有效地节约 IP 地址，既保证了通信要求，又可以提高 IP 地址的使用率。

DHCP是 BOOTP 的扩展，是基于 C/S 模式的，它提供了一种动态指定 IP 地址和配置参数的机制。这主要用于大型网络环境和配置比较困难的地方。DHCP服务器自动为客户机指定 IP 地址，它的配置参数使得网络上的计算机通信变得方便而容易实现。

DHCP 使 IP 地址可以租用，对于拥有多台计算机的大型网络来说，每台计算机拥有一个固定 IP 地址是不必要的。租期从 1 分钟到数年不定，当租期到了的时候，服务器可以把这个 IP 地址分配给其他计算机使用，客户也可以请求网络地址及相应的配置参数。

DHCP 包括"多播地址动态客户端分配协议"(MADCAP)，它用于执行多播地址分配。通过 MADCAP 为注册的客户端动态分配 IP 地址时，这些客户端可以有效地参与数据流过程(例如实时视频或音频网络传输)。

1. DHCP 服务器上的 IP 地址数据库包含的项目

(1) 对互联网上所有客户机的有效配置参数。

(2) 在缓冲池中指定给客户机的有效 IP 地址，以及手工指定的保留地址。

(3) 服务器提供租约时间，租约时间即指定 IP 地址可以使用的时间。

2. 在网络中配置 DHCP 服务器具有的优点

(1) 管理员可以集中为整个互联网指定通用和特定子网的 TCP/IP 参数，并且可以定义使用保留地址的客户机的参数。

(2) 提供安全可信的配置。DHCP 避免了在每台计算机上手工输入数值引起的配置错误，还能防止网络上计算机配置地址的冲突。

(3) 使用 DHCP 服务器能大大减少配置花费的开销和重新配置网络上计算机的时间，服务器可以在指派地址租约时配置所有的附加配置值。

(4) 客户机不需手工配置 TCP/IP。

(5) 客户机在子网间移动时，旧的 IP 地址自动释放以便再次使用。在再次启动客户机时，DHCP 服务器会自动为客户机重新配置 TCP/IP。

(6) 大部分路由器可以转发 DHCP 配置请求，因此，互联网的每个子网并不都需要DHCP 服务器。

3. DHCP 使用的术语

1) 作用域

作用域是指一个网络中所有可分配 IP 地址的连续范围。作用域重点用来定义网络中单一物理子网的 IP 地址范围。作用域是服务器用来管理分配给网络客户的 IP 地址的重要手段。

2) 超级作用域

超级作用域是一组作用域的集合，可以实现同一个物理子网中包含多个逻辑 IP 子网。在超级作用域中只包含一个成员作用域或子作用域的列表。然而超级作用域并不用于设置具体的范围，子作用域的各种属性需要单独设置。

3) 排除范围

排除范围是不用于分配的 IP 地址序列，在这个序列中的 IP 地址不会被 DHCP 服务器分配给客户机。

4) 地址池

在用户定义 DHCP 范围及排除范围后，剩余的地址组成了一个地址池，地址池中的地址可以动态地分配给网络中的客户机使用。

5) 租约

租约是 DHCP 服务器指定的时间长度，在这个时间范围内客户机可以使用所获得的 IP 地址。当客户机获得 IP 地址时租约被激活，在租约到期前客户机需要更新 IP 地址的租约，当租约过期或从服务器上删除时租约停止。

11.1.2　DHCP 服务器的工作原理

DHCP 的前身是 BOOTP，它工作在 OSI 的应用层，是一种帮助计算机从指定的 DHCP 服务器获取配置信息的自举协议。DHCP 分配地址的方式使用客户/服务器模式，网络管理员建立一个或多个 DHCP 服务器，在这些服务器中保存了可以提供给客户机的 TCP/IP 配置信息。这些信息包括网络客户的有效配置参数、分配给客户的有效 IP 地址池(其中包括为手工配置而保留的地址)、服务器提供的租约持续时间。如果将 TCP/IP 网络上的计算机设定为从 DHCP 服务器获得 IP 地址，这些计算机则成为 DHCP 客户机。启动 DHCP 客户机时，它与 DHCP 服务器通信以接收必要的 TCP/IP 配置信息。该配置信息至少包含一个 IP 地址和子网掩码，以及与配置有关的租约。

DHCP 为客户端分配地址的方法有 3 种，即手工配置、自动配置和动态配置。DHCP 最重要的功能就是动态分配，除了 IP 地址，DHCP 还为客户端提供其他的配置信息，如子网掩码、DNS，从而使得客户端无须用户动手即可自动配置并连接网络。

- **手工分配**：在手工分配中，网络管理员在 DHCP 服务器通过手工方法配置 DHCP 客户机的 IP 地址。当 DHCP 客户机要求网络服务时，DHCP 服务器把手工配置的 IP 地址传递给 DHCP 客户机。

- **自动分配**：在自动分配中，不需要进行任何的 IP 地址手工分配。当 DHCP 客户机第一次向 DHCP 服务器租用到 IP 地址后，这个地址就永久地分配给了该 DHCP 客户机，而不会再分配给其他客户机。

- **动态分配**：当 DHCP 客户机向 DHCP 服务器租用 IP 地址时，DHCP 服务器只是暂时分配给客户机一个 IP 地址。只要租约到期，这个地址就会还给 DHCP 服务器，以供其他客户机使用。如果 DHCP 客户机仍需要一个 IP 地址来完成工作，则可以再要求另外一个 IP 地址。

动态分配方法是唯一能够自动重复使用 IP 地址的方法，它对于暂时连接到网上的 DHCP 客户机来说尤其方便，对于永久性与网络连接的新主机来说也是分配 IP 地址的好方法。DHCP 客户机在不再需要时才放弃 IP 地址，如 DHCP 客户机要正常关闭时，它可以把 IP 地址释放给 DHCP 服务器，然后 DHCP 服务器就可以把该 IP 地址分配给申请 IP 地址的 DHCP 客户机。使用动态分配方法可以解决 IP 地址不够用的困扰，例如 C 类网络只能支持 254 台主机，而网络上的主机有三百多台，但如果网上同一时间最多有 200 个用户，此时如果使用手工分配或自动分配将不能解决这一问题。而动态分配方式的 IP 地址并不固定分配给某一客户机，只要有空闲的 IP 地址，DHCP 服务器就可以将它分配给要求地址的客户机；当客户机不再需要 IP 地址时，就由 DHCP 服务器重新收回。

DHCP 服务器是如何工作的？一般来说，DHCP 服务器按以下六个步骤进行工作。

1. 发现阶段

发现阶段，即 DHCP 客户机寻找 DHCP 服务器的阶段。

DHCP 客户端计算机启动后，如果客户端发现本机上没有任何 IP 地址等相关参数，会使用 0.0.0.0 作为自己的 IP 地址，255.255.255.255 作为服务器的地址，广播发送包括网卡的物理地址和 NetBIOS 计算机名称发送 DHCP discover(发现)信息来寻找 DHCP 服务器，即向地址 255.255.255.255 发送特定的广播信息。网络上每一台安装了 TCP/IP 协议的主机都会接收到这种广播信息，但只有 DHCP 服务器才会做出响应。

2. 提供阶段

提供阶段，即提供 IP 地址的阶段。

在网络中接收到 DHCP discover(发现)信息的 DHCP 服务器都会做出响应，它从尚未出租的 IP 地址中挑选一个分配给 DHCP 客户机，向 DHCP 客户机发送一个包含出租的 IP 地址和其他设置的 DHCP offer 提供信息。

3. 选择阶段

选择阶段，即 DHCP 客户机选择某台 DHCP 服务器提供的 IP 地址的阶段。

如果有多台 DHCP 服务器向 DHCP 客户机发来的 DHCP offer(提供)信息，则 DHCP 客户机只接受收到第一个的 DHCP offer(提供)信息，然后以广播方式回答一个 DHCP request(请求)信息，该信息中包含向它所选定的 DHCP 服务器请求 IP 地址的内容。之所以要以广播方式回答，是为了通知所有的 DHCP 服务器，它将选择某台 DHCP 服务器所提供的 IP 地址。

4. 确认阶段

确认阶段，即 DHCP 服务器工作过程中，确认所提供的 IP 地址的阶段。

当 DHCP 服务器收到 DHCP 客户机回答的 DHCP request(请求)信息之后，它便向 DHCP 客户机发送一个包含它所提供的 IP 地址和其他设置的 DHCP ack(确认)信息，告诉 DHCP 客户机可以使用它所提供的 IP 地址。然后 DHCP 客户机便将其 TCP/IP 协议与网卡绑定，另外，除 DHCP 客户机选中的服务器外，其他的 DHCP 服务器都将收回曾提供的 IP 地址。

5. 重新登录

以后 DHCP 客户机每次重新登录网络时，就不需要再发送 DHCP discover(发现)信息了，而是直接发送包含前一次所分配的 IP 地址的 DHCP request(请求)信息。当 DHCP 服务器收到这一信息后，它会尝试让 DHCP 客户机继续使用原来的 IP 地址，并回答一个 DHCP ack(确认)信息。如果此 IP 地址已无法再分配给原来的 DHCP 客户机使用(比如此 IP 地址已分配给其他 DHCP 客户机使用)，则 DHCP 服务器会给 DHCP 客户机返回一个 DHCP nack(否认)信息。当原来的 DHCP 客户机收到 DHCP nack(否认)信息后，它就必须重新发送 DHCP discover(发现)信息来请求新的 IP 地址。

6. 更新租约

DHCP 服务器向 DHCP 客户机出租的 IP 地址一般都有一个租借期限,一般默认是 8 天,期满后 DHCP 服务器便会收回出租的 IP 地址。如果 DHCP 客户机要延长其 IP 租约,则必须更新 IP 租约。DHCP 客户机启动时和 IP 租约期限过半时,DHCP 客户机都会自动向 DHCP 服务器发送更新其 IP 租约的信息。

11.2　应用 DHCP 服务器

在配置企业网络或校园网时,如果没有架设 DHCP 服务器,管理员只能逐台配置客户机的 IP 地址,管理员的工作量非常大,而且容易出现 IP 地址冲突的故障。当架设 DHCP 服务器后,客户端的计算机就可以从 DHCP 服务器自动获取 IP 地址,而不再需要手动配置。

11.2.1　安装 IPv4 DHCP 服务器

DHCP 服务器需要安装在有 Windows Server 2000 以上版本的计算机系统中;并且,作为 DHCP 服务器的计算机系统必须安装使用 TCP/IP 协议,同时需要设置静态的 IP 地址、子网掩码,指定好默认网关地址以及 DNS 服务器地址等。对于 Windows Server 2008 R2 系统来说,在默认状态下 DHCP 服务器并没有被安装,为此可按照以下步骤来将 DHCP 服务器安装成功。

(1) 首先以超级管理员权限进入 Windows Server 2008 R2 系统,在"服务器管理器"窗口中,单击左侧显示区域的"角色"选项,在对应该选项的右侧显示区域中,单击"添加角色"选项,打开如图 11-1 所示的"添加角色向导"的"选择服务器角色"界面,选中"DHCP 服务器"复选框。

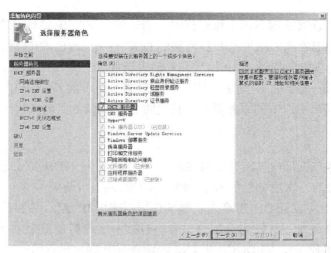

图 11-1　选择 DHCP 服务器角色

注意：　如果 Windows Server 2008 R2 系统没有使用静态 IP 地址，系统将会在选中
"DHCP 服务器"选项之后自动打开提示窗口，提示本地系统没有使用静态
IP 地址，并询问是否要继续安装 DHCP 服务器；此时，必须重新对 Windows
Server 2008 R2 系统设置一个合适的静态 IP 地址，而不建议使用动态 IP 地址，
因为 DHCP 服务器的 IP 地址如果发生变化，那么局域网中的普通工作站将无
法连接到 DHCP 服务器上。

(2) 在"DHCP 服务器"界面中，不但能够了解到 DHCP 服务器的作用，而且还能知
道在安装 DHCP 服务器之前需要做好哪些准备工作；在确认自己的准备工作已经完成后，
继续单击"下一步"按钮，如图 11-2 所示。

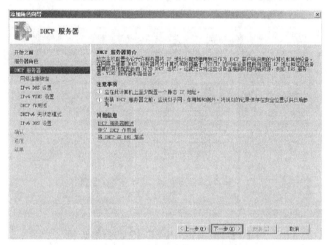

图 11-2　DHCP 服务器简介

(3) 设置好静态 IP 后，在"选择网络连接绑定"界面中，选择所需要的网络连接，如
图 11-3 所示。

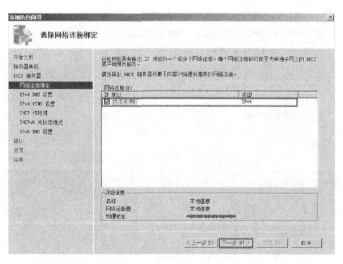

图 11-3　"选择网络连接绑定"界面

(4) 在"指定 IPv4 DNS 服务器设置"界面中，分别指定 DHCP 客户端使用的"父域"、"首选 DNS 服务器 IPv 地址"和"备用 DNS 服务器 IPv 地址"，如图 11-4 所示。

DNS 服务器可提供网络资源的域名解析，并将 DHCP 分配给客户端的 TCP/IP 地址与其完全限定的域名(FQDN)相关联。IP 地址到域名的这种关联或映射要求在更改地址或名称时，必须更新 DNS 中的信息。DHCP 协议并不在 DHCP 服务器更改客户端的 IP 地址时自动更新 DNS。为便于这种交互，运行 Windows Server 2008 R2 和 DHCP 的服务器和运行 DHCP 的客户端可以在 DNS 中注册，以允许两者之间进行协作。DHCP 更改 IP 地址信息时，相应的 DNS 更新会将计算机的名称到地址的关联进行同步。

如果没有搭建 DNS 服务器，可以直接输入网络运营商提供的 DNS 服务器地址。

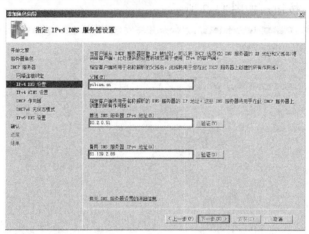

图 11-4　指定 IPv4 DNS 服务器设置

(5) 在"指定 IPv4 WINS 服务器设置"界面中，可以指定是否要设置 WINS 服务器地址参数。WINS 服务器的作用是将计算机名称解析为 IP 地址，现在使用 WINS 服务的用户很少，因此可选中"此网络上的应用程序不需要 WINS"单选按钮，不需要 WINS 服务，如图 11-5 所示。

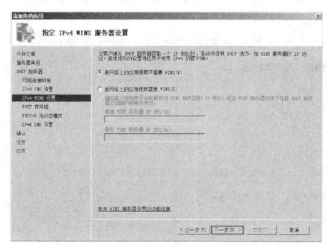

图 11-5　指定 IPv4 WINS 服务器设置

（6）在如图 11-6 所示的"添加或编辑 DHCP 作用域"界面中，单击"添加"按钮，在打开的"添加作用域"对话框中，可添加 DHCP 作用域。只有创建好合适的作用域之后，DHCP 服务器才能有效地将 IP 地址自动分配给局域网中的普通工作站。在这里可不添加作用域，在 DHCP 角色安装完成后，在 DHCP 管理窗口中再进行添加。

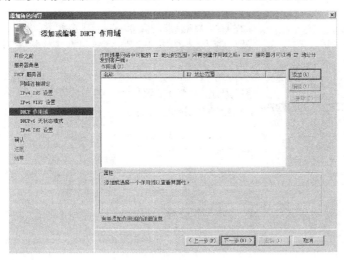

图 11-6　添加或编辑 DHCP 作用域

（7）在"配置 DHCPv6 无状态模式"界面中，可以选择服务器的是支持无状态还是有状态 DHCPv6 服务器功能，如图 11-7 所示。现在暂未普及 IPv6，建议启用 DHCPv6 无状态模式，等条件成熟后再配置。

DHCPv6 无状态模式客户端使用 DHCPv6 获取 IPv6 地址之外的网络配置参数，例如DNS 服务器地址。客户端通过基于非 DHCPv6 的机制(例如基于路由器公告中所包含的 IPv6前缀的 IPv6 地址自动配置，或静态 IP 地址配置)配置 IPv6 地址。

在 DHCPv6 有状态模式下，客户端通过 DHCPv6 获取 IPv6 地址和其他网络配置参数。

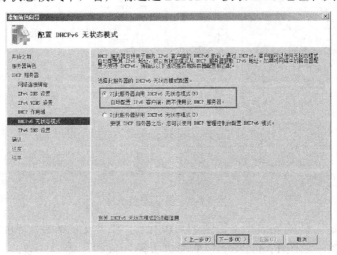

图 11-7　配置 DHCPv6 无状态模式

(8) 在"指定 IPv6 DNS 服务器设置"界面中，如果不使用 IPv6，直接单击"下一步"按钮，如图 11-8 所示。

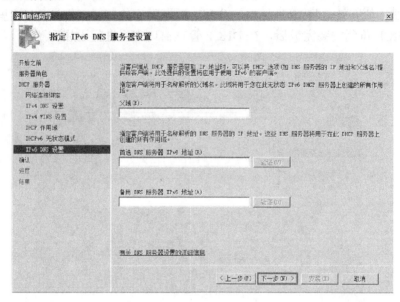

图 11-8　指定 IPv6 DNS 服务器设置

(9) 在"确认安装选择"界面中，查看安装信息后，单击"安装"按钮，开始安装 DHCP 服务，如图 11-9 所示。

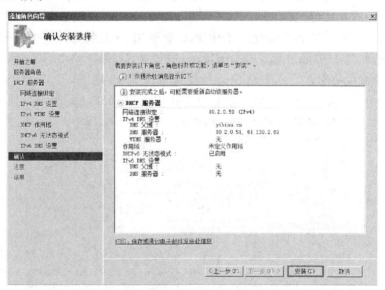

图 11-9　确认安装选择

(10) 经过一定时间的安装后，如图 11-10 所示，在"安装结果"界面中，可看到 DHCP 服务已经安装成功，如图 11-11 所示。单击"关闭"按钮，完成安装。

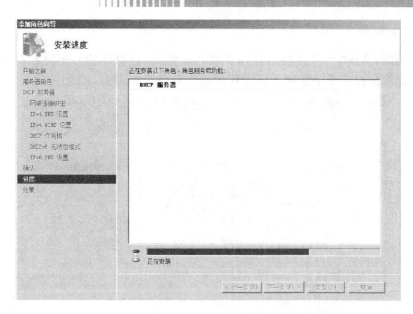

图 11-10　安装进度

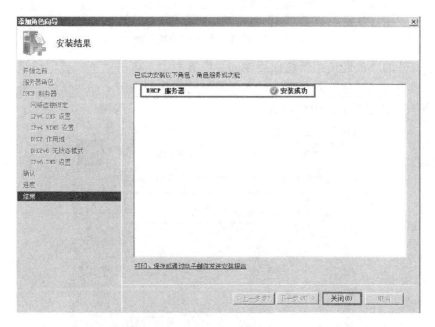

图 11-11　安装结果

11.2.2　管理作用域

在安装 DHCP 服务器的过程中，没有添加 DHCP 的作用域，现在可对其进行创建，来验证 DHCP 服务器是否搭建成功。

1. 添加作用域

(1) 依次选择"开始"|"管理工具"| DHCP 命令后，在打开的 DHCP 窗口中，右击 IPv4 选项，在弹出的快捷菜单中选择"新建作用域"命令，如图 11-12 所示。

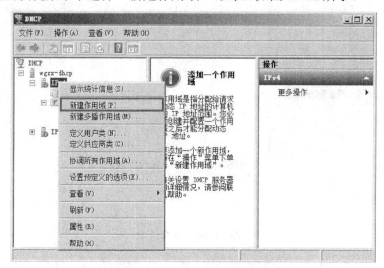

图 11-12　选择"新建作用域"命令

(2) 在打开的"欢迎使用新建作用域向导"界面中，单击"下一步"按钮。

(3) 在"作用域名称"界面中，输入作用域的名称和描述，如"学生一舍 1 楼"，如图 11-13 所示。名称用于标识作用域。

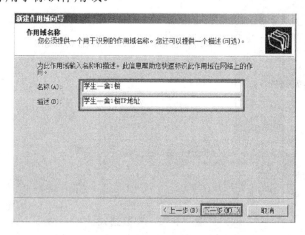

图 11-13　作用域名称

(4) 在"IP 地址范围"界面中，在"起始 IP 地址"和"结束 IP 地址"文本框中输入该作用域的 IP 地址范围，表示可分配给 DHCP 客户端使用的有效 IP 地址，在"长度"或"子网掩码"文本框中输入子网掩码，如图 11-14 所示。在本例中，分配给客户端的 IP 地址范围为 10.3.64.2~10.3.64.254，子网掩码为 255.255.255.0，这是一个 C 类网段，其中，10.3.64.1 已经分配给网关使用，10.3.64.255 则是广播地址，不能使用，所以，这两个地址应该排除。

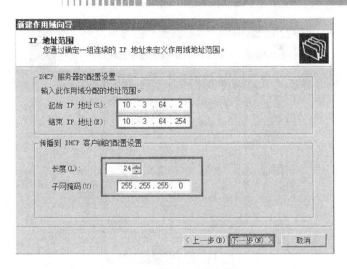

图 11-14　设置 IP 地址范围

(5) 在"添加排除和延迟"界面中，在"起始 IP 地址"和"结束 IP 地址"文本框中输入要排除的 IP 地址，再单击"添加"按钮，如图 11-15 所示。如没有需要排除的 IP 地址，直接单击"下一步"按钮。

提示：　排除是指在"IP 地址范围"中指定不分配的地址或地址范围。

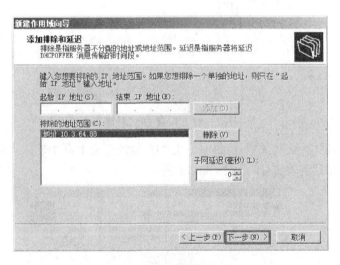

图 11-15　设置添加排除和延迟

(6) 在"租用期限"界面中，可以对租用期限进行调整，默认是 8 天，如图 11-16 所示。更短的租约期限有利于 IP 地址租约的回收，以便为其他客户服务，但是会导致网络中产生更多的 DHCP 流量。如果网络客户流动性较小，可以设置相对较长的租约期限；如果网络客户流动性较强，则可以设置较短的租约期限。

(7) 在"配置 DHCP 选项"界面中，选中"是，我想现在配置这些选项"单选按钮，如图 11-17 所示，可以开始配置作用域的网关、DNS 和 WINS 等信息。

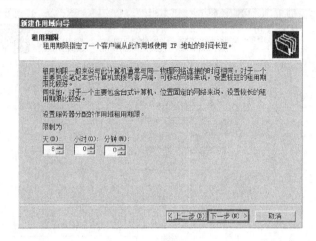

图 11-16　设置租用期限

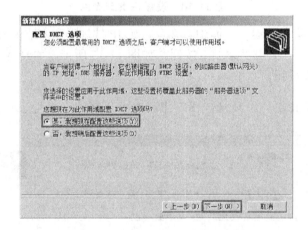

图 11-17　配置 DHCP 选项

(8) 在"路由器(默认网关)"界面中，在"IP 地址"文本框中输入网关后，单击"添加"按钮，将网关添加到列表框中，如图 11-18 所示。

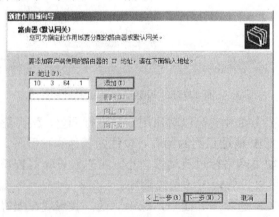

图 11-18　设置默认网关

(9) 在"域名称和 DNS 服务器"界面中，可在"父域"文本框中输入企业的域名，在

"服务器名称"文本框中输入服务器名称，单击"解析"按钮，可以自动将服务器名称解析成 IP 地址，并显示在"IP 地址"文本框中，再单击"添加"按钮时，将解析到 IP 地址添加到 DNS 列表中。不过，也可以直接在"IP 地址"文本框中输入 IP 地址，再单击"添加"按钮，即可添加 DNS 服务器，如图 11-19 所示。

提示：　如果局域网中架设有 DNS 服务器，在这里可输入 DNS 服务器的 IP 地址和父域。如果没有，也可以直接输入中国电信或中国联通提供的 DNS 服务器。

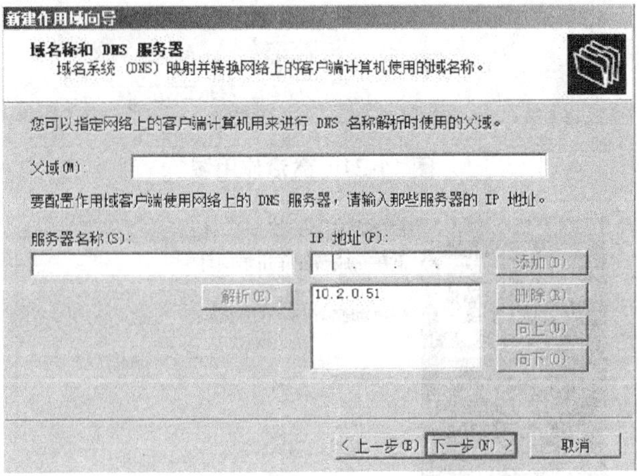

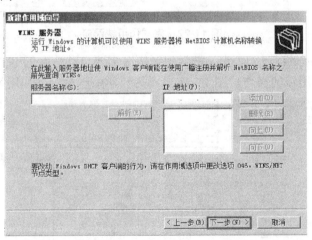

图 11-19　设置域名称和 DNS 服务器

(10) 在"WINS 服务器"界面中，如果网络中没有 WINS 服务器，直接单击"下一步"按钮，如图 11-20 所示。

图 11-20　设置 WINS 服务器

(11) 在"激活作用域"界面中，选中"是，我想现在激活此作用域"单选按钮，激活作用域，如图 11-21 所示。

(12) 在"正在完成新建作用域向导"界面中，单击"完成"按钮，建立的作用域就可以正常使用了，如图 11-22 所示。

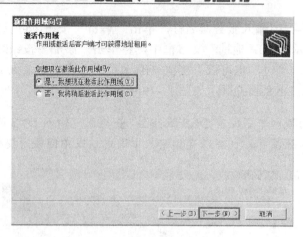

图 11-21　激活作用域

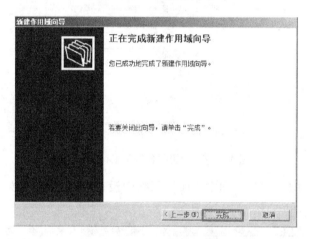

图 11-22　完成作用域配置

重复添加作用域的(1)～(12)步,把学生区所有需要自动分配的 IP 地址段添加进来,即可完成对 DHCP 作用域的操作。图 11-23 所示为"学生一舍"的作用域。

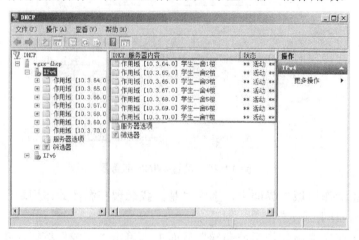

图 11-23　添加所用作用域

2. 管理作用域

作用域创建成功后，可查看作用域的使用情况或管理作用域。

(1) 显示统计信息。选中一个作用域并右击，在弹出的快捷菜单中选择"显示统计信息"命令，在打开的"作用域统计"对话框中，可查看作用域的使用情况，如图 11-24 所示。

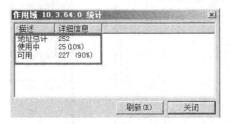

图 11-24　显示统计信息

(2) 查看地址租用情况。展开一个作用域，选择下面的"地址租用"选项，在右侧窗格中将显示详细的地址租用情况，如图 11-25 所示。

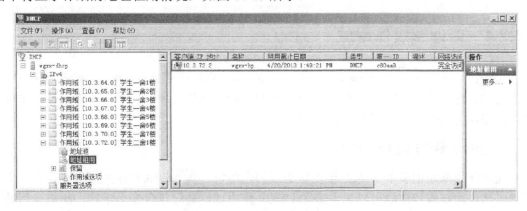

图 11-25　查看地址租用情况

(3) 选中一个作用域并右击，在弹出的快捷菜单中可选择"停用"、"删除"和"协调"等命令管理作用域。

11.2.3　配置 DHCP 客户端

经过以上的配置，在学生一舍即可使用 DHCP 自动获取 IP 地址。如果是多网段，还需在学生一舍所在的三层交换机上做 DHCP 中继，否则将不能跨网段获取 IP 地址，详情参见本章 11.2.5 小节。在 Internet 属性对话框中，选中"自动获得 IP 地址"和"自动获得 DNS 服务器地址"单选按钮即可，如图 11-26 所示。

设置好自动获取 IP 地址后，如果能正常获取 IP 地址，在"网络连接详细信息"对话框中，可看到获取的 IP 地址、默认网关及 DNS 情况，如图 11-27 所示。

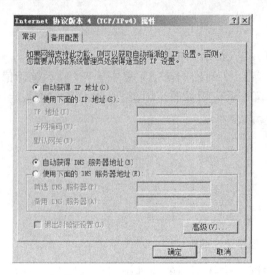

图 11-26　配置 DHCP 客户端　　　　　图 11-27　网络连接详细信息

11.2.4　管理超级作用域

超级作用域是运行 Windows Server 2008 R2 动态主机配置协议(DHCP)服务器的一项管理性功能，可以使用 DHCP 管理控制台创建和管理超级作用域。使用超级作用域，可以将多个作用域分组为一个管理实体。

1. 为什么要使用超级作用域

超级作用域是由多个 DHCP 作用域组成的作用域，单个 DHCP 作用域只能包含一个固定的子网，而超级作用域可以包含多个 DHCP 作用域，从而包含多个子网。超级作用域主要用于解决以下问题：

- 当前单个 DHCP 作用域中的可用地址几乎耗尽，而且网络中将添加更多的计算机，需要添加额外的 IP 网络地址范围来扩展同一物理网段的地址空间。
- DHCP 客户端必须迁移到新作用域，例如重新规划 IP 网络编号，从现有的活动作用域中使用的地址范围迁移到使用另一 IP 网络地址范围的新作用域。
- 希望使用两个 DHCP 服务器在同一物理网段上管理分离的逻辑 IP 网络。

💡 注意：　　　超级作用域选项仅在 DHCP 服务器上至少已创建一个作用域并且该作用域不是超级作用域的一部分时才显示。

2. 超级作用域的创建方法

超级作用域的建立非常简单，下面就来看看如何创建超级作用域。

(1) 在 DHCP 管理窗口中，选中并右击 IPv4 选项，在弹出的快捷菜单中选择"新建超级作用域"命令，如图 11-28 所示。

(2) 在打开的"欢迎使用新建超级作用域向导"界面中，单击"下一步"按钮。

（3）在打开的"超级作用域名"界面中，输入一个用于标识超级作用域的名称，如"学生一舍"，如图 11-29 所示。

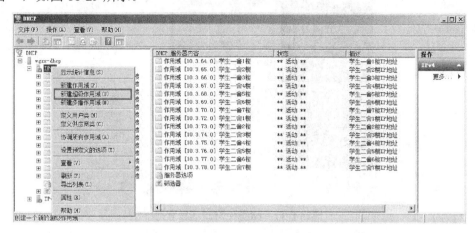

图 11-28　选择"新建超级作用域"命令

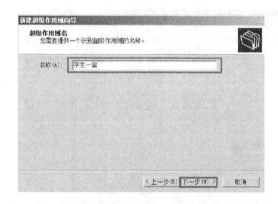

图 11-29　超级作用域名

（4）在"选择作用域"界面中，在"可用作用域"列表框中选择需要加入该超级作用域的作用域，如图 11-30 所示。

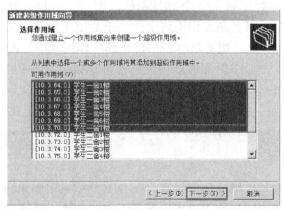

图 11-30　选择作用域

(5) 在"正在完成新建超级作用域向导"界面中，单击"完成"按钮，如图 11-31 所示。

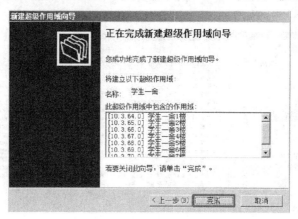

图 11-31　超级作用域创建完成

返回 DHCP 管理控制台，可看到选择的作用域已经加入超级作用域中，如图 11-32 所示。

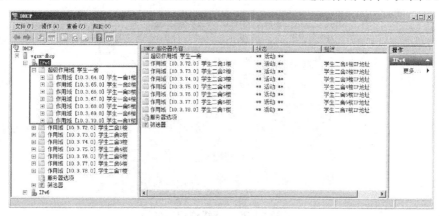

图 11-32　超级作用域创建结果

超级作用域建立完成后，DHCP 服务器按照和使用标准 DHCP 作用域相同的方式来使用超级作用域为 DHCP 客户端分配 IP 地址租约，但是，当 DHCP 服务器接收到 DHCP 客户端发送的租约请求时，只要超级作用域中的一个 DHCP 作用域匹配接收到租约请求的网络接口的网络 ID，那么 DHCP 服务器将使用这个超级作用域中的所有可用 IP 地址为 DHCP 客户端分配 IP 地址租约。DHCP 服务器会优先使用超级作用域中匹配接收到租约请求的网络接口的网络 ID 的 DHCP 作用域来为 DHCP 客户端分配 IP 地址租约，如果此 DHCP 作用域中没有可用的 IP 地址，则使用超级作用域中其他具有可用 IP 地址的 DHCP 作用域，而不管此作用域的网络 ID 是否匹配接收到租约请求的网络接口的网络 ID。

3. 管理超级作用域

超级作用域的管理与作用域基本相似，在 DHCP 中右击创建好的超级作用域，在弹出的快捷菜单中同样可以设置当前超级作用域的停用、删除、协调和显示统计信息等内容。其操作方法与作用域一样，不过针对超级作用域的设置将影响其包含的所有作用域。超级作用域的优点在于它能够使用一个操作来激活和停用一个给定超级作用域中的所有作用域。

另外在超级作用域中，同样可以创建新的作用域。其方法是右击超级作用域名称，在弹出的快捷菜单中选择"新建作用域"命令，如图 11-33 所示，这样将打开创建作用域向导对话框，这时创建的作用域将默认包含在该超级作用域中。

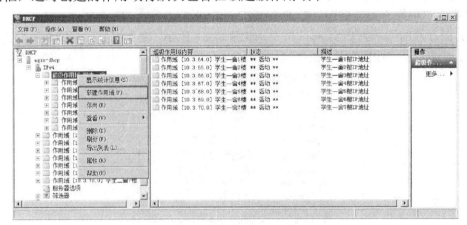

图 11-33 选择"新建作用域"命令

如果要取消某个作用域，只需要在超级作用域中右击该作用域名称，在弹出的快捷菜单中选择"从超级作用域删除"命令即可。此删除操作仅将 DHCP 作用域从超级作用域中独立出来，而不是真正的删除。

创建好超级作用域后，可以将其他不属于超级作用域的 DHCP 作用域添加到超级作用域中。右击该作用域名称，在弹出的快捷菜单中选择"添加到超级作用域"命令，在打开的对话框中，选择需要加入的超级作用域，如图 11-34 所示。

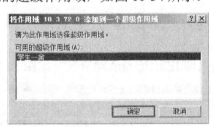

图 11-34 选择超级作用域

通过超级作用域，对 DHCP 服务器中的多个作用域可以进行统一配置、管理，做到步调一致，能够适应大规模网络环境下的应用需求。

11.2.5 创建保留地址

通过使用保留地址，可以为某个 MAC 地址的 DHCP 客户端保留一个特定的 IP 地址，此时保留的 IP 地址将不会分配给其他 DHCP 客户端。每次当此特定的 DHCP 客户端向 DHCP 服务器获取 IP 地址时，此 DHCP 服务器总是会将保留的 IP 地址分配给它。即 DHCP

服务器向 DHCP 客户端固定分配的 IP 地址。

可以使用作用域的地址范围内的任何 IP 地址创建保留，即使此 IP 地址也在排除范围内。

要在某个 DHCP 作用域中创建保留，可以执行以下步骤：

(1) 在 DHCP 管理控制台中，展开对应的 DHCP 作用域，右击 "保留"选项，在弹出的快捷菜单中选择"新建保留"命令。

(2) 在打开的"新建保留"对话框中，如图 11-35 所示，输入需要建立的保留"IP 地址"、"MAC 地址"和"保留名称"后，单击"添加"按钮。

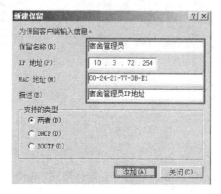

图 11-35　新建保留地址

(3) 返回 DHCP 控制台，在当前作用域下的"保留"选项里，可看到添加的保留地址。

创建保留地址后，被保留的 IP 地址无法修改，但是可以修改特定客户端的其他信息，例如 MAC 地址和名称；只能为一个特定的 DHCP 客户端创建一个保留的 IP 地址。如果要更改当前客户端的保留 IP 地址，则必须删除客户端现有的保留地址，然后添加新的保留地址。

保留地址只能为 DHCP 客户端计算机服务，在可能的情况下，应尽可能地考虑使用静态 IP 地址而不是使用保留地址。

可以在地址租约中看到保留 IP 地址的活动情况，如图 11-36 所示。

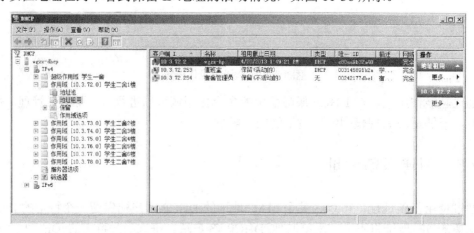

图 11-36　查看地址租约

11.2.6　拆分作用域

如果已经架设好一台 DHCP 服务器，且作用域已创建完成，为减轻此台服务器的工作负荷，还可以再架设一台备用的 DHCP 服务器，并采取适当比例分配 IP 地址，例如 80∶20 规则，此时可以利用 DHCP 拆分作用配置向导的方式在备用服务器上创建作用域，并自动将这两台服务器的 IP 地址规则设置好，即可让 DHCP 服务器在一定的工作负荷下稳定运行。

1. 80∶20 应用规则

若 IP 作用域内的 IP 地址数量不是很多，则创建作用域时可以采用 80∶20 的规则。也就是说，在主 DHCP 服务器中创建一个范围为 10.3.72.2～10.3.72.254 的作用域，但是将其中的 10.3.72.204～10.3.72.254 排除，也就是主 DHCP 服务器可租用给客户端的 IP 地址占此作用域的 80%，同时在备用 DHCP 服务器内也创建一个相同 IP 地址范围的作用域，但是将其中的 10.3.72.2～10.3.72.203 排除，换句话说，备用 DHCP 服务器可租用给客户端的 IP 地址只占该作用域的 20%。

备用 DHCP 服务器，仅在主 DHCP 服务器故障时提供分配 IP 地址的服务。而主、备服务器建议分放在不同的网络内。

2. 拆分作用域的步骤

在拆分作用域之前，先确定主服务器的计算机名称为 wgzx-dhcp，备用服务器为 wgzx-dhcp-bak，且将学生二舍 1 楼作为测试拆分作用域。拆分作用域的具体操作步骤如下。

(1) 选中测试作用域"学生二舍 1 楼"，在右键快捷菜单中选择"高级" | "拆分作用域"命令，如图 11-37 所示。

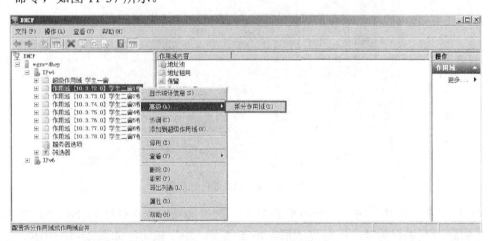

图 11-37　拆分作用域

(2) 在弹出的"DHCP 拆分作用域配置向导"对话框中，单击"下一步"按钮，如图 11-38 所示。

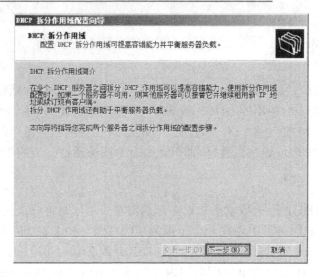

图 11-38　DHCP 拆分作用域

(3) 在"其他 DHCP 服务器"界面中，通过单击"添加服务器"按钮，添加备用 DHCP 服务器 wgzx-dhcp-bak，核对主 DHCP 服务器的名称及 IP 地址，然后单击"下一步"按钮，如图 11-39 所示。

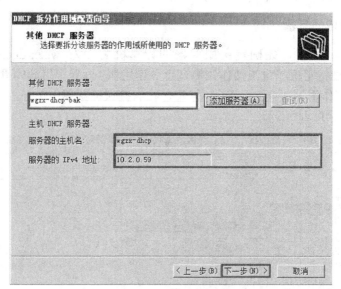

图 11-39　其他 DHCP 服务器

(4) 通过滚动滑块，可以选择拆分百分比，这里选择拆分百分比为 80：20，也可以根据网络实际情况进行拆分，拆分完成后，单击"下一步"按钮，如图 11-40 所示。

(5) 设置两台服务器的延迟响应客户端的时间。由于采用的是 80：20 的分发 IP 规则，主服务器出租 80%的 IP 地址，备用服务器出租 20%的 IP 地址。希望主要由主 DHCP 服务器出租 IP 地址给客户端，当主服务器出现故障，才由备用服务器进行地址分发。但是，若客户端向备用 DHCP 服务租到 IP 地址，以致其只占 20%的 IP 地址很快就会分发用完，此时若主 DHCP 服务器故障无法提供服务，而备用 DHCP 服务器也因为没有 IP 地址可租用，便会失去作为备用服务器的功能。

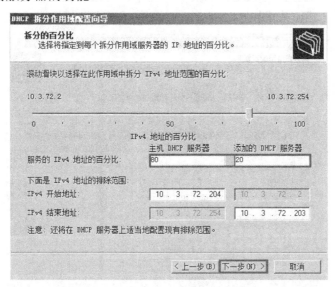

图 11-40　拆分百分比

在这种情况下，可通过子网延迟功能来解决这个问题。也就是当备用 DHCP 服务器收到客户端有地址租用请求时，它会延迟一定时间才响应服务，以便让主 DHCP 服务器可以先租出地址给客户端，也就是让客户端向主 DHCP 服务器请求地址。如图 11-41 所示，添加的 DHCP 服务器即备用服务器，让其延迟时间大于主机 DHCP 服务器的延迟时间，设置好后，单击"下一步"按钮。

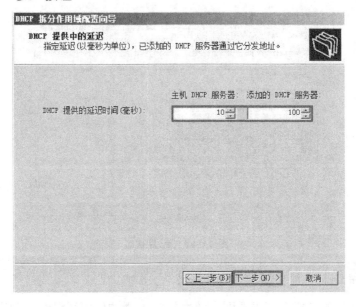

图 11-41　设置延迟时间

(6) 在弹出的"拆分作用域配置摘要"界面中，可以确认配置是否正确，如果没有问题就单击"完成"按钮，如图 11-42 所示。

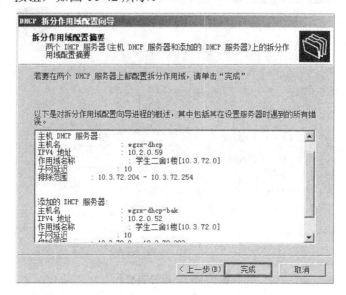

图 11-42　拆分作用域配置摘要

(7) 在弹出的配置状态界面中，如图 11-43 所示，可以看到拆分作用域完成。

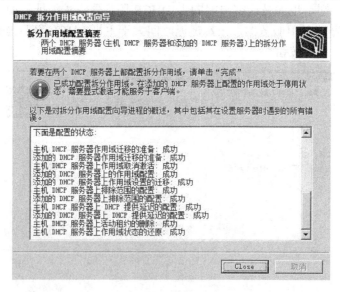

图 11-43　配置状态

3. 激活备用 DHCP 服务器的拆分作用域

在备用 DHCP 服务器上可以看到，学生二舍 1 楼的作用域已经自动生成，如图 11-44 所示。但是它还处于不活动状态，需要激活。选中需要激活的作用域，在右键快捷菜单中选择"激活"命令，如图 11-45 所示，此时拆分的作用域才会生效。

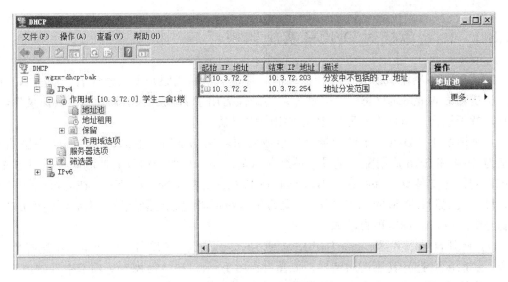

图 11-44　备用 DHCP 服务器

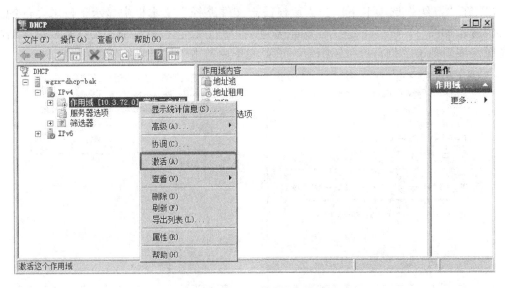

图 11-45　激活拆分作用域

11.3　配置 DHCP 服务器的安全性

现在规模稍大的企业网，一般都使用DHCP服务器为客户机统一分配 TCP/IP 配置信息。这种方式不但减轻了网管人员的维护工作量，而且企业的网络安全性也有一定的提高。但DHCP 服务器的安全问题却不容忽视，它一旦出现问题，就会影响整个网络的正常运行。本节将从 DHCP 的日志文件和用户限制方面，介绍如何加强对 DHCP 服务器的管理，让DHCP 服务器更安全。

11.3.1　配置审核对 DHCP 实施监视

DHCP 服务器中到底发生了什么事情，管理员单靠肉眼是无法察觉的，最简单、直接的方法是查看Windows日志，但这时一定要确保启用了 DHCP 服务器的"审核记录"功能，否则，就无法在"事件查看器"中找到相应的记录。

正常情况下，DHCP 审核记录默认会被启用。在 Windows Server 2008 R2 中虽然可以分别为 IPv4 和 IPv6 启用配置记录，不过默认情况下，这两个协议会使用同一个日志文件。DHCP 的日志文件默认保存在 %SystemRoot%\System32\Dhcp 目录下，在此可以针对一周或者每一天找到其对应的日志文件。如果希望查看或者更改记录设置，那么就需要在 DHCP 控制台中进行，具体实现方法如下。

(1) 展开目标服务器节点，右击 IPv4 或 IPv6 子节点，在弹出的快捷菜单中选择"属性"命令，随后就会打开其属性对话框，如图 11-46 所示。在"常规"选项卡中选中或者取消选中"启用 DHCP 审核记录"复选框即可启用或禁止该功能。

(2) 在"高级"选项卡下，在"审核日志文件路径"文本框中显示了日志文件的默认保存位置，如图 11-47 所示。为了防止恶意用户删除日志，可以根据实际需要输入新的保存位置，或者单击"浏览"按钮指定，设置完毕后单击"确定"按钮即可。

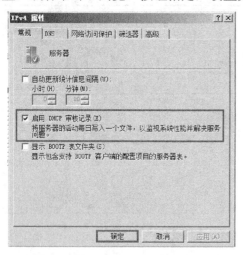

图 11-46　IPv4 属性

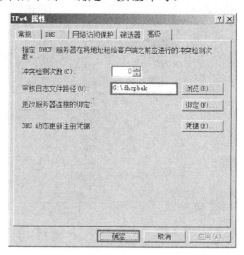

图 11-47　IPv4 高级属性

💡 **注意**：　如果更改了审核日志文件的位置，Windows Server 2008 R2 需要重新启动 DHCP 服务器服务。

这样，就完成了对 DHCP 审核的启用和日志文件的指定，如果 DHCP 出现问题或者需要排错时就可以通过事件日志进行分析了。

当启动 DHCP 服务器服务，新的一天开始后，日志文件就会被写入一条标题信息。标题信息对 DHCP 事件和信息提供了概括性的描述。在标题信息后面是和 DHCP 服务器有关的实际事件日志，事件 ID 和描述都会同时被记录下来，DHCP 日志就更加安全了。DHCP

服务器保留最近七天的日志文件。

11.3.2　对 DHCP 管理用户限制

DHCP 服务器安全性设计的第一步就是要做好管理员帐户的安全措施。因为无论是黑客，还是木马或者病毒，若没有取得管理员权限的话，则其破坏性是有限的。所以，网络管理员第一步需要保证管理员帐户的安全性。

1. 在路由器上进行管理

如果是在路由器上采用 DHCP 服务，则可以通过 IP 地址等限制。因为是路由器，一般都通过远程来管理 DHCP 服务器，如通过 Telent 命令或者SSH协议远程连接到服务器上进行管理。因此，可指定一台主机，只有这台主机才可以连接到路由器上进行 DHCP 服务器的管理。可以在路由器的防火墙上配置，只允许某个 IP 地址或者MAC地址的主机才能够连接上 DHCP 服务器进行管理。通过这种方式，再加上复杂的用户口令，就可以有效保障管理员帐户的安全性，从而不让攻击者有机可乘，破坏 DHCP 服务器的安全与稳定。

2. 配置管理用户

为了加强对 DHCP 服务器的管理，网络管理员要指定一个或若干用户对 DHCP 服务器进行管理。例如要指定帐号名为 wgzxMinJun 的用户对 DHCP 服务器进行管理，在 Windows Server 2008 R2 服务器中，可以通过以下方法实现。

(1) 从 Windows 桌面选择"开始"|"运行"命令在打开的"运行"对话框中，输入 lusrmgr.msc 命令，打开"本地用户和组(本地)"管理控制台，单击左侧的"组"选项，在右侧窗格中选中 DHCP Administrators 组，如图 11-48 所示，并双击该组。

图 11-48　选中 DHCP Administrators 组

(2) 在打开的"DHCP Administrators 属性"对话框中，将用户 wgzxMinJun 添加到成员

列表中,如图 11-49 所示。这样,只有 wgzxMinJun 用户才能够管理 DHCP 服务器。

图 11-49　DHCP Administrators 属性

11.3.3　备份与还原 DHCP 服务器

在规模较大的局域网中,网络管理员一般采用 DHCP 服务器为客户机统一分配 TCP/IP 配置信息。然而,天有不测风云,一旦出现人为的误操作或其他一些因素,将会导致 DHCP 服务器的配置信息出错或丢失。如果手工进行恢复则非常麻烦,而且工作量较大,同时,DHCP 服务器中可能包含多个作用域,并且每个作用域中又包含不同的 IP 地址段、网关地址、DNS 服务器等参数。因此,这就需要备份相关配置信息,一旦出现问题,进行还原即可。

DHCP 服务器内置了备份和还原功能,而且操作非常简单。在 DHCP 控制台窗口中,右击"DHCP 服务器名"选项,在弹出的快捷菜单中选择"备份"命令,如图 11-50 所示,接着在打开的"浏览文件夹"对话框中指定备份文件的存放路径,单击"确定"按钮后,就可完成配置信息的备份。

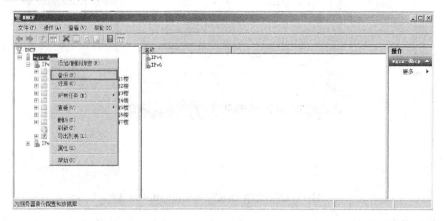

图 11-50　选择"备份"命令

一旦 DHCP 配置信息损坏，需要进行恢复时，可右击"DHCP 服务器名"选项，在弹出的快捷菜单中选择"还原"命令，接着在打开的"浏览文件夹"对话框中选择备份文件的存放路径，单击"确定"按钮后，系统会停止 DHCP 服务并重新启动该服务，以实现 DHCP 配置信息的还原。

DHCP 服务器还自动执行的同步备份。默认的备份间隔时间是 60 分钟，可以通过编辑如图 11-51 所示的注册表项来更改备份间隔时间。

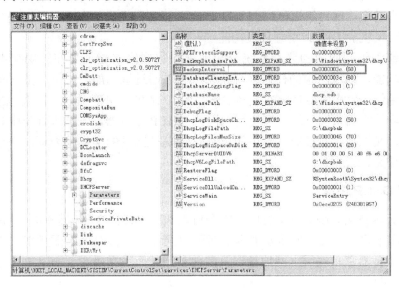

图 11-51　通过注册表修改备份间隔时间

默认的 DHCP 数据库备份路径是 %systemroot%\System32\Dhcp\Backup。可以通过以下两种方法更改数据库备份文件夹：在手动备份期间选择不同的本地文件夹，或在 DHCP 服务器的属性对话框中更改文件夹位置。

执行手动或自动备份时，将保存整个 DHCP 数据库，其中包括以下内容。

- 所有作用域(包括超级作用域和多播作用域)。
- 保留。
- 租约。
- 所有选项(包括服务器选项、作用域选项、保留选项和类别选项)。
- 所有注册表项和在 DHCP 服务器属性中设置的其他配置设置(例如，审核日志设置和文件夹位置设置)。这些设置存储在如图 11-51 所示的注册表子项中。

提示：　使用备份与还原的方法，还可以将 DHCP 数据库从一台服务器计算机(源服务器)移动到另一台服务器计算机(目标服务器)。

11.4　配置 DHCP 中继

随着网络规模的不断扩大、网络复杂程度的不断提高，网络配置也变得越来越复杂，一个网络常常会被划分成多个不同的子网，以便根据不同的子网的工作需求来实现个性化的管理要求。多个子网的主机都需要 DHCP 服务器来提供地址配置信息，那么可以采用的方法是在每一个子网中安装一台 DHCP 服务器，让它们来为各个子网分配 IP 地址，但在实际的应用中，这样做是不可能的。

DHCP 服务器建设好之后，DHCP 客户机通过网络广播消息获得 DHCP 服务器的响应后得到 IP 地址，但广播消息是不能跨越子网的。因此，如果 DHCP 客户机和 DHCP 服务器在不同的子网内，客户机还能不能获得 DHCP 服务器提供的服务？答案是肯定的，这就要用到三层交换机的 DHCP 中继代理功能。

为了能够为不同网段的终端系统分配地址，很多网络管理员在三层交换机上启用了 DHCP 中继功能，局域网中的任何终端系统都可以通过该功能，与位于其他网段的 DHCP 服务器进行通信，最终获得有效的上网参数，如 IP 地址、DNS 地址、网关地址等。这样一来，不同网段的终端系统就能共享使用相同的 DHCP 服务器，既能进行集中管理、提升地址管理效率，又能节约建设成本。下面以宜宾学院校园网的学生区为例，介绍华为交换机设置 DHCP 中继的过程。

1. 认识 DHCP 中继

当 DHCP 客户端系统启动运行时，它会自动执行 DHCP 初始化操作，并在本地网段中进行广播操作来请求报文，要是发现本地网段中架设有一台 DHCP 服务器，那么它就能直接从 DHCP 服务器那里获得上网地址以及其他参数，而不需要通过 DHCP 中继功能，就能顺利接入局域网。

要是发现本地网段中没有 DHCP 服务器，那么位于相同网段中启用了 DHCP 中继功能的三层交换机，在接收到客户端系统发送过来的广播报文后，就会自动进行报文转发，并将相关任务转发给特定的位于其他网段的 DHCP 服务器；目标 DHCP 服务器依照客户端系统的上网申请进行正确的配置，之后再通过 DHCP 中继功能将具体的配置信息反馈给 DHCP 客户端系统，这样一来 DHCP 服务器就能实现对不同网段的客户端系统进行集中管理地址的目的，从而提升了地址管理效率。

2. 网络配置环境

宜宾学院校园网整个网络结构分为核心层、汇聚层和接入层三级网络结构，所有用户通过接入层接入校园网，而 DHCP 服务器则部署在核心层设备上，如图 11-52 所示。在汇聚层交换机上，配置了多个 VLAN(虚拟局域网)，用于为客户端分配 IP 地址段。汇聚层交换机为三层交换机。执照整个校园网的规划，学生宿舍的每一个楼层使用一个 A 网段私有地址。

如学生一舍的 IP 地址规划如下。

一楼：10.3.64.2～254，其中 10.3.64.1 为网关地址，Vlan 100；

二楼：10.3.65.2～254，其中 10.3.65.1 为网关地址，Vlan 101；

三楼：10.3.66.2～254，其中 10.3.66.1 为网关地址，Vlan 102；

四楼：10.3.67.2～254，其中 10.3.67.1 为网关地址，Vlan 103；

五楼：10.3.68.2～254，其中 10.3.68.1 为网关地址，Vlan 104；

六楼：10.3.69.2～254，其中 10.3.69.1 为网关地址，Vlan 105；

七楼：10.3.70.2～254，其中 10.3.70.1 为网关地址，Vlan 106；

预留：10.3.71.2～254，其中 10.3.71.1 为网关地址，Vlan 107。

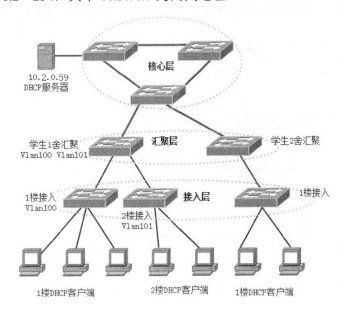

图 11-52　学生区网络结构

根据上面的规划，学生一舍的接入交换机只需要将所有接入端口加入相应的 Vlan 即可，不需要做过多的配置，而汇聚交换机的关于用户 Vlan 的配置如下：

```
interface Vlan-interface100
 ip address 10.3.64.1 255.255.255.0
#
interface Vlan-interface101
 ip address 10.3.65.1 255.255.255.0
#
interface Vlan-interface102
 ip address 10.3.66.1 255.255.255.0
#
interface Vlan-interface103
 ip address 10.3.67.1 255.255.255.0
#
interface Vlan-interface104
 ip address 10.3.68.1 255.255.255.0
#
interface Vlan-interface105
 ip address 10.3.69.1 255.255.255.0
#
interface Vlan-interface106
 ip address 10.3.70.1 255.255.255.0
#
interface Vlan-interface107
 ip address 10.3.71.1 255.255.255.0
#
```

3. 配置 DHCP 中继

通过上面的设置,用户能够设置静态 IP 地址上网。如需使用 DHCP 服务器提供的 DHCP 服务,还需要在汇聚交换机上设置 DHCP 中继。设置 DHCP 中继的代码如下:

```
dhcp enable
dhcp-server 1 ip  10.2.0.59
interface Vlan-interface100
 ip address 10.3.64.1 255.255.255.0
 dhcp-server 1
#
interface Vlan-interface101
 ip address 10.3.65.1 255.255.255.0
 dhcp-server 1
#
interface Vlan-interface102
 ip address 10.3.66.1 255.255.255.0
 dhcp-server 1
#
interface Vlan-interface103
 ip address 10.3.67.1 255.255.255.0
 dhcp-server 1
#
interface Vlan-interface104
 ip address 10.3.68.1 255.255.255.0
 dhcp-server 1
#
interface Vlan-interface105
 ip address 10.3.69.1 255.255.255.0
 dhcp-server 1
#
interface Vlan-interface106
 ip address 10.3.70.1 255.255.255.0
 dhcp-server 1
#
interface Vlan-interface107
 ip address 10.3.71.1 255.255.255.0
 dhcp-server 1
#
```

除了要在汇聚屋交换机上进行相关配置操作外,还需要在 DHCP 服务器所在的主机系统中,将学生宿舍使用的所有网段加入到作用域中。

4. 故障排除

经过上述一系列的配置操作,局域网中的所有终端系统应该能够共享 DHCP 服务器,进行上网访问了。当然,如果在进行测试的时候,发现终端系统无法正常从 DHCP 服务器那里获得有效的上网参数时,可执行以下操作:

(1) 登录到三层交换机配置界面,执行 display dhcp-server 1 命令,查看一下三层交换机指定的 DHCP 服务器地址与实际存在的 DHCP 服务器地址是否相同,如果不相同必须及时调整过来。

(2) 使用 display vlan 命令和 display ip interface 命令,依次检查三层交换机的 Vlan 配置情况以及对应接口的配置情况,看看它们的配置参数与实际要求的参数是否相同,不相同的话也要及时修改过来。

(3) 在 DHCP 服务器所在主机系统中使用 Ping 命令,测试一下各个 Vlan 的接口地址(即网关地址),看看它是否能够找到 Vlan100、Vlan101 等的接口地址,要是 Ping 命令测试不成功,则需要检查 DHCP 服务器的 IP 地址配置信息。

(4) 再次执行 display dhcp-server 1 命令,查看三层交换机接收数据报文的情况,要是发现它不能响应数据报文,而只有请求数据报文时,就意味着 DHCP 服务器所在主机系统没有将数据报文成功发送到三层交换机上,这个时候需要重点检查 DHCP 服务器所在主机系统的配置是否正确,如果响应数据报文和请求数据报文数量正常,不妨在三层交换机后台系统执行 debugging dhcp-relay 命令,启用 DHCP 中继调试开关功能,对用户申请 IP 地址的过程进行跟踪定位,相信经过这样的排查,就能让三层交换机上的 DHCP 中继功能正确发挥作用了。

(5) 如果 DHCP 配置正常,执行 display dhcp-server 1 命令时,将显示以下信息(--后面为注释内容):

```
<XueSheng1_5100>display dhcp-server 1
 IP address of DHCP server group 1:        10.2.0.59        -- DHCP 服务器组 1 的
服务器 IP 地址
 IP address of DHCP server group 1:        0.0.0.0
 IP address of DHCP server group 1:        0.0.0.0
 IP address of DHCP server group 1:        0.0.0.0
 IP address of DHCP server group 1:        0.0.0.0
 IP address of DHCP server group 1:        0.0.0.0
 IP address of DHCP server group 1:        0.0.0.0
 IP address of DHCP server group 1:        0.0.0.0
 Messages from this server group: 6782
--DHCP relay 收到的此 server 组发来的报文数
 Messages to this server group: 6845        --DHCP relay 发送到此 server 组的报文数
 Messages from clients to this server group: 417
-- DHCP relay 收到的 client 发过来的报文数
 Messages from this server group to clients: 356
-- DHCP relay 发送到 client 的报文数
 DHCP_OFFER messages: 32                -- DHCP relay 收到的 OFFER 报文数
 DHCP_ACK messages: 321                 -- DHCP relay 收到的 ACK 报文数
 DHCP_NAK messages: 6429                -- DHCP relay 收到的 NAK 报文数
 DHCP_DECLINE messages: 0               -- DHCP relay 收到的 DECLINE 报文数
 DHCP_DISCOVER messages: 32             -- DHCP relay 收到的 DISCOVER 报文数
 DHCP_REQUEST messages: 6702            -- DHCP relay 收到的 REQUEST 报文数
 DHCP_INFORM messages: 111              -- DHCP relay 收到的 INFORM 报文数
 DHCP_RELEASE messages: 0               -- DHCP relay 收到的 RELEASE 报文数
 BOOTP_REQUEST messages: 0              -- BOOTP 请求报文数
 BOOTP_REPLY messages: 0                -- BOOTP 响应报文数
```

💡 注意:　使用上面介绍的这种方式为学生区提供 DHCP 服务时,如果学生上网时使用了带有 DHCP 功能的路由器,会使同一网段的学生用户自动获取这个路由器分配的 IP 地址,而不能获取正确的 DHCP 服务器提供的 IP 地址,将导致同网段的用户不能正常上网。因此,这种方式下,客户端不能使用带有 DHCP 功能的路由器。

5. 解决 DHCP 环境下私自搭建 DHCP 服务器的方法

在上面提到,如果学生区域有学生使用带有 DHCP 功能的路由器会影响其他同学正常获取有效的 IP 地址。这是由于 DHCP 服务允许在一个子网内存在多台 DHCP 服务器，这就意味着管理员无法保证客户端只能从管理员所设置的 DHCP 服务器中获取合法的 IP 地址，而不从一些用户自建的非法 DHCP 服务器中取得 IP 地址，从而影响 IP 地址的正常分配。

可以采用 DHCP 监听的方法解决上述问题。DHCP Snooping 是 DHCP 的安全特性。当交换机开启 DHCP Snooping 后，会对 DHCP 报文进行侦听，并可以从接收到的 DHCP Request 或 DHCP Ack 报文中提取并记录 IP 地址和 MAC 地址信息。

DHCP Snooping 主要实现如下两方面的功能：

(1) 过滤不信任端口上的 DHCP SERVER 的响应消息(抵御 DHCP 服务欺骗攻击)。

(2) 记录用户的 IP 地址和 MAC 地址的绑定关系(抵御 ARP 中间人攻击和 IP/MAC 欺骗攻击)。

宜宾学院校园网学生区交换机使用的型号为华为 2300，GigabitEthernet0/0/1 是上级级联口。以下是配置 DHCP 监听的命令：

```
dhcp snooping enable
vlan 100
 dhcp snooping enable
 dhcp snooping trusted interface GigabitEthernet0/0/1
vlan 101
 dhcp snooping enable
 dhcp snooping trusted interface GigabitEthernet0/0/1
vlan 102
 dhcp snooping enable
 dhcp snooping trusted interface GigabitEthernet0/0/1
vlan 103
 dhcp snooping enable
 dhcp snooping trusted interface GigabitEthernet0/0/1
vlan 104
 dhcp snooping enable
 dhcp snooping trusted interface GigabitEthernet0/0/1
vlan 105
 dhcp snooping enable
 dhcp snooping trusted interface GigabitEthernet0/0/1
vlan 106
 dhcp snooping enable
 dhcp snooping trusted interface GigabitEthernet0/0/1
vlan 107
 dhcp snooping enable
 dhcp snooping trusted interface GigabitEthernet0/0/1
```

11.5 本章小结

针对客户端的不同需求，DHCP 提供了以下三种 IP 地址分配策略。

- 手工分配地址：由管理员为少数特定客户端(WWW 服务器、宿舍管理员等)静态绑定 IP 地址。通过 DHCP 将配置的固定 IP 地址发给客户端。这种分配策略在"作用域"的"保留"项中添加和管理。

- 自动分配地址：DHCP 为客户端分配租期为无限长的 IP 地址。将"租约期限"设置成"无限制"的方法为：在 DHCP 控制台窗口中展开"服务器名称"目录，展开 IPv4 下的"作用域"选项，在右键快捷菜单中选择"属性"命令。在打开的属性对话框中，选中"DHCP 客户端的租约期限"选项组中的"无限制"单选按钮，并单击"确定"按钮。

- 动态分配地址：DHCP 为客户端分配具有一定有效期限的 IP 地址，当使用期限到期后，客户端需要重新申请地址。绝大多数客户端得到的都是这种动态分配的地址。

DHCP 客户端从 DHCP 服务器动态获取 IP 地址，主要通过四个阶段进行：

(1) 发现阶段，即 DHCP 客户端寻找 DHCP 服务器的阶段。客户端以广播方式发送 DHCP-DISCOVER 报文。

(2) 提供阶段，即 DHCP 服务器提供 IP 地址的阶段。DHCP 服务器接收到客户端发送的 DHCP-DISCOVER 报文后，根据 IP 地址分配的优先次序从地址池中选出一个 IP 地址，与其他参数一起通过 DHCP-OFFER 报文发送给客户端。

(3) 选择阶段，即 DHCP 客户端选择 IP 地址的阶段。如果有多台 DHCP 服务器向该客户端发来 DHCP-OFFER 报文，客户端只接受第一个收到的 DHCP-OFFER 报文，然后以广播方式发送 DHCP-REQUEST 报文，该报文中包含 DHCP 服务器在 DHCP-OFFER 报文中分配的 IP 地址。

(4) 确认阶段，即 DHCP 服务器确认 IP 地址的阶段。DHCP 服务器收到 DHCP 客户端发来的 DHCP-REQUEST 报文后，只有 DHCP 客户端选择的服务器会进行如下操作：如果确认地址分配给该客户端，则返回 DHCP-ACK 报文；否则将返回 DHCP-NAK 报文，表明地址不能分配给该客户端。

第 12 章　流媒体服务器配置与管理

本章要点:

- 流媒体服务概述
- 创建流媒体服务器
- 管理流媒体服务器

流媒体是指采用流式传输的方式在网络上播放的媒体格式。当今流媒体服务器市场有两个"大腕",一个是微软的 Windows Media Services,另一个是 RealNetworks 公司的 Helix Server。Windows 媒体服务(Windows Media Services,WMS)是微软用于在企业 Intranet 和 Internet 上发布数字媒体内容的平台。通过 WMS,用户可以便捷地构架媒体服务器,实现流媒体视频以及音频的点播播放等功能。Helix Server 是由著名的流媒体技术服务商 Real Networks 公司提供的一种流媒体服务器软件,利用它可以在网上提供 Real Video 和 MMS 格式文件的流媒体播放服务,配上相应设备后,还具有现场直播的功能。本章主要介绍 Windows Media Services 流媒体服务器的安装、运行管理和使用方法。

12.1　流媒体概述

流媒体相对于传统的网络传输音视频等多媒体信息播放的方式是完全不同的,之前必须要等视频或音频文件完全下载到本地后再播放,下载常常要花数分钟甚至数小时,且一般使用 HTTP 和 FTP 协议进行下载。而采用流媒体技术,就可实现流式传输,将声音、影像或动画由服务器向用户计算机进行连续、不间断传送,用户不必等到整个文件全部下载完毕,而只需经过几秒或十几秒的启动延时(此时,在播放器的界面上可能会出现非常熟悉的名字:缓冲)即可观看。当声音视频等在用户的机器上播放时,文件的剩余部分会从服务器上继续下载。

12.1.1　流媒体简介

所谓流媒体是指采用流式传输的方式在网络上播放的媒体格式。与需要将整个视频文件全部下载之后才能观看的传统方式相比,流媒体技术通过将视频文件经过特殊的压缩方式分成多个小数据包,由视频服务器向用户计算机连续、实时传送。

在网络上传输音/视频等多媒体信息目前主要有下载和流式传输两种方案。A/V 文件一般都较大,所以需要的存储容量也较大;同时由于网络带宽的限制,下载常常需要花费较长时间,所以这种处理方法延迟很大。若采用流式传输不仅使启动延时成倍地缩短,而且不需要太大的缓存容量。流式传输避免了用户必须等待整个文件全部从网络上下载完成才能观看的缺陷。

流媒体实现的关键技术就是流式传输。流式传输的定义很广泛，现在主要指通过网络传送媒体(如视频、音频)的技术总称。其特定含义为通过网络将影视节目传送到用户端。实现流式传输有两种方法：实时流式传输(Realtime Streaming)和顺序流式传输(Progressive Streaming)。一般说来，如视频为实时广播，或使用流式传输媒体服务器，或应用如 RTSP 的实时协议，即为实时流式传输。如使用 HTTP 服务器，文件即通过顺序流发送。采用何种传输方法依赖于用户的需求。当然，流式文件也支持在播放前完全下载到本地磁盘。

1. 顺序流式传输

顺序流式传输是顺序下载，用户在下载文件的同时又可观看在线媒体，但仅限观看下载部分，且不能跳转到未下载部分。在给定时刻，用户只能观看已下载的那部分，而不能跳到还未下载的前头部分，顺序流式传输不像实时流式传输那样可以在传输期间根据用户连接的速度做调整。由于标准的 HTTP 服务器可发送这种形式的文件，也不需要其他特殊协议，通常被称作 HTTP 流式传输。顺序流式传输比较适合高质量的短片段，如片头、片尾和广告，由于采用顺序流式传输的视频文件在播放时是最高质量需求的，这种方法可以保证电影播放的最终质量。这意味着用户在观看前，必须经历延迟，对较慢的连接尤其如此。对通过调制解调器发布短片段，顺序流式传输显得很实用，它允许用比调制解调器更高的数据速率创建视频片段。尽管有延迟，但毕竟可以发布较高质量的视频片段。顺序流式文件放在标准 HTTP 或 FTP 服务器上，易于管理，基本上与防火墙无关。顺序流式传输不适合长片段和有随机访问要求的视频，如讲座、演说与演示；它也不支持现场广播，严格说来，它是一种点播技术。

2. 实时流式传输

实时流式传输可以保证媒体信号带宽与网络连接匹配，使媒体可实时观看。实时流与 HTTP 流式传输不同，它需要专用的流媒体服务器与传输协议。实时流式传输是实时传送，特别适合现场事件，也支持随机访问，用户可快进或后退以观看前面或后面的内容。理论上，实时流一经播放就可不停止，但在实际应用中，实时流是可控的。实时流式传输必须匹配连接带宽，这意味着在以调制解调器速度连接时图像质量较差。而且，由于出错丢失的信息被忽略，网络拥挤或出现问题时，视频质量很差。如欲保证视频质量，顺序流式传输相比更好。实时流式传输需要特定服务器，如 QuickTime Streaming Server、RealServer 与 Windows Media Server。这些服务器允许对媒体发送进行更多级别的控制，因而系统设置、管理比标准 HTTP 服务器更复杂。实时流式传输还需要特殊网络协议，如 RTSP (Realtime Streaming Protocol)或 MMS (Microsoft Media Server)。这些协议在有防火墙时有时会出现问题，导致用户不能看到一些地点的实时内容。

3. 常用的流媒体格式

由于网络带宽的限制和普通的多媒体文件不支持流式传输，为使流媒体传输流畅，需要采用专用压缩编码工具对音视频文件进行压缩编码，以降低音视频画面质量为代价而压缩文件大小，并生成可在网络上传输的流媒体文件格式。目前流行的编码软件主要有美国

Real Networks 公司的 Real Producer，微软的 Windows Media Encoder，Apple 公司的 QuickTime Pro，以及 Macromedia 公司的 Flash MX 等。表 12-1 为常用的流媒体文件格式。

表 12-1　常用的流式文件格式

公司	流媒体格式与名称	播放器
Real Networks	.rm: Real Video/Audio，Real System 系列的流媒体音视频文件	RealPlayer
	.ra: RealAudio，Real System 系列的流式音频文件	RealPlayer
	.rp: RealPix，Real System 系列的流式图片文件	RealPlayer
	.rt: Real Text，Real System 系列的流式文本文件	RealPlayer
微软	.asf: Advanced Streaming Format，Windows Media 系列流媒体文件	Windows Media Player
	.wmv: Windows Media Video，Windows Media 系列流媒体文件	Windows Media Player
Apple	.mov: Apple 公司的 QuickTime 系列的流媒体文件	QuickTime
	.qt: Apple 公司的 QuickTime 系列的流媒体文件	QuickTime
Macromedia	.swf: Shockwave Flash，Macromedia 公司的 Flash 动画系列文件	Flash Player

4．流媒体的传输协议

流媒体是现代网络传输的重要基础技术，它对远程教学系统的网上直播至关重要。流媒体实际指的是一种新的媒体传送方式，而非一种新的媒体。在网络上，通过各种实时协议传输流数据。实时流传输协议有如下几个。

- RTP

实时传输协议(Real-time Transport Protocol，RTP)是用于网络上针对多媒体数据流的一种传输协议。RTP 被定义为在一对一或一对多的传输情况下工作，其目的是提供时间信息和实现流同步。RTP 通常使用 UDP 来传送数据，但 RTP 也可以在 TCP 或 ATM 等其他协议之上工作。RTP 本身并不能为按顺序传送数据包提供可靠的传送机制，也不提供流量控制或拥塞控制，它依靠 RTCP 提供这些服务。

- RTCP

实时传输控制协议(Real-time Transport Control Protocol，RTCP)和 RTP 一起提供流量控制和拥塞控制服务。在 RTP 会话期间，各参与者周期性地传送 RTCP 包。RTCP 包中含有已发送数据包的数量、丢失数据包的数量等统计资料，因此，服务器可以利用这些信息动态地改变传输速率，甚至改变有效载荷类型。RTP 和 RTCP 配合使用，它们能以有效的反馈和最小的开销使传输效率最佳化，因而特别适合传送网上的实时数据。

- RSVP

资源预留协议(Resource Reserve Protocol，RSVP)是用于建立 Internet 上资源预留的网络控制协议，支持端系统进行网络通信带宽的预约，为实进传输业务保留所需要的带宽。RSVP 是为保证服务质量(QoS)而开发的，主机使用 RSVP 协议代表应用数据流向网络请求保留一个特定量的带宽，路由器使用 RSVP 协议向数据流沿途所有节点转发带宽请求，建立并且维护状态以提供所申请的服务。

- SDP

会话描述协议(Session Description Protocol，SDP)为会话通知、会话邀请和其他形式的多媒体会话初始化等目的提供了多媒体会话描述。该协议会在服务器端生成描述媒体文件的编码信息以及所在的服务器的链接等信息。客户端通过它来配置播放软件的设置，如音视频解码器，接收音频视频数据的端口等。

- RTSP

实时流协议(Real-Time Streaming Protocol，RTSP)是由 RealNetworks 和 Netscape 共同提出的，该协议定义了一对多应用程序如何有效地通过 IP 网络传送多媒体数据。RTSP 在体系结构上位于 RTP 和 RTCP 之上，它使用 TCP 或 RTP 完成数据传输。HTTP 与 RTSP 相比，HTTP 传送 HTML，而 RTP 传送的是多媒体数据。HTTP 请求由客户机发出，服务器作出响应；使用 RTSP 时，客户机和服务器都可以发出请求，即 RTSP 可以是双向的。RTSP 使用的默认端口是 554。

- MMSP

微软媒体服务协议(Microsoft Media Server Protocol，MMSP)是用来访问并流式接收 Windows Media 服务器中.asf/.wmv 文件的一种协议。MMSP 协议用于访问 Windows Media 发布点上的单播内容。MMSP 是连接 Windows Media 单播服务的默认方法。若观众在 Windows Media Player 中输入一个 URL 以连接内容，而不是通过超级链接访问内容，则他们必须使用 MMSP 协议引用该流。MMSP 使用的默认端口是 1755。

Windows Media Services 使用 MMSP 协议来提供流媒体服务，主要播放.asf 和.wmv 文件。Helix Server 同时支持 RTSP 和 MMSP 协议，能播放网络上多数格式的媒体文件，如 rm、mp3、mp4、mov、asf 及 wmv 等。

12.1.2　流媒体技术原理

流式传输的实现需要缓存。因为网络以包传输为基础进行异步传输，对一个实时 A/V 源或存储的 A/V 文件，在传输中它们要被分解为许多包，由于网络是动态变化的，各个包的路由选择可能不尽相同，故到达客户端的时间延迟也就不等，甚至先发出的数据包有可能后到。为此，可以使用缓存系统来弥补延迟和抖动的影响，并保证数据包的顺序正确，从而使媒体数据能连续输出，而不会因为网络暂时拥塞使播放出现停顿。通常高速缓存所需容量并不大，因为高速缓存使用环形链表结构来存储数据：通过丢弃已经播放的内容，流式传输方式可以重新利用空出的高速缓存空间来缓存后续尚未播放的内容。

当传输流数据时，需要使用合适的传输协议。TCP 虽然是一种可靠的传输协议，但由于需要的开销较多，并不适合传输实时性要求很高的流数据。因此，在实际的流式传输方案中，TCP 协议一般用来传输控制信息，而实时的音视频数据则是用效率更高的 RTP/UDP 等协议来传输。

客户端的流媒体播放器与流媒体服务器之间交换控制信息时使用的是 RTSP 协议，它是基于 TCP 协议的一种应用层协议，默认使用的是 554 端口。RTSP 协议提供了有关流媒体播放、快进、快退、暂停及录制等操作的命令和方法。通过 RTSP 协议，客户端向服务器提出了播放某一流媒体资源的请求，服务器响应了这个请求后，就可以把流媒体数据传输给客户端了。

流式传输的过程一般是这样的：用户选择某一流媒体服务后，Web 浏览器与 Web 服务器之间使用 HTTP/TCP 交换控制信息，以便把需要传输的实时数据从原始信息中检索出来；然后客户机上的 Web 浏览器启动 A/V Helper 程序，使用 HTTP 从 Web 服务器检索相关参数对 Helper 程序初始化。这些参数可能包括目录信息、A/V 数据的编码类型或与 A/V 检索相关的服务器地址。

A/V Helper 程序及 A/V 服务器运行实时流控制协议(RTSP)，以交换 A/V 传输所需的控制信息。与 CD 播放机或 VCRs 所提供的功能相似，RTSP 提供了操纵播放、快进、快倒、暂停及录制等命令。A/V 服务器使用 RTP/UDP 协议将 A/V 数据传输给 A/V 客户程序(一般可认为客户程序等同于 Helper 程序)，一旦 A/V 数据抵达客户端，A/V 客户程序即可播放输出。

需要说明的是，在流式传输中，使用 RTP/UDP 和 RTSP/TCP 两种不同的通信协议与 A/V 服务器建立联系，是为了能够把服务器的输出重定向到一个运行 A/V Helper 程序客户机的地址。实现流式传输一般都需要专用服务器和播放器。

12.1.3　流媒体播放方式

流媒体服务器可以提供多种播放方式，它可以根据用户的要求，为每个用户独立地传送流数据，实现 VOD(Video On Demand)的功能；也可以为多个用户同时传送流数据，实现在线电视或现场直播的功能。流媒体播放方式有单播、广播、组播以及点播四种。

1. 单播

当采用单播方式时，每个客户端都与流媒体服务器建立一个单独的数据通道，从服务器发送的每个数据包都只能传给一台客户机。对用户来说，单播方式可以满足自己的个性化要求，可以根据需要随时使用停止、暂停、快进等控制功能。但对服务器还说，单播方式无疑会带来沉重的负担，因为它必须为每个用户提供单独的查询，向每个用户发送所申请的数据包。当用户数很多时，对网络速度、服务器性能的要求都很高。如果这些性能不能满足要求，就会造成播放停顿，甚至停止播放。

2. 广播

承载流数据的网络报文还可以使用广播方式发送给子网上的所有用户，此时，所有的用户同时接受一样的流数据，因此，服务器只需要发送一份数据包就可以为子网上所有的用户服务，大大减轻了服务器的负担。但此时，客户机只能被动地接受流数据，而不能控制流。也就是说，用户不能暂停、快进或后退所播放的内容，而且，用户也不能对节目进行选择。

3. 组播

单播方式虽然为用户提供了最大的灵活性，但网络和服务器的负担很重。广播方式虽然可以减轻服务器的负担，但用户不能选择播放内容，只能被动地接受流数据。组播吸取了上述两种传输方式的长处，可以将数据包发送给需要的多个客户，而不是像单播方式那样把数据包的多个文件传输到网络上，也不像广播方式那样将数据包发送给那些不需要的客户，从而保证数据包占用最小的网络带宽。当然，组播方式需要在具有组播能力的网络上使用。

4. 点播

点播连接是客户端与服务器之间主动的连接。在点播连接中，用户通过选择内容项目来初始化客户端连接。用户可以开始、停止、后退、快进或暂停流。点播连接提供了对流的最大控制，但这种方式由于每个客户端各自连接服务器，因此会迅速耗尽网络带宽。

12.2　创建 WMS 流媒体服务器

Windows Media Services 是微软用于在企业 Intranet 和 Internet 上发布数字媒体内容的平台，通过 WMS，用户可以便捷地构架媒体服务器，实现流媒体视频以及音频的点播播放等功能。WMS 并不是 Windows Server 2008 R2 中一个全新的组件，它存在于微软服务器操作系统中。在 Windows Server 2008 R2 中，WMS 不再作为一个系统组件而存在，而是作为一个免费系统插件，需要用户下载后进行安装。

12.2.1　Windows Media Services 简介

WMS 作为一个系统组件，并不集成于 Windows Server 系统中，比如在 Windows Server 2000 和 Windows Server 2003 中，WMS 需要通过操作系统中的"添加删除组件"进行安装，安装时需要系统光盘。而在 Windows Server 2008 R2 中，WMS 不再作为一个系统组件而存在，而是作为一个免费系统插件，需要用户下载后进行安装。

Windows Server 2003 下的 WMS 9.0 功能非常强大，具有支持新的流媒体构架，支持 HTTP、RTSP 等多种协议，支持 fast streaming 和多播技术等特性。而在 Windows Server 2008 R2 下，WMS 2008 的功能更加完善。

新一代多媒体内容发布平台 WMS 2008 可以在 Web 版、标准版、企业版和数据中心版的 Windows Server 2008 R2 中进行安装。WMS 2008 的应用环境非常广泛，在企业内部应用环境中，可以实现点播方式视频培训、课程发布及广播等。在商业应用中，可以用来发布电影预告片、新闻娱乐、动态插入广告和音频视频服务等。

WMS 2008 具备以下核心功能。

- fast steaming：这个功能在 WMS 9.0 中就已经出现，在 WMS 2008 中进行了优化。fast steaming 功能包含快速开始、快速缓存、快速连接和快速恢复等功能，从用户体验上来看，当播放一个流媒体视频时，漫长的等待时间和断断续续的播放质量必然会让我们观看视频的兴趣大减，而使用 fast steaming 功能可以流畅地观看流媒体视频，并且减少缓冲等待的时间。

- WMS 2008 支持多编码率视频或者音频，可以动态地检测用户带宽，并且智能地为用户选择不同编码率的视频音频文件，从而保证流媒体文件播放的速度，增强用户体验。

- 更多的并发连接支持：WMS 2008 通过带宽检测、智能选择编码率以及 fast steaming 等功能大大提升了性能，从而相对以前的 WMS 版本可以支持更多的并发连接数。在相同硬件条件下，单个 WMS 2008 服务器的并发连接用户数量可以达到以前的 2 倍。

- Serve Core 安装模式：从 Windows Server 2008 R2 开始，管理员可以选择安装具有特定功能，但不包含任何不必要功能的 Server Core 最小安装模式，它为一些特定服务的正常运行提供了一个最小的环境，从而减少了其他服务和管理工具可能造成的攻击和风险。WMS 2008 支持在 Server Core 模式进行安装，从而将风险和资源占用降到最低。

- 集成的 cache/proxy 功能：WMS 2008 集成缓存/代理功能，也是为了提高流媒体播放速度和质量而设计的。举个例子来说，比如在企业应用中，可以通过 WMS 2008 构架一台流媒体服务器，用来发布企业内部的培训视频、音频讲座等。如果同时访问服务器的用户非常多，会给服务器造成很大压力，影响视频的播放速度。这时可以利用 WMS 2008 的 cache/proxy 功能，在本地构架一台缓存服务器，将播放的内容进行缓存，从而提高流媒体的播放速度。

- 集成丰富的管理工具：WMS 2008 安装成功后，在 Windows Server 2008 R2 的管理工具中会生成一个控制台，并且用户也可以通过 Server Manager 工具来进行管理，同时，WMS 2008 和 IIS 紧密结合，支持远程管理功能。

归结起来，WMS 2008 相对以前的版本有三大改进：

(1) 增强的流媒体性能和用户体验。fast streaming 技术，动态带宽检测，多编码率支持，支持 RTSP、HTTP、IGMPv3、IPv6 等多种协议，并且针对无线连接进行优化。

(2) 动态内容编辑。WMS 2008 中还有一个非常有意思的功能就是支持动态内容编辑，可以在播放过程中动态调整播放的内容，如根据不同的用户群体播放不同的视频内容、插播广告等。并且可以根据不同用户的带宽选择不同的编码率，从而提高播放速度。

(3) 业界领先的媒体平台。WMS 2008 支持二次开发，用户可以根据需求自定义高级内容。

12.2.2　下载并安装流媒体服务角色程序包

在安装流媒体服务器之前，必须登录微软官方网站免费下载流媒体服务角色安装程序包，下载地址为

http://www.microsoft.com/downloads/zh-cn/details.aspx?FamilyID=B2CDB043-D611-41C9-91B7-CDDF6E5FDF6B

在打开的下载页面中，单击"下载"按钮，如图 12-1 所示。

图 12-1 下载流媒体服务角色安装程序包

下载完成后，双击安装程序包 Windows6.1-KB963697-x64.msu，在打开的"Windows Update 独立安装程序"对话框中，单击"确定"按钮。在"下载并安装更新"对话框中，单击"我接受"按钮，接受微软许可协议，开始安装流媒体服务角色程序包。

在安装程序包的过程中，如果出现如图 12-2 所示的错误提示，应检查下载的安装程序包的语言是否选择正确，也可以尝试安装英文版的程序包。

图 12-2 安装程序遇到错误

12.2.3 添加流媒体服务器角色

在 Windows Server 2008 R2 中提供了一个管理工具 Server Manager，可以通过这个管理工具方便地添加或者删除服务器角色。但是默认情况下并不包含流媒体服务器角色，需要在安装完 KB963697 之后手动来添加。

(1) 在服务器管理器的"添加角色向导—选择服务器角色"对话框中，选中"流媒体服务"复选框，如图 12-3 所示。

(2) 在"添加角色向导—选择角色服务"对话框中，除了"Windows 媒体服务器"必须安装之外，可以选择安装基于 Web 方式的管理工具和日志代理功能，如图 12-4 所示。如果选中"基于 Web 的管理"复选框，还需要安装 IIS 组件。

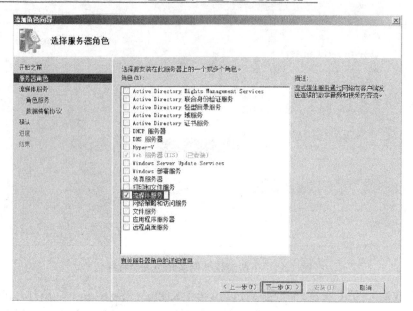

图 12-3 选中"流媒体服务"角色

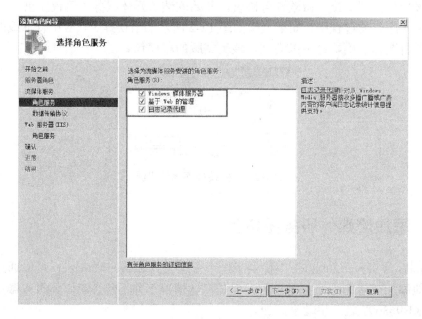

图 12-4 选择角色服务

(3) 在"添加角色向导—选择数据传输协议"对话框中，可以选择流媒体数据传输的协议：RTSP 或 HTTP，如图 12-5 所示。由于没有配置 IIS 端口，在这里 HTTP 协议不能启用。HTTP 与 RTSP 相比，HTTP 传送 HTML，而 RTSP 传送的是多媒体数据，可以双向进行传输。

(4) 在"添加角色向导—确认安装选择"对话框中，确认需要安装的服务，单击"安装"按钮开始安装，如图 12-6 所示。

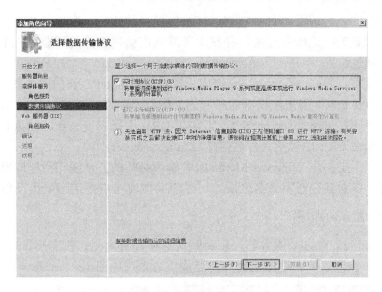

图 12-5　选择数据传输协议

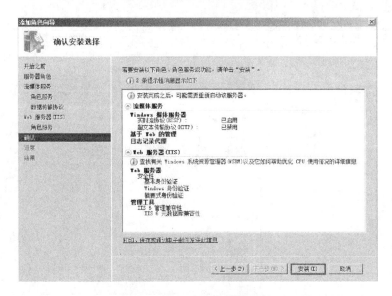

图 12-6　确认安装选择

12.2.4　测试流媒体服务器

服务器角色安装成功后，下面着手流媒体服务器的测试工作。

依次选择"开始"|"程序"|"管理工具"|"Windows Media 服务"命令，打开 Windows Media 服务管理控制台窗口。在窗口中，展开左侧的节点，可看到安装流媒体服务器后，自动创建了两个发布点："<默认>(点播)"和"示例_广播"，可利用这两个默认发布点测试或建立流媒体服务器，可以按照管理服务器上任何其他发布点的相同方式管理默认发布点。

为了防止在安装之后立即对发布点进行未经授权的访问，添加了两个安全措施：将默认点播发布点设置为拒绝所有连接，并禁用了默认广播发布点的"在第一个客户端连接时启动发布点"属性。

使用默认发布点的好处在于，它允许用户通过简化的 URL 访问服务器上的内容。当从默认点播发布点传输时，用来接收流的相应的 URL 由连接协议、Windows Media 服务器名和文件名组成(例如，mms://server/file)。无须在 URL 中指定发布点。如果要从默认广播发布点传输，无须在 URL 中包括文件名(例如，mms://server)。

默认发布点不是操作 Windows Media 服务器所必需的。从发布点删除默认的指派，只需重命名即可。在对其进行重命名之后，可以将其他发布点指定为默认发布点。

1. 测试"<默认>(点播)"

为测试 Windows Media 服务器，可将默认点播设置为允许新连接。右击发布点"<默认>(点播)"，在快捷菜单中选择"允许新连接"命令，如图 12-7 所示。

图 12-7　选择"允许新连接"命令

在"<默认>(点播)"页面的"源"选项卡中，选中一个媒体文件，单击下面的测试流图标▶，或在右键快捷菜单中选择"测试此文件"命令，如图 12-8 所示。

在打开的测试流窗口中，内嵌的 Windows Media Player 播放器将自动播放选择的流媒体文件。如果能正常播放，说明流媒体服务器配置正确，如图 12-9 所示。

💡 **注意**：　必须安装"桌面体验"功能，才能测试流媒体服务器。如果没有安装，在测试流媒体时，将提示安装"桌面体验"功能。"桌面体验"功能，在"服务器管理器"控制台通过添加"功能"的方式添加。

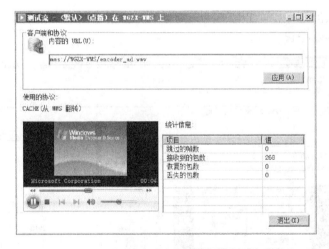

图 12-8　选择"测试此文件"命令

图 12-9　测试点播文件

提示：　如果需要快速建立一个点播发布点，可直接修改 "<默认>(点播)"页面的"源"
　　　　选项卡中的"内容源"路径，指向需要点播的媒体文件所在的文件夹，就能
　　　　快速建立一个点播发布点。

2. 测试"示例_广播"

右击"示例_广播"发布点，在快捷菜单中选择"启动"命令，启动"示例_广播"发
布点。在"示例_广播"页面的"源"选项卡中，可看到发表点已经启动，且正在播放广播，

单击下面的"测试流"图标，如图 12-10 所示。

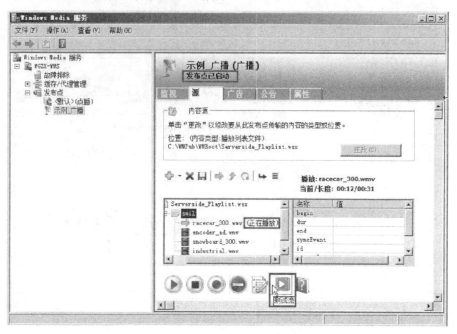

图 12-10　默认广播发布点

在打开的测试流窗口中，查看是否能够自动接收广播，如图 12-11 所示。如果能正常播放，则说明服务器配置正确。

图 12-11　测试广播文件

提示：　如果需要快速建立一个广播发布点，可直接修改"示例_广播"页面的"源"选项卡中的"内容源"路径，指向需要广播的媒体文件所在的文件夹，就能快速建立一个广播发布点。

12.3　管理 WMS 流媒体服务器

安装 Windows Media 服务时，会自动安装一个点播发布点和一个广播发布点，可以按原样使用这些默认的发布点并根据需要修改或删除它们并添加自己的发布点。该点播发布点被指定为默认发布点。连接到 Windows Media 服务器的客户端通常必须将服务器和发布点名称用作地址的一部分。如果未提供发布点名称，则 Windows Media 服务器会将请求定向到默认发布点。

12.3.1　创建点播发布点

在 WMS 管理器控制台，右击左侧的"发布点"选项，在快捷菜单中选择"添加发布点(向导)"命令，打开添加发布点向导。

1. 添加点播发布点

(1) 在打开的"欢迎使用添加发布点向导"界面中，单击"下一步"按钮。

(2) 在"发布点名称"界面中，输入发布点的名称，如图 12-12 所示。

提示：　发布点名称将成为客户端用来访问内容的 URL 的一部分。使用有意义的名称，该名称不区分大小写。如 WMS 服务器的 IP 地址为 10.2.0.55，新建的发布点名称为 TEST-WMS，该发布点下有一个名为 vod.wmv 的视频，则用户访问该视频的 URL 地址为 mms://10.2.0.55/TEST-WMS/vod.wmv。如果 vod2.wmv 是默认点播发布点下的视频，则用户访问该视频的 URL 地址为 mms://10.2.0.55/vod2.wmv，即不需要输入发布点名称。

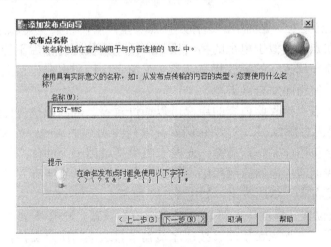

图 12-12　发布点名称

(3) 在"内容类型"界面中，选择需要传输的内容类型。当使用"添加发布点向导"创建新的发布点时，可以选择下列内容类型。

- **编码器(实况流)：** 可以称作"在线流媒体"。选择该选项可以使服务器连接到编码计算机上，然后广播由编码器创建的流。因为此内容不是 Windows Media 文件，所以通常将它称为实况流。然而，编码器正在创建的内容可以源自录像带、DVD、.avi 文件或诸如照相机或麦克风之类的实况源。主要用于创建广播发布点。

- **播放列表(可以结合成连续流的一组文件和/或实况流)：** 选择此选项可以发布连贯的内容，可以按照播放列表进行播放。

- **一个文件(用于存档文件的广播)：** 选择此选项以使用发布点传输单个文件。默认情况下，WMS 可以传输文件扩展名为.wma、.wmv、.asf、.wsx 和.mp3 的文件。

- **目录中的文件(数字媒体或播放列表)(适用于通过一个发布点实现点播播放)：** 选择此选项表示用户可以访问指定文件夹中的所有文件，可以通过 URL 访问文件夹中的单个文件，也可以顺序进行播放，适合发布池的点播播放模式。

如果需要创建点播发布点，可选中"目录中的文件"单选按钮，如图 12-13 所示。

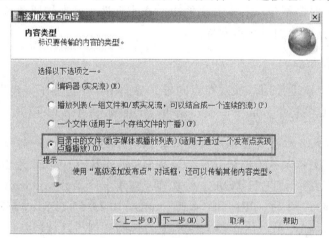

图 12-13　内容类型

(4) 在"发布点类型"界面中，选择发布点类型，有两种类型可以选择。

- **广播发布点：** 类似于电视的播放模式，用户接收此内容后不能通过暂停、倒回或快进此流来修改它的播放状态。当实况演示文稿和电台广播之类的内容源自编码器时通常使用此发布点类型。

- **点播发布点：** 接收此内容的用户可以通过暂停、倒回或快进此流来修改其播放状态。如果内容源自于一个文件(例如播放列表或其他 Windows Media 文件)或目录，则通常会使用此发布点类型，此发布点类型可用于个性化广播电台、联机视频存储和自我调速的培训应用程序。点播发布点始终以单播流方式传递其内容。

选中"点播发布点"单选按钮，如图 12-14 所示。

(5) 在"目录位置"界面中，可以单击"浏览"按钮，选择需要发布的媒体文件的位置，如图 12-15 所示。如果希望能够按次序传输该目录下的所有文件，选中"允许使用通配符对目录内容进行访问"复选框，然后可以使用公告文件确定用户是要连接到一个文件还是要连接到目录下的所有文件。

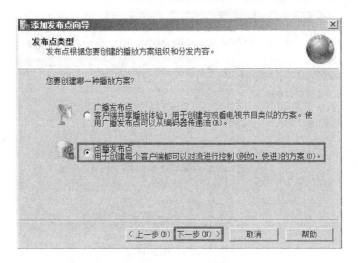

图 12-14　发布点类型

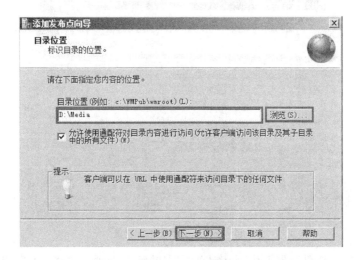

图 12-15　目录位置

(6) 在"内容播放"界面中，可以选择下面的内容播放选项，如图 12-16 所示。

● **循环播放**：选择该选项可将发布点设成连续播放。对于点播发布点，在播放机停止流或者播放机断开连接之前，该流将重复播放。对于广播发布点，在服务器管理器停止流之前，该流将重复播放。

● **无序播放**：选择该选项可以将发布点内容设成按照随机顺序播放而不重复播放。

同时选中这两个选项将为此发布点指定的内容提供连续、随机播放，并创建无人参与的广播电台的使用效果。

(7) 在"单播日志记录"界面中，选择是否启用日志记录，如图 12-17 所示。通过记录数据，可以执行诸如确定最受欢迎的内容以及一天中哪些时间服务器最忙之类的任务。通过"添加发布点向导"可以启用 WMS 客户端日志记录插件，该插件记录了以单播流方式接收内容的客户端的相关数据。完成向导后，转到发布点的"属性"选项卡，查看 WMS 客户端日志记录插件属性表，以便看到日志文件的位置并进行任意配置更改。

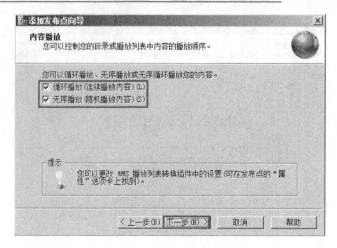

图 12-16　内容播放

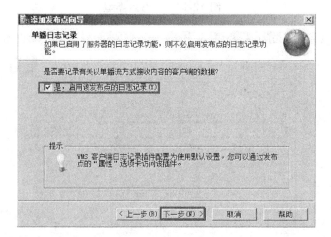

图 12-17　单播日志记录

(8) 在"发布点摘要"界面中,确认发布点的配置选项,如图 12-18 所示。

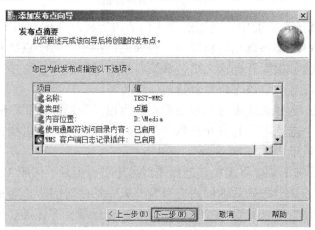

图 12-18　发布点摘要

(9) 在"正在完成'添加发布点向导'"界面中，取消选中"完成向导后"复选框，单击"完成"按钮，添加点播发布点完成，如图 12-19 所示。如果需要使用向导创建公告、包装播放列表或网页，则选中"完成向导后"复选框，并选择相应选项，单击"完成"按钮后，将在向导中创建这些内容。在发布点创建完成后，也可以随时从发布点的"公告"选项卡中启动公告向导，创建公告；或单击发布点"广告"选项卡中的"包装编辑器"按钮启动"创建包装向导"，创建包装播放列表。

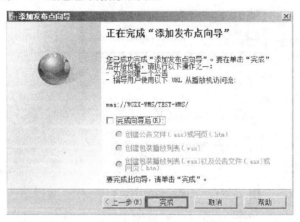

图 12-19　正在完成添加发布点向导

2. 创建包装播放列表

包装播放列表是将介绍性的内容或结束性的内容放在主要内容之前或之后的一种简便方法。

在图 12-19 中，单击"完成"按钮后，将自动打开"创建包装向导"对话框。如果没有自动打开向导，可单击发布点"广告"选项卡中的"包装编辑器"按钮启动"创建包装向导"，创建包装播放列表。

(1) 在"欢迎使用'创建包装向导'"界面中，单击"下一步"按钮。

(2) 在"包装播放列表文件"界面中，选择需要插入播放列表的内容，如可以在发布内容的前后添加一段广告，如图 12-20 所示。

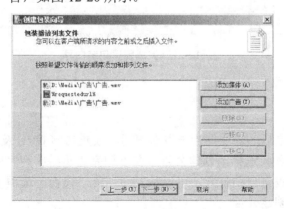

图 12-20　创建包装向导

(3) 在"保存包装播放列表文件"界面中，指定包装播放列表存储的位置，如图 12-21 所示。将内容添加到包装播放列表后，必须将其保存为.wsx 文件以便发布点可对其进行传输。

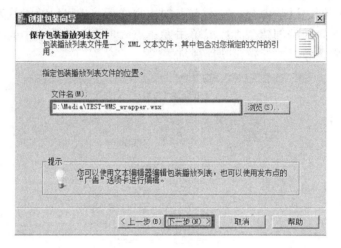

图 12-21 "保存包装播放列表文件"界面

(4) 在"正在完成'创建包装向导'"界面中，选中"完成向导后启用包装播放列表"复选框，将前面创建的包装应用到当前发布点，如图 12-22 所示。

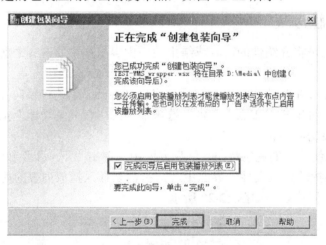

图 12-22 完成创建包装向导

至此，创建包装播放列表完成。

3. 创建公告

在设置完发布点之后，需要向用户发布声明、设置访问 URL 及编辑媒体信息等。

在图 12-19 中，如果选择了创建公告，在添加完包装播放列表后，将自动打开创建公告向导对话框。如果没有自动打开，可以从发布点的"公告"选项卡的"运行单播公告向导"启动公告向导，创建公告。

(1) 在"欢迎使用'单播公告向导'"界面中，单击"下一步"按钮。

(2) 在"点播目录"界面中,选择需要公告的点播文件或目录中的所有文件,如图 12-23 所示。

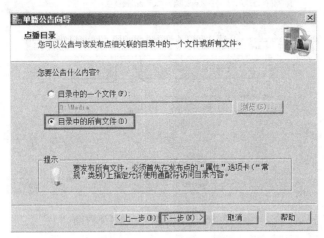

图 12-23　"点播目录"界面

(3) 在"访问该内容"界面中,指定用户的访问路径,如图 12-24 所示。mms://WebDep/vod 是用户访问发布点 vod 的 URL,可以在这里修改服务器的名称或 IP 地址。

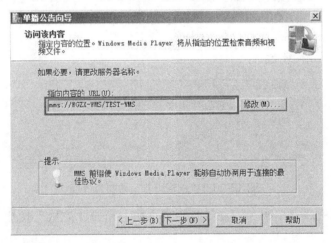

图 12-24　"访问该内容"界面

(4) 在"保存公告选项"界面中,选择公告保存的位置,如图 12-25 所示。除了创建公告文件外,向导还可以创建网页,以便更方便地在 Web 服务器上放置指向公告的链接。如果有一个网页,需要在上面添加嵌入式播放机,那么向导还可以将嵌入 Windows Media Player ActiveX 控件时使用的语法复制到剪贴板上,以便轻松地将其粘贴到现有网页的源代码中。

(5) 在"编辑公告元数据"界面中,可编辑视频播放时显示的信息,包括标题、作者、版权信息等,如图 12-26 所示。用户在点播流媒体时,可以在播放窗口中查看这些信息。

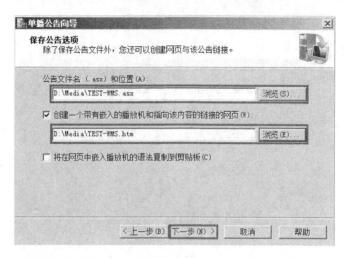

图 12-25 "保存公告选项"界面

图 12-26 "编辑公告元数据"界面

(6) 在"正在完成'单播公告向导'"界面中，单击"完成"按钮，向导将创建两个文件。

- **公告文件(.asx)：** 一个元文件，用于插入到网页或电子邮件中以便使播放机指向内容。

- **网页(.htm)：** 带有嵌入式 Windows Media Player ActiveX 控件和一个指向内容 URL 的链接的网页。

选中"完成此向导后测试文件"复选框，如图 12-27 所示，在向导完成之后将立即打开一个测试页。测试页提供了一种验证"单播公告向导"创建的文件是否可以使用的简便方法。

(7) 在"测试单播公告"对话框中，如图 12-28 所示，单击"测试公告"右侧的"测试"按钮，将自动打开 Windows Media Player 测试公告，如图 12-29 所示。

图 12-27　完成单播公告向导

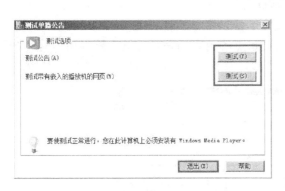

图 12-28　"测试单播公告"对话框

图 12-29　测试公告

(8) 在"测试单播公告"对话框中,单击"测试带有嵌入的播放机的网页"右侧的"测试"按钮,将自动打开 IE 浏览器,测试网页,如图 12-30 所示。

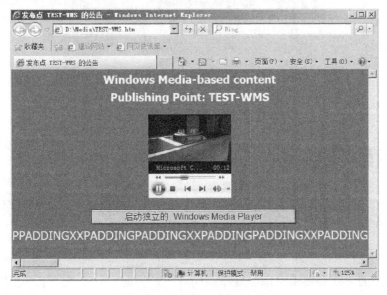

图 12-30　测试网页

点播发布点创建完成后，用户就可以在 Windows Media Player 播放器中输入媒体文件的 URL 播放流媒体。如果媒体文件为精品课程的授课录像或多媒体数字资源，则可制作相应的网站，在网站加入视频的 URL，用户在网页中单击相应链接就可以访问流媒体资源了。可以看到，以点播方式运行的流媒体，可暂停、倒回或快进此流来修改其播放。

4. 添加发布点(高级)

对于高级用户，在创建发布点时，使用"添加发布点(高级)"命令创建的速度可能快于使用该向导创建的速度。

在 WMS 管理控制台中，展开要向其中添加发布点的服务器，右击"发布点"选项，在快捷菜单中选择"添加发布点(高级)"命令，打开"添加发布点"对话框，如图 12-31 所示，在这里可快速建立广播或点播发布点。

选择要添加的发布点的类型：点播或广播。

在"发布点名称"文本框中，输入发布点的唯一名称。

在"内容的位置"文本框中，输入发布点的内容的路径，这个路径可以是播放列表、文件或目录。

图 12-31　添加发布点(高级)

12.3.2　创建广播发布点

在 WMS 管理器控制台中，右击左侧的"发布点"选项，在快捷菜单中选择"添加发布点(向导)"命令，打开添加发布点向导。

1. 创建广播-单播发布点

(1) 在打开的"欢迎使用'添加发布点向导'"界面中，单击"下一步"按钮。

(2) 在"发布点名称"界面中，输入发布点的名称，如 Broadcast。

(3) 在"内容类型"界面中，选择需要传输的内容类型，如选中"目录中的文件" 单选按钮。

(4) 在"发布点类型"界面中，选中"广播发布点"单选按钮，如图 12-32 所示。

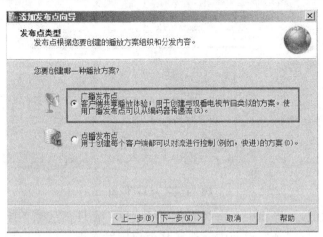

图 12-32　选择广播发布点

(5) 在"广播发布点的传递选项"界面中，指定是以单播流方式还是以多播流方式传递内容，如图 12-33 所示。

● **单播**：如果要使每个客户端都连到服务器并且拥有唯一的流，选择此选项。使用此选项可以传输多比特率(MBR)内容并且能够使用"速流传输"功能，还可以将包装播放列表用于发布点，以便传输附加内容。

● **多播**：如果要多个客户端能够连接到同一流上，请选择此选项。网络必须是完全的多播网络。

● **启用单播翻转**：通过网络传输内容时，如果网络中混用路由器和交换机，且其中一些不支持多播，而仍要尽可能节省网络带宽，那么选中此复选框。

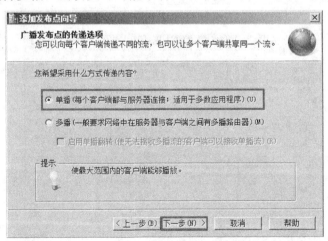

图 12-33　广播发布点的传递选项

(6) 在"目录位置"界面中，选择用于广播的媒体文件的存储位置，如图 12-34 所示。

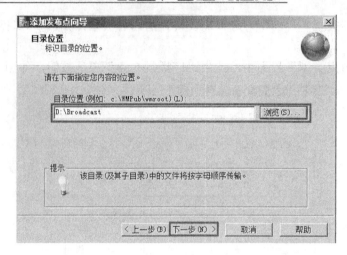

图 12-34　目录位置

(7) 在"内容播放"界面中，选择内容播放顺序：循环播放和无序播放。

(8) 在"单播日志记录"界面中，选择是否启用发布点的日志记录。

(9) 在"发布点摘要"界面中，查看发布点的配置信息。

(10) 在"正在完成'添加发布向导'"界面中，单击"完成"按钮，添加"广播-单播"发布点完成。

广播发布点添加完成后，在网络上的其他计算机中，打开 Windows Media Player 播放器，在菜单栏上依次选择"文件"|"打开 URL"命令，在打开的"打开 URL"对话框中，如图 12-35 所示，输入广播的 URL，如 mms://10.2.0.55/Broadcast，即可收看广播，如图 12-36 所示。在这里可看到，收看广播时，没有播放进度显示条，用户不能暂停、前进或后退。同时，也可以将广播的 URL 添加到网页的收藏夹中。

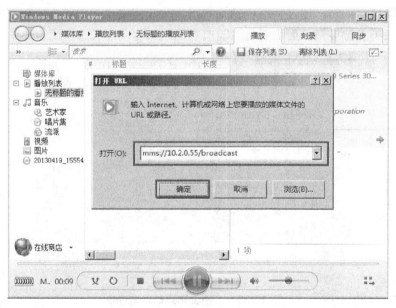

图 12-35　输入广播 URL

图 12-36　收看广播

2. 创建广播—多播发布点

创建广播—多播发布点与创建广播—单播发布点类似。下面就不同的地方加以详细说明。

(1) 在"添加发布点向导"中，创建发布点的各选项如下：

发布点名称：Multicast；

内容类型：目录中文件；

发布点类型：广播发布点；

广播发布点的传递选项：多播；

目录位置：D:\Multicast。

(2) 在"正在安成'添加发布点向导'"界面中，选中"完成向导后"复选框和"创建.nsc 文件(建议)"单选按钮，如图 12-37 所示。

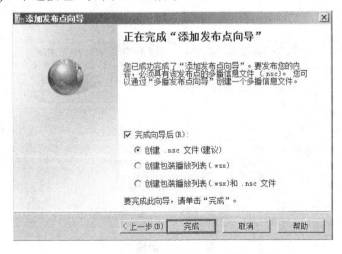

图 12-37　完成添加广播—多播发布向导

(3) 在打开的"指定要创建的文件"界面中，指定要创建的文件，如图 12-38 所示。公告文件将用户引导到多播信息文件的位置。多播信息文件向播放机提供连接到多播并呈现流所需要的信息。如果是第一次公告此发布点，则选中"多播信息文件(.nsc)和公告文件(.asx)"单选按钮。

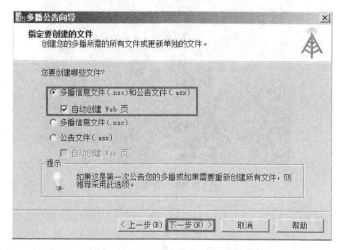

图 12-38　指定要创建的文件

(4) 在"流格式"界面中，添加流格式，如图 12-39 所示。流格式包含播放机对流进行解码所需的信息，如编解码器、比特率以及帧大小。如果内容是使用不同的编解码器、比特率、帧大小等进行编码的，那么要确保将每种内容类型都添加到流格式列表中。通过确定要传输的源文件或来自 Windows Media 编码器的相应流格式文件来确定内容的格式。单击"添加"按钮打开"添加流格式"对话框，如图 12-40 所示。在这里可看到，添加流格式有三种方式：文件、编辑器或远程发布点。在"内容位置"文本框中，输入路径或浏览到流格式文件(如果要从编码器传输内容)，或者浏览到源文件(如果不从编码器传输内容)。

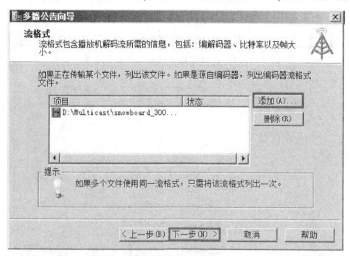

图 12-39　流格式

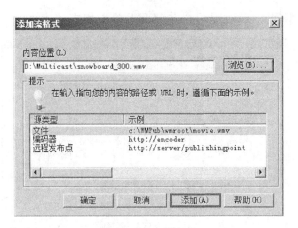

图 12-40 添加流格式

(5) 在"多播日志记录"界面中，设置是否启用多播日志记录。

(6) 在"保存多播公告文件"界面中，选择多播信息文件、公告文件以及网页的保存位置，如图 12-41 所示。这三个位置最好设置为同一个网站目录的所在位置。

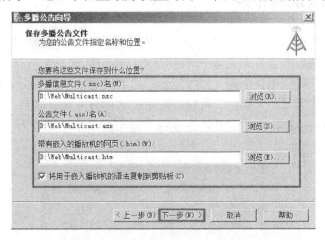

图 12-41 保存多播公告文件

(7) 在"指定多播信息文件的 URL"界面中，选择以何种方式访问多播信息文件，如图 12-42 所示。如果多播信息文件保存在一个网站目录中，则可以通过使用"Web 服务器"的方式访问，并输入相应的 URL。如果使用"网络共享"来访问，则输入相应的 UNC 路径。

(8) 在"编辑公告元数据"界面中，编辑公告元数据。

(9) 在"对内容存档"界面中，选择是否为多播创建存档。存档文件是广播流的记录。

(10) 在"正在'完成多播公告向导'"界面中，选中"完成该向导后测试流文件"和"完成向导后启动发布点"复选框。

(11) 在"测试多播公告"界面中，单击相应的"测试"按钮，测试多播公告和网页。

创建广播—多播发布点完成后，在 Windows Media Player 播放器中，打开 URL：http://10.2.0.55/Multicast.nsc，即可收看广播。在网页中嵌入带有多播 URL 的播放机，或者直接使用自动生成的网页，可实现用户在网页上单击相应链接，即可收看广播。

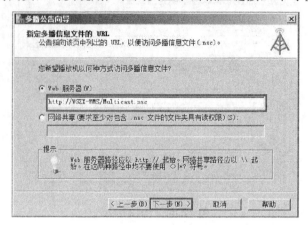

图 12-42　指定多播信息文件的 URL

12.3.3　创建默认发布点

　　如果删除默认发布点后，想重新创建一个默认发布点，可以使用添加发布点向导或高级方法创建一个新的发布点。右击添加的发布点，在快捷菜单中选择"重命名"命令，打开"重命名发布点"对话框，如图 12-43 所示。在"发布点名称"文本框中，用正斜杠 (/) 替换现有的名称，然后单击"确定"按钮。发布点名称将变为"显示 <默认>"。也可以通过"添加发布站点(高级)"，在创建时直接将"发布点名称"设置为"/"，以生成默认发布点。

图 12-43　重命名发布点

12.3.4　设置发布点属性

　　使用"属性"选项卡可查看和配置由发布点使用的插件和属性。本节以默认点播发布点介绍发布点属性的配置，广播发布点的属性略有不同。

　　单击默认点播发布点，在右侧窗格中切换到"属性"选项卡，在此可以选择对应的属性来设置发布点，如图 12-44 所示。现对常用的常规、授权、验证及限制属性加以说明。

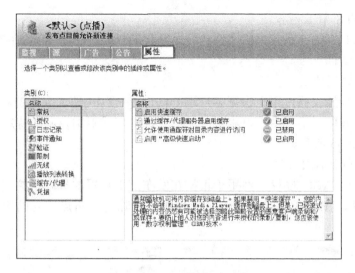

图 12-44　"属性"选项卡

1. 常规

Windows Media Services 中的常规属性可控制 Windows Media 服务器的多个基本功能。对于服务器、点播发布点和广播发布点而言，可用的属性集不同。点播发布点包含以下常规属性。

1) 启用快速缓存

启用此属性可以允许播放机在播放前在本地缓存内容。"快速缓存"功能可以提供一种比流格式指定的数据速率更快的速率向客户端传输内容的方式。例如，通过使用快速缓存，服务器能够以 700 千比特/秒(Kbps)的速率传输 128Kbps 的流。在 Windows Media Player 中，流仍以指定的数据速率呈现，但客户端可以在呈现内容之前缓冲该内容的很大一部分。这样，客户端便可以应对不稳定的网络状况，而不会对点播或广播内容的播放质量产生明显的影响。

2) 通过缓存/代理服务器启用缓存

启用此属性可以允许缓存/代理服务器在本地缓存内容并将内容从缓存(而不是从该源服务器)传输到客户端。

3) 允许使用通配符对目录内容进行访问

启用此属性可以允许采用与播放列表传输一系列内容相同的方式来将目录的内容传输到客户端。

4) 启用"高级快速启动"

启用此属性可以允许支持"高级快速启动"功能的播放器在较短的初始缓冲延迟后立即开始播放。

2. 授权

授权用来控制已通过身份验证的用户对内容的访问。点播发布点包含以下常规属性：

1) WMS NTFS ACL 授权

可根据对 NTFS 文件系统中的文件和目录设置的权限，使用 WMS NTFS ACL 授权插件控制对内容的访问。

2) WMS IP 地址授权

WMS IP 地址授权插件用于根据客户端 Internet 协议(IP)地址来控制对内容的访问。双击该属性，在打开的对话框中，可以添加希望允许访问或限制访问的特定 IP 地址或 IP 地址范围，如图 12-45 所示。

3) WMS 发布点 ACL 授权

WMS 发布点 ACL 授权插件用于根据在发布点上设置的权限来控制对内容的访问权限。双击该属性，在打开的对话框中，可添加或删除对发布点访问的用户，如图 12-46 所示。

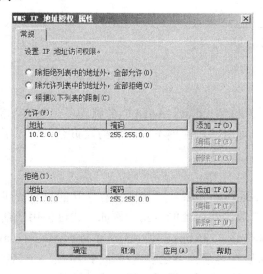

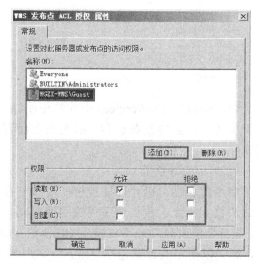

图 12-45　WMS IP 地址授权属性　　　　　图 12-46　WMS 发布点 ACL 授权属性

3. 验证

身份验证插件与一个或多个授权插件协同工作以控制对服务器上内容的访问。点播发布点包含以下常规属性。

1) WMS 匿名用户身份验证

WMS 匿名用户身份验证插件为匿名用户提供对服务器的访问权限。如果在服务器上已启用了其他身份验证方法，则也可以启用此插件以支持没有指定的用户名和密码的用户。双击该属性，在打开的对话框中，可设置匿名访问用户，如图 12-47 所示。

2) WMS 协商身份验证

WMS 协商身份验证插件根据用户的网络登录检验来授予对服务器的访问权限。此插件使用加密的请求/响应方案对用户进行身份验证。这是一种安全的身份验证形式，因为用户名和密码不通过网络发送；播放机通过与 Windows Media 服务器进行加密信息交流来确认密码。因为此插件依赖于已建立的用户登录凭据，所以播放机和服务器必须在同一域或在受信域上。协商身份验证无法跨代理服务器或其他防火墙应用程序工作。

图 12-47　WMS 匿名用户身份验证属性

3) WMS 摘要式身份验证

WMS 摘要式身份验证插件使用哈希算法加密来通过网络发送用户名、密码和领域信息。这是通过 Internet 提供安全密码的首选方法。服务器只需要发布点或服务器所属的领域就能获得正确的解密密钥；它不需要用户名或密码。

4. 限制

"限制"属性用来指定 Windows Media 服务器的性能边界。点播发布点包含以下常规属性，如图 12-48 所示。选中某个属性的复选框，即可在后面的文本框中修改属性值。

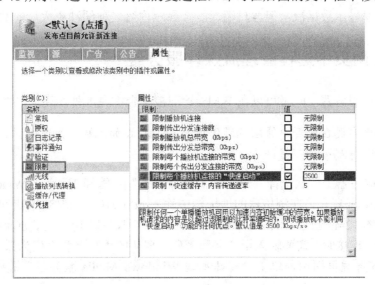

图 12-48　"限制"属性

1) 限制播放机连接数

此属性允许指定可以连接的播放器的最大数量。当达到限制时，后续连接请求将被拒绝，并且"故障排除"列表中会显示一个达到限制的事件。

2) 限制传出分发连接数

此属性允许指定可连接的分发服务器的最大数量。当达到限制时，后续连接请求将被拒绝，并且"故障排除"列表中会显示一个达到限制的事件。

3) 限制播放机总带宽(Kbps)

此属性允许指定分配给所有播放机连接的最大带宽量(单位为 Kbps)。当达到限制时，后续连接请求将被拒绝，并且"故障排除"列表中会显示一个达到限制的事件。

4) 限制传出分发总带宽(Kbps)

此属性允许指定分配给所有分发服务器连接的最大带宽量(单位为 Kbps)。当达到限制时，后续连接请求将被拒绝，并且"故障排除"列表中会显示一个达到限制的事件。

5) 限制每个播放机连接的带宽(Kbps)

此属性允许指定分配给单个播放机连接的最大带宽量(单位为 Kbps)。当达到限制时，后续连接请求将被拒绝，并且"故障排除"列表中会显示一个达到限制的事件。

6) 限制每个传出分发连接的带宽(Kbps)

此属性允许指定分配给单个分发服务器连接的最大带宽量(单位为 Kbps)。当达到限制时，后续连接请求将被拒绝，并且"故障排除"列表中会显示一个达到限制的事件。

7) 限制每个播放机连接的"快速启动"带宽(Kbps)

此属性允许指定分配给单个播放机连接以用于流内容加速初始缓冲的最大带宽量(单位为 Kbps)。

8) 限制"快速缓存"内容传递速率

该属性允许在客户端开始传输内容之后，限制向客户端缓冲传输额外的数据的比特率。快速缓冲提供了使用比流格式规定的比特率更高的速度向客户端传输内容的方式。客户端仍以指定的速率显示数据流，但客户端却能在显示内容之前缓冲更大量的数据。

12.3.5　在网页中远程管理流媒体服务器

管理流媒体服务器，除了可以在 WMS 管理控制台中完成外，还可以在网页中完成。

提示：　要实现在网页中管理流媒体服务器，在添加流媒体角色时，必须选中"基于 Web 的管理"复选框。

在 WMS 服务器上依次选择"开始"|"所有程序"|"管理工具"|"Windows Media 服务(Web)"命令，或者直接在浏览器的地址栏中输入 http://10.2.0.55:8080 即可远程管理流媒体服务器，如图 12-49 所示，其中，10.2.0.55 为流媒体服务器 IP 地址，8080 为流媒体网站所使用的端口。连接时，需要输入用户名和密码。默认的用户名和密码为系统管理员帐户。

登录 Web 管理页面后，单击"管理本地 Windows Media 服务器"链接，如图 12-50 所示。

在打开的窗口中，即可管理远程流媒体服务器，如图 12-51 所示，其操作方法与在 WMS 控制台中相似。

图 12-49　从网页登录流媒体服务器

图 12-50　网站管理页面

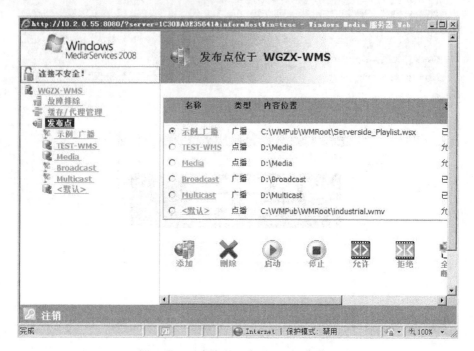

图 12-51　在网页管理本地流媒体服务器

提示：　为安全起见，在实际应用中，应为"Windows Media 管理网站"建立 SSL 安全机制。打开 IIS 管理器，在"网站"节点下即可看到"Windows Media 管理网站"，在此可配置其 SSL。

12.4　本 章 小 结

Windows 媒体服务(Windows Media Services，WMS)是微软用于在企业 Intranet 和 Internet 上发布数字媒体内容的平台，通过 WMS，用户可以便捷地构架媒体服务器，实现流媒体视频以及音频的点播播放等功能。客户端可以是使用播放器(如 Windows Media Player)播放内容的其他计算机，也可以是用于代理、缓存或重新分发内容的运行 Windows Media Services 的设备(称为 Windows Media 服务器)。

Windows Media 服务器流式传输给客户端的内容可以是实时流，也可以是预先存在的内容，例如数字媒体文件。如果计划传输实况内容，则服务器将连接到能够以服务器支持的格式广播实况流的编码软件(例如 Windows Media 编码器)。

在 Windows Media 平台包括下列软件包。

- Windows Media Services(媒体播放服务器)：将流媒体发布到计算机网络上。
- Windows Media Player(媒体播放器)：多媒体播放软件。
- Windows Media Encoder(编码器)：将源音频和视频转换成 Windows Media Services 支持的流媒体文件。

- Windows Media Right Manager(数字版权管理服务器)：一个保障安全发布数字媒体文件的 DRM 系统。
- Windows Media SDK(软件开发包)：提供创建使用 Windows Media 技术的自定义程序和 Web 页面的详细信息。
- Windows Media Producer：用于 PowerPoint 的多媒体演示创建工具。

基于Windows Media技术的流媒体系统一般都包括运行编码器(如Windows Media编码器)的计算机、运行 Windows Media Services 的服务器和大量运行播放器(如 Windows Media Player)的客户计算机。编码器可将实况的和预先录制的音频、视频内容转换成 Windows Media 格式。Windows Media 服务器通过网络来分发内容，然后播放器接收内容。本章主要介绍了 Windows Media Services 的使用方法。